VADE-MECUM

DU

SPÉCIALISTE-EXPERT

EN

TIMBRES-POSTE

HORS D'EUROPE

PAR

FERNAND SERRANE

Description des Originaux et des Faux

Nombreuses illustrations

BERGERAC

IMPRIMERIE GÉNÉRALE DU SUD-OUEST (J. CASTANET)

Place des Deux-Conils

1929

VADE-MECUM

DU

Spécialiste-Expert en Timbres-Poste

Hors d'Europe

II

VADE-MECUM

DU

SPÉCIALISTE-EXPERT

EN

TIMBRES-POSTE

HORS D'EUROPE

PAR

FERNAND SERRANE

Description des Originaux et des Faux
Nombreuses illustrations

BERGERAC

IMPRIMERIE GÉNÉRALE DU SUD-OUEST (J. CASTANET)

Place des Deux-Conils

—

1929

AVANT-PROPOS

« L'Art est long et le Temps est court ».

Le Vade-Mecum du Spécialiste-Expert en Timbres d'Europe a reçu le meilleur accueil, non seulement auprès des collectionneurs et marchands désireux de s'éviter des écoles onéreuses ou désagréables, mais aussi chez les vrais connaisseurs, soucieux de cueillir rapidement les signes distinctifs des timbres contrefaits, ainsi que d'autres renseignements sortis de la mémoire.

Quelques justes critiques ont été faites, quelques erreurs relevées : c'est le lot de toute œuvre humaine. L'essentiel, est que l'ouvrage rende des services journaliers et qu'il aide à former la légion d'experts dont l'accroissement de la Philatélie a besoin.

De nombreux correspondants, devenus des amis, ont réclamé un travail semblable pour les timbres hors d'Europe, en suggérant une forme encore plus condensée afin de faciliter les recherches.

C'est ce travail que nous présentons aujourd'hui, avec confiance, aux collectionneurs.

F. SERRANE.

PRÉFACE

————

« Chaque îlot signalé par l'homme de vigie
« Est un Eldorado promis par le destin !
« L'Imagination qui dresse son orgie
« Ne trouve qu'un récif aux clartés du matin. »

« Le Poète ».

La reine de Saba éprouvait la sagesse de Salomon en lui proposant des énigmes.

Le collectionneur moderne se borne à vous poser un rectangle de papier dans le creux de la main et, magnifiquement dédaigneux des contingences, sollicite un avis instantané. Il estime qu'un regard doit suffire et vous montre indifféremment une rareté très ancienne, quelque variété de nuance d'une contrée lointaine ou une surcharge récente dont il existe vingt types différents dans la feuille.

Ce n'est pas toujours si facile !

Certes, s'il s'agit d'*anciennes imitations*, grossièrement exécutées et de nuances hurlantes, tous ceux qui ont l'habitude du timbre rendront la sentence après un coup d'œil. Pour les *faux d'aspect meilleur* et de nuance approchante, il faut déjà de l'expérience : les spécialistes et les vieux marchands se tireront facilement d'affaire.

Quant aux *contrefaçons insidieuses*, obtenues par les procédés modernes de stéréotypie ou de photolithographie, elles exigent un examen plus sérieux, chaque fois que leurs nuances sont admissibles. Les *soi-disant réimpressions* tirées sur clichés originaux et les *réimpressions clandestines* sur planches originales — catégories sans aucun caractère officiel — demandent une étude serrée du papier, de la nuance, des mensurations et même du dessin, ce dernier ayant pu être modifié par oxydation, chocs, encrassement comme par une pression différente ou un encrage plus ou moins prononcé.

On rencontre aussi des *imitations raffinées* — heureusement en petit nombre — obtenues par fausse impression d'une valeur rare sur le papier original (dentelé et filigrané ou non) d'une valeur commune, dont on a fait disparaître l'impression primitive. Celles-ci requièrent l'étude détaillée du dessin et de la nuance.

Enfin, les *réimpressions officielles* et les *essais* dans la nuance viennent encore compliquer le problème.

Mais que le lecteur se rassure ! *L'imitation parfaite est absolument impossible.* Si l'on arrive à contrefaire, parfois à la perfection, une surcharge dont les caractères typographiques ou le dessin n'ont qu'une surface de 10 à 30 millimètres carrés il faut bien se dire que le timbre lui-même représente une surface vingt fois supérieure, couverte de traits d'épaisseurs diverses, parfois extrêmement fins et ceci, ajouté à la difficulté de contrefaire exactement le papier, la nuance, la dentelure et le filigrane rendent la solution aussi impossible que la quadrature du cercle.

Personne ne peut avoir présents à la mémoire *les signes distinctifs* de toutes les falsifications : ce serait surhumain. *Le but* de la présente étude est précisément de signaler ces différences constantes afin que les recherches comparatives, les expertises, soient réduites au minimum.

Un grand nombre de revues et d'ouvrages s'en tiennent aux *reproductions photographiques* accolées du vrai et du faux. Ce système est bon en soi, surtout si l'on procède par agrandissements et un « disséqueur » s'y retrouvera d'autant plus vite que les différences de dessin sont plus grandes. Mais le spécialiste insuffisamment exercé et, à plus forte raison les collectionneurs incompétents n'y verront rien, chaque fois que les dissemblances sont minimes ou lorsque les clichés sont mal venus ou mal imprimés. La simili-gravure est meilleure pour l'examen à distance mais elle a le grand inconvénient de ne pas se prêter à l'emploi de la loupe.

C'est pourquoi nous avons préféré la *méthode graphique*, malgré le minutieux et long travail de dessin à la plume qu'elle impose. Des flèches indiquent les seuls points à examiner. Deux ou plusieurs signes distinctifs sont renseignés, chaque fois que cela est possible, certains d'entre eux pouvant être masqués — intentionnellement ou non — par une fausse oblitération ou surcharge. Nous prîmes également la peine de dessiner quelques caractères génériques du *dessin original*, surtout dans ses parties les plus délicates — celles qu'on imite le moins facilement — afin que l'amateur puisse s'y reconnaître, même s'il se trouvait en présence de *falsifications inédites* ou involontairement omises.

Examinez quelques originaux et vous remarquerez presque toujours — au moins dans les timbres anciens — un dessin

régulier, des inscriptions alignées, des lettres bien espacées
et d'épaisseur égale ; des courbes et des traits réguliers et symétriques ; des ornements identiques qui, suivant la conception
du dessinateur, touchent ou ne touchent pas les autres parties
du dessin ; dans les effigies, les traits sont réguliers, les ombres
naturellement disposées : c'est que le travail a été exécuté par
des artistes, maîtres en leur art. Quand, au contraire, vous
pouvez pointer des fautes relativement grossières du dessin, il y
a fort à parier qu'il s'agit de copies faites par des faussaires plus
ou moins ingénus. Livrez-vous souvent à cet *exercice* prémoni-
toire ; exercez votre œil à fouiller toutes les particularités des
timbres et vous trouverez souvent plus de cinquante points de
dissemblance dans les contrefaçons. *Savoir regarder* est tout le
secret de l'expertise.

En dehors du dessin, il est *indispensable* que le lecteur se réfère
au *texte ;* il y trouvera d'autres détails, nécessaires pour bien
asseoir son opinion.

Quand des *mesures* sont renseignées, la première est la *largeur*,
la seconde la *hauteur ;* idem pour les *dentelures*.

Sauf indication contraire, les *falsifications* décrites sont *lithographiées*.

Nous n'attachons, en général que peu d'importance à la question des *nuances* de l'impression ou du papier parce que les
nuances franchement arbitraires sont rapidement repérées par
les spécialistes ; parce que les nuances possibles doivent être
comparées et que pour les rares, le « point de comparaison »
manque souvent dans les albums, enfin, parce que les clichés
des faux modernes existent toujours et que les tonalités peuvent
changer... demain.

L'abondance des matières traitées nous oblige à supprimer les
descriptions *d'oblitérations* originales ou fausses ; néanmoins,
celles de cette dernière catégorie sont renseignées lorsqu'elles
ont été apposées sur des séries entières très répandues et qu'elles
peuvent donc servir à attirer immédiatement l'attention.

Pour le même motif, on ne trouvera concernant les *surcharges*
que des avertissements, suivant que la comparaison est utile ou
indispensable. Il faudrait en effet plusieurs volumes pour décrire
minutieusement les *surcharges originales* avec toutes leurs
variétés ; leur reproduction photographique, même en grandeurs
impropres serait rendre un grand service... aux faussaires.

Quant aux *surcharges fausses*, il serait impossible de les
détailler toutes car à côté de types connus des experts et appliqués sur des séries entières, il y en a d'autres, isolés et exécutés
à droite ou à gauche dans le monde entier ; certaines surcharges
ont été contrefaites de cinquante manières différentes ! D'ailleurs,
tout ce travail ne servirait de rien ; on fabrique chaque jour des

surcharges de plus en plus insidieuses et l'amateur serait fondé à croire qu'une surcharge est originale chaque fois qu'elle ne correspondrait pas aux descriptions données !

Ici encore on peut repérer à l'œil, et de chic, les mauvais tripotages anciens dont les auteurs ne s'inquiétaient guère de mensurations ; une vague ressemblance leur suffisait. Pour les *surcharges impropres* mais déja plus « distillées » le vernier rendra de bons services. Dans les cas épineux, *la comparaison* seule est probante et lorsqu'elle est faite scientifiquement et avec logique elle lève généralement tous les doutes.

L'emploi d'*un gabarit en mica* — où le contour de la surcharge originale est marqué à la pointe de graveur — est suffisant neuf fois sur dix. Ne pas négliger pourtant les *autres moyens d'investigation* parmi lesquels on peut citer : la nuance exacte de l'encre ; sa matité ou son brillant ; son opacité ; sa transparence au verso ; son degré d'oléosité et dans certains cas, son « épaisseur » ainsi que le « glissement » des cachets à la main ; le degré de foulage des surcharges typographiques (particulièrement dans les neufs) ou le manque de foulage des surcharges lithographiques. Signalons encore les détails souvent inconnus des faussaires, tels que la nuance du stock officiellement surchargé ; sa dentelure ; son papier et jusqu'à son manque de centrage pour les dentelés de certaines valeurs. Dans quelques cas, la connaissance de l'emplacement exact de la surcharge sur tous les timbres d'une feuille ; la connaissance des défauts les plus minimes d'une composition typographique (bavures, manque à l'impression, etc.), ou d'un cachet à la main apporte de nouveaux éclaircissements. Enfin, l'oblitération est, dans la majorité des cas, un excellent moyen de contrôle.

Puisse notre travail recevoir un accueil bienveillant et courir le monde en enseignant la prudence ; démontrer au collectionneur qu'avec un peu d'étude il n'a rien à craindre ; guider les dons d'observation des philatélistes sérieux et en faire des experts : ce sera notre plus belle récompense !

L'auteur.

AÇORES

Oblitérations originales 42, 43, 44, 48, 49, 50 ou à date.
Réimpressions : papier très blanc.

1868. Nᵒˢ 1 à 6. *Surcharge originale* type I ; E étroit, S penché à droite ; 14 $\times$ 3 ᵐᵐ. *Reimpressions*, type IV ; 13 1/2 $\times$ 12 1/2 ᵐᵐ ; cédille en forme d'accent ; E large ; S normal. *Fausses surcharges.* Comparaison indispensable. (Genève 2 types).

1868. Nᵒˢ 7 à 14 et 1870, nᵒˢ 15. Dentelés 12 1/2. *Surcharges originales :* type I ; les 5, 10, 25, 80, et 240 r. aussi au type II ; E moyen ; S penché à gauche ; 12 $\times$ 3 ᵐᵐ ; et le 25 reis aussi au type III ; 9 1/2 $\times$ 2 1/2 ᵐᵐ. *Réimpressions :* type IV, dentelées 13 1/2. *Fausses surcharges :* voir première émission.

1877-79. Nᵒˢ 17 à 31. Surcharge originale type I. *Réimpressions* comme précédemment, dent. 13 1/2.

1880. Nᵒˢ 33 à 36. Surcharge originale et réimprimée au type IV.

1882 à 1885. Diverses valeurs ont été réimprimées sans gomme et parfois avec dentelures différentes. *Fausses surcharges* sur quelques valeurs ; comparaison nécessaire, (Genève 2 types).

1895. Saint Antoine. Toute la série a été imitée à Genève (voir volume I Portugal) et pourvue d'une fausse surcharge de 10 1/2 $\times$ 1 ᵐᵐ (au lieu de 10 $\times$ 1 1/2), dont les lettres portent des traits terminaux (notamment l'A).

AFGHANISTAN

Période de 1870 à 1891. Nᵒˢ 1 à 192. Le grand nombre de figurines différentes exige la *spécialisation*. 1870-71. 4 planches dont le cercle intérieur mesure 12 1/2 ou 14 mm. La fausse série de cette émission a été faite en diverses nuances, au type du 6 sha de 1871-72 (n° 5) sur papier blanc vergé. 1871-72, papier blanc uni, mince ; 2 variétés de chaque valeur ; des faux en lilas vif, au lieu de mauve, ne supportent pas le contact de l'eau. 1872-73, n° 7. Même papier, 12 variétés. 1872-74 nᵒˢ 8 à 12. Deux planches (millésimes 1290, 1291) ; papier blanc vergé ; 5 à 6 variétés par valeur. 1874-75. Papier blanc vergé ; nᵒˢ 13 et 15 dix variétés ; nᵒˢ 14 et 16 cinq variétés. 1875-76 (1293 en bas) nᵒˢ 17 à 26 ; papier blanc vergé ; deux variétés dans la désignation de chaque valeur et en outre 3 variétés dans les nᵒˢ 18 à 21 et 22 à 26 et 12 variétés dans les nᵒˢ 17 et 22. 1875-76. (1293 dans les inscriptions sur blanc). Papier blanc vergé. Dans chaque nuance 24 variétés pour le 1 shahi (1 planche 4 × 6) ; dans la deuxième planche, 12 variétés pour le 1 sanar ; et 6 pour le 1 abassi et 3 pour les deux autres valeurs. 1876-77. (1294). Même papier vergeures plus grandes ; papiers de diverses épaisseurs ; feuilles de 40 timbres (5 × 8) comprenant les 5 valeurs ; chaque timbre est différent et il y a donc 40 variétés (3 pour le 1 abassi nᵒˢ 1, 6 et 10 ; 2 pour 1/2 rupee nᵒˢ 2 et 3 ; 2 pour le 1 rupee nᵒˢ 4 et 5 et 25 pour le 1 shahi nᵒˢ 16 à 40 ; ceci dans chacune des nuances. 1878. (1295) 2 planches de 40 (5 × 8) ; une pour le 1 shahi, donc 40 variétés ; l'autre pour les 3 autres valeurs 1 abassi nᵒˢ 1 et 6 à 10 donc 6 variétés ; 1/2 rupee 2 variétés nᵒˢ 2 et 3 ; 1 rupee 2 variétés nᵒˢ 4 et 5 et 1 sanar 30 variétés nᵒˢ 11 à 40 ; ceci dans chacune des nuances. 1878 nᵒˢ 102 à 106. Papier blanc, mince, vergé ; 40 variétés (1 planche) pour chaque valeur ; il faut ajouter aux valeurs renseignées dans Yvert le 1 shahi brun-noir, le 1 shahi émeraude et le 1 shahi brun-noir sur papier semblable mais de nuance bistre.

Les émissions suivantes sont imprimées en un seul type, à la main, à l'encre aniline. Pour les papiers, voir les catalogues. *Faux :* en dehors des imitations décrites dans les deux premières émissions il y en a beaucoup d'autres dont la caractéristique constante est le papier mince uni. L'émission de 1871-72 nécessite la comparaison. On trouve quelques types de faux dans l'Album de Genève (pages réservées aux experts). L'oblitération consistait à enlever un morceau du timbre ; les oblitérations rouges se rencontrent sur les faux. La valeur est indiquée (originaux) à droite en bas (sud-est) quand la tête est normalement disposée devant soi ; mais dans l'émission de 1877 elle est à l'est.

Pas de *réimpressions*. Timbres de *fantaisie* de Caboul, au type des nᵒˢ 107 à 109 ; le trait interrompu des cercles extérieur et intérieur y est trop épais.

1893-99. Nᵒˢ 196 à 200 a. *Originaux :* 35 × 24 1/2. Il existe des *faux* pour tromper le fisc ; dimensions arbitraires. Le nᵒ 198 sur rose — et probablement sur d'autres nuances de papier — a été imité à Genève : 36 × 25 3/4 ᵐᵐ ; dans le millésime (à droite en haut), la branche courbée du chiffre 3 est peu visible et paraît horizontale ; le zéro (point blanc) est invisible, etc.

AFRIQUE CENTRALE ANGLAISE

1891. Nᵒˢ 1 à 16. La *surcharge originale* est plus ou moins épaisse dans les nᵒˢ 1 à 10. Les 5 sh à 10 livres de l'Afrique du Sud avec oblitération fiscale sont souvent *truqués* par lavage et impression consécutive d'une fausse surcharge. *Fausses surcharges :* comparaison nécessaire, (Genève et oblitération Fournier).

1895 et émissions suivantes. Sur les fortes valeurs, *truquage* par grattage du mot Specimen avec repeinture consécutive ou fausse oblitération.

AFRIQUE ORIENTALE ALLEMANDE

Les deux premières émissions (timbres d'Allemagne, 1889) ayant été falsifiées à Genève (voir colonies allemandes) on peut trouver des fausses surcharges d'autres provenances sur ces imitations. Oblit. fausse de Genève, 1 cercle 30 ᵐᵐ. WILHELMS-THAL DEUTSCH-OST-AFRIKA 15/1 o 1. Voir aussi Colonies allemandes pour les faux du type bateau.

Occupation belge. Seules les séries surchargées RUANDA et URUNDI sont officielles ; il existe au moins deux séries de *fausses surcharges :* comparaison indispensable. Une *réimpression* officielle (rare) a été tirée. Les soi-disant surcharges KI-GOMA, KAREMA, etc. sont des oblitérations. Un faux cachet TAXES a été apposé sur les nᵒˢ 28 à 35 ; comparaison utile.

AFRIQUE ORIENTALE ANGLAISE

1890. Surchargés nᵒˢ 1 à 3. Fausses surcharges : comparaison nécessaire. (Genève, HALF, 1 et 4 annas).

1890-91. Valeurs en rupees, nᵒˢ 15 à 20. *Originaux :* papier d'épaisseur variable (55 à 75 microns environ) peu transparent ; dentelés 14 ; 14 1/2 et 14 × 14 1/2. *Faux* de Genève ; en petites feuilles, sur papier mince très transparent, dentelés 14. *Faux de Gênes*, id, sur papier épais (90 mcs environ) transparent et très blanc. Voir l'illustration.

1891-95. *Fausses surcharges* par cachet à la main et surcharges manuscrites : comparaison indispensable.

1895. Surcharge sur trois lignes n°s 29 à 43. *Fausses surcharges :* comparaison utile. Les valeurs en roupies, timbres faux de 1890-91 on reçu une fausse surcharge à Genève, ainsi que l'oblitération fausse de Fournier : (double cercle, 23 ^mm).

1875. Surcharge 2 1/2, n°s 44. Fausses surcharges, notamment Genève.

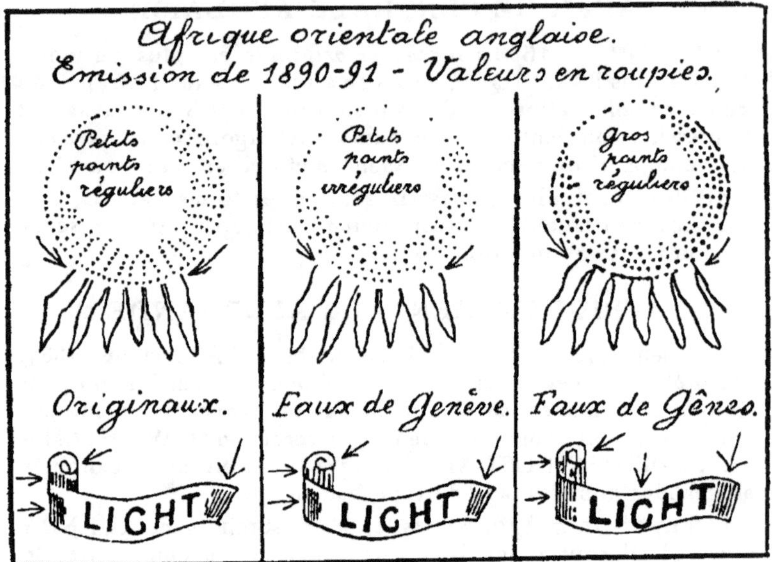

1896. 2e surcharge sur trois lignes, n°s 45 à 59. *Fausses surcharges* (Genève) etc.

1896. Surcharges 2 1/2, n°s 60 a et b. Les types II et III de la surcharge sont des réimpressions en rouge-brun des surcharges de 1897.

1897. 3e surcharge sur 3 lignes. N°s 84 à 91. *Fausses surcharges* de Genève, etc. Comparaison nécessaire. Les surcharges avec point derrière AFRICA sont des *réimpressions*.

AFRIQUE DU SUD ANGLAISE

1891. Dentelés 14. N°s 6 à 11. *Truquages :* oblitérations fiscales (cachet ou plume) lavées.

1891. Surchargés N°s 12 à 15. *Fausses surcharges :* comparaison nécessaire. Le 8 d (Genève) avec oblitération fausse, ronde un cercle (Genève) : FRANCESTOWN I MY 95 S· AFRICA.

1895. Timbres du Cap surchargés. N°s 42 a 48. *Surcharge* originale : 9 ᵐᵐ de hauteur ; SOUTH AFRICA : 14 3/4 ᵐᵐ de largeur. *Fausses surcharges* sur originaux (généralement usés au Cap) : comparaison utile. Fausse surcharge de Genève en 3 types.

AFRIQUE SUD-OUEST ALLEMANDE

1897. Première émission. Les 3, 5, 10, 20 pf. ainsi que les non émis 25 et 50 pf. ont été *réimprimés*. Surcharge plus épaisse ; 3 p. en brun-jaune ; 5 p. vert-jaune foncé ; les autres valeurs très approchantes. *Faux de Genève*, timbres faux, voir colonies allemandes. Dentelure 13 1/2 × 14. Oblitération fausse : GIBEON 1/5 1898 (ronde 1 cercle). *Fausses surcharges :* (Genève) 2 types dont un très mauvais.

1898. Deuxième émission. N°s 7 à 12. *Faux de Genève*, comme précédemment avec deuxième surcharge fausse et oblitération BETHANIEN DEUTSCH-SUDWESTAFRICA 1/5 99. (Un cercle, 28 ᵐᵐ).

1900. Type bateau. *Faux :* voir colonies allemandes.

Occupation anglaise. Beaucoup de surcharges fausses.

ALEXANDRIE

1899-1900. N°s 1 à 18. La surcharge a été *imitée* sur toutes les valeurs et la comparaison est souvent indispensable. Imitée aussi à Genève.

1921-23. N°s 35 à 50, et 57 à 60. Les *fausses surcharges* pullulent au point que le 60 m. sur 2 fr. surcharge de Paris est devenu commun. Expertise par comparaison indispensable.

1915. Croix rouge. Imitée à Genève... et ailleurs, droite, renversée et double.

Voir aussi Colonies françaises pour les n°s 31 à 33 et 47 à 50.

ALGÉRIE

1927. N°s 58 à 70. Il existe de bonnes surcharges fausses.

ANGOLA

1870 à 1885. Type couronne. N°s 1 à 14. *Faux de Genève :* très répandus ; voir l'illustration des signes distinctifs à

Colonies portugaises ; la croix sur la couronne et le côté gauche du bandeau sont parfois plus ressemblants, suivant type des petites feuilles contrefaites ou impression. Le non émis du 40 reis a été également imité. Les cadres intérieurs latéraux, plus minces que les cadres extérieurs dans les originaux, sont d'épaisseur égale ici. La dentelure est 12 1/2. *Oblitérations fausses :* (Genève) ronde à date, double cercle : CORREIO DE LOANDA 15/10 1881 et double ovale partiel : CORREIO 23 NOV° 73 .IASSANS.. *Faux anciens :* on trouve des vieux faux si mal exécutés qu'ils ne méritent pas une description.

Réimpressions. Toutes les valeurs sur blanc pur, sans gomme et dentelées 13 1/2 seulement. Une seconde série (tirage 168 séries dont la plupart avec SPECIMEN) sur papier crayeux, gomme transparente, même dentelure.

1886. Les 5, 20 et 100 R ont été *réimprimés* sur papier blanc.

* **1894. Surchargés 25 R. N°ˢ 37.** *Fausse surcharge* de Genève : le cercle intérieur n'est pas parfait à gauche ; les hachures à gauche de REIS ne sont pas parallèles.

1902. Les n°ˢ 57 à 61 ont été *réimprimés* et se reconnaissent par comparaison de la surcharge.

ANGRA

1892. *Réimpressions,* n°ˢ 1 à 8 sur papier blanc non crayeux. Dentelure 13 1/2.

ANJOUAN

1892-1907. Type Groupe. N°ˢ 1 à 19. *Faux,* voir les imitations du type Groupe à Colonies françaises. (Genève).

L'oblitération fausse de Genève est faite d'un double octogone avec l'inscription ANJOUAN 19 JUIN 04 COL. FRANC.

1912. Surchargés. N°ˢ 20 à 30. *Fausses surcharges :* comparaison nécessaire. (Genève).

ANNAM ET TONKIN

Très nombreuses variétés de surcharges. Nous conseillons aux spécialistes de se reporter aux ouvrages de Marconnet (p. 248 à 254) et de Vinck (p. 55 et 56). Très nombreuses *surcharges fausses :* Comparaison minutieuse indispensable ; s'abstenir si l'on ne spécialise pas, car des imitations ont été faites après coup avec les tampons authentiques (comparaison de l'encre nécessaire). Le 5 sur 2 c. brun est un non émis. Ont été imités à Genève les surcharges des n°ˢ 1 (2 types) ; 2 (4 types) ; 3 et 4 (7 types) ; 5 et 6 (1 type) ; 7 (1 type). Les *fausses oblitérations* de Genève sont :

rondes, double cercle : HA-NOI 2ᴱ | 21 JUIL. 92 TONKIN; id.
avec cercle intérieur à traits interrompus : NAM - DINH 1 OCT
92 TONKIN ; HANOI 3ᴱ | 27 FEVRIER 88 TONKIN et HUE
6 JUIL 88 ANNAM. Chiffres interchangeables.

ANTIGUA

Premières émissions, 1 et 6 pence. *Faux anciens ;* sans
filigrane, généralement perforés 13. Lithographies très médiocres
qu'une seconde de comparaison avec un original (n° 6, assez
commun usé) suffit a rejeter. Les 17 losanges réguliers du guillochage latéral ont ici des formes arbitraires.

ANTILLES DANOISES

3 Cents. 1855-71. Nᵒˢ 1 à 3. *Anciennes imitations* sur divers papiers, y compris le jaunâtre ; gomme généralement blanche. Impressions en diverses nuances, y compris *rouge brunâtre violacé, rouge carminé* etc. Le même cliché a servi depuis
l'origine, mais il a été mal retouché afin de donner plus de largeur à la branche supérieure du K et à la partie droite de la lettre R.

L'illustration renseigne sur les principaux défauts ; en outre,
le cor du coin inférieur ressemble à un escargot ; les détails de
la couronne, très fins dans les originaux sont bien mal venus ;
la poignée porte 6 traits perpendiculaires à l'axe, alors qu'ils
doivent être obliques, etc.

1873-79. 7 cents n° 9. *Faux* ancien de 21 ᵐᵐ de hauteur au
lieu de 20 2/5 environ ; non dentelé, partiellement dentelé ou
piqué 13 ; jaune ou jaune foncé.

Même émission. 14 cents n° 12. *Faux de Gênes*, dentelé
13. Hauteur 20 3/4 au lieu de 20 1/2. Les ornements des coins
sont mal venus ; l'S de cents ressemble à un 5, etc.

Timbres-taxe 1902. Nᵒˢ 1 à 4. *Faux de Genève ;* lettres de
DANSK trop rapprochées par le bas, l'S est trop haut ; le second
O de PORTO est mal venu à droite en haut ; les rayons du
cercle ne sont pas symétriques.

ANTILLES ESPAGNOLES

1855 à 57. Nᵒˢ 1 à 10. *Faux anciens ;* les 3 valeurs sans filigrane ; 78 perles au lieu de 73. *Faux de Genève ;* 2 reales sans
filigrane ; chiffre 2 à 1 ᵐᵐ du côté gauche du cartouche au lieu
de 1ᵐᵐ 1/2 ; pas de point derrière ce chiffre ni derrière F ; ce
faux a été surchargé Y 1/4 avec barre de fraction oblique et aux

types I et II. *Faux usés poste* des 1/2 et 1 r. de 1857, nᵒˢ 8 et 9 ;
lithographiés au lieu d'être typographiés ; les points blancs

des angles sont placés irrégulièrement (comparer avec un original d'Espagne suffit) ; il y a deux variétés pour chacune des
valeurs : I 73 perles comme dans les originaux et II ; 79 perles.

Nº 4 surchargé. *Surcharges originales*, 4 variétés sur 2 R carmin : I, Y mesure 4 1/2 ᵐᵐ de haut ; II, 5 ᵐᵐ; III, 5 1/4 et IV, 5 ᵐᵐ. 1/2. Le type III a aussi été appliqué sur la nuance rouge-brun. Ces surcharges sont toujours fausses quand on les trouve sur les nᵒˢ 5, 6 et 7.

Nº 11 surchargé. L'Y de la surcharge originale mesure 5 1/4 ᵐᵐ. et le chiffre 1 mesure **1 3/4 ou 2 ᵐᵐ suivant le type.** Il y a une fausse surcharge de Genève.

1862. 1/4 r. noir nº 12. *Faux ;* 27 perles en haut, 29 à droite, 31 en bas et 27 à gauche, au lieu de 36 ; 43 ; 36 et 44.

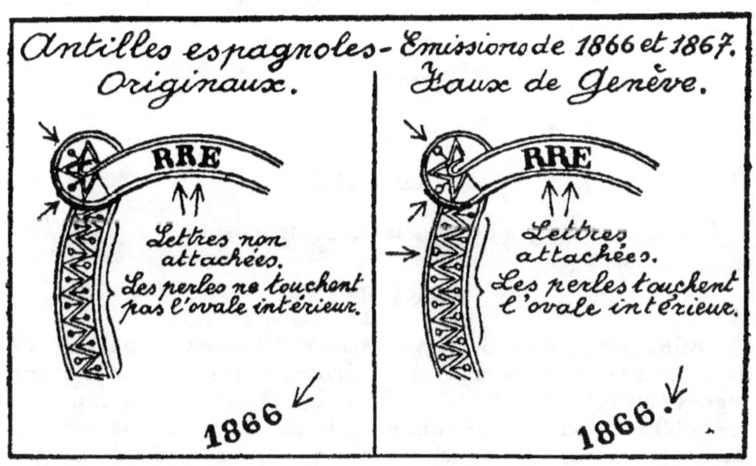

1864, 66 et 67. Nᵒˢ 13 à 25. *Faux anciens* très mal venus. Les perles des bandeaux latéraux touchent le bandeau ; le second chiffre 6 touche presque le bord du cartouche (1866) ou bien le point qui suit le millésime est trop près de ce bord. Les perles du diadème et celles de l'ovale central sont peu visibles ou très mal faites. Les lettres RRE de CORREOS sont difformes mais ne se touchent pas. *Faux de Genève.* 1866 et 1867. 18 3/4 à 19 × 22 1/2 au lieu de 19 × 22 1/4 ᵐᵐ. Epaisseur 70 à 75 mcs au lieu de 60 (1866) et 50 (1867) ces derniers avec dentelure 13 au lieu de 14 Voir illustration. *Oblitération fausse* de Genève : grille espagnole ovale.

1868. Nᵒˢ 26 à 29. *Faux anciens ;* pas de point après 1868. A droite en bas, lettre K au lieu de R, à gauche, R mal fait, semblable à un H Il y a 5 hachures sous la pointe du cou, au lieu de 3. Les fausses surcharges Habilitado sont assez nombreuses. Comparaison nécessaire. (Genève).

1869. N⁰ˢ **30 à 33.** Même série fausse que ci-dessus. Egalement des surcharges Habilitado fausses, notamment (Genève).

1870. N⁰ˢ **34 à 37.** *Faux anciens.* Dessin mal exécuté ; le chiffre 7 de 1870 a la même épaisseur partout ; le cou n'est pas ombré à gauche ; les initiales du graveur manquent sous le cou. Non dentelés ou dentelés 12 1/2.

1871. N⁰ˢ **38 à 41.** *Faux anciens.* Le point après D est placé dans le bas comme après le C qui suit la valeur ; on trouve un point après PESETA dans le n° 41. Papier mince, non dentelé ou piqué 13. La barre des lettres A est située vers le milieu de ces lettres au lieu de se trouver vers les deux tiers de la hauteur, à partir du sommet.

ANTIOQUIA

Voir Colombie.

ARABIE

Fausses surcharges nombreuses. Comparaison.

ARGENTINE

1858. N⁰ˢ **1, 2 et 3.** *Faux anciens.* Une demi douzaine de fausses séries avec faux cachets divers. On les reconnaît aux signes suivants : point derrière le 10 ou 15 ; les lettres extrêmes de la légende supérieure sont à égale distance des cadres latéraux ; les lettres R G touchent presque le cadre supérieur ; le grand ovale ne touche pas les cadres latéraux ou n'en touche qu'un seul ; trait simple et non double sous l'abréviation ON ; le C de CONFE⁰ᴺ touche le cadre de gauche ; encadrement extérieur à 1 et parfois 2ᵐᵐ. (il n'en faut pas) ; papier teinté au recto (10 c) ; etc. Voir en outre l'illustration.

Faux photolithographiés de Genève. Plus insidieux que les précédents ; largeur 19 1/4 au lieu de 19 1/2 ᵐᵐ environ ; nuances : rouge-brunâtre ; vert jaunâtre et bleu foncé (cette dernière est rare dans les originaux) ; papier trop mince (50 mcs) et trop transparent ; les signes distinctifs du report sont absents. Les fausses oblitérations de Genève sont : 1° ovale contenant le mot FRANCA (Ovale intérieur trop épais) ; 2° ovale CORREOS NATIONAL FRANCA DE MENDOZA ; 3° double ovale : CORREOS NATIONAL FRANCA DEL ROSARIO (traits terminaux manquants ou embryonnaires) ; 4° ovale à date : MENSAGE.... 15 MZ MENDOZA ; 5° Moitié gauche d'ovale simple avec ADM⁰ᴺ DE C DE CHIVILC ; 6° mot FRAN sur une ligne. Toutes ont l'encre trop grise. Il y a pas de réimpressions.

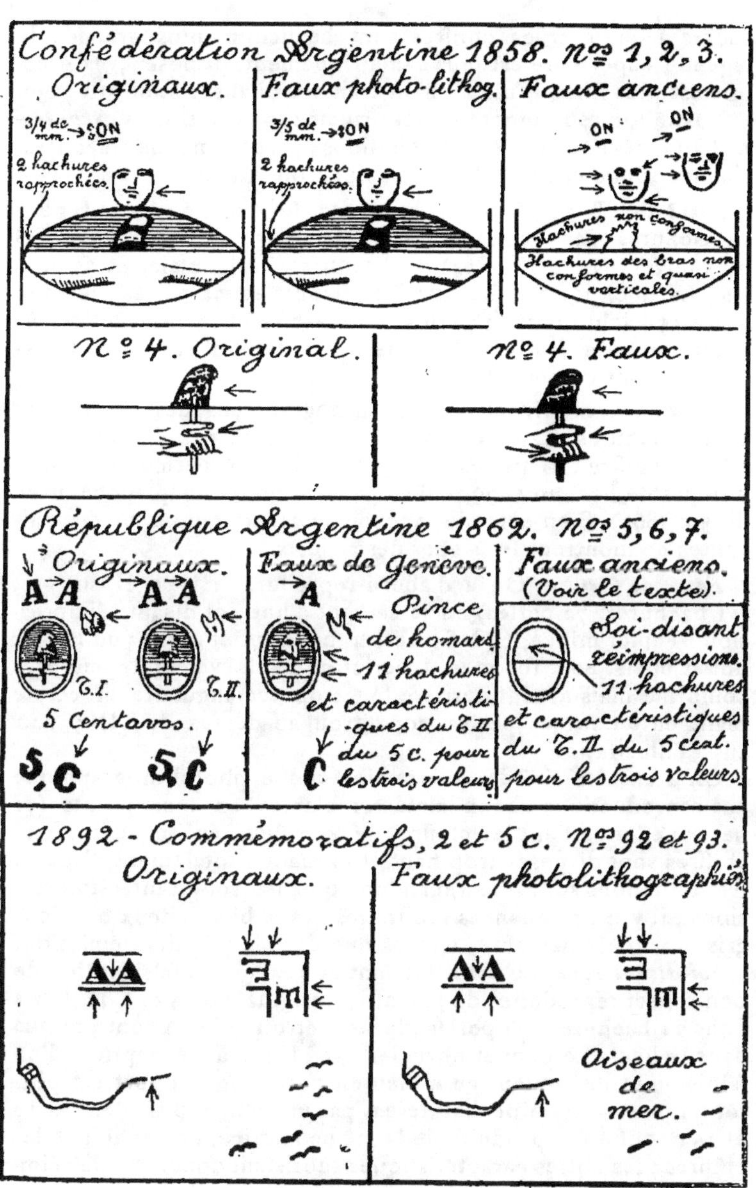

1861. N°s 4. Dans cette émission, les *originaux*, y compris n°s 4 *a* et 4 *b* (non émis) portent un cadre de séparation entre les timbres ; le grand ovale est éloigné d'environ 1/2 ^{mm} des cadres latéraux ; les chiffres sont beaucoup plus grands ; la légende supérieure est plus symétriquement disposée ; la grecque est plus fine ; il n'y a qu'un trait sous l'abréviation **on** ; etc. L'illustration renseignera sur les principaux défauts du *5 c. contrefait* à Genève avec les oblitérations précédemment décrites. Nuance rouge et rouge-brun ; papier trop mince.

1863-64. N°s 5, 6 et 7. *Originaux.* Le 5 c. a 2 types ; type I, 14 hachures dans le médaillon et 74 perles ; V de CENTAVOS plus ouvert ; type II (1864), 11 hachures horizontales et 72 perles. Le 10 c. porte 14 hachures horizontales, 78 perles ; le 15 c. porte 15 hachures et 71 perles. Dans les 10 et 15 c. les lettres A, l'extrémité du feuillage à droite du médaillon et le C de CENTAVOS sont comme dans le type I du 5 c.

Faux anciens. Diverses séries lithographiées des 3 valeurs ; 1°, 11 hachures, lignes des bras horizontales ; pas d'accent derrière le chiffre ; 81 perles ; 2°, 10 hachures, 76 perles ; 3°, autant dire pas de hachures, 79 perles (imitations de la planche usée du 5 c 1863). Bien entendu, aucune de ces imitations ni des suivantes ne montrent les signes des reports.

Faux de Genève. On a d'abord reproduit le type II du 5 c. (11 hachures, 72 perles) en se servant d'une soi-disant réimpression ! Papier mince, 60 à 65 mcs, transparent et grené ; ou papier uni et épais, 90 à 100 mcs. Inscription de la valeur à peu près conforme mais accent derrière le 5 trop rectangulaire et cercle blanc entourant les perles trop étroit au-dessus de TIN ; voir aussi l'illustration.

On a ensuite tiré de ce premier cliché photolithographique des reproductions secondaires semblables en tous points (72 perles) en modifiant les chiffres de la valeur en 10 et 15. Ces chiffres sont disposés trop haut et l'accent a totalement disparu. Ces imitations sont plus répandues que les soi-disant réimpressions ; il y a des nuances arbitraires, 15 c. bleu laiteux ou bleugris foncé. Mêmes oblit. fausses que dans la première émission.

Soi-disant réimpressions. Ce sont en réalité des falsification de bon aspect reproduites de la matrice originale du 5 c. t. II. Il y a donc 11 hachures ; 72 perles ; le C est étroit et les A sont pointus dans le haut. Le bonnet phrygien est blanc, à l'exception d'un faible point de couleur au milieu en haut ; son support est plutôt large et se termine dans le bas par un trait trop faible. Les 10 et 15 c. ont été reproduits de la même matrice, en modifiant les chiffres ; les autres caractéristiques subsistent donc. Pas de réimpressions.

1864. Rivadavia. La gravure en taille-douce des originaux permet de repérer à simple vue les *anciennes imitations*, pauvres images lithographiques sans filigrane. Signalons néanmoins quelques signes distinctifs ; le C de CENTAVOS ressemble à un S ; dans le 15 c. l'ornement circulaire devant QUINCE est brisé dans le bas et le cercle le plus épais touche cette brisure ; l'ornement situé derrière CENTAVOS touche le trait placé à sa gauche, etc.

1867-68. N°s 18, 19 et 20. Les *originaux* sont gravés en taille-douce et dentelés 12. D'anciens *faux* lithog. de cette série sont si mauvais qu'ils ne méritent pas une description.

1877. Surchargés 1, 2 et 8. N°s 29 à 31. La *surcharge originale* du chiffre 2 mesure 10 1/2 × 14 ᵐᵐ. *Fausses surcharges* droites et renversées : comparaison indispensable. Les 3 valeurs imitées à Genève.

1884. Surchargés 1884 1/2. N° 43. *Fausses surcharges* en noir et en rouge : comparaison utile. Dans la surcharge imitée à Genève, la barre horizontale du 4 est épaisse et n'a pas de trait terminal ; etc.

1890. Surcharges renversées 1/2. N°s 91ᵇ et 91ᶜ. *Fausses surcharges* renversées en noir et en rouge (Genève) ; comparaison nécessaire.

1392. Commémoratifs. N°s 92 et 93. Les deux valeurs, finement gravées par la Cie Sud-américaine ont été joliment *copiées* à Genève. Les dessins des angles supérieurs diffèrent ; les lettres sont bien séparées ; voir aussi l'oriflamme et les oiseaux de mer dans l'illustration. Dans le 5 c faux, la lettre S de CENTAVOS est fortement échancrée à droite en bas. Faux filigrane soleil ; piquage possible ; nuances arbitraires notamment le 5 c. trop indigo. Largeur : 2 c. 26 1/4 au lieu de 26 ᵐᵐ. 1/6 ; 5 c. 26 2/5 au lieu de 26 1/3. Fausse oblitération ronde à date, un cercle : BUENOS AIRES A OC 12 7.92.

1921. 5 c. orange. N° 233. *Faux usé poste.* Dentelé 11 1/2 au lieu de 13 1/2 × 12 1/2 ou 13 1/2 ; 18 hachures blanches au lieu de 22 sur la tunique, entre le collet de celle-ci et le chiffre de droite.

Timbres de service. 1884. N°s 1 à 24. Nombreuses *surcharges fausses* : comparaison indispensable. Les deux types de surcharge ont été imités à Genève.

Buenos-Aires. 1858. Vaisseau. *Originaux* : typographiés provenant d'une gravure sur bois : 22 × 18 1/2 ᵐᵐ.; 1° Le second O de CORREOS est plus grand que les autres lettres ; 2° Trait d'union (généralement point blanc) entre BUENOS et AIRES ; 3° Trois des cercles blancs des coins (traces de clous) touchent le cadre extérieur ; 4° Il y a 7 lignes de cordages entre le beaupré et le grand mât ; elles sont généralement interrompues ; 5° l'oriflamme du grand mât est formée de deux traits ; celui du haut est horizontal ; l'autre est une oblique remontante ; 6° le pavillon arrière est formé de deux traits horizontaux dirigés vers l'A de FRANCO et touchant l'ovale ; 7° les marges du timbre sont toujours très petites, il n'y a que 1/2 à 3/4 ^{mm} de séparation entre les timbres.

Faux. Lithographiés. Il existe une vingtaine d'imitations des diverses valeurs dont plusieurs en série ; elles seraient trop longues à détailler mais portent toutes l'un des signes distinctifs ci-après : 1° Lettres de CORREOS identiques à celles de BUENOS AIRES au lieu d'être plus grandes ; 2° barre supérieure de l'E de CORREOS beaucoup trop longue ; 3° lettres du même mot trop minces ; 4° Second O de ce mot d'égale grandeur ou plus petit que les autres lettres ; 5° Pas de trait d'union entre BUENOS et AIRES ; 6° Neuf traits de cordages entre le beaupré et le grand mât ; ou cinq ; ou six ; 7° Aucun des cercles blancs ne touche le cadre extérieur ; ou un seul ; 8° Les deux traits de l'oriflamme (grand mât) sont horizontaux ; ou ils se réunissent ; ou il n'y en a qu'un seul ; 9° Le pavillon arrière se dirige vers l'N de FRANCO ; ou se dirige vers le bas du timbre ; il ne touche pas l'ovale ; s'élargit vers l'ovale ; dépasse ce dernier ; 10° Le soleil est à peine visible ; ses rayons sont verticaux au lieu d'être en éventail ; etc.

Quelques signes distinctifs de l'indication de la valeur sont à citer : 1° IN PS écrit IR PS ; UN PS : 1 PS ; T. PS ; IN PS (mais le trait droit de l'N manque et le pied du P touche presque le cartouche) ; UN-PS (avec trait d'union). La plupart du temps on ne trouve ancun vestige du C gratté. 2° DOS PS écrit en lettres trop grandes touchant presque les bords du cartouche ; 2 PS ; DOS-PS (avec trait d'union). 3° TRES PS écrit 3 PS. 4° CUATO PS écrit 4 PS ; CUATR PS ; FOUR PS ! 5° CINCO PS écrit 5 PS ; etc.

Le papier et les nuances sont arbitraires notamment dans la série complète de Genève (sur papier jaunâtre ou blanc, en blocs) dont les lettres de BUENOS-AIRES sont très inégales en hauteur (fausses oblitérations comme sur la fausse série des premières émissions d'Argentine). N.-B. La plupart des imitations ne sont pas transparentes tandis que les originaux le sont toujours suffisamment.

Réimpressions. La question des réimpressions faites à l'aide de clichés volés complique encore le problème et il faut conseiller la spécialisation. Le n°ˢ 1 (2 P.) a été exécuté en bleu laiteux et bleu terne foncé ; le n° 2 (3 P) sur papier mince transparent ; le n° 7 (IN PS) dans les nuances des réimpressions du n° 1. D'autres réimpressions des n°ˢ 1 et 2 ont été faites en 1893 sur papier jaunâtre, très épais en bleu et vert jaune (rares)

Buenos-Aires. 1860. Type Liberté. *Originaux*. 1°) Les inscriptions sont à égale distance des 4 côtés des cartouches ; 2° Trait d'union entre BUENOS et AIRES parfois invisible dans les impressions lourdes) ; 3° Les lettres de CORREOS sont plus épaisses que celles de l'inscription du bas ; 4° Il y a 5 traits d'ombre dans le pli du bonnet phrygien et trois traits courts dans la partie blanche au dessus de ce pli ; 5° A droite et à gauche du cercle il y a 4 hachures fines (non compris le cadre intérieur) ; 6° Le cadre extérieur est de moitié plus fin que le cadre des cartouches latéraux.

Faux. Diverses séries péchant par l'un des signes suivants ; 1° Inscriptions déplacées dans l'un ou l'autre sens ; 2° Pas de trait d'union entre BUENOS et AIRES ; 3• Trois petits traits dans le pli du bonnet ; ou deux ; ou quelques traits dirigés vers le bas ; 4° 7 hachures à droite du cercle et 6 à gauche ; ou 3 épaisses à droite et 2 à gauche ; ou (Genève) 4 non symétriques à gauche et 3 à droite ; 5° Le S de BUENOS ressemble à un Z renversé ; 6° Le premier O de CORREOS est un Q ; 7° Le trait du cadre extérieur est aussi épais que le cadre des cartouches latéraux ; 8° Un point après REALES dans le 4 reales ; 9° les lettres BUE sont deux fois moins épaisses que NOS (Genève) ; 10° Les hachures à droite de la joue sont autant dire horizontales au lieu d'être dirigées vers le menton (serie de Genève) etc. Des soi-disants essais du Très PS ont été tirés en *lithographie*, sans gomme, en vert foncé et dans d'autres nuances d'après un cliché volé. *Réimpressions :* les nᵖˢ 1, 2, 6, 7 et 8 ont été réimprimés sur papier glacé très épais (160 microns) en lithographie et non en typographie. Sans gomme. Nuances légèrement différentes.

Cordoba. 1858. Nᵒˢ 1 et 2. *Originaux :* 5 c. vergé horizontalement ; 10 c. verticalement ; on peut trouver les deux valeurs partiellement vergées seulement ; le 5 cent n'a pas de point après CEN excepté sur 1 seul exemplaire de la planche (30 timbres 10 × 3) ; les intervalles entre les timbres sont de 1/2 à 1 1/2ᵐᵐ maximum ; le 10 c est entouré d'un encadrement rectangulaire très fin et qui n'est le plus souvent que partiellement visible. 16 3/4 × 22 1/2ᵐᵐ environ de longueur d'axes ; lettres sans traits terminaux ; chiffre 1 également ; le haut du 5 touche presque toujours l'ovale. Il y a toujours un point après le chiffre 10. Le dessin du centre est entouré d'un trait ovale mince, puis d'un gros trait ovale puis encore de deux traits ovales minces ; les trois derniers sont reliés entre eux par de gros traits et cette partie du dessin se presente comme une succession de doubles traits blancs entourant le gros trait ovale ; dans les originaux (signe secret ?) il n'y a qu'un seul trait blanc épais

juste à droite de la lettre N de CEN. Pas de *réimpressions. Faux :*
a) typographiés ; papier uni ; 5 c en vert-bleu ; 10 c en gris-brun,
cette dernière valeur sans point après CEN ; le 5 est bien éloigné de l'ovale central. Cette série se reconnaît facilement au
manque de hachures verticales dans les deux assises de la tour ;
2 traits blancs à droite au-dessus du N de CEN. *b)* lithographiés ;
papier uni ; 5 c. toujours avec point ; 10 c. toujours sans point
après CEN ; série facile à contrôler les deux traits de l'ovale extérieur se rejoignant presque au-dessus des lettres R D O. *c)*
série bien meilleure ; lithographiée, papier vergé verticalement
pour les 2 valeurs ; toutes deux avec point après CEN ; près de
17^{mm} × 22 3/4 à 22 4/5 de longueur d'axes ; lettres D, A et N
avec traits terminaux, ainsi que le chiffre 1, pourvu d'un gros
trait oblique et d'un gros trait horizontal au pied du chiffre ; deux
traits blancs minces au lieu d'un seul épais, à droite au dessus
du N de CEN. La première perle de gauche en haut est trop
petite et porte à l'intérieur, dans le bas, un trait coloré court (au
lieu du large trait courbe placé à droite de cette perle dans les
originaux) ; la perle de droite en haut est trop allongée ; série
généralement neuve, avec belles marges. Les 15, 20, 30 c et
1 peso sont des fantaisies. On trouve une *fausse oblitération* ge-
névoise de Cordoba mais elle est appliquée sur des timbres originaux ou faux d'Argentine : rectangulaire à pans coupés divisée
en trois par 2 barres horizontales avec les inscriptions CERTI-
FICADO 14 MAY. 99 CORDOBA.

Corrientes. 1856. N°s 1 et 2. *Originaux ;* typographiés ;
19 × 22^{mm}. 16 grains de raisin ; croix des coins régulières et pas
plus larges que les traits blancs du cadre. *Faux.* 1° Inscription
inférieure : 1 REALE N C au lieu de UN REAL M C ; 5 hachures horizontales sur le nez ; 9 grains mal assemblés ; croix des
coins de près d'un demi millimètre de largeur. 2° Mauvais dessin
de la face ; grappe à 9 grains oblongs. Les faux sont lithographiés sur papier trop épais ; les inscriptions sont trop nettes.

1861 à 1874. Sans valeur indiquée. N°s 3 à 9. *Faux.*
Voici quelques signes distinctifs des séries contrefaites : 1° Les
deux feuilles de laurier, derrière la tête ont une forme indéfinis-
sable ; 2° Les traits verticaux des angles intérieurs ne sont pas
droits ; 3° Le bas du jambage vertical du premier R de COR-
RIENTES est interrompu par une tache noire (Genève); 4° Les
grains de raisin sont ronds ; ou bien losangiques (Genève);
5° Le jambage arrière du premier R de CORRIENTES touche le
bas du cartouches ; etc., etc.

Réimpressions. N° 3 gris-bleu au lieu de bleu ; n° 4 gris-vert au
lieu de vert ; n° 6 orange brunâtre au lieu de jaune ou jaune
brunâtre ; n° 8 ou 9 violet au lieu de rose ou magenta. Le n° 4 a

été réimprimé aussi en vert-jaune et le n° 6 en jaune, nuances peu différentes des originales. Comparaison.

ARMÉNIE

Toutes les séries surchargées sont à examiner de près par comparaison.

AUSTRALIE OCCIDENTALE

1854-1889. Type rectangulaire. Postage en haut.
Originaux. Les diverses valeurs sont reproduites d'après le 1 p. noir 1854. Filigrane cygne ; CC ou CA couronne ; dentelures diverses ; voir les catalogues. Les originaux sont gravés en taille douce ; le guillochage du fond est fait de courbes blanches entre-

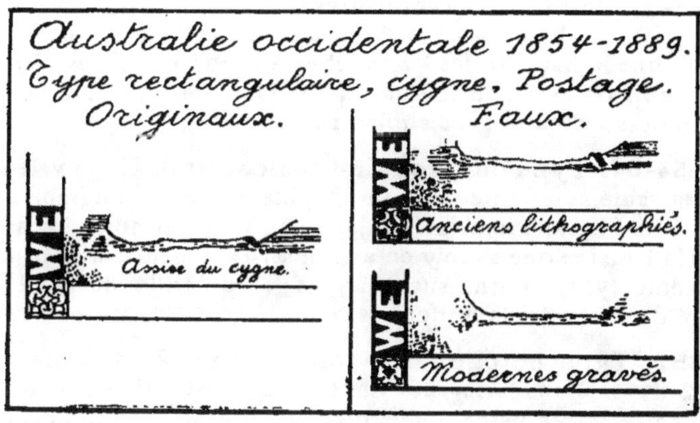

croisées ; le W de WESTERN n'est pas pointu dans le bas. Voir l'illustration pour le dessin ornemental des coins ; le guillochage (coin intérieur de gauche en bas) et l'assise du cygne. On remarque dans le ONE PENNY que l'O est plus rapproché du carré ornemental que la branche droite de l'Y et dans les 2 et 6 p. que la barre inférieure de l'E de PENCE est plus longue que la barre supérieure.

Faux. Plusieurs *séries lithographiées* dont la plus répandue (Genève) a les deux éléments du W de WESTERN pointus dans le bas (voir l'illustration) ; tout le dessin est arbitraire ; les carrés ornementaux ne sont guère plus grands que la hauteur des cartouches des inscription ; le dessin des lettres est baveux ; pas de filigrane. Dans 1 penny, le O de ONE est à la même distance du carré que la branche droite de l'Y de PENNY ; dans les 2 et

6 p. les barres supérieure et inférieure de l'E de PENCE sont d'égale longueur, etc. Le faux du 2 p. a reçu la fausse surcharge verte ONE penny à Genève et ailleurs. Fausse oblitération triple cercle avec point central. 24 ^{mm} de diamètre extérieur.

Dans une autre série la branche inférieure du G de POSTAGE ne dépasse pas, vers la droite, la branche supérieure ; le cygne n'a pas de patte visible : le faux dessin peut-être jugé facilement par un novice ; pas de filigrane.

Un second modèle lithographié de Genève (notamment 1 et 4 p) est un peu meilleur quand au burelage entourant le cygne mais le dessin des carrés ornementaux est informe ; l'S de POS-TAGE penche à gauche ; l'E de PENNY placé trop haut. Pas de filigrane.

Une *série gravée*, avec faux filigrane estampé, n'est guère plus insidieuse malgré l'effort fourni par le faussaire, dont le cygne est plus élégant que celui de la gravure originale. Le guillochage peut faire illusion à 50 centimètres, mais vu à la loupe il n'en reste rien de bon ; les carrés ornementaux ne sont pas plus grands que la hauteur des cartouches et leur dessin est fantaisiste. Voir l'illustration. L'oblitération fausse est la copie de l'oblitération ordinaire avec chiffre 1.

1854-57. Type octogonal. 4 pence. N° 3. Cette valeur a été passablement imitée en lithographie soit sans filigrane soit avec faux filigrane imprimé en jaune au verso et aussi invisible dans la benzine que s'il n'y en avait pas. Le 2 pence a été imité au même type en brun sur chamois ; le pointillé du fond est formé de courts traits uniformes.

1857. Type octogonal à fond blanc. 2 et 6 pence. N°^s 2 et 4. Dans l'*original* du 6 p. qui est lithographié, on trouve des traces d'une ligne blanche sous l'inscription supérieure. Filigrane.

Faux. 1° Pas de traces de la ligne blanche ; pas de filigrane ; cygne placé trop à gauche ; 2° pas de filigrane ; cadre extérieur touchant presque les bords du timbre ; hachures courbes pour représenter l'eau ; 3° série photolithographiée assez bien venue (en gris argent et bronze doré); faux filigrane imprimé en jaune au verso (cygne à bec de canard) ; le haut et le bas du S de SIX sont horizontaux ; les barres supérieure et inférieure du second E de PENCE ont 1 ^{mm} 1/2 de long au lieu de 1 ^{mm} environ ; la queue du cygne est pointée vers le haut de la plante d'eau au lieu de se diriger au-dessus ; etc.

1854. Type ovale. 1 shilling. N° 5. *Faux* lithographiés, en brun et chocolat-rougeâtre ; sans filigrane ou avec faux filigrane. Lettres des inscriptions trop fortes notamment le W ;

les G de POSTAGE et de SHILLING sont trop marqués (dans les originaux ils ressemblent plutôt à des C).

Il n'y a pas de *réimpressions* des valeurs précédemment décrites ; seul le 1/2 pence sur 3 p brun de 1893-95 avec double surcharge rouge et verte a été réimprimé sur papier filigrané CA.

1884-85. Surcharge 1/2. Nᵒˢ 37 et 38. *Fausse surcharge* sur timbres originaux oblitérés ou sur faux de Genève. Comparaison nécessaire.

AUSTRALIE DU SUD

1855-1877. Effigie dans un cercle, 1, 2 p et 1 sh. *Originaux.* Gravés en taille douce ; filigrane étoile ; non dentelés ou dentelures diverses. En dehors des étoiles. il y a des cercles concentriques dans les carrés ornementaux ; le cercle ne touche pas le cartouche inférieur et est éloigné de 2/3 de ᵐᵐ environ du cartouche portant les mots SOUTH AUSTRALIA ; la face et le cou sont finement ombrés de points.

Faux anciens. Sans filigrane. Le cercle central touche presque le cartouche au dessus et touche celui de la valeur ; le dessin des coins est arbitraire ; taches blanches sur la joue et le bas du cou.

1859-67. 9 pence nᵒ 9. *Originaux.* Gravés en taille-douce ; filigrane étoile. L'ovale touche le cadre partout. Il y a 16 doubles hachures dans l'ovale, à droite et à gauche du cadre. *Faux anciens.* 13 doubles hachures à gauche et à droite. Pas de filigrane.

AZERBAIDJAN

Nombreuses surcharges fausses. Comparaison nécessaire.

BAHAMAS

1859 à 1882. 1 p. Nᵒˢ 1, 2, 5, 9, 12 et 14. *Originaux.* Gravés. Non dentelé ou dentelures diverses. (Voir les catalogues). A partir de 1863 avec filigrane. Le haut de l'ananas touche l'ovale *Faux anciens* Voir l'illustration ; sans filigrane ; le haut de l'ananas ne touche pas l'ovale.

1861 à 1882. 4 et 6 p. Nᵒˢ 3, 4, 6, 7, 10, 13 et 15. *Originaux.* Le fin guillochage permet de reconnaître à simple vue les deux mauvaises séries *fausses :* type a, souvent non dentelé ; type b, un peu meilleur ; tous deux sans filigrane. (N. B. L'illustration porte par erreur 2 et 4 pence, c'est 4 et 6 p. qu'il faut lire).

1863 à 82. 1 sh. vert nᵒˢ 8, 11 et 16. *Originaux.* Les

hachures du fond sont assez épaisses ; leur arrêt marque seul le contour du visage. Sous le deuxième A de BAHAMAS on trouve deux cercles concentriques. Filigrane CC ou CA. *Faux :* Un trait marque le contour du visage et le cou ; les hachures du

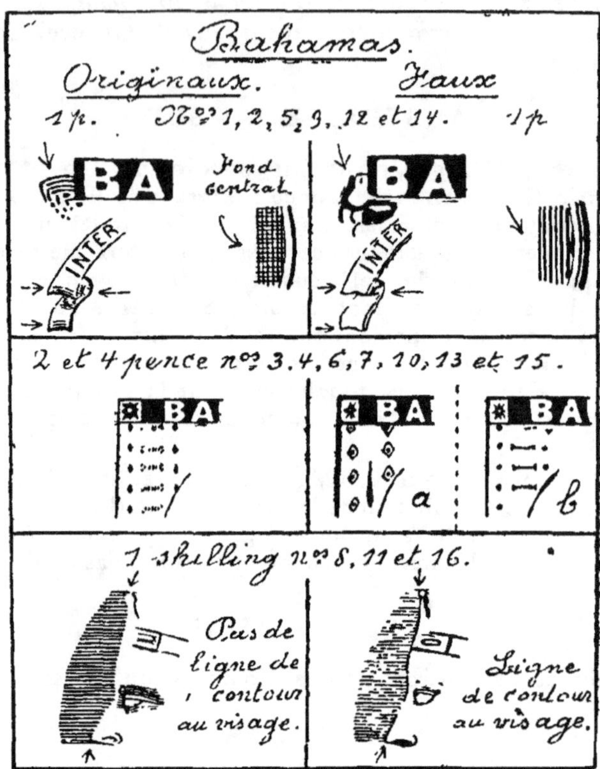

fond central ne forment pas un ovale parfait et elles sont trop fines ; le petit cercle sous le second A de BAHAMAS contient un point de couleur. Sans filigrane.

BANGKOK

Nombreuses surcharges fausses. Doivent être expertisées par comparaison avec un original.

BARBADE

1852, 1857, 1861. Sans valeur indiquée. Nos 1 à 5 et 8 à 10. *Originaux.* Gravés en taille-douce. Dans le haut du timbre il y a 11 arcs de cercle complets. 18 1/2 × 22 environ. Voir l'illustration pour d'autres détails. *Faux anciens* : 1° le grand mât est sans oriflamme ; 8 hachures dans le bouclier ; la pointe de la lance arrive plus bas que la boule du casque et ce dernier, mal venu, semble être la continuation des cheveux ; 18 1/2 × 21 1/2. 2° En haut 10 arcs de cercle seulement ; lance sans hachures intérieures ; dessin ornemental du haut et des côtés très mal venu ; 18 × 21. 3° La meilleure série ; voir les signe distinctifs dans l'illustration ; 12 hachures dans le bouclier ;

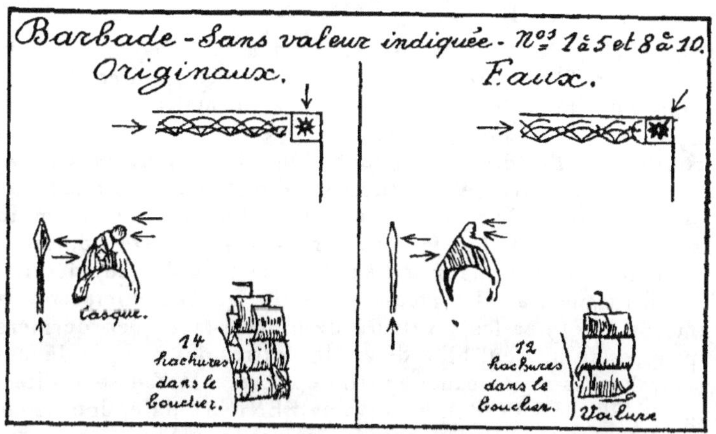

18 1/4 × 21 1/2. Les imitations ci-dessus se reconnaissent encore plus facilement des originaux de 1870 et 1871-73 (14 à 16 et 19 à 22) car elles sont sans filigrane. Pas de *réimpressions*.

1859 à 71-73. 6 p. et 1 sh. *Originaux*. Mêmes signes distinctifs que ci-dessus ; filigrane étoile pour les nᵒˢ 17, 18, 23 et 24. *Faux* : ont été exécutés par reproduction des faux clichés décrits plus haut ; on y retrouve donc les mêmes défauts. Oblit. fausse de Genève, 1 cercle, 19ᵐᵐ. BARBADOS I JY.. 59.

BATOUM

1919. Nᵒˢ 1 à 6. *Originaux*. Valeurs en Kopecks, six perles au-dessus du chiffre de droite ; nᵒ 4, huit perles irrégulières au-dessus du chiffre de gauche ; nᵒ 5 les lettres B A ne se touchent pas ; nᵒ 6 les lettres T Y se touchent. Hauteur : 25 1/2ᵐᵐ environ. *Faux* ; 26ᵐᵐ de hauteur ; nᵒˢ 1 à 3 : 7 perles au-dessus du chiffre de droite ; nᵒ 4, huit perles rondes au-dessus du chiffre de gauche ; nᵒ 5, les lettres B A se touchent ; nᵒ 6, les lettres T Y ne se touchent pas, etc.

Emissions suivantes. A partir du nᵒ 15 il y a une masse de fausses surcharges à juger par comparaison.

BECHUANALAND

Très nombreuses *surcharges fausses* des émissions de 1886-89 nᵒˢ 1 à 9 et de 1888, nᵒˢ 23 à 28 ainsi que de l'émission de 1888 surchargée Protectorate ; comparaison indispensable. (Genève : les 2 types de 1886-89 nᵒˢ 1 à 9 ; le type de 1892 nᵒˢ 31 à 35 et 1898-1902 nᵒˢ 15 à 21, appliqués sur divers originaux usés du Cap ou de Grande Bretagne).

BENIN

1892. Surchargés BENIN. Nᵒˢ 1 a 13. *Originaux :* 4 types ; I lettre B interrompue dans le bas ; II premier N interrompu à droite en bas ; III normal ; IV normal avec accent sur l'E, le haut du jambage droit du second N est légèrement recourbé vers l'intérieur. Cachet en bois, à la main. *Fausses surcharges* très nombreuses ; la plupart ne ressemblent à aucun des types originaux. Comparaison indispensable ou tout au moins passage au gabarit. Les fausses surcharges ont été appliquées soit sur timbres originaux soit sur timbres faux de 1881 décrits à Colonies françaises. La fausse série de Genève comprend les numéros 1 à 13 et les 4 valeurs de timbres-taxe (ces dernières imprimées en un seul bloc de 4); les lettres des 2 types de fausses surcharges sont beaucoup trop épaisses ; la fausse oblitération est GRAND POPO, 7 NOV. 92 BENIN (à date, double cercle, cercle intérieur brisé, chiffres interchangeables).

1892. Idem avec nouvelle valeur en surcharge. Nᵒˢ 14 à 17. *Originaux ;* la nouvelle valeur ne porte pas, ou très peu, sur les chiffres de l'ancienne valeur. *Fausses surcharges ;* très nombreuses. Comparaison nécessaire.

1892. Type Groupe. Nᵒˢ 20 à 45. *Faux ;* voir à Colonies françaises pour les imitations de ce type. (Genève).

Taxes. Voir première émission.

BERMUDES

1865-73. Nᵒˢ 1 à 8. 1, 2, 3, 6 p. et 1 sh. *Originaux.* C'est l'arrêt des hachures du fond central qui forme seul le contour du visage (voir les illustrations du 1 sh. de Bahamas). Il y a 6 hachures courtes et obliques sous la lèvre inférieure ; le lobe de l'oreille est couvert de fines hachures obliques

Faux. Tous lithographiés sans filigrane. 4 séries différentes dont deux ne portent pas sur toutes les valeurs ; leur caractéristique générale est une ligne plus ou moins épaisse qui marque le contour du visage. *a)* la pointe centrale de l'M de BERMUDA descend jusqu'au bas de la lettre ; 2 courts traits sous la lèvre inférieure. *b)* pas de hachures sous la lèvre inférieure ; le lobe de l'oreille est blanc ; *c)* pas de hachures sous la lèvre inférieure ; 5 traits courts hachurent le nez ; *d)* (Gênes) narine comme dans le faux du 1 sh. de Bahamas ; la lèvre inférieure est formée d'un trait court et épais.

1874-75. Surchargés. Nᵒˢ 9 à 14. Enormément de *surcharges fausses ;* les plus mauvaises parmi celles de bon aspect général portent des bavures et même des faux traits (n° 12 et 13) mais il en est de bonnes qui doivent être comparées ; la surcharge originale mesure 23 1/2ᵐᵐ. La plus répandue est le Three pence sur 1 p rose (n° 12). On trouve aussi le faux de Gênes du 1 sh avec fausse surcharge type II (n° 14) sur fragment pour pallier au manque de filigrane.

BOLIVAR

Voir Colombie.

BOLIVIE

1867. Première émission. Nᵒˢ 1 à 8. *Originaux :* gravés en taille douce. *Faux* anciens, lithographiés à dessin très arbitraire ; le cadre extérieur est mince. On trouve aussi les 50 et 100 c. gravés ; dans le premier, les coins supérieurs du cadre intérieur sont rectilignes au lieu d'être arrondis et dans le second les cartouches de la valeur ne touchent pas le cadre intérieur et ceux du bas sont placés comme ceux du haut, donc à l'envers. Toutes les valeurs ont été également photolithographiées ; le manque de relief suffit à les écarter.

Réimpressions clandestines à l'aide des planches originales ; les nuances sont ternes et doivent se juger par comparaison avec des originaux ; 5 c. violet sombre ; 10 c. brun ; 50 c. jaune terne ; 50 c. bleu terne ; 100 c. bleu (au lieu de gris-bleu ou bleu foncé); 100 c. vert (au lieu de vert jaune foncé ou vert mat).

1868-71. 9 ou 11 étoiles. Nᵒˢ 9 à 18. Les *originaux* sont gravés avec finesse ; le fond du cercle central est formé de fines hachures horizontales. *Faux :* le fond du cercle est plein ; les hachures horizontales de l'ovale sont trop espacées ; les lettres L et I de BOLIVIA ne sont pas réunies.

1894. Gravés. Nᵒˢ 39 à 45. *Originaux :* papier mince dentelure 14, 14 1/2. *Faux* ou *réimpressions* clandestines, comme on voudra, sur planches originales ; papier épais (80 à 85 microns) dentelés 13, 13 1/2 et parfois 11. Une partie de ce tirage parisien fut envoyé au gouvernement bolivien ! et passa par la poste ; les oblitérés sur papier épais ont donc de la valeur sur lettre entière ; le reste, neuf ou barré (barres fines ou très épaisses) est sans valeur.

1897. 2 bolivars. N° 72. *Original :* lithographié, d. 11 3/4 $\times$ 12 ; 23 1/10 $\times$ 29 3/4^{mm}. *Faux*, lithographié de Genève, très insidieux ; dentelé 11 1/2 ; 23 $\times$ 29^{mm}. Voir divers signes distinctifs de l'original et du faux dans l'illustration.

La fausse oblitération de Genève est formée d'un triple rectangle avec deux rectangles latéralement accolés et BOLIVIA au milieu.

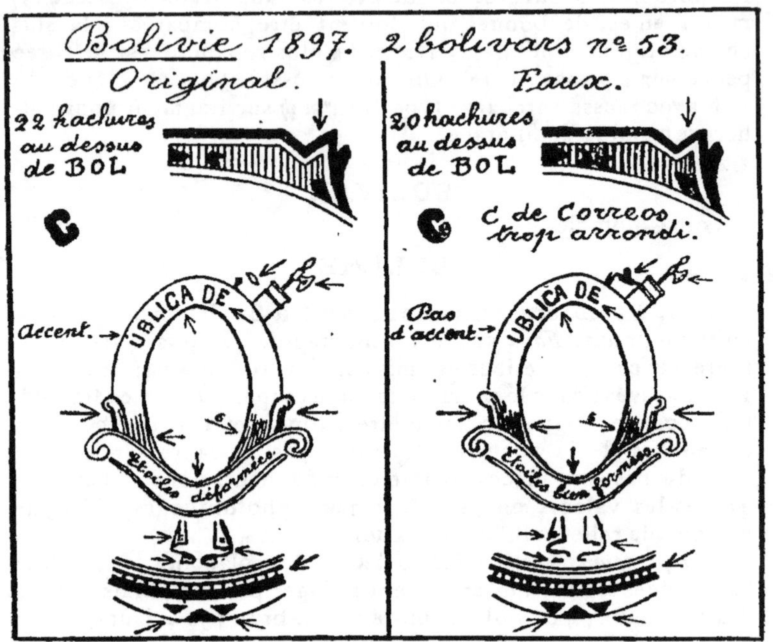

1899. Surchargés E F 1899. N°s 54 à 58. *Fausses surcharges :* comparaison nécessaire. Aussi (Genève) sur originaux et sur faux de 1894.

1899-1901. Dentelés 11 1/2. N°s 59 à 66. *Faux de Genève :* la comparaison avec les 1 ou 2 cent. faciles à trouver originaux montre un fond de hachures peu nettes ; les armes et l'inscription supérieure sont mal venues ; des étoiles touchent en haut ou en bas ; etc.

BORNEO

1883-86. POSTAGE en haut. N°s 1 à 9. *Faux de Gênes :* 2 cents (Je n'ai vu que cette valeur, mais il est probable que les autres valeurs en cents suivront, provenant du même cliché) :

nuance brun-rouge plus accentuée en rouge (moins chocolatée)
que l'original ; dent 14 ; 22 de hauteur au lieu de 22 1/3 ; transparence rose (au lieu d'être non transparent) ; la ligne de points
à gauche du bateau sous les hachures du fond et le pointillé du
bas de l'écusson, entre les groupes de courbes figurant les vagues sont peu visibles ou manquent partiellement.

Faux de Genève, 50 cents ; les hachures horizontales de l'écu
et celles des pagnes des deux personnages ne sont pas parallèles ; la moitié des lettres de l'inscription PERCO ET PERACO
touchent le haut de la banderole ; le T touche le bas et l'R de
PERACO, trop grand, touche en haut et en bas. La fausse oblitération de Genève est ronde à date, 27 1/2ᵐᵐ de diamètre :
SANDAKAN 23 JUN 1886.

**1884-87. Surchargés 3, 5, 8 et EICHT CENTS. Nᵒˢ 12
à 15.** *Surcharges originales :* n'ont été apposées que sur les
3 valeurs de 1883 et 84 dentelées 12. *Fausses surcharges* très
nombreuses : comparaison indispensable. Une fausse surcharge
du 5 cents avec l'S petit (comme dans le type I du 3 cents) et à
barre inférieure autant dire horizontale provient de Genève. La
surcharge fausse EIGHT CENTS (10ᵐᵐ au lieu de 10 1/2ᵐᵐ de
long) avec traits terminaux de la barre horizontale des lettres T
longs et pointus a été appliquée sur le 2 c faux de Gênes et sur
originaux. Les surcharges appliquées sur timbres originaux dentelés 14 (couleurs à l'aniline) sont fausses. La surcharge and
Revenue des nᵒˢ 16 et 17 a été également imitée : comparaison
nécessaire.

1888. 25, 50 c ; 1 et 2 d. Nᵒˢ 30, 31, 33 et 63. Voulant
imiter les valeurs rares de 1883, nᵒˢ 24 à 27, Fournier, par manque de modèles ? a *contrefait* en réalité les types refaits, plus
communs. Pour le 1 dollar son modèle fut le nᵒˢ 63 et c'est
celui-ci qui fut contrefait en place du nᵒ32. Ses faux sont photolithographiés et très bien venus à part quelques détails ; le moyen
le plus facile de les reconnaître est de comparer les nuances ; le
25 c. est bleu-verdâtre foncé au lieu d'ardoise ; le 50 c. violet
foncé au lieu de violet bleu et le 2 d. original est vert sombre
et non vert. Dans le 50 c. faux, la hauteur est de 31 ᵐᵐ 1/3 au
lieu de 30 ᵐᵐ 4/5. Pour le 1 d. (1894, nᵒ 63) la hauteur est de
31 ᵐᵐ 3/4 au lieu de 31 1/4 et le dessin est maltraité (voir l'illustration) ; les deux personnages ont la face blanche : c'est une
manière de sauver la face ! L'oblitération fausse est SANDAKAN
23 JUN, (ronde, 1 cercle), comme pour la première émission
mais appliquée partiellement (sans le millésime) ; aussi ovale
de barres.

1889-90. 1/2 à 10 cents. Nᵒˢ 34 à 42. Inscription POS-
TAGE et REVENUE dans le bas. *Originaux :* 19 ✕ 22 3/4 envi-

ron : épaisseur 70^{mcs} environ. *Faux :* bon aspect ; nuances
dissemblables ; dentelure possible ; épaisseur 50 ^{mcs} environ et
papier lègèrement transparent. Voici pour chaque valeur, les
signes distinctifs, voir aussi les illustrations: 1/2 c. hauteur
23 1/2 ; dessins cruciaux la gauche chavirés dans leur cadre ;

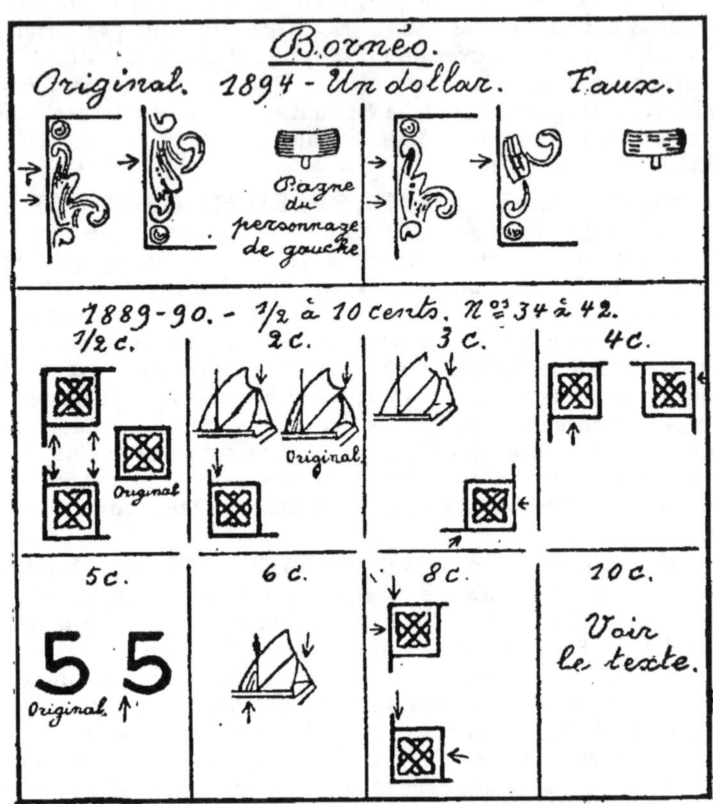

Rose-rouge au lieu de rose carminé. 1 c. déviations légère des
dessins cruciaux ; jaune-ocre au lieu d'ocre. 2 c. voile triangulaire déviée à droite ; dessin du coin inférieur gauche dévié à
gauche ; brun-rougeâtre ; lettres grêles, 3 c. dessin du coin inférieur droit irrégulier ; la voile triangulaire est devenue trapé-
zoïdale ; violet rougeâtre au lieu de violet foncé, 4 c. défauts dans
le dessin des coins supérieurs ; hauteur 23 ^{mm} ; rose trop foncé.
5 c. dessin défectueux du coin supérieur droit ; ce carré n'est
pas relié ou mal relié au cartouche du mot BORNEO ; hauteur
23 ^{mm} 1/5 ; boucle du 5 ne dépasse le trait vertical du chiffre que

de 1/10 ᵐᵐ au lieu de 1/4 ; nuance grise pas assez foncée, 6 c. grand mât mal venu ; les deux cordages obliques, à gauche, ne le touchent pas et sont presque parallèles ; la voile triangulaire a des contours trop droits ; au dessus du B de BRITISCH il manque une hachure dans la banderole ; boucle inférieure aplatie au lieu de ronde. 8 c. Voile triangulaire comme dans le 2 c ; les deux dessins cruciaux de gauche sont déviés à gauche et mal venus ; sous le bateau, les lignes des vagues forment des taches ; vert contenant un peu trop de jaune. 10 c. hauteur des chiffres 1 ᵐᵐ 3/5 au lieu de 1 3/4 environ ; le trait de droite de la voile triangulaire est trop prononcé et cette voile se présente comme dans le 2 c. ; la lettre S de CENTS est souvent défectueuse vers le milieu ; bleu au lieu de bleu foncé.

1890-91-99. Surchargés. Nᵒˢ 43 à 48 et 86 à 97. *Fausses surcharges :* comparaison nécessaire. Fausses surcharges de Genève : 4 CENTS ; Two cents et 6 CENTS (ces 2 dernières aussi sur les faux).

1916. Croix rouge. Nᵒˢ 150 à 162. *Fausses surcharges ;* comparaison nécessaire. Dans les imitations genevoises, sur originaux, le rose est trop carminé ; les sommets de jonction des 4 triangles sont trop épais.

BRÉSIL

Il y a énormément de faux des non dentelés du Brésil. Leur étude détaillée serait trop longue ; il est d'ailleurs bien inutile de s'attacher aux détails des chiffres, encadrements etc , alors que le guillochage du fond fournit un diagnostic rapide et sûr.

Première émission. 1843. Nᵒˢ 1 à 3. *Originaux.* Le fond est composé d'un quinconce de points losangiques ; on remarque (loupe) que chaque assemblage de 9 ou 16 figures angulées est séparé des autres par une curviligne blanche qui mord plus ou moins sur les côtés. L'étude du guillochis par rapport aux deux grosses boules blanches et au dessin ornemental des bandeaux démontre que le graveur de la maison Perkins, Bacon and Cᵒ a gravé à l'envers, sur la matrice de reproduction, les chiffres du 60 reis. Le Kohl's Briefmarken Handbuch omet de signaler cette particularité. *Faux.* Plusieurs séries dont le quinconce est fait de groupes de 9, 12, 16 et jusqu'à 25 points ronds, rectangulaires ou losangiques ; les intervalles entre les groupes sont trop grands ou défaillants. Il y a des dessins tout à fait fantaisistes Voir l'illustration.

Deuxième émission. 1844-46. Nᵒˢ 4 à 10. *Originaux.* Guillochis aussi finement exécuté que celui de la première émission. Cette fois, c'est le graveur de la Monnaie de Rio qui a

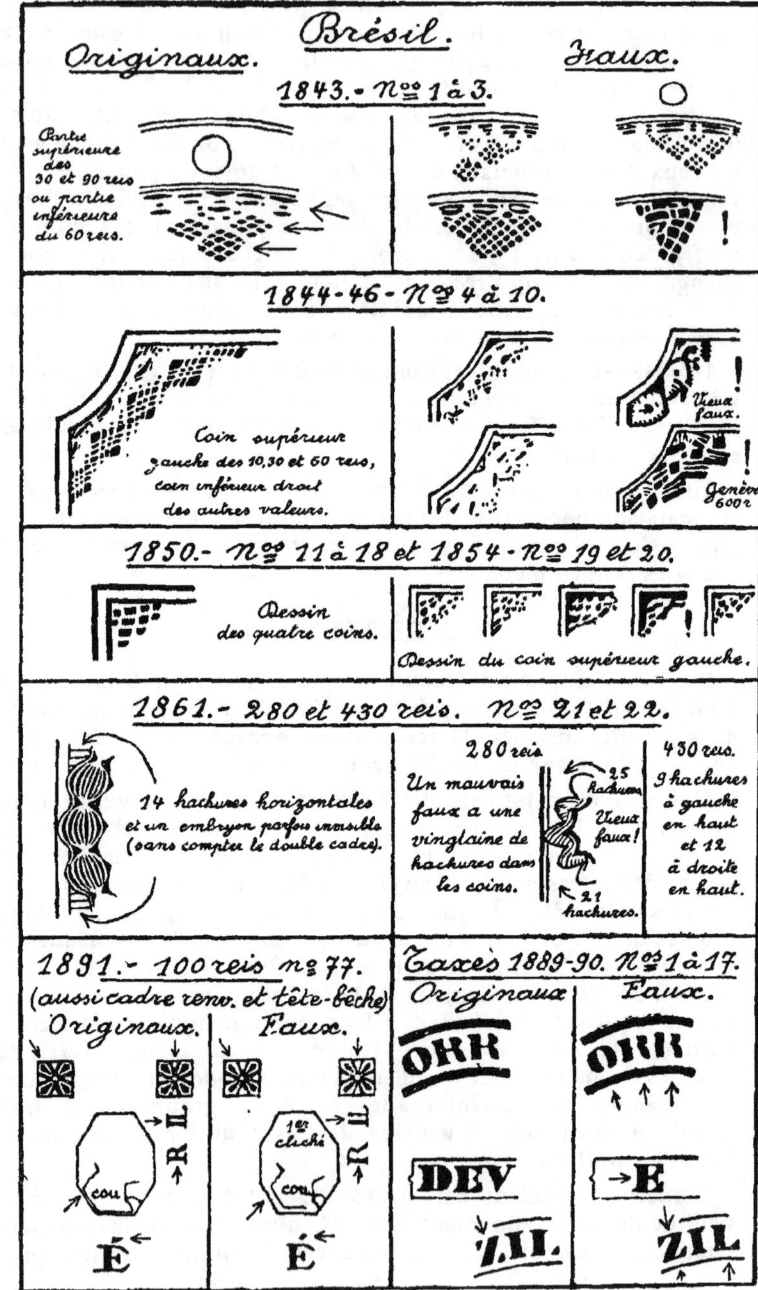
Brésil.
Originaux.
Faux.
1843. - Nᵒˢ 1 à 3.
Partie supérieure des 30 et 90 reis ou partie inférieure du 60 reis.
1844-46 - Nᵒˢ 4 à 10.
Coin supérieur gauche des 10,30 et 60 reis, coin inférieur droit des autres valeurs.
Vieux faux.
Genève 600 r
1850.- Nᵒˢ 11 à 18 et 1854 - Nᵒˢ 19 et 20.
Dessin des quatre coins.
Dessin du coin supérieur gauche.
1861.- 280 et 430 reis. Nᵒˢ 21 et 22.
14 hachures horizontales et un embryon parfois invisible (sans compter le double cadre).
280 reis
Un mauvais faux a une vingtaine de hachures dans les coins.
25 hachures
Vieux faux!
21 hachures.
430 reis.
9 hachures à gauche en haut et 12 à droite en haut.
1891.- 100 reis nᵒ 77.
(aussi cadre renv. et tête-bêche)
Originaux.
Faux.
RL
1er cliché
cou
cou
É
É
Taxes 1889-90. Nᵒˢ 1 à 17.
Originaux
Faux.
ORR
ORR
DEV
E
ZIL
ZIL

commis l'erreur de graver les chiffres 90, 180 et 600 reis à l'envers par rapport au guillochis des 10, 30 et 60 reis. *Faux.* Les imitations dessinées sont grotesques ; 3 séries, provenant de 3 fabriques différentes ; les photolithographiés sont flous et sans relief. En général, un seul cliché par série, cliché reproduit avec modification des chiffres ; la série de Genève a trois clichés différents pour les 180, 300 et 600 reis, ils sont d'ailleurs aussi fantaisistes, voir l'illustration et comparer le dessin avec le coin supérieur gauche de l'original suffit.

1850 et 1854. N⁰ˢ 11 à 20. *Originaux.* Cette fois, le dessin du fond, identique partout, n'a permis aucune inversion de la gravure des chiffres. — *Réimpressions.* Toutes les valeurs en noir, sur papier très épais. Impression soignée sur planches nettoyées. *Faux.* Nombreuses séries dont une complète faite à Genève (y compris n°ˢ 19 et 20) dont le dessin des coins est arbitraire et même parfois différent dans chaque coin ! Photolithographiés sans relief. *Truquages.* Réimpressions uniformément amincies. Comparaison de la texture du papier.

Emission de 1861. 280 et 430 reis. N⁰ˢ 21 et 22. *Originaux.* La gravure en taille douce, à entailles profondes, laisse apercevoir un sérieux dépôt de couleur, particulièrement sur les traits ombrés des chiffres. *Faux.* Mal exécutés en lithographie ; les 2 valeurs ont été mal imitées à Genève, avec 13 hachures horizontales à gauche en haut ; 11 à gauche en bas et 5 traits courbes seulement dans les 3 boules représentées dans l'illustration. Les oblitérations fausses de Genève, sur cette série et sur la précédente sont le vieux cachet à barres horizontales et parenthèses de Nouvelle Galles et Tasmanie ; ovale de barres ; points et des cachets partiels ronds, double cercle CORREIO, etc, *Réimpression* clandestine du 280 reis en lie de vin sur papier vergé horizontalement. (Planche originale).

1866 dentelés. Les originaux sont dentelés 13 ½.

1891-92. 100 reis. N° 77. *Originaux.* Impression typographique bicolore. A noter que les hachures rouges qui couvrent les inscriptions ne sont pas limitées par un trait rouge aux extrémités. — *Faux de Genève.* Photolithographiés bicolores d'aspect insidieux ; les hachures rouges sont limitées par des traits destinés à border les côtés des coins ornementaux vers l'intérieur du timbre. Dans un premier cliché pour l'impression rouge, l'effigie est séparée du cadre octogonal par une distance d'environ 1/2 ᵐᵐ en bas et le long des cheveux, mais est rattachée à ce cadre par l'épaulière (faux de l'unité ordinaire et du tête-bêche). Dans un second cliché, l'effigie a été descendue jusque sur la ligne inférieure du cadre octogonal et les faux provenant de ce cliché rectifié sont donc plus insidieux. Voir d'autres détails dans l'illutration. Les nuances sont passables : outremer pâle et rose-rouge ce qui fait pointer de suite le faux tête-bêche (le tête-bêche original étant bleu et rouge) ; la dentelure est de 12 × 12 ou 14 × 14 ; la fausse oblitération (ronde, à date, un cercle de 23 mm 3/4. ITAJARY 23 ABR 1891 (S. CATHᴬ), ou double cercle (20 1/2 mɪɴ) ADM. ᴰᴼ SC ᴰᴼ PARANA (EXP.) 13 JUL 92.

1894-97. 100, 300 et 500 r. Nᵒˢ 82, 84 et 85. *Faux usés poste* (Rio de JANEIRO). 100 reis : le mot CORREIO a les lettres visiblement trop maigres et le bandeau qui contient cette inscription est trop éloigné de la lettre S de ESTADOS. 300 et 500 reis : dans les originaux, la lettre S de REIS (à gauche du chiffre) est plus haute que les autres ; dans les faux, elle est, au contraire plus petite, trop étroite et plus éloignée de la lettre I. Dimensions arbitraires.

1900. 200 reis. Nᵒˢ 118. *Faux usé poste.* CORREIO n'est pas placé symétriquement dans le bandeau mais trop bas ; cette inscription est trop large d'environ 1ᵐᵐ du fait que les lettres RR sont visiblement trop larges.

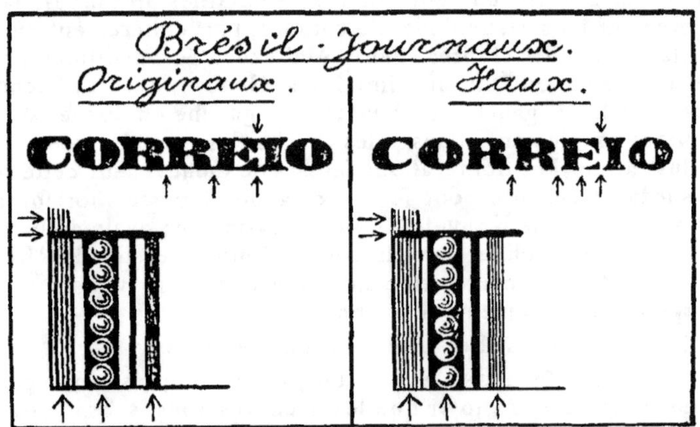

Taxes 1889 et 1890. Nᵒˢ 1 à 9. *Originaux :* burelage fin et régulièrement tracé. *Faux* de Genève, tirés en feuilles dont chaque bande verticale porte les 9 valeurs ; burelage grossier avec défauts et empâtements à l'intersection des lignes ; l'ensemble des imitations a néanmoins bon aspect. L'illustration renseigne quelques défauts dans les lettres. Epaisseur possible ; nuances arbitraires et trop plates dans la série de 1890. Fausse oblitération ITAJARY comme dans l'émission de 1891-92 (le plus souvent).

1898. Timbres-poste nᵒˢ 91 à 100 et Timbres pour

journaux n^{os} **1 à 18.** *Faux :* lettres moins épaisses dans COR-
REIO et lettres R, R, E, I non reliées par le bas ; dans BRASIL,
même défaut pour les lettres R, A, S, I, L ; graves défauts dans
le dessin du coin inférieur gauche ; largeur 27 à 27 1/3 au lieu
de 26 1/2 à 26 2/3.

BRUNEI

**1906. Timbres de Labuan surchargés Brunei. N°s 1
à 12.** La comparaison avec la surcharge vraie est indispensable.

BUENOS-AIRES

Voir Argentine.

BUSHIRE

Fausses surcharges. Comparaison et même expertise indispensables.

CAÏMANES

Fausses surcharges. Comparaison nécessaire pour les n°s 17,
20, 31, 49.

CAMEROUN

Première émission 1896. N°s 1 à 6. Nombreuses *surcharges* fausses : comparaison nécessaire. On trouve aussi la fausse
surcharge KAMERUN sur faux timbres allemands de 1889 (Genève) : voir Colonies allemandes. La *fausse oblitération* gene-
voise est ronde à date, 1 cercle : KAMERUN 3 2 98 et étoile
dans le bas ; 24 1/2 ^{mm}.

1900. Dentelés 14. Valeurs en p. N°s 7 à 15. *Faux* du
type bateau, voir à Colonies allemandes.

1915 à 16. Surchargés. N°s 25 à 66. *Fausses surcharges*
nombreuses dont un bon gabarit des surcharges originales fait
immédiatement pointer la majeure partie. Pour les douteux,
comparaison détaillée nécessaire.

CANADA

1851. *Spécimen.* On connaît ainsi le n° 3 sur papier uni, mais
aussi sans cette surcharge rouge (papier mince, sans gomme).
Il s'agit d'une *réimpression.*

1855. 10 pence bleu N° 8. Une *réimpression* porte également la surcharge Spécimen en rouge. Des essais de 6 et 7 1/2
p portent la même surcharge, parfois enlevée par des truqueurs
mais il en reste des traces et la comparaison du papier suffit à les
contrôler.

1857. Dentelés 12. Nᵒˢ 9 à 11. *Truquages* par fausse dentelure des nᵒˢ 4, 5 et 6 de l'émission précédente ; on trouve aussi des dentelés 13, 14 faux. Le 6 pence en vert est une *réimpression*.

1899. Surcharges renversées du 2 CENTS, nᵒˢ 76 et 77. *Fausses surcharges :* comparaison nécessaire (Genève, 2 types).

Enveloppes. Les enveloppes originales, à l'effigie de la reine (five et ten cents) ont été *reimprimées* (mesures un peu plus petites que 140 × 83ᵐᵐ des originales. *Fausses* découpures d'enveloppes par Fournier sur papier jaune brunâtre, mêmes valeurs, l'effigie a 11ᵐᵐ de largeur (du nez au chignon) au lieu de 10 environ et elle est déplacée dans l'ovale.

CANTON

Trois premières émissions. Les *fausses surcharges* abondent, (aussi Genève première surcharge) particulièrement pour les valeurs au-dessus de 25 centimes (aussi le 5 cent vert foncé nᵒ 4). Beaucoup sont mal venues mais il en est de très bonnes qui nécessitent comparaison et même expertise. On-trouve aussi un grand nombre d'erreurs de fantaisie.

1919. Pour les valeurs surchargées en piastres, voir même émission à Indo-Chine.

CAP DE BONNE-ESPÉRANCE

Triangulaires. Il existe une multitude de *falsifications*, aussi bien des séries Perkins et Delarue que des gravés sur bois et des rares erreurs de ces derniers. Le détail en serait fastidieux ; elles sont reproduites, dans la généralité des cas d'une matrice unique dont il est bien suffisant à décrire les défauts génériques.

Séries de 1853 à 1858. *Originaux*. Tous avec filigrane ancre (1 p. rouge aussi avec CC. Très rare). La série de 1851, 1 p. rouge et 4 p. bleu, est sur papier bleuté dont la nuance est bien visible au verso.

Faux. Pas de filigrane. Presque tous lithographiés. *a)* Ancienne imitation de la série de 1853. Bonne apparence générale mais papier teinté en verdâtre. On trouve souvent un trait séparatif à 1ᵐᵐ des bords du timbre. L'examen des lettres P de POSTAGE, F de OF et du burelage entourant ces lettres suffit. Mêmes imitations sur blanc de toutes les valeurs Perkins et Delarue (nᵒˢ 3 à 6 ᵇ) en plusieurs nuances. Le 1 sh. se rencontre aussi sur verdâtre. *b)* Vieux faux mal dessinés ; 1 et 4 p. sur papier blanc très épais. Le fond est formé de lignes ondulées entrecroisées et

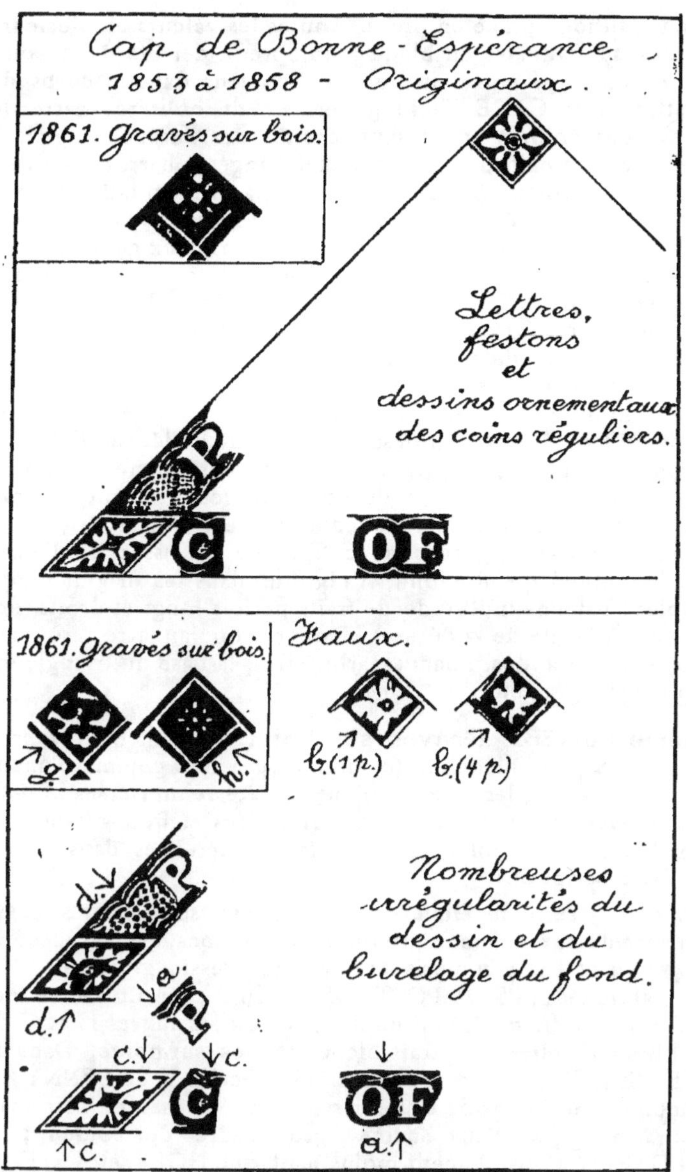

espacées de 1/3 de mm environ. L'inscription CAPE OF GOOD HOPE va en augmentant de hauteur vers la droite. Voir aussi l'illustration b du carré ornemental de chaque valeur. *c)* Série de

Genève, lithographiée en blocs. Toutes les valeurs en plusieurs
nuances sur jaunâtre ou blanc ; nombreux défauts de dessin ;
voir *c*. Le 1 p. porte un point de couleur dans le corps de
la lettre C de CAPE. Série généralement oblitérée carré de
barres avec chiffres 21 ou d'un cachet des bureaux anglais à
l'étranger avec chiffre 1 ; aussi d'un losange de barres avec cercle blanc au milieu. *d)* Série de Genève, gravée en taille-douce ;
relief très prononcé ; apparence Delarue ; défauts de dessin, voir
d. Le diamant de l'ancre forme un angle aigu. Faux généralement
sur fragment avec fausse oblitération des bureaux anglais à
l'étranger A 91. *e)* Diverses falsifications dépareillées se reconnaissent facilement par comparaison avec le dessin authentique
et par le manque de filigrane. *f)* Photolithographiés. Diverses
valeurs qui exigeraient comparaison et mensuration si elles
avaient un filigrane. Dans le 1 p. (Delarue) la base est d'environ
3/4 de ^{mm} trop courte. Au dessus du pied de la déesse, le bas de
la jupe forme 4 tronçons ; les traits qui limitent l'ancre sont flous ;
dans le dessin ornemental du coin inférieur gauche le trait
vers le coin est formé de 3 tronçons et il est trop court, etc....
g) Enfin, une série gravée avec filigrane est assez insidieuse,
mais le guillochage du fond, si régulier dans les originaux, est
remplacé par une multitude de traits parfois longs et droits (notamment à droite de la déesse). Papier trop jaunâtre ; souvent
marges trop grandes, nuances arbitraires, la base du triangle est
trop peu longue, etc.

Série de 1861. Gravés sur bois. N°s 7 et 8. *Réimpression* de 1883, sur blanc uni (et non vergé) avec gomme blanche
au lieu de jaune ; les erreurs n'ont pas été réimprimées. *Soi-disant réimpressions* de 1873, typographiées et non gravées sur
bois. Papier glacé, nuances arbitraires, différences dans les lettres des inscriptions.

Faux. g) série de Genève. Lithographiée sur papier à fausse
vergeure ou sur uni jaunâtre ou blanc en blocs, avec espaces de
3 à 4^{mm} ; 1 et 4 p. y compris les erreurs. Dessin grotesque ; lettres mal imitées ; l'S de POSTAGE est un B ; l'A du même mot
un d russe et l'A de CAPE un delta grec ; les lettres H et O de
HOPE sont reliées au trait blanc qui les surmonte. Dans le
ONE PENNY (régulier ou erroné) le second N de PENNY est
surmonté d'un point de couleur situé dans la marge. Voir aussi
illustration g. *h)* Faux ancien, gros cadre de couleur ; le
mot CAPE est visiblement moins haut que HOPE, etc., *i)* Faux
ancien du 4 p. mal venu ; chignon de la déesse trop peu
prononcé ; voir aussi le dessin original du carré ornemental. *j)*
série ancienne à dessin très arbitraire ; l'inscription du bas paraît
ne former qu'un seul mot ; lettres non conformes. *k)* Faux

ancien du 1 p. Le O de ONE est éloigné de 3/5 de ^{mm} du trait blanc à gauche, au lieu de 1/4, etc.

Surchargés n°s 13, 14, 15 et 22. *Fausses* surcharges ONE PENNY ; FOUR PENCE, ONE HALF-PENNY assez nombreuses sur originaux oblitérés. Quelques-unes sont risibles, d'autres mieux faites (n° 22 avec O juste au-dessus du trait d'union) et d'autres enfin nécessitent la comparaison avec un original.

Guerre Anglo-Boer. Nombreuses surcharges fausses. Comparaison. (N°s 1 à 20, surcharges imitées à Genève).

CAP JUBY

Première émission. 1916. Fausses surcharges.

CAP-VERT

Emission au type couronne. 1877-81. N°s 1 à 14. *Originaux.* Voir détails dans l'illustration des Colonies Portugaises. *Réimpressions.* Toutes les valeurs sur blanc pur crayeux, sans gomme, toujours dentelées 13 1/2. *Faux de Genève.* Le C. et les deux R de CORREIO touchent presque le bas du cartouche. La croix, le bandeau de la couronne, le dessin ornemental sous le carré du coin supérieur droit et les carrés des coins montrent des différences. Voir l'illustration à Colonies Portugaises. Les fausses oblitérations genévoises sont : 1° Cachets ronds à date, double cercle CORREIO DE PORTO GRANDE $\frac{6}{3}$ 1881 ; PORTO-PRAIA $\frac{}{12}$ 1878 ; 2° Grand cachet à double ovale : CORREIO 10 NOV 81 CIDADE DA PRAIA.

CAROLINES

Premières émission. 1899, n°s 1 à 6. *Fausses* surcharges, nombreuses des surchages rares (inclinées à 48°) ; l'inclinaison est variable et les caractères de la surchage aussi ! Comparaison. On trouve aussi des fausses surcharges sur les faux de Genève (voir Colonies Allemandes), inclinaison rare, lithographiées ; la fausse oblitération de cette série est YAP 7/1 99 KAROLINEN, un cercle, 27 1/2 ^{mm}.

1910. Surchage 5 P F. N° 20. Fausses surcharges ; expertise nécessaire.

CASTELROSSO

Occupation française. N°s 1 à 34. Nombreuses surcharges fausses ; comparaison. Voir aussi colonies françaises pour les n°s 12, 13, 25, 26 et 34 au type Merson

CAUCASE

Première émission 1923. N°s 1 à 6. *Surcharges fausses ;* comparaison nécessaire.

CAVALLE

1893-1900. N°s 1 à 9. Nombreuses surcharges fausses. Comparaison indispensable. Il y a naturellement des fausses surcharges mal exécutées, mal imprimées (bavures) mais il en est d'autres fort bien venues. On a surchargé des timbres oblitérés de France ce qui fait découvrir facilement la supercherie

1902-03. N°s 15 et 16. Voir à Colonies françaises les faux de toutes pièces au type Merson (avec fausses surcharges).

CEYLAN

Emissions de 1855 à 1867. Dessin rectangulaire. *Originaux.* Gravés en taille douce ; guillochage régulier ou l'on

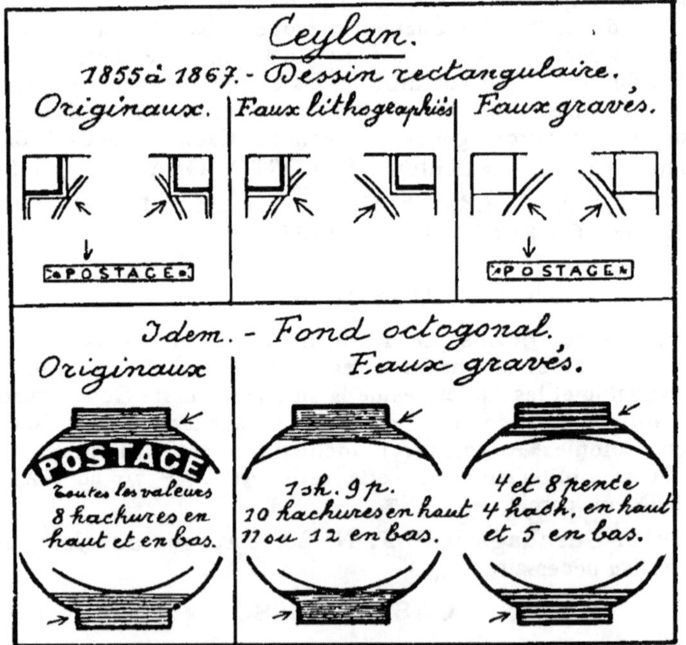

distingue 4 ovales de traits blancs interrompus ; un cinquième ovale n'est visible qu'au dessus de la tête et devant le cou. Le trait blanc qui borde (vers l'intérieur) les carrés supérieurs finit au trait coloré qui borde l'ovale du fond. Lettres régulières. Face et cou couverts de lignes de points (bien distincts dans les bonnes impressions). Filigrane, excepté dans l'émission de 1862. *Faux anciens lithographiés.* Sans relief ; généralement non dentelés ; 1, 2, 5, 6 et 10 pence. Voir défauts du dessin dans l'illustration. *Faux modernes gravés.* Bon aspect, papier épais ; 90 mcs ; marges de 3 à 4 mm mais coupées à 1/2 ou 3/4 de mm pour rester dans la vraisemblance ; dessin irrégulier ; les ovales de traits blancs interrompus ne sont visibles que dans le 5 p. (trois seulement formés de points losangiques trop épais) ; visage et haut du cou en hachures continues. Défauts dans le trait blanc ou coloré (2 p.) des carrés supérieurs. Le O de POSTAGE est trop petit ; sans filigrane ; nuances arbitraires ; 1, 2 et 5 p. mais je pense que toute la série existe.

Idem. Dessin octogonal. 4, 8, 9 p, 1 sh 9 et 2 sh. *Originaux.* 8 hachures horizontales au-dessus du cartouche de POS-TAGE, la dernière le touche ; 8 hachures sous l'ovale de l'effigie, la dernière le touche. *Faux anciens.* Le 1 sh 9 p, est connu lithographié ; mal exécuté. D'autres valeurs ne méritent pas une description. Le nombre de hachures est le meilleur signe. *Faux graves.* Mauvaise gravure avec 4 hachures épaisses en haut et 5 en bas (voir illustration). J'ai vu ainsi les 4 et 8 pence mais la série a pu être complétée. Il n'y a pas de *réimpressions.*

1868. 3 pence rose. N° 46. *Original ;* typographié sur papier moyen glacé ; filigrane CC ; dentelure 12 1/2 ou 14. *Faux* ancien ; lithog. sur mince sans filig. dentelé 12 1/4 à petits trous. Les fines hachures du fond central et du visage sont brouillées, imparfaitement venues. Inscriptions irrégulièrement disposées dans leurs cartouches ; Y et L de CEYLON, notamment, se touchent par le haut. Nuance lilacée arbitraire.

1885 à 88. Surchargés divers. Fausses surcharges sur originaux usés, notamment Genève. Comparaison nécessaire.

1903-04. 1 R 50 et 1910-11. 2 R. N°s 153 et 176. *Faux.* Mauvaises lithographies ; sans filigrane ou avec faux filigrane. L'examen des hachures de l'effigie et du fond suffit. Les autres grosses valeurs suivront probablement.

1918. War stamp sur 2, 3 et 5 C. *Fausse* surcharge double et fausse surch. renversée sur le 5 c. Comparaison nécessaire.

Timbres de service. Fausses surcharges sur originaux oblitérés, notamment Genève, surcharge On Service, etc. Comparaison.

CHAMBA

Très nombreuses *surcharges fausses*, particulièrement sur timbres usés. Les 1 à 13, 17 à 23 et Service n⁰ˢ 1 à 10, 12 et 13 ont été faussement surchargés à Genève ; CHAMBA 10ᵐᵐ 1/2 de large à hauteur de la barre de l'A ; la partie blanche au-dessus de cette barre est de moitié plus petite que dans l'A de STATE et le côté droit de l'A est le double plus épais que le côté gauche ; STATE n'a que 7ᵐᵐ 3/4 de large dans cette série et la barre inférieure de l'E est beaucoup plus épaisse que la barre supérieure. Un second type de Genève n'est pas plus réussi (lettres trop épaisses). Les spécialistes de l'Inde anglaise trouvent encore un sûr critère dans les oblitérations. L'oblit. fausse de Genève est ronde à date, 1 cercle, 26ᵐᵐ ; CHAMBA 13 MA. o o ; une banderole dans le haut porte CHAMBA-STATE.

CHILI

Emissions non dentelées. *Originaux.*- Gravés en taille douce, à l'exception des reports lithographiques de 1854. Fili-

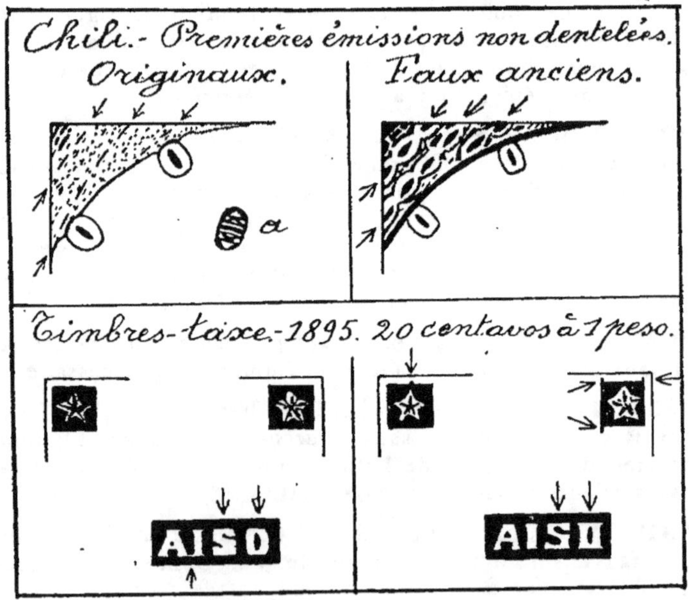

granes chiffres (voir les catalogues) ; 19 1/2 × 22 4/5ᵐᵐ environ. Le guillochis du fond central ne montre que de petits espaces blancs symétriquement disposés et formant des groupes comme dans la figure *a* de l'illustration ; chaque groupe contient deux traits blancs minces (loupe) dont l ensemble forme des cercles interrompus autour de l'effigie. On trouve cinq de ces groupes entre le chapeau et les lettres LON de COLON. *Faux anciens.* Lithographiés sans filigrane. Le dessin est arbitraire, voir le coin supérieur gauche ; les groupes du guillochis sont informes ; ce sont des taches blanches, beaucoup trop visibles, coupées de quelques traits de couleur. Fausse oblitération, quadruple cercle avec six barres intérieures (19ᵐᵐ de diamètre environ); etc. *Faux photolithographiés.* 5 et 10 c. fort bien venus avec faux filigrane (chiffres trop grands ; on trouve les « erreurs » de filigrane 1 sur 5 c. et 5 et 20 sur 10 c. (chiffre 5 avec trait de gauche trop long). Pas de relief ; petits défauts dans le dessin ; dimensions arbitraires.

Série de 1867. 1 à 20 centavos. Nᵒˢ 11 à 15. *Originaux:* série admirablement gravée en taille douce ; pas de ligne de contour à l'effigie, celle-ci étant délimitée par l'arrêt des courbes du guillochis ; ce dernier est visible entre les lettres du mot CHILE et sous celles du mot COLON. Dentelure 12. *Faux anciens :* mauvaises lithographies à guillochis formé de traits presque droits ; rien entre les lettres de CHILE et simple suite de points blancs sous le mot COLON ; ligne de couleur épaisse de 1/2 ᵐᵐ environ autour de l'effigie.

1900. Surchargé grand chiffre 5. Nᵒˢ 41. *Fausses surcharges* renversées et doubles (Genève). Comparaison nécessaire.

Timbres-taxe. 1895. 2 à 40 c. Nᵒˢ 1 à 9. *Faux* de Genève ; sur papier commun jaune terne ou jaune brunâtre ; dentelés 11 1/2 (généralement non dentelés en haut) au lieu de 13 1/4 ; fausse oblitération MULTADA dans un rectangle. Un cliché rond pour le 10 c. (les lettres PARAIS touchent le cercle) et deux clichés pour les autres valeurs avec chiffre interchangeable l'un porte le D de MULTADA renversé ; dans l'autre les deux traits de la lettre L de MULTADA sont courbes. Il y a d'autres imitations et la comparaison est nécessaire.

Taxes de 1895 et 1896. Nᵒˢ 16 à 21 et 28 à 33. *Originaux:* lithographiés, 20 × 26 1/4 à 26 1/2 suivant valeurs et tirage ; lignage du fond régulier. *Faux de Genève :* lithographiés en 2 planches de 72 timbres (8 × 9 ; la première comprend des rangées (8 × 2) des 20, 40, 50 et 3 rangées de 60 centavos ; la seconde 3 rangées (8 × 3) des 100 centavos, 80 c. et 1 peso. 20 × 26 1/5ᵐᵐ environ. La nuance de l'impression est d'un rouge trop terne et les nuances du papier sont également arbitraires : jaune trop pâle ou jaune chamois. Le lignage du fond est empâté ou interrompu par endroits ; effigie non conforme ; protubérance de couleur sur le carré supérieur gauche ; trois petits traits de couleur prolongent le carré supérieur droit (voir illustration) ; défauts dans les lettres et les étoiles. La série de 1895 est dentelée 11 1/2 au lieu de 11 ; celle de 1896 a un piquage 13 1/2 admissible. Malgré tout, ces imitations ont assez bon aspect pour le profane car elles sont fort répandues. *Fausses oblitérations* de Genève, cachet à date. 2 cercles, 22 1/2 à 23^{mm} : TALCA 5 ABR 95 ; LINARES 30 NOV 95 ; VALDIVIA 1 FEB 97 ; CONCEPTION 30 DEC 97 ; PISAGUA 4 DIC 97, tous avec le mot CHILE dans le bas ; grand cachet genre allemand de 26^{mm} de diamètre SANTIAGO 31 I 95 (avec chiffres 1 couchés sur les côtés et CHILE dans le bas). On les trouve aussi avec le cachet précédent Multada encadré (27 $\times$ 8^{mm})

CHINE

Première émission 1878. N°s 1 à 3. *Originaux :* il existe trois planches de ces valeurs ; elles ont des dimensions différentes et les timbres varient eux-mêmes de largeur et de hauteur ; papier mince à épais. Un essai du 3 candarins se reconnaît à 5 perles bien formées (au lieu de points noirs) qu'on trouve sous le dragon (3 à gauche, 1 vers le milieu, une a droite). Pas de *réimpressions.*

Deuxième émission. 1885. N°s 4 à 6. *Originaux :* le filigrane coquille est suffisant pour les reconnaître. On trouve des pièces des 3 et 5 c. sans filigrane et avec une surcharge rouge de 4 caractères ; ce sont des essais pour Formose.

Emissions suivantes. Surchargés. Quelques *fausses surcharges* notamment dans les surcharges Neutralité (109 à 120) taxes (26 à 31) ; la comparaison est indispensable ; de même pour les valeurs usées du Turkestan Oriental, émission de 1915.

1914. Les 10 c, 50 c. et 1 dollar (peut-être aussi d'autres valeurs) ont été falsifiés. pour frauder la poste. Dentelures non conformes et détails arbitraires dans le dessin (comparaison). Dans le 1 dollar les deux caractères de droite dans l'inscription chinoise sont séparés par environ 1/3 de ^{mm} au lieu d'être très rapprochés et les cartouches des inscriptions touchant le cadre en haut et en bas.

CHINE (BUREAUX ALLEMANDS)

1898. Première émission. N°s 1 à 6. La première surcharge (45 degrés) a été fréquemment falsifiée ; la comparaison est indispensable. Une *fausse surcharge* à aussi été appliquée sur les faux de Genève (voir Colonies allemandes) ; n°s 1 à 6 avec inclinaison à 45° ; cette série porte la fausse oblitération :

TSCHINWANGTAU 16/2 97 DEUTSCHE POST. La seconde surcharge (56 degrés) se trouve assez facilement originale, mais il y a des imitations, particulièrement sur des timbres oblitérés. . de villes allemandes. Les surcharges originales elles-mêmes se rencontrent en impression maigre, moyenne ou grosse et la spécialisation est à conseiller

Surchages 5 pf sur 10 p. N⁰ˢ 7 et 8. Nombreuses *imitations* (aussi Genève). Comparaison nécessaire.

Emissions suivantes. N⁰ˢ 9 à 48. La plupart des valeurs ont reçu des *fausses surcharges* soit sur timbres allemands oblitérés d'Allemagne pour la surcharge horizontale CHINA (Genève) et les surcharges de 1905-13 (généralement 1, 2 et 3 mk n⁰ˢ 35 à 37; 45 à 47) soit sur timbres neufs pour les n⁰ˢ 23 à 28 (1900, CHINA oblique) ; cette dernière série a aussi été faussement surchargée à Genève avec les fausses oblitérations suivantes : rondes à date, 1 cercle, KAUMI 17/12 00 CHINA ; TIENSIN 10/10 00 DEUTCHE POST ; SHANGHAI 8/13 00 DEUTCHE POST et TSINGTAU 16/12 00 KIAUTCHOU ; 27ᵐᵐ.

CHINE (BUREAUX ANGLAIS)

Quelques valeurs faussement surchargées C. E. F., sur timbres oblitérés des Indes anglaises de 1882 à 1911 ; de même pour la surcharge CHINA sur timbres de Hong-Kong oblitérés (valeurs en dollars). L'oblitération fournit d'utiles indications; sinon la comparaison est nécessaire. (La surcharge C. E. F. a été imitée à Genève).

CHINE (BUREAUX FRANÇAIS)

Autant dire toutes les surcharges ont été imitées sur timbres-poste et taxe ; on a même imité des chiffres de millésimes ; beaucoup d'imitations nécessitent la comparaison et quelques-unes l'expertise détaillée. Voir colonies françaises pour les timbres faux au type Merson, groupe et taxe. A Genève on a imité la surchage 16 cents de 1901 ; le grand chiffre 5 (n° 34) ; les surcharges CHINE de 1902 et 1904 et la surcharge A PERCEVOIR avec C peu ouvert.

CHINE (BUREAUX ITALIENS)

Fausses surcharges nombreuses, particulièrement de la première émission de 1918 (Pechino et Tientsin); comparaison indispensable. La série Pechino (n⁰ˢ 12 à 21 a été faussement surchargée à Gênes sur timbres italiens usés ; avec un peu d'attention on reconnaît ces oblitérations (Roma Ferrovia ; Baeza etc ou bien la date, 1902 à 1917 !) pour non valables quant a la surcharge.

CHINE (BUREAUX RUSSES)

Fausses surcharges sur toutes les émissions, y compris celle de Kharbine, le plus souvent sur timbres oblitérés (notamment sur des valeurs surchargées en 1917 mais aussi sur neufs pour les surcharges et variétés rares. La fausse surcharge en russe a été appliquée à Genève (l'accent sur la dernière lettre n'est pas à sa place) en noir, rouge et bleu sur des timbres russes oblitérés ; un spécialiste de Russie ou un russe d'origine reconnaîtra facilement les oblitérations de Moscou, Odessa, Kichineb etc, et trouvera parfois le cachet du Comptoir des Postes qui n'existe pas en Chine. La surcharge a été aussi appliquée renversée. Une seconde surcharge russe de Genève est un peu meilleure. Les neufs avec fausses surcharges rares ont reçu les fausses oblitérations génevoises suivantes, cachet à date double cercle 29 ^{mm} avec date au milieu, entre deux transversales et deux étoiles et lettre italique *A* dans le bas : ПОРТ-АРТУРЬ 27 5 04 et ЛІАУ-R (renversé) H L (avec barre horizontale en haut) b 30 8 04.

CHYPRE

1880. Très nombreuses *surcharges fausses*, comparaison indispensable : il est pourtant inutile de comparer si la surcharge porte sur une planche autre que celles renseignées dans les catalogues comme ayant été surchargées pour Chypre ; dans ce cas on trouve généralement une oblitération anglaise. Les oblitérations régulières sont D 47 et D 48 (Larnaca) ; 969, 974, 975 et 980 à 982. A Genève on a imité les surcharges des n°s 1 (2 types) des numéros 2 à 6 et le type III de HALF-PENNY (appliquée simple ou double).

1882. C'est le 1 piastre rose de 1881 (CC couronne) qui a été surchargé 30 PARAS ; la surcharge sur CA (rose vif) est donc fausse. Bien entendu on trouve aussi des fausses surcharges sur CC. (Genève : 30 PARAS et $\frac{1}{2}$).

1881-86. Le half piastre a été imité à Genève avec trait épais formant contour du visage. Oblit. fausse, ronde à date Larnaca.

CILICIE

Toutes les surcharges ont été *falsifiées*, y compris le type II de la poste par avion mais ce sont évidemment les valeurs cotées cher qui ont le plus tenté les faussaires et il faut comparer soigneusement ces valeurs avec des originaux communs, qu'on trouve facilement.

COCHINCHINE

Fausses surcharges nombreuses des 4 types de l'émission : comparaison détaillée indispensable. Fournier a imité les types A (chiffre 5 moyen) ; B (5 C. CH) et le 15/15 de 1888 — je n'ai pas rencontré le grand 5 type C — et ces contrefaçons ont été appliquées sur originaux neufs ou oblitérés et aussi.sur timbres de 1881 (voir colonies françaises). Les *fausses oblitérations* de Genève sont rondes à date, double cercle avec cercle intérieur à traits interrompus : COCHINCHINE 6 OCT 76! SAIGON (cercle intérieur perlé), SAIGON (en haut cette fois) 3°/7 NOV 86 COCHINCHINE (cercle intérieur à traits interrompus) tous deux avec ornements entre cercles à droite et à gauche du cachet ; SAIGON CENTRAL 2°/24 OCT 92 COCHINCHINE, MYTHO 2°/16 AOUT 92 COCHINCHINE et BACLIEU 1°/27 JUIN 92 COCHINCHINE.

COLOMBIE

Confédération Grenadine 1859. N°ˢ 1 à 3. 16 × 31ᵐᵐ. Les timbres de nuance rouge avec chiffre de la valeur à gauche seulement sont des essais. *Faux* ; lithographiés, facilement reconnaissables aux inscriptions dont les lettres ne sont pas alignées, dimensions arbitraires.

1860. N°ˢ 4 à 9. *Originaux ;* mêmes dimensions ; les lignes ondulées du burelage du fond sont fines et bien visibles (2 1/2 c. : 42 lignes) : les hachures de l'isthme (bas de l'écusson) sont courbes ou obliques ; cadre de séparation entre les timbres. *Faux* anciens ; 2 1/2 c. 56 perles au lieu de 43 ; lignage du fond fait de traits verticaux ; dans l'isthme, hachures horizontales ; lettres COR de CORREOS placées dans la bande horizontale en haut ; chiffre 2 (sous l'écusson) trop grand et touchant ainsi que le 2 de la fraction le cadre intérieur, etc. Les autres valeurs présentent des défauts aussi grossiers et aussi facilement contrôlables ; dans le 20. c. par exemple il y a 45 perles au lieu de 44 ; dans l'isthme des points au lieu de traits ; lignage du fond régulier ; 44 traits de burelage en haut et 38 en bas au lieu de 40. *Réimpression* pour le peso ; pas de traits de séparation entre les timbres : second O de CORREOS relié au cadre extérieur ; lettres ED de CONFED reliées au cadre intérieur. Le 1 peso sur bleu est un essai.

Etats-Unis de la Nouvelle-Grenade, 1861. N°ˢ 10 à 14. Cette série laisse perplexes un grand nombre de collectionneurs, elle n'a rien de difficile. *Originaux ;* lithographiés blanc ou jaunâtre mince (40 mcs environ), légèrement transparent 20 1/4 à 20 1/2 $\times$ 25^{mm} ; 9 étoiles à 8 points ; le prolongement de la ligne supérieure du cadre intérieur ne toucherait pas les O du coin supérieur ; le prolongement de l'axe de l'écu toucherait juste la droite du E de DE ; le premier O de CORREOS et l'E de NACIONALES ne touchent pas l'ovale ; dans le premier A de ce mot la branche droite est beaucoup plus épaisse que la branche gauche ; les branches du T de ESTADOS sont d'égale longueur ; dans le bas de l'écu on trouve une sorte de cercle ou figure ronde qu'une tache de couleur semble couper dans le haut ; 14 hachures de couleur dans les coins supérieurs et 15 en bas (sans compter le cadre) ; à droite du timbre les hachures les plus courtes sont souvent réunies ; l'E de NUEVA ne touche pas le haut du V ; voir dans l'illustration la disposition des premières hachures des coins supérieurs et de la première hachure de l'écu. Dans le 2 1/2 c. l'inscription de la valeur est 2 1 $\frac{1}{3}$ et dans le peso UN PESO. Pas de *réimpressions*. *Faux anciens :* a) vieille série qui ne mérite guère de description ; aucune étoile sous l'écu ; les trois parties de l'écu sont blanches, etc., b) papier épais : DE est écrit be ; 9 étoiles mal formées, etc. (2 1/2 c. valeur libellée comme dans l'original). c) série ancienne ; DE se trouve sous la lettre N ; E de NATIONALES touche l'ovale ; celui-ci ne dépasse pas le cadre intérieur de l'écu ; le bas de l'écu ne montre aucun signe ; dans la bande centrale de l'écu on trouve une urne funéraire ; 8 étoiles autant dire rondes ; 15 hachures à gauche en haut et 11 à droite ; papier jaunâtre de 55 mcs, légèrement transparent ; hauteur ; 24 4/5 ^{mm} environ ; le 2 1/2 est libellé 2 1 2. d) faux de Genève ; le prolongement du haut du cadre intérieur touche les lettres O des coins ; la barre supérieure de l'E de NUEVA touche presque le haut du V ; la partie droite de la barre du T de ESTADOS est beaucoup plus longue que la gauche ; dans le bas de l'écu une grosse virgule ; 8 étoiles ; les hachures des coins sont trop fines et bien espacées ; 15 hachures à gauche en haut ; 13 à droite ; 12 à 13 à gauche en bas et 10 à 11 à droite ; papier mince d'épaisseur admissible mais un peu plus transparent que l'original ; le 2 1/2 est libellé 2 1 2 et le un peso, I PESO ; hauteur 24 3/4 ^{mm} ; fausses oblitérations : BOGOTA sur une ligne, caractères de 3 3/4 ^{mm} de hauteur ; .. OGA .. caractères de 7 ^{mm} de hauteur, etc. e) faux photolithographiés ; ce sont les plus insidieux, mais leurs nuances et surtout le papier jaunâtre épais (70 mcs environ non compris la gomme) les font facilement reconnaître ; le dessin du bas de l'écu n'est pas conforme : les 9 étoiles sont moins épointées ; les hachures horizontales des coins sont plus régulières que dans l'original ; le D de DE paraît moins haut que l'E et il est éloigné de 1/3 de ^{mm} de cette lettre au lieu de 1/4, la bran-

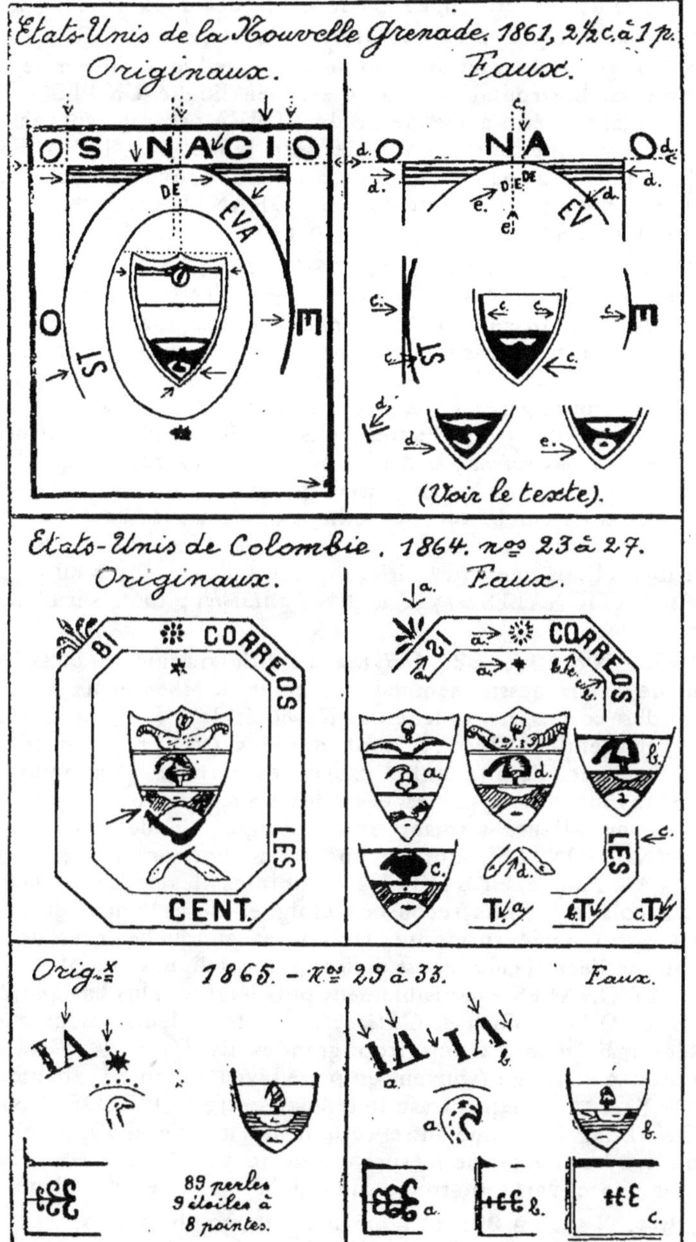
États-Unis de la Nouvelle Grenade. 1861, 2½ c. à 1 p.
Originaux.
Faux.
OS NACIO
DE
EVA
O
IS
E
O
NA
O
EV
E
(Voir le texte).
États-Unis de Colombie. 1864. nos 23 à 27.
Originaux.
Faux.
BI
CORREOS
CORREOS
LES
LES
CENT.
Orig.x
1865. — Nos 29 à 33.
Faux.
89 perles
9 étoiles à
8 pointes.

che droite de l'N, prolongée, passe entre ces deux lettres ; les
mesures sont à peu près conformes ; le 2 1/2 est libellé 2 1 $\frac{1}{2}$
mais la barre de la fraction manque et le pied du chiffre 2 de la
fraction est horizontal ; le 1 peso est bien libellé UN PESO. *f)*
dans une autre série ancienne l'E de NUEVA est trop rapproché
du V et il y a une grosse étoile derrière le mot NATIONALES.
g) dans un faux assez insidieux du 2 1/2 c de provenance colom-
bienne, il n'y a pas de point derrière GRANADA ; les lettres N
et T de CENTAVOS se touchent ; 19 3/4 × 25 1/2 mm.

Etats-Unis de Colombie. 1862. Nos 15 à 18. Dans les
originaux (lithographiés 16 1/2 × 21 à 21 1/4 mm), on trouve un
petit dessin en forme de bulbe (2 hachures diagonales, 3 pointes
dans le haut) surmontant les cornes d'abondance ; il ne touche
pas le haut de l'écu. Le fond, plein de hachures en chevrons,
porte des étoiles assez visibles ayant un point blanc au milieu ;
45 perles dont les 3 plus hautes (sous l'étoile centrale) sont peu
visibles. *Faux anciens ;* le dessin au-dessus des cornes d'abondance est formé d'un cercle parfait portant un point de couleur
au milieu ; le cercle touche le haut de l'écu ; les hachures du
fond sont verticales ou légèrement courbes et les étoiles presque
invisibles. Dans une autre série, assez insidieuse, il y a un point
après NATIONALES ; 17 × 21 mm. *Fantaisies ;* 10 c. sur bleuté
et 20 c. vert.

1863. Nos 19 à 22. *Originaux :* lithographiés ; dans le
haut de l'écu, dessin semblable à celui de 1862, mais l'extrémité des cornes ne touche pas les côtés de l'écu ; les lignes
qui partagent ce dernier sont doubles (très rapprochées) ;
dans le haut, l'étoile entre cadres est formée d'un point et
de 8 rayons oblongs ; les 9 étoiles sont à 6 pointes et disposées sur 2 lignes formant ovale allongé ; l'E de E. V. DE et
l'S de NATIONALES sont sur une même horizontale. 16 4/5 ×
21 1/4 mm. *Faux anciens :* étoiles à 8 pointes ; les cornes formant
une accolade à bouts recourbés éloignés de 1 mm des cotés de
l'écu ; un ovale surmonte les cornes et touche presque la
pointe de l'écu ; celui-ci est divisé par des lignes simples ; l'S
de NATIONALES est visiblement plus haut ou plus bas que l'E
de E. U. DE etc. *Faux de Genève ;* toutes les valeurs, mieux exécutées mais mensurations trop grandes de 1/4 de mm. *Faux de
l'erreur* 50 c. rouge (souvent en paire avec un 20 c.) ; hauteur
21 mm ; 1/2 mm seulement (au lieu de 1) entre CORREOS et NA-
TIONALES. Dans une autre série insidieuse mais d'apparence
brouillée les timbres ne mesurent que 16 3/4 × 20 34 m/m. *Fantaisies ;* 20 c. vert ; ou rouge sur bleu et 50 c. vert sur blanc.

1864. Nos 23 à 27. *Originaux ;* lithographiés 17 × 21 mm ;
l'étoile entre cadres et les 9 étoiles a 6 pointes disposées comme

dans l'emission précédente ; idem pour les doubles lignes de
separation de l'écu ; 1 ᵐᵐ de distance environ entre les mots
CORREOS et NATIONALES ; papier mince 45 mcs. Pas de
reimpressions. Faux anciens ; une demi douzaine de series dont
le signe distinctif principal est que la bordure de l'écu n'est pas
interrompue a gauche (voir illustration de l'original). *a)* faux à
dessin tout à fait arbitraire ; *b)* vieille série dont les lettres OR et
EO de CORREOS se touchent par le bas ; *c)* vieille série ayant
les mêmes défauts mais les dessins dans l'écu différents sans
être meilleurs ; les lignes de séparation de l'écu sont simples ;
E et S de NATIONALES se touchent ; etc. *d)* faux bien meilleurs mais les extrémités des cornes d'abondance touchent les
bords de l'écu et les dessins intérieurs de celui-ci et des rubans
au-dessous de l'écu sont différents ; *e)* dessin à peu près semblable à celui des faux précédents mais les extrémités des cornes
d'abondance ne touchent pas les bords de l'écu ; le premier O
de CORREOS est bien ovale ; celui du faux précédent est trop
grand et trop large ; *f)* divers faux dépareillés avec défauts semblables aux précédents (surtout type b et c) ; pour le 5 centavos
et d'autres valeurs on a copié soit le premier soit le deuxième
type de chiffres originaux; *g)* le 20. c. le 1 p. et peut-être d'autres
valeurs ont été imités à Genève avec dessins des étoiles et de
l'écu non conformes. Pour tous les faux vérifiez la distance entre
les mots CORREOS et NATIONALES.

1865. Nᵒˢ 28 à 33. *Originaux :* lithographiés sur papier
blanc ou légèrement bleuté ; 17 1/2 ✕ 22 1/2ᵐᵐ. L'A de
COLUMBIA a le sommet pointu ; il y a un point après E. U.
COLUMBIA. CENT. ou PESO. Pour l'écusson et les dessins
ornementaux du cartouche de la valeur, voir l'illustration. Pas
de *réimpressions. Faux*: *a)* vieille série très répandue ; perles
partiellement invisibles (73) ; pas de point après U et COLUM-
BIA ; étoiles informes et mal placées sous E U au lieu de E ;
sous C au lieu du E de DE ; sous le 2ᵉ O de COLOMBIA au lieu
de sous L, etc., le ruban placé au-dessus de l'écusson, touche l'o-
vale des deux côtés *b)* faux assez insidieux, notamment du
50 cent type II ; 76 perles ; voir aussi l'illustration. *c)* papier
épais jaunâtre ; pas de point après E, U et COLUMBIA ; rapace
à tête de canard ; le haut de l'écusson à fond plein ; dans le bas
de celui-ci, deux horizontales et une courbe, sans plus ; cadre
extérieur à 1/4 de ᵐᵐ ; perles et étoiles autant dire invisibles ;
très mauvais. *d)* 62 perles ; dans l'écusson 10 à 11 hachures horizontales et un demi-cercle blanc ; le bec du rapace est tourné à
gauche ! *e)* 80 perles ; points après E et U mais pas après
COLUMBIA ni après la valeur ; les étoiles sont à 6 pointes.

1867. 5 et 10 pesos. Nᵒˢ 39 et 40. *5 pesos. Original ;*

lithographié sur papier glacé épais, 75 mcs ; 17 1/4 $\times$ 22 1/4 environ. 10 feuilles de laurier à droite et 9 à gauche ; traits verticaux à gauche et à droite, non compris ceux du cadre intérieur ; les arabesques du bandeau ovale sont autant dire toutes séparées. *Faux ancien*, très mauvais ; 5 PESOS est imprimé sur l'imitation lithographique ; voir aussi l'illustration. *Faux de Genève ;* papier

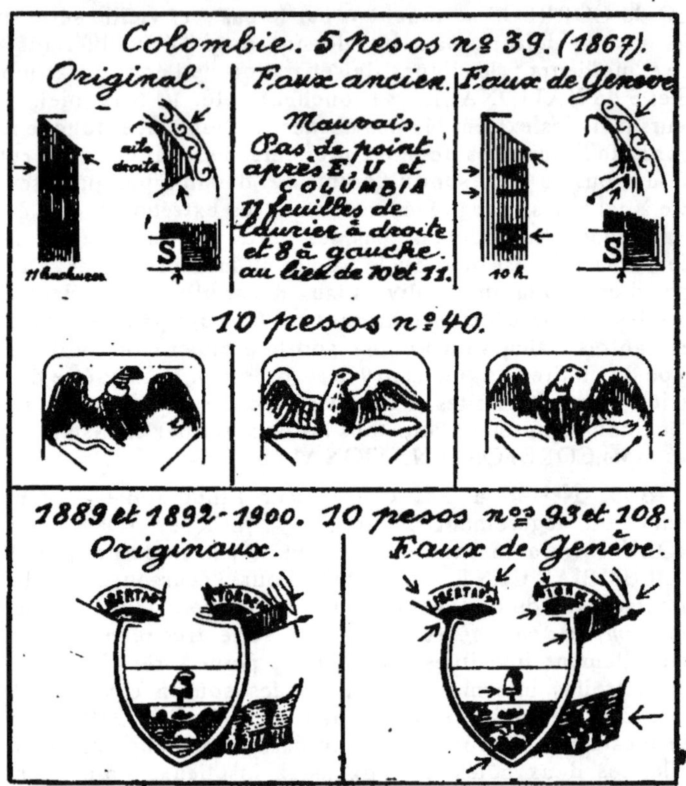

glacé de 85 à 90 mcs ; 22 1/2 ^{mm} de hauteur ; dessin arbitraire des arabesques ; les feuilles de laurier ne pénétrant pas dans le bas du bandeau ovale ; ce faux se rencontre le plus souvent perforé d'un petit trou de 1/2 ^{mm} de diamètre ; 10 traits de cadre.

10 pesos original ; même papier que dans le 5 pesos ; 17 1/4 $\times$ 22 1/4^{mm} ; la tête du condor est hachurée ; il y a des points carrés après E, U, COLUMBIA, N^{LES} et PESOS (le point derrière ce mot forme plutôt un trait horizontal) ; 9 étoiles à 8 rayons, les deux plus hautes ne touchent pas les bords ; *faux ancien ;* mauvais : 17 3/5 $\times$ 22 2/3 ; voir l'illustration pour le dessin du condor ; 11 étoiles à 5 ou 6 rayons ; pas de point après E, COLUMBIA et N^LES ; dans la partie médiane de l'écu, une sorte de lanterne à 5 hachures verticales au lieu d'un bonnet phrygien, 6 hachures dans la partie supérieure de l'écu au lieu de 8, etc. *Faux de Genève ;* même papier que le précédent ; 17 1/2 $\times$ 22 1/2 ; très bonne apparence ; pas de point après U, les autres points sont ronds (voir l'illustration pour le rapace).

1868-77. N^cs 41 à 47ᵃ. *Réimpressions ;* 10 c. mauve au lieu de violet ; 50 c. ; la barre du 5 de gauche en bas touche, en 2 endroits, le trait blanc du cadre gauche ; 1 peso, à droite et à gauche du timbre original, vers le milieu de la hauteur, un dessin en forme de chiffre 1 sépare les inscriptions ; ce dessin porte un entourage blanc qui manque (sous les lettres E et A) dans les réimpressions ; 5 pesos. le C de CINCO est séparé par un trait noir de l'arabesque placée à sa gauche ; 10 pesos ; un trait extérieur oblique se voit en haut du timbre, à gauche, et vient toucher l'arabesque ovale formant le coin du timbre. *Originaux* des 5 et 10 pesos, lithographiés ; 5 p. étoiles vides, à 5 branches, les plus basses touchent presque les ailes ; la banderole vient toucher à gauche le C de CINCOS ; sous les ailes points et hachures courbes ; tout autour du timbre on trouve un fin pointillé noir entre les lignes du cadre (aussi dans le 10 pesos) ; l'S de CORREOS est normal ; les inscriptions de la banderole sous l'aigle sont lisibles (aussi dans le 10 pesos). 10 p. étoiles à 5 branches mais mal formées (pointillées par parties avec traits ou points supplémentaires) ; les deux points avant et après CORREOS ont la même dimension ; *Faux typographiés ;* foulage parfois très visible ; 5 p. copié de la réimpression, donc, C de CINCOS séparé de l'arabesque par un trait noir ; le deuxième O de COLOMBIA est un D ; l'L de NATIONALES un I ; les étoiles sont pleines, elles ont 8 pointes indistinctes et les deux plus basses sont à 1/2 ^mm des ailes ; sous celles-ci, les hachures sont horizontales ; l'S de CORREOS est renversé. 10 p. les étoiles sont pleines ; le point après CORREOS est de moitié trop faible. Dans les 2 valeurs les inscriptions des banderoles sont illisibles. Les dimensions des originaux sont : 5 c 18 1/2 $\times$ 24 ; 10 c 19 $\times$ 24 ; 20 c 18 1/2 $\times$ 24 1/2 ; 50 c 18 1/2 $\times$ 23 ; 1 peso 19 $\times$ 23 1/2. Les dimensions des faux sont arbitraires.

1870-79. N°s 48 à 53. Les *originaux* mesurent : 1 c. 18 $\times$ 23 ^mm 2 et 10 c. 18 1/2 $\times$ 23 1/2 ; 5 c. 19 $\times$ 23 ^mm ; 25 c. 19 $\times$ 23 1/2 ^mm. *1 c. réimpression ;* vert sur vergé et autres nuances (rose, carmin) ; l'A de COLOMBIA n'a pas de barre horizontale. *1 c. faux,* les lettres UU ne se touchent pas par le haut ; le bonnet phrygien n'a pas de support ; le trait situé au-dessous est plutôt simple et épais que double ; le navire au dessus de l'isthme est informe etc. *2 c. faux ;* EF au lieu de EE (a gauche en haut) ; dans la banderole ; au dessus de ces lettres, le mot LIBERTAD est illisible. *25 c. originaux :* boucle du 2 fermée ; noir sur bleu ; sur rose et sur jaune. *25 c. réimpressions :* nuances diverses, vert sur verdâtre. jaunâtre ou bleuté ; bleu. caïmin et outremer sur blanc ; noir sur jaune, rose foncé, rose et bleu pâle ; la boucle du 2 est ouverte et la pointe avant de ce chiffre touche presque le trait blanc ; *25 c. faux :* 11 étoiles mal venues au lieu de 9 ; ces étoiles sont trop rapprochées et il n'y a pas de point après NALES.

1876-80. N° 54 à 58. Les originaux des 10 et 20 c. mesurent 19 $\times$ 23 1/2^{mm}. et le 5 c. 19 1/2 $\times$ 23 1/2. Pour ces trois valeurs, il y a lieu de se méfier des essais et maculatures qui existent en grand nombre ; l'oblitération est seule probante à cet égard. *Faux :* inscription CORREOS NALES autant dire posée sur le trait blanc ; C a 1/2^{mm}. du cadre intérieur gauche ; S de NALES avec boucle mince beaucoup plus large que la boucle supérieure . pas de point après ce mot. L'arcade sourcillière est formée d'un trait épais qui rejoint le fond central ; les hachures de la joue sont trop inclinées vers le bas ; le fond du timbre est parsemé de gros points blancs ; l'S de CENTAVOS ressemble à un chiffre 8. En outre, des falsifications portent un cadre extérieur séparatif Cette série compoite les 5 et 10 pesos regravés. semblables aux types de 1870 (n°s 46 et 47 A) : 5. p. *original.* regrave avec hachures verticales dans le drapeau ; 10 p. *original,* regravé avec étoiles à 5 branches ; 5 p. *réimprimé :* C de CINCOS séparé de l'ornement situé à sa gauche ; l'ornement à gauche du C de CORREOS vient toucher le C. 10 p. *réimprimé :* le cercle extérieur (contenant le chiffre 10) est brisé sous OS de UNIDOS.

1879. Emission provisoire de Cali. N°s 59 à 64. Ces timbres, typographiés 24 $\times$ 14^{mm}. ont le caractère générique de surcharges et il faut donc les confronter avec des originaux certains. Il y a d'ailleurs tant de variétés diverses que la spécialisation est recommandée. Il a fallu 4 tirages successifs pour arriver à obtenir une typographie correcte ; dans le premier les cinq types de la planche portent l'erreur... de grammaire No hai avec N renversé (le 1 peso est libellé 1 PESO ; dans le second tirage on a rectifié les 2e et 4e types (1 peso libellé UN PESO) ; dans le 3e tirage le N de NO s'est à nouveau renversé. Le 4e tirage est enfin correct. Le 1 peso n'est connu que dans les deux premiers tirages.

1881. N°s 65 à 67. *Originaux :* 19 $\times$ 24 ^{mm}. *Réimpressions ;* 2 c. à gauche du chiffre 2 (coin inférieur droit) il y a une boucle ; elle porte dans le haut un trait courbe supplémentaire. 5 c le bas du chiffre 5 (coin supérieur gauche) est traversé par une ligne courbe. Les erreurs dans la coloration du papier sont considérées comme étant des *essais*.

1883-89. N° 73 à 81. Nombreuses dentelures non officielles (essais divers) ; pas de réimpressions. Le 10 p. porte des étoiles au-dessus de l'aigle.

République de Colombie. 1886. N° 84 à 88. Très nombreuses maculatures et essais de dentelures et nuances Les timbres sur blanc et sur papier bleu verdâtre sont considérés comme réimpressions.

1890. 10 pesos n° 93. Sans étoiles. *Faux de Genève* ; voir l'illustration précédente pour les signes distinctifs du faux et de l'original.

1892-1900. 10 pesos n° 108. *Faux de Genève ;* le faux cliche ayant servi pour le n° 93 a reservi ici. Le 50 c type II (n° 105¹) a été egalement contrefait en feuilles de 50 timbres . papier presque violet au lieu de lilas ; impression trop pâle ; comparaison utile.

1902-03. N° 118 à 132. Les 5 c bleu sur azuré et 20 c. brun sur chamois, ont eté *falsifiés pour servir ;* ils se reconnaissent aux lettres des inscriptions : REPUBLICA DE COLOMBIA trop peu hautes et mal alignées dans le 5 c et le premier de ces mots mal venu dans le 20 c. Comparaison nécessaire. 5 pesos *faux ;* le mot VALIANTE est illisible ; 10 p. *faux ;* les lettres P et B. de REPUBLICA sont trop hautes ainsi que E et Z de DIEZ.

1902-03. Provisoires de Barbacoas. N° 134 à 136. Série sans caractère officiel. Nombreux faux.

1902-03. Dentelés ou percés en points. N° 137 à 144. Nombreux truquages par fausse dentelure sur non dentelés ; comparaison avec les piquages originaux faciles à obtenir : 10 c. lic de vin et 20 c. violet.

1903. N° 165 à 169. *Faux ;* 5 pesos : mal exécuté ; voir le dessin des lettres de REPUBLICA DE COLUMBIA ; dans le dessin ornemental au-dessous de CINCO et PESOS les 5 hachures verticales sont mal venues ; le mot VALIENTE (dans le bas du timbre) est illisible. 10 pesos : les lettres DE invisibles au-dessus de COLOMBIA.

1909. Surchargés. N° 190 à 200. *Fausses surcharges :* comparaison nécessaire, notamment pour les 20 c, 1 et 10 p Comparez avec les deux types du 1/2 centavos.

Timbres pour lettres chargées.

1865. N°³ 1 et 2. *Originaux ;* papier blanc, mince, 40 mcs ; type R : les S de CORREOS, NATIONALES et CENTAVOS ont la boucle inférieure plus large que la boucle supérieure ; le trait après E a 1/2 mm de long ; 32 lignes d'imbriquement. Voir en outre l'illustration. Type A. La branche gauche porte huit

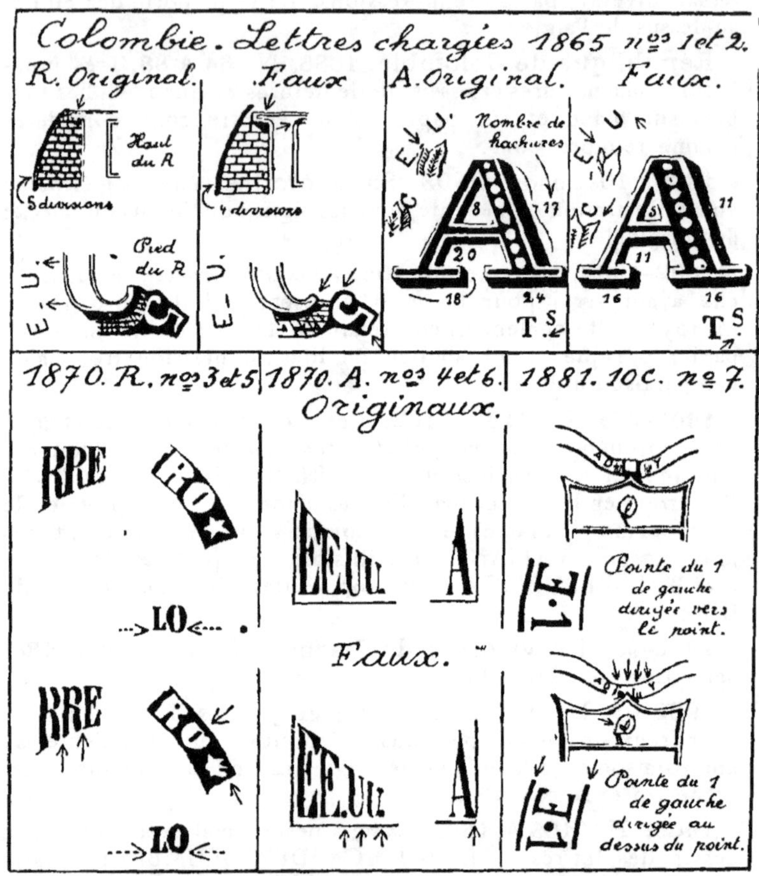

fruits bien visibles ; la branche droite, cinq glands, dont un bien formé.

Pas de réimpressions. Faux ; papier blanc ou jaunâtre, 50, 60 mcs et plus. R : faux ancien, 31 lignes d'imbriquement ; derrière le pied droit du R le quadrillage ne touche pas le chiffre 5 ; le C de COLUMBIA ressemble à un G et cette lettre ainsi que l'S de NATIONALES touchent le trait extérieur de l'étoile. *Faux de Genève ;* très répandus (voir l'illustration) ; R, le trait après E mesure 4/5 de ^{mm} de long ; la boucle supérieure de l'S de CORREOS est plus haute que la boucle inférieure et la lettre paraît donc renversée ; les 2 boucles des autres S sont d'égale largeur ; 28 ou 29 lignes d'imbriquement. A. Les traits blancs de l'A sont visiblement trop épais ; la branche gauche ne montre que 4 fruits ; à droite, 3 glands.

1870. N°s 3 et 5 ; 4 et 6 ; R et A. *Originaux ;* papier blanc grisâtre de 80 mcs environ. R. le second O de COLOMBIA descend plus bas que les autres lettres ; les points derrière EE. et UU. ne touchent pas les lettres qui suivent ; l'A de COLUMBIA ne touche pas le cadre droit. A, le chiffre 5, sous la lettre A ne touche pas le haut de son cartouche ; les points derrière EE. UU ne touchent pas les autres lettres (loupe). *Faux ;* dimensions admissibles ; papier blanc ou jaunâtre de 65 à 70 mcs ; R : le C de CORREOS est souvent relié à la lettre R par un trait horizon-. tal ; les points derrière EE et UU touchent les lettres suivantes ; le pied droit de l'A de COLOMBIA touche le cadre droit : le bas du chiffre 5 touche le cartouche, le fond central ne montre que des traces de hachures ; voir l'illustration pour d'autres défauts. A : la partie droite de la barre du 5 va rejoindre le haut du cartouche ; l'A de COLOMBIA touche le cadre droit (voir l'illustration). Dans les 2 faux, R et A, les hachures du fond sont verticales mais on n'en voit que des traces. *Réimpressions ;* les hachures du fond sont croisées ou il n'y en a pas : papier blanc ou bleuté.

1881. 10 c. N° 7. *Original,* papier mince ou moyen (40 ou 60 mcs) ; traces ou traits du cadre séparatif ; 32 1/2 × 37 ^{mm} de longueur d'axe, festonné compris ; le trait ovale extérieur est plus épais que le trait ovale intérieur ; le haut du premier A et du second D de RECOMMENDADA sont reliés par un mince trait guide-ligne (loupe). *Faux de Genève ;* papier de 80 microns environ ; 32 1/4 × 36 1/2 ; principaux defauts renseignés dans l'illustration ; l'ovale extérieur n'est pas plus épais que l'ovale intérieur à gauche, vers le milieu du timbre (EE 10 Cs). On trouve une ligne pointillée au-dessus de la partie droite des ailes du condor ; pas de hair-line entre le haut du premier A et le second D de RECOMMENDADA ; la nuance est lilas au lieu de violet ou violet foncé.

1889. Le 10 c. a été imité à Genève ; le C de COLOMBIA touche le trait horizontal placé sous le cartouche ; lettres irrégulières, notamment M ; le trait blanc est interrompu sous l'O de CENTAVOS ; dentelé 14.

1902-1904. La surcharge A R dans un cercle n'a aucun caractère officiel sur les 50 c. 1, 5 et 10 pesos.

Timbres-taxe. 1865. N°ˢ **1.** *Original.* 22 ᵐᵐ de côté. Le chiffre 1 de la fraction porte un trait oblique ; point après E, trait court après U ; 116 pointes au cadre extérieur ; C de CEN-TAVOS en forme de D. *Faux ancien ;* points après E et U ; 86 pointes au cadre ; les lettres de COLUMBIA ne sont pas plus grandes que celles des autres inscriptions ; la lettre i (entre 2 et 1/2) est aussi haute, point compris, que le chiffre 2 ; chiffre 1 de la fraction sans trait oblique. *Faux de Genève ;* 116 pointes ; points après E et U ; 1 de la fraction sans trait oblique ; C de CENTAVOS arrondi.

1870. N° **2.** *Originaux ;* lithographiés sur uni ou vergé ; 19 × 23 1/2 × 30 ᵐᵐ ; boucle du 2 fermée, avec point au milieu ; hair-line sous CORREOS. *Faux ancien ;* très mauvais, les traits minces des U sont réduits à leur plus simple expression ; pas de hair-line sous CORREOS ; chiffre 2 à boucle ouverte. *Réimpression,* nuance magenta sur papier uni ou côtelé.

1873. 25 et 50 c. n°ˢ **3 et 4.** 25 *c. original ;* point sous le S après CENT ; point à l'extérieur du cadre sous le point ci-dessus *Faux ancien,* les deux chiffres sont d'égale hauteur ; les hachures horizontales du fond régulières sans interruptions ; pas de point à l'extérieur du cadre. *Faux de Genève ;* bonnet phrygien ouvert dans le haut ; pas de point sous l'S, pas de point extérieur. 50 *c. faux ancien,* même type que le 25 c. avec l'inscription SOBRE PORTE en fer à cheval ! *Faux de Genève ;* le haut du 5 touche l'octogone intérieur ; les traits qui relient les 2 cadres octogonaux aboutissent au cadre intérieur au lieu d'en rester éloignés de 1/2 ᵐᵐ environ ; le trait à droite de la valeur coupe l'S qui suit le c et le point sous l'S est situé sous le côté gauche de cette lettre.

ANTIOQUIA

1868. N°ˢ **1 à 4.** *Originaux ;* le dessin de l'écu est fin et normal ; les inscriptions sont régulièrement tracées ; 5 c : M et B de COLOMBIA se touchent par le pied ; 10 c : Point après CORREOS et sous l'S placé après 10 c. *Faux anciens ;* écu mal dessiné ; inscriptions irrégulières ; 5 c. M et B ne touchent pas ; point bleu au-dessus de l'E de DE (bas du timbre) ; 10 c. Pas de points après CORREOS ni sous S. *Autres faux ;* 2 1/2 les lettres I et A de COLOMBIA ne se touchent pas par le pied ; 5 c. ; papier jaunâtre au lieu de blanc ; sous l'S après U il y a un point au lieu d'un trait court ; dans un autre faux de la même valeur, également sur jaunâtre, l'étoile à gauche du timbre est incomplète. Il existe enfin des faux photolithographiés pour lesquels la comparaison est nécessaire. *Réimpressions ;* traits sur tout le dessin (pour mise hors de service des planches); papier légèrement bleuté.

1869. N°s 5 à 10. *Originaux;* papier mince ; le Q de ANTIO-QUIA a un trait terminal , 5 c. Points après E et S (bas du timbre); 2 1/2, 10 et 20 c. points après CORREOS, COLUMBIA et ANTIOQUIA ; le C de COLUMBIA est situé entre les deux R de CORREOS. *Faux anciens ;* papier épais, le Q est un O ; 5 c. pas de points après E S (en bas) ; 2 1/2, 10 et 20 c. : un ou deux points manquent derrière les mots cités plus haut. *Autres faux ;* 20 c ; les petits S manquent après E U ; 1 peso : dessin de l'écu arbitraire et nuance rouge au lieu de carmin ou vermillon. *Réimpressions* même papier que pour les réimpressions de 1868, le 10 c. bleu est une réimpression.

1873. N°s 12 à 19. Série de mauvais *faux* qui ne méritent pas de description.

Lettres en retard. N° 1. *Faux de Genève ;* lettres des inscriptions mal alignées ; dans le millésime les chiffres 9 ont plus de hauteur que 18 ; nuance arbitraire

BOLIVAR

1863-66. N°s 1 à 3. *Originaux ;* les étoiles ont 8 pointes ; les deux nuances du 10 c. comportent deux types ; type I 9 étoiles ; type II 8 étoiles (cinq en bas au lieu de 6). Les caractéristiques principales sont : cadre intérieur (entre les 2 rangées d'inscriptions) seul bien visible, mais on voit un peu partout (loupe) des *traces* de guide-ligne pour le tracé de ces inscriptions ; la finale O S de CORREOS est séparée du mot DEL par une distance plus grande (1 peso, plus de 1 ^{mm}) que celle qui sépare les lettres de l'inscription en bas (1/4 ^{mm} environ) ; dans les 3 valeurs, la 9ème étoile touche le V de BOLIVAR et elle est moins bien venue que les autres ; 10 $\times$ 12 ^{mm}. *Faux* de diverses provenances ; dont les signes distinctifs principaux sont : 1° le cadre intérieur et les deux guide-lignes qui lui sont parallèles semblent former un triple cadre intérieur bien visible ; 2° là finale OS de CORREOS et le mot DEL ont dû paraître au faussaire un seul et même mot OSDEL d'origine « inconnue » et il a laissé entre ces lettres exactement le même espace partout. Il en est également ainsi dans les faux de Genève dont un premier cliché, très mal venu, à la bande médiane de l'écu entièrement blanche ; après les lettres E U, les petits S et les points situés sous ces S semblent former de grands I ; les étoiles, informes, ont 6 pointes ; dans le PESO la valeur s'écrit 1 P^o ; 10 $\times$ 11 3/4. Dans le second cliché (type I du 10 cent. en vert et en rouge) beaucoup mieux exécuté, le défaut du triple cadre intérieur subsiste ainsi que celui du « mot » OSDEL dont l'O se lit souvent U ; 10 2/5 $\times$ 12 1/2 ; les étoiles ont 8 pointes ; le bonnet au milieu de l'écu a l'aspect d'un jambon planté debout ; les imitations ont 9 étoiles ; une bonne imitation du 10 c. vert porte 21 espaces blancs dans le cadre gauche (au lieu de 20)'et mesure 10 1/4 $\times$ 12 1/3 ^{mm}.

1880. Nᵒˢ 23 et 24. *Faux de Genève* ; les écussons des côtés sont presque blancs ; la moitié droite du visage est seule ombrée ; fausses oblitérations en bleu MEDELLIN sur une ligne et BOGOTA dans un ovale.

1903. Nᵒˢ 76 à 78. Les 3 valeurs ont été falsifiées en très mauvaise lithographie sans aucune finesse dans les détails ; non dentelés ou partiellement percés en points.

Lettres chargées. 1903. Nᵒˢ 3 à 5. *Faux ;* les lettres E de DEPARTEMENTA n'ont autant dire pas de barre médiane ; le lignage horizontal du fond ovale est trop prononcé ou au contraire, mal venu. Fausse surcharge ou oblitération AR en noir dans un cercle de chaînons ou grand cachet rond (36 ^{mm}) en vert : CORREOS-DEPARTEMENTALES CARTAGENA.

On trouve en outre des imitations dans les autres états de Colombie notamment Cucuta (1900) ; Cundinamarca (1883) ; Honda (surcharge); Garzon (1894) et Rio-Hacha (1901) pour lesquelles la comparaison avec des originaux certains est indispensable.

Cauca. 1890. Nᵒˢ 5. Ce timbre n'aurait pas d'origine officielle.

Tolima. 1870. Nᵒˢ 1 à 3. *Faux* (soi-disant réimpressions) par compositions refaites à Tolima même en bandes contenant deux types de chaque valeur ou en bloc formant des tête-bêche ; papier bleu cotelé ou uni ; papier blanc uni avec lignage bleu et papier blanc vergé (5 c.). La lettre A de VALE est trop grande dans les 2 types des 2 valeurs. Dans le second type du 5 c. le mot Correos est écrit eorreos ; dans le premier type de 10 c. le mot Estado est écrit Eetado (erreur qu'on trouve aussi dans les originaux) et dans le second type le chiffre o touche la lettre C de CENTS.

1871. Nᵒˢ 4 à 7. *Réimpressions* des 10, 50 c. et 1, provenant des coins, mais portant les griffes (traits obliques, etc.) ayant servi à annuler ces coins ; 10 c. trait traversant le chiffre 1 de droite et allant jusque dans l'écusson ; 50 c: trait coupant la lettre D de DE et allant jusque dans l'écusson ; 1 p. traits coupant les lettres D de DEL et U de UN ; etc. *Faux* du 5 c. soi-disant réimpression provenant d'un cliché refait dans lequel le dessin de l'écusson diffère et dont le dessin (point entouré d'un cercle) placé dans le cercle, à droite et à gauche, entre les inscriptions est formée d'une sorte d'etoile. On a même fait de ce cliché un 5 pesos ! N-B. Il existe d'autres faux de Tolima mais mal exécutés (inscriptions mal alignées, etc.) et qui ne demandent pas de description.

1886. *Réimpressions* (1898); dentelées 11 1/2 au lieu de 10 1/2 ; 50 c. vert pâle terne et 1 p. orange rouge vif. *Faux de Genève* 1 peso : étoiles informes ; point rouge dans l O de ESTADO ; dentelure 11 1/2.

COLOMBIE BRITANNIQUE

1861-65. Effigie. N⁰ˢ 1 à 5. Quelques vieux *faux* lithographiés dont le contour du visage est marqué d'un trait plus ou moins épais. Lignage ou guillochis défectueux, traits séparatifs, etc.

1865-67. V et couronne. N⁰ˢ 6 à 7. *Originaux ;* typographiés ; filigrane CC couronne ; dentelés 14 ou 12 1/2. En haut, sur les côtés de la couronne, 6 perles ; au milieu, sous la croix, 3 perles ; sur le bandeau, 7 perles entre deux traits fins. *Faux anciens ;* sans filigrane ; traits séparatifs. *a)* en haut 5 perles, au milieu 3, sur le bandeau 7 losanges ; UMBI de COLUMBIA touche les fines lignes de l'ovale ; série non dentelée. *b)* même nombre de perles que dans la série a ; les 7 losanges sont plus grands ; presque toutes les lettres des inscriptions touchent les fines lignes de l'ovale ; dentelure 13. *c)* faux meilleur, généralement marqué FALSCH ; les traits du milieu dans l'M de COLUMBIA descendent jusqu'au bas de la lettre ; le G de POSTAGE est plutôt un c ; dentelure 13 1/2. *Faux modernes* gravés (Gênes) ; série bien reproduite par la photographie ; sans filigrane dans la benzine ; dentelure 13 $\times$ 13 1/2 ; le relief de la couleur est suffisant pour repérer l'imitation. N-B : tous les faux autres que le 3 pence sont revêtus de fausses surcharges.

COLONIES ALLEMANDES

La série allemande de 1889 (n⁰ˢ 44 à 50) a été bien *imitée* à Genève et *surchargée* faussement pour les séries suivantes : Afrique orientale, n⁰ˢ 1 à 10 ; Afrique Sud-Ouest, n⁰ˢ 1 à 6 ; Cameroun, n⁰ˢ 1 à 6 ; Carolines, n⁰ˢ 1 à 6 ; Chine, n⁰ˢ 1 à 6 ; Levant, n⁰ˢ 6 à 10 ; Mariannes, n⁰ˢ 1 à 6 ; Maroc, n⁰ˢ 1 à 6 ; Marshall, n⁰ˢ 1 à 6 ; Nouvelle-Guinée, n⁰ˢ 1 à 6 ; Samoa, n⁰ˢ 36 à 41 ; Togo, n⁰ˢ 1 à 6. L'illustration renseigne sur les principaux défauts de ces photolithographiés.

Voir en outre dans chacune de ces colonies, la fausse oblitération appliquée sur ces taux. Une seconde *série fausse* n'a pas besoin de grande description ; les timbres, mal lithographiés, n'ont que 17 3/4 ᵐᵐ de largeur au lieu de 18 1/4 environ et ils sont dentelés 13 1/2 × 14 au lieu de 13 1/2 × 14 1/2) ; les hachures a gauche de REICHSPOST ne vont pas plus haut que le haut de la lettre R ; la couronne est presque blanche. etc., etc. Cette série se rencontre généralement neuve. N-B. Il va sans dire que les fausses surcharges de Genève et... bien d'autres ont été appliquées sur des timbres allemands originaux : la comparaison est indispensable.

Enfin, pour compliquer encore la question, il fut tiré en *1897* des *réimpressions* d'essais de surcharges. Ces essais précédemment tirés sur originaux en séries de 5 portant successivement les surcharges Deutsch-Neu-Guinea ; Deutsch-Sudwest-Africa ; Marschall-Inseln (avec c) ; Togo et Kamerun furent reproduits, si l'on peut dire, mais cette fois en blocs de 10 (5 × 2) portant 10 noms de colonies (Samoa, Karolinen, Deutsch-Ostafrica, China et Marianen en plus), dans un ordre différent et avec noms orthographiés différemment (comme pour les deuxièmes émissions) pour les Deutsch-Sudwestafrica et Marshal-Inseln (sans c). On ne peut s'y retrouver pour les 8 autres, malgré que les caractères de la surcharge soient en général moins épais, que par la comparaison des nuances avec les originaux surchargés de chaque colonie. C'est dire que la spécialisation s'impose.

1900. 1916. Type bateau. *Originaux :* typographiés ; 18 3/5 a 18 3/4 × 22 2/5 ; dentelés 14 ; les émissions après 1906 avec filigrane. *Faux de Genève ;* photolithographiés uni ou bicolores des valeurs en pesa, cents, heller, pfennig, etc. 18 1/2 à 3/5 × 22 1/2 à 22 2/3 ; dentelés 13 à 13 1/4 × 13 1/2 ; papier laineux ; sans filigrane. Les défauts les plus visibles sont renseignés

dans l'illustration ; la rosette de droite en haut est mal venue, il n'y a pas de point blanc dessous ; le pavillon n'est pas limité par une courbe à gauche et la croix touche en bas ; pas de trait blanc horizontal pour limiter la tête de la cheminée ; un seul trait vertical dans le corps de cheminée ou parfois simples traces du second ; pas de hachure blanche (ou simples traces) sur le bas du grand mât ; il y a d'autres défauts secondaires dans le dessin et dans les inscriptions de la valeur, des chiffres et du nom des colonies, la comparaison de tout ceci ne fera qu'ajouter au verdict.

COLONIES FRANÇAISES GÉNÉRALES

Il n'y a aucune surcharge dans les colonies générales, tandis que les colonies proprement dites en sont abondamment pourvues et, naturellement, les fausses surcharges abondent. Le temps n'est plus où une simple mention : la surcharge fausse mesure x millimètres de large au lieu de x + 1, était suffisante ; les faussaires ont fait d'énormes progrès et les surcharges habilement copiées ne se comptent plus ; toutes doivent être soigneusement comparées avec des surcharges originales certaines. Il est également nécessaire de vérifier si le timbre lui-même n'est pas entièrement faux.

1859-65. Type aigle. Nᵒˢ 1 à 6. *Originaux;* voir signes distinctifs dans l'illustration. *Réimpressions :* les nuances des originaux sont celles de l'émission de France de 1862 ; les réim-

pressions ont des nuances plus vives ; le papier est plus épais ;
sans gomme ; le 80 cent est carmin vif sur papier rose bien
coloré. *Faux. a)* série ancienne, sur jaunâtre épais ; 114 et 92
perles ; 32 hachures ; pas de point devant le C de COLONIES ;
b) série ancienne sur papier épais ; croix trop à droite ; 115 et
92 perles ; aucune finesse dans les hachures ; *c)* série de Genève ;
sur blanc ou teinté, satiné ; nuances arbitraires ; pas de point
entre le chiffre de la valeur et le C qui suit ; la branche gauche

de la lettre M se dirige vers la perle située à droite de la croix
au lieu de se diriger entre les deux perles. Le dessin de la partie
empennée des ailes est grossier ; ces imitations portent le signe
secret (point dans le dessin ornemental du coin supérieur droit) ;
d) série de Bruxelles ; couronne déviée à droite ; fond ligné non
conforme ; la comparaison du dessin des coins suffit ; *e)* faux pour
servir (80 c) ; lithographié sur rosé à vergeure peu visible, pas de
signe secret ; 116 et 92 perles ; 36 hachures mal venues et imitant une « planche usée » ; croix penchée à droite ; l'œil du
rapace est formé d'un point blanc ; le premier S de POSTES a
la boucle supérieure trop grande ; cette lettre est de la même
hauteur que les autres ; ce faux a passé par la poste mais on le
trouve aussi isolé avec oblitération fausse, généralement gros
points.

1871-72. Napoléon lauré. N°s 7 à 10. *5 cent original ;*
vert-jaune sur vert-jaunâtre ; ne supporte pas la comparaison
avec le n° 12 de France toujours plus fin d'impression ; il y a
très peu de points distincts entre les hachures du fond central ;
les coins burelés, surtout ceux du bas, donnent l'impression
d'une planche usée. *Truquage ;* dentelé de France, n° 20 avec
dentelure coupée ; pas de marges ou marges ajoutées par réparation ou remontage complet du timbre ; vérifier aussi l'oblitéra-

tion. 5 cent *faux ;* mauvaise lithographie, vert sur verdâtre : 4 petites perles dans les coins au lieu de croix de Saint-André ; les
perles du fond central sont trop espacées ; les lettres sont
beaucoup trop minces. 80 cent ; *truquage* de l'essai en rose
du 30 cent ; vérifier les chiffres, parfois repeints sur cet essai.

1871. Cérés. N°s 11 à 13. *Faux ;* voir le premier volume
pour les faux de France, première émission ; on trouve généralement les faux de Genève, avec oblitération Ancre en bleu ou en
noir ou cachet à date, double cercle COCHINCHINE 6 OCT 76
SAIGON en noir ou en bleu (les deux tête-bêche existent dans
cette série) ; voir aussi dans la même émission les faux photolithographiés. *Truquages ;* timbres de France à dentelure coupée,
avec fausse oblitération cercle ondulé, SAINT DENIS 7 OCT 79
LA REUNION appliquée sur l'oblitération française (généralement sur fragment, (Genève). *Réimpressions* Granet 1887 ;
mêmes caractéristiques que pour le type aigle ; voir aussi réimpressions de la première émission de France.

1872-77. Cérès. N°s 14 à 17. 2 cent. *original ;* papier assez
semblable à celui du n° 51 de France, tandis que le 2 centimes
essai est sur papier blanc au lieu d'être très légèrement jaunâtre ; l'*essai* a été teinté, renforcé au dos et gommé pour en faire
un n° 15 neuf. 2 cent *faux ;* lithographié sur papier jaune foncé ;
pas de point devant l'R de REPUB ; au bas du menton une seule
hachure courbe. 4 cent ; *truquage ;* essai de 4 c. gris foncé, sur
papier grisâtre au lieu de blanc, avec oblitération fausse ; cet
essai n'a que 55 mcs d'épaisseur environ au lieu de 70 ; petite
tache de couleur sur la joue. Bien entendu, les 2 et 4 cent. de
France (4 cent. gris pâle) ont subi l'ablation des dents pour passer
comme des coloniaux. 4 cent. *faux ;* l'E de REPUB est trop
rapproché des autres lettres ; sa barre inférieure est trop longue
et sa barre médiane située trop bas. N. B. — La tache sur la
joue de l'essai du 4 c. a près de 1^{mm} de long, elle est oblique
(N.-E. ; S.-O.) et située vers le milieu d'une ligne partant de la
commissure des lèvres pour aboutir au bas de l'oreille ; (un peu
plus bas, sous la tache, il y a en outre deux petits points imperceptibles) ; elle a été fréquemment grattée ; l'essai est plus large
que le colonial (18 1/10 au lieu de 17 7/8^{mm} environ).

Idem. Gros chiffres. N°s 18 à 21. *Faux ;* 10 et 15 cent.
(voir volume I, première émission de France en ce qui concerne le
burelage des coins) ; dans le 10 cent. les chiffres 1 descendent
jusque sur le trait blanc au-dessous. Un mauvais faux de 30 cent.
n'a pas de points avant et après les chiffres et les mots des cartouches ; il est de 4/5 de ^{mm} trop large. *Réimpressions :* il faut
considérer comme telles le 15 c. bistre sur blanc non dentelé

du n° 55 de France et le 80 cent rose pale non dentelé du n° 57.
(moins rares que les coloniaux).

Idem. Petits chiffres. N°s 22 et 23. *Original ;* du 15 c. ;
souvent d'impression empâtée ou défectueuse ; *Réimpression* du
25 c. (Granet) en bleu laiteux. *Faux ;* voir première émission
de France pour les diverses séries de faux du 25 c. et même
du 15 c. (imprimé en bistre au lieu de vert) ; il y a lieu d'y ajouter
une bonne imitation du 15 cent. dans laquelle la barre médiane
du F de Franc est absolument insuffisante ; les C n'ont pas de
trait terminal ; toutes les lettres sont trop minces ; burelage des
coins non conforme ; souvent oblit. losange de points gros
chiffres 2240 (Marseille).

1877 et 1878-80. Type Sage. N°s 24 à 45. *Réimpressions ;*
1° On peut considérer ainsi les non dentelés du type Sage de
France des émissions de 1876-77. Comparaison des nuances ;
teintes suffisamment différentes ; le 25 cent. par exemple, est
noir sur rose, comme le timbre de France non dentelé, mais il
existe un non dentelé noir sur rouge foncé. 2° Réimpressions
Granet (1887) au type Sage ; peuvent être confondues avec les
coloniaux neufs ; comparaison. Le 25 c. a une teinte de fond plus
rouge, plus carminée que le colonial qui est plutôt rouge-brun.
Truquages ; timbres de France avec dentelure coupée et oblitération illisible. Nuances différentes et marges insuffisantes ou
rapportées.

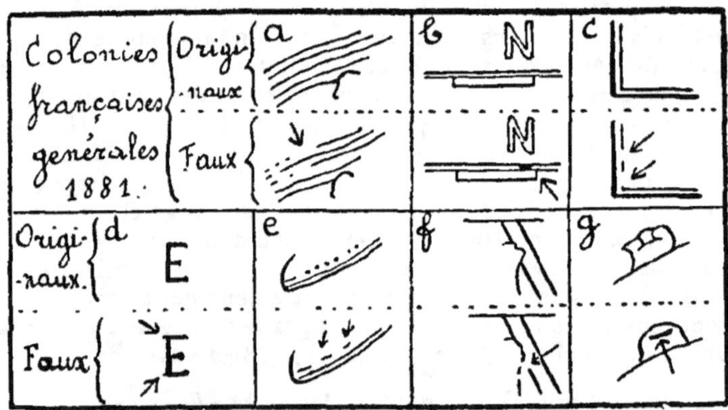

1881. Dentelés. N°s 46 à 59. *Faux.* I. Série de Genève ;
toute la série, mais les timbres étant plus chers avec les surcharges des colonies proprement dites sont en général faussement surchargés et le plus souvent faussement oblitérés. Nous
renseignons dans chaque colonie la fausse oblitération (gravure

sur bois ; dates interchangeables ; en noir ou en bleu.) L'illustration renseignera sur les signes distinctifs des timbres faux ; a) disposition des hachures au-dessus des cheveux ; b) barre blanche sous COLONIES ; c) cadre du coin inférieur gauche ; d) E final de REPUBLIQUE ; e) disposition des hachures sur le bas de l'avant-bras droit ; f) dessin des cheveux qui recouvrent partiellement la hampe du drapeau ; g) brassière du bras droit. La dentelure est en général 14 × 13 1/2 mais on trouve aussi 13 1/3 × 14. Imprimés en blocs de 12. On trouve des faux (en feuilles) de Genève, n'ayant pas tous les signes distinctifs renseignés dans l'illustration mais quelques-uns seulement, d'ailleurs suffisants pour les reconnaître. II. Autre série fausse ; généralement dentelée 12 ; dans les originaux la ligne de couleur du drapeau (coin supérieur gauche) est simplement formée par l'arrêt des grosses hachures horizontales, mais ici il y a un trait de contour bien défini ; les cheveux recouvrent entièrement la hampe du drapeau ; le trait blanc sous COLONIES est fortement ombré au-dessous ainsi que sur le côté droit ; il n'y a qu'une seule hachure sur l'avant-bras droit ; etc., etc., la déesse est mal venue, la plupart des traits fins manquent et, sous le navire, il en est de même.

1892-1900-1913. Emission particulière pour chaque colonie. Type groupe avec nom de la colonie dans le bas.

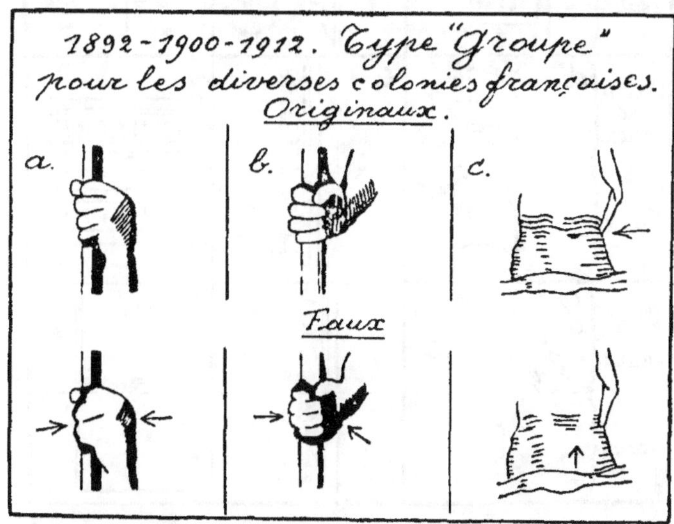

Faux insidieux faits à Genève en feuilles de 30, chaque timbre portant dans le cartouche du bas un nom différent depuis

SULTANAT D'ANJOUAN jusqu'aux 29ᵉ et 30ᵉ timbres qui portent le mot SOUDAN FRANÇAIS. Les *fausses surcharges de 1912* ont été imitées et apposées droites, renversées et espacées sur ces faux et sur des orignaux. Dentelures 13 3/4 $\times$ 13 3/4 au lieu de 14 $\times$ 13 1/2. L'illustration renseignera sur les trois points les plus défectueux du dessin, obtenu par la photographie : *a)* main gauche de la déesse ; *b)* main droite de Mercure ; *c)* nombril du même ; *d)* les points des seins de la déesse manquent souvent tous les deux, parfois un seul, etc.

Les oblitérations fausses appliquées sur ces faux seront renseignés dans le texte afférent aux diverses colonies.

Timbres-taxe. Type des taxes de France. Voir volume I.

1884-1892. Nᵒˢ 1 à 17. Voir l'illustration pour les signes des *originaux* nᵒˢ 1 à 14. Les 1, 2 et 5 francs noirs: 17 3/4

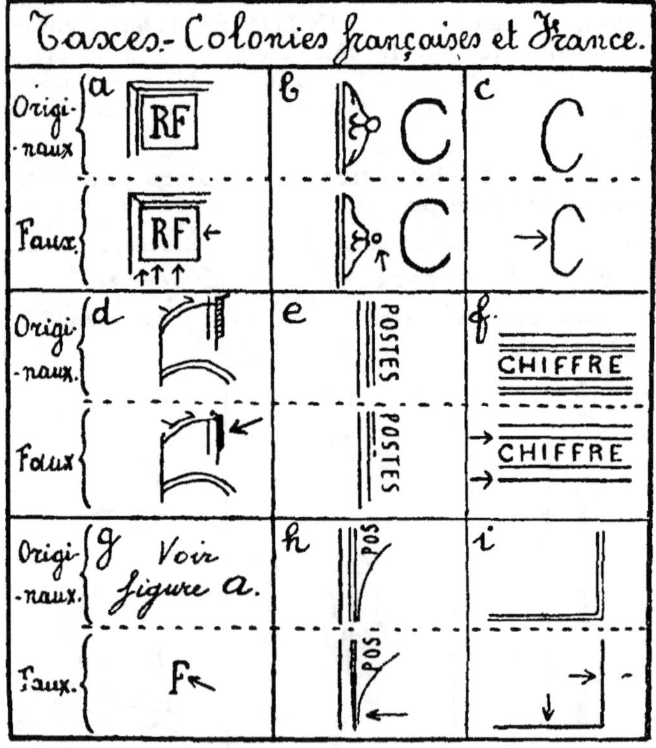

à 21 1/4 environ. L'ornement sous l'E de CHIFFRE est séparé du double trait par une simple solution de continuité. *Faux an-*

ciens ; quelques imitations dérisoires dont l'une faite en typographie, n'a qu'un seul cadre . 17 1/2 $\times$ 21 3/4 ^{mm} (grosses valeurs
et 60 cent.). Dans d'autres séries les inscriptions sont arbitraires
et la comparaison avec un original les fera facilement reconnaître ; vérifiez notamment le C de CHIFFRE dont l'extrémité
basse se termine en horizontale tandis que dans la plupart des
imitations anciennes et modernes elle est coupée obliquement,
son prolongement allant toucher le pied du H. Dans diverses
séries modernes on notera encore que le papier est parfois trop
jaunâtre ; l'accent sur l'A est horizontal, ou bien il est oblique
mais touche la lettre ; l'encadrement fin manque au-dessus des
cartouches de CHIFFRE et TAXE ; des lettres sont trop larges

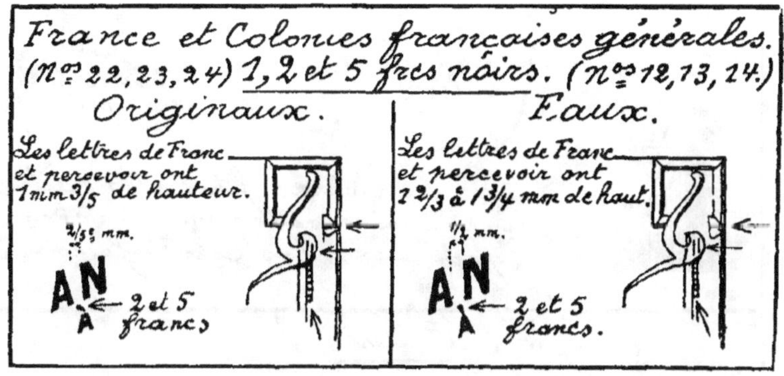

(R de CHIFFRE) ou trop hautes (second E de PERCE-
VOIR), etc. Il y a lieu de mentionner à part les falsifications suivantes très répandues outre-mer. *Faux de Genève* I. 1, 2
et 5 fr. noir et brun-rouge ; premier cliché ; lithographiés,
17 $\times$ 21 1/4 ^{mm} ; l'ornement sous l'E est éloigné de 1/4 de ^{mm} du
trait double ; voir aussi l'illustration précédente pour les signes
b, d, f, h. Papier commun, jaunâtre, grisâtre ou blanc. II.
Second cliché ; photogravure ; 17 4/5 $\times$ 21 1/5 ; l'ornement
sous l'E touche le double trait ; voir a, b, c, d, e. La première
série comprend toutes les valeurs, depuis le 1 centime. *Faux photolithographiés ;* 1ᵒ série insidieuse, bonnes dimensions, mais
que les signes b, f et g de l'illustration suffisent à identifier ; la
ligne très fine au-dessus du cartouche de CHIFFRE en est trop
rapprochée et se confond avec elle par endroits. 2ᵒ autre série à
papier trop blanc, la plus insidieuse de toutes et copiée des réimpressions de 1882-92 ; 1, 2, 5 francs noirs nᵒˢ 12, 13 et 14 (aussi
France, nᵒˢ 22, 23 et 24) ; 55 à 60 microns au lieu de 50 à 55 pour
les taxes de France ; largeur 17 1/2. Voir l'illustration ci-dessus
pour les principaux défauts.

Taxes. 60 c. brun, 1 fr. rose, 1 fr. carmin. N°s 24 à 27.

Ces falsifications ont les caractéristiques des précédentes.

Fausses oblitérations. Très nombreuses sur tous les taxes des

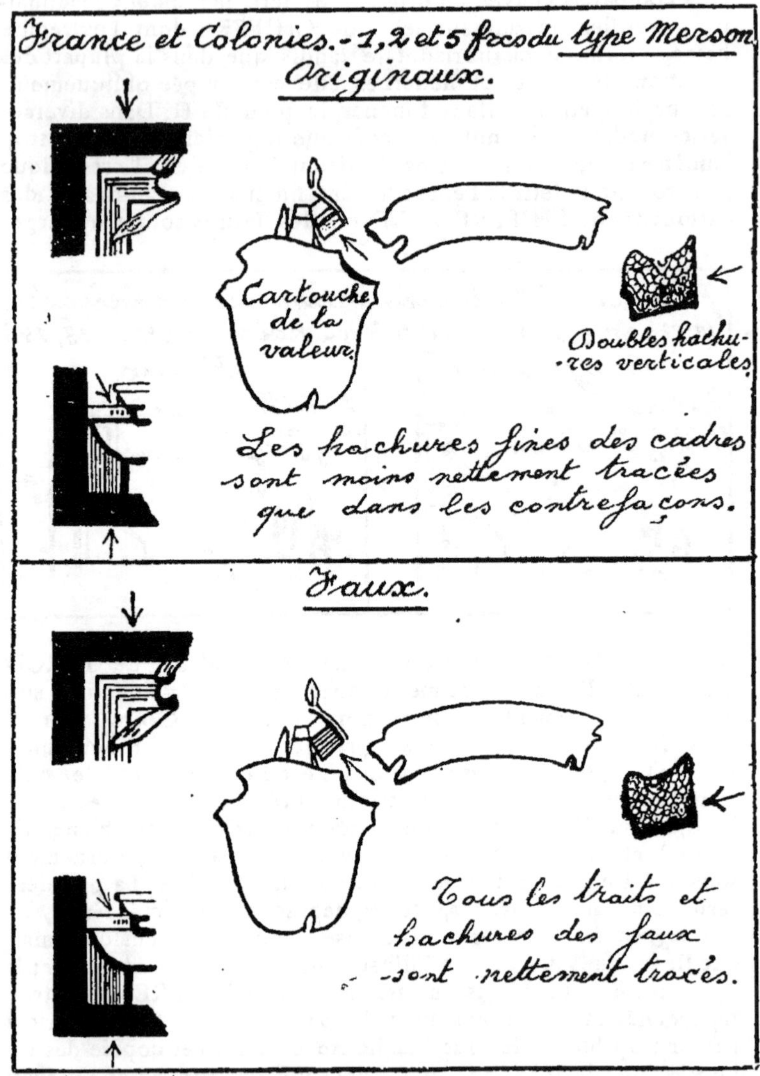

colonies ; quelques-unes sont citées dans chaque colonie pour les séries les plus répandues, mais il en existe une infinité d'autres.

Faux millésimes. Assez nombreux. Il y a lieu de se méfier surtout des paires non encadrées, qu'on ne doit prendre avec millésime qu'après comparaison de la nuance de l'année du millésime. La spécialisation est indispensable.

Faux de France, 1, 2 et 5 frcs type Merson. Ce type n'existe pas pour les colonies générales mais il a été employé dans plusieurs colonies avec surcharges diverses et il y a lieu de le mentionner ici car cela dispensera souvent du fastidieux examen détaillé des surcharges. Le faussaire a commencé par reproduire les trois valeurs des timbres de France ; papier trop jaunâtre : dentelure bien faite ; quelques dissemblances qui proviennent probablement de retouches faites sur la reproduction photographique pour remédier à des défauts (voir l'illustration). Ensuite des reproductions secondaires ont été faites où l'on a supprimé POSTES et REPUBLIQUE FRANÇAISE pour remplacer ces mots par le nom de la colonie et POSTE FRANÇAISE ; enfin. les fausses surcharges ont été appliquées et aussi les fausses oblitérations.

Faux du type Balay. 1, 2 et 5 frcs pour les colonies de *l'Afrique Occidentale française.* Voici les signes principaux qui permettent de reconnaître ces faux phototypographiés et notamment le 5 francs. 1°) dentelure 14 $\times$ 14 irrégulière, au lieu de 14 $\times$ 13 1/2 ; 2°) dimensions totales, dents comprises : 39 1/2 $\times$ 24 (au lieu de 40 $\times$ 24 1/2 en moyenne), 3°) papier mince 50 mcs, transparent (au lieu de 75 microns. mi-transparent) ; 4°) 5 frs rouge plat au lieu de rouge carminé ou carmin de ton chaud ; 5°) le palmier du coin supérieur gauche est informe et suspendu (tronc interrompu) ; ceux à gauche au-dessus de la négresse ont l'aspect de plumeaux ; dans le gros arbre à double tronc, le feuillage est informe et le tronc de droite ne porte que 2 ou 3 hachures obliques au lieu de 5 ; 6° points ronds sur le front et la joue de l'effigie (au lieu de carrés ou rectangulaires): 7°) les lignes du nez et de la joue hachurée (effigie) sont deux fois trop épaisses ; 8°) les hachures horizontales sont éloignées du cercle et de la ligne de la joue hachurée de 1/6 de ^{mm} au lieu de toucher ou de ne laisser qu'une solution de continuité ; 9°) les hachures des cases manquent pas endroits ; 10°) au-dessus de la négresse la ligne non colorée du cadre est trop mince à gauche (1/10 de ^{mm} au lieu de 1/6 environ); 11°) négresse : une seule hachure oblique sur le visage (sur le front) : hachures du buste interrompues ou formant tache ; seins formant tache ; dans le pagne, les grosses hachures forment des taches longues et la moitié des hachures fines manquent ; 12°) le nom de la colonie est aussi reproduit par la photographie et la typographie à arêtes vives des originaux, est remplacée ici par des lettres aux extrémités

arrondies (loupe) ; de même pour les accents et traits d'union.
Fausses oblitérations diverses.

COLONIES HOLLANDAISES

Voir Indes Néerlandaises, Curaçao, Suriname.

COLONIES PORTUGAISES

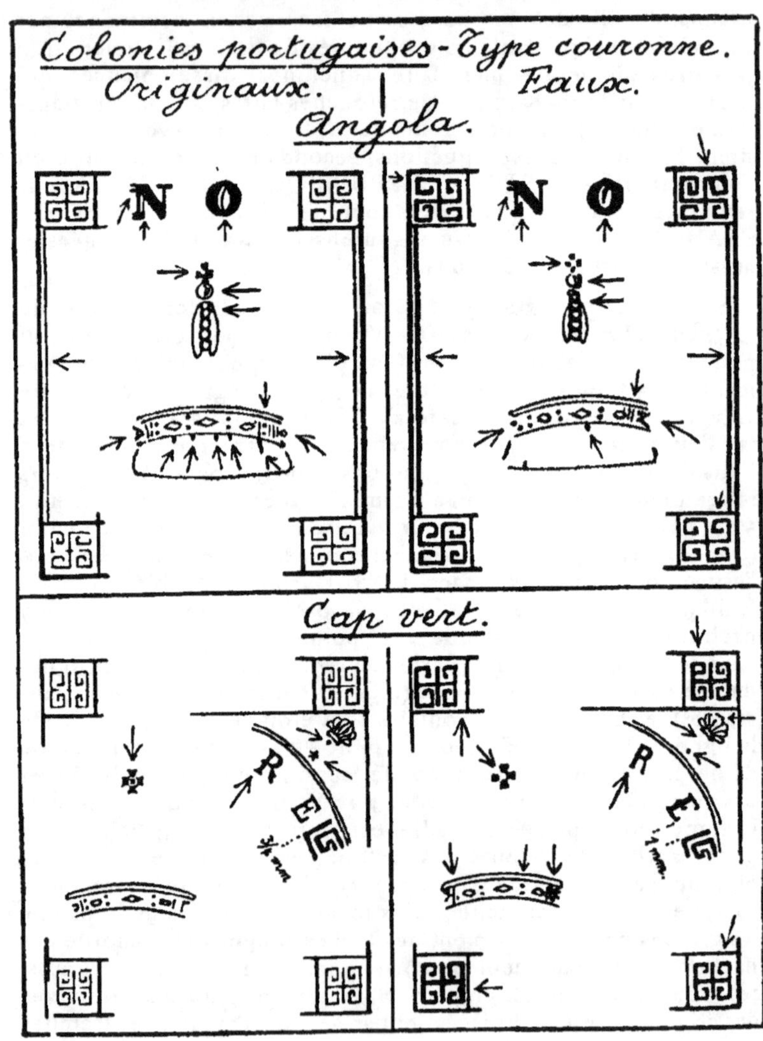

Type couronne. Je crois inutile de parler des faux anciens, si mal faits que le moindre philatéliste les jugera à première

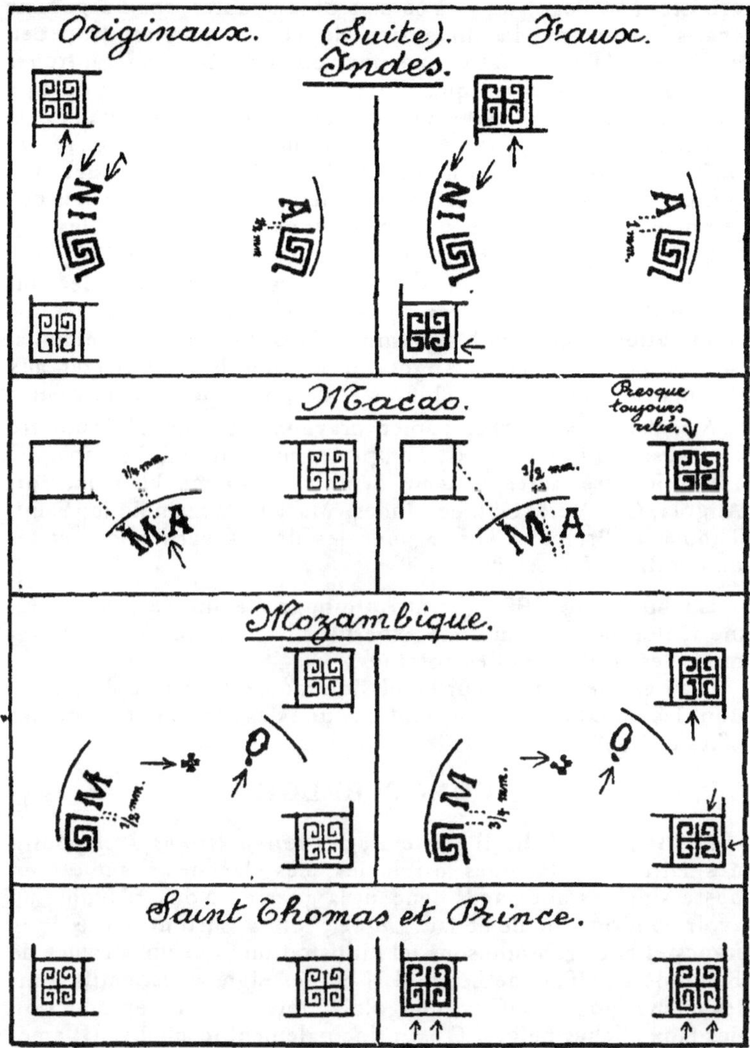

vue ; nuances très arbitraires ; lettres des inscriptions ridicules ; piquage informe, etc.

Des séries entières, infiniment plus insidieuses, proviennent de Genève. Les *faux* Fournier ont des nuances très approchantes. d'autres fois arbitraires ; le papier est un peu trop jaunâtre, mince (50 à 55 mcs) très transparent, ou moyen (50 à 55 mcs) moins transparent. Les *originaux* ont un papier blanc (parfois grisâtre par l'âge) de 55 à 60 mcs ou du papier épais ; gomme épaisse, jaunâtre. La dimension de l'impression est trop peu différente dans les faux que pour en faire état ; par contre les dimensions totales (jusqu'à l'extrémité des dents) ont de 24 à 25 ^{mm} de large sur 28^{mm} et plus de hauteur ; (originaux : 24 environ sur 27 à 27 1/2 ^{mm}) ; la dentelure des faux est 12 1/2 mais on les trouve aussi non dentelés. Le dessin des clichés faux (un par colonie, avec valeurs interchangeables) montre des dissemblances que les diverses illustrations rendront sensibles (1).

L'examen de la croix qui surmonte la couronne et des 5 perles situées sous le globe supportant cette croix sera le plus souvent décisif ; les autres signes serviront pour le cas ou une oblitération cacherait les premiers. N-B Le dessin ornemental des coins diffère pour Angola. Il est inutile de s'arrêter aux défauts secondaires des chiffres et de l'inscription de la valeur.

Réimpressions ; 1886, papier crayeux très blanc, dentelure 13 1/2, sans gomme ; 1906 ; réimpressions pour le Roi d'Espagne, 168 séries (très rares) ; même dentelure, gomme blanche. Voir Angola, Cap-Vert, Guinée, Indes, Macao. Mozambique, Saint-Thomas et Prince et Timor pour les détails particuliers et les oblitérations fausses de Genève.

La série de 1895 (Saint-Antoine) a été imitée (voir volume I, Portugal) il faut donc expertiser les timbres avant d'examiner les surcharges des colonies.

Il en est de même pour l'émission de 1898 (Vasco de Gama) dont les imitations ne méritent pas une description et pour les taxes de 1898.

CONGO BELGE

1886. N°s 1 à 5. Il existerait des *réimpressions ?* clandestines faites sur planches originales, ces planches ayant été en possession des allemands pendant la guerre. Nous n'avons pu avoir confirmation de ce fait. *Faux ;* on a surtout imité le 5 francs et nous reproduisons ici l'illustration pour un 5 francs de Belgique à l'effigie de Léopold II car les signes distinctifs sont les mêmes pour les faux congolais obtenus par reproduction des faux clichés belges. C'est principalement le cliché II amélioré (voir illustration) qui a été exécuté avec les inscriptions pour le Congo. On y retrouve le grave défaut de dessin derrière

---

1 Nous reproduisons ici les illustrations des signes distinctifs des diverses colonies parce que nos clichés ont servi tels que pour l'illustration d'articles.

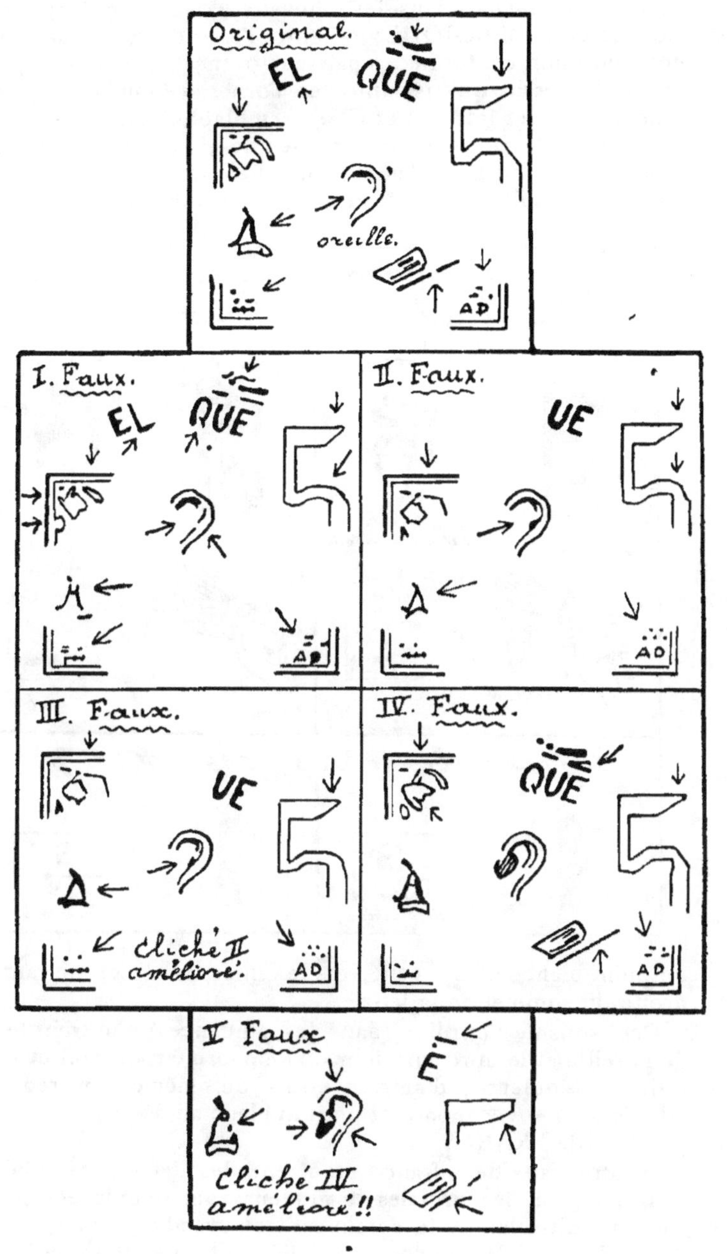
Original.
EL
QUE
oreille.
I. Faux.
EL
QUE
II. Faux.
UE
III. Faux.
UE
Cliché II
amélioré.
IV. Faux.
QUE
AD
I Faux
É
Cliché III
amélioré!!

l'oreille ; de même, dans les cheveux, la fourche trop courte (sous le G de BELGIQUE ; ici, entre l'A et l'U) ; non dentelé ou dentelure non conforme ; épaisseur 50 mcs au lieu de 55 ; la partie du dessin qui termine les cornes d'abondance (bas du timbre, sous les lettres I et C) est semblable à un *N* penché ; la hauteur est de 21 1/5 environ au lieu de 21. Ce faux étant assez répandu, je crois bon d'en signaler quelques défauts supplémentaires dans l'illustration qui suit. On trouve presque toujours

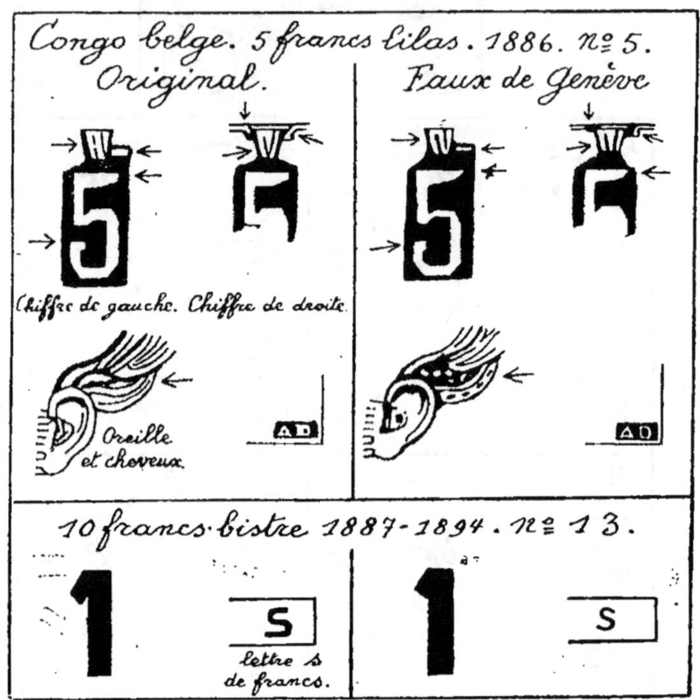

un point blanc entre F et R vers le milieu du R et un autre à droite du sommet de la lettre A.

Des essais de Fournier (dans les 2 nuances) montrent le trou de l'oreille et le bord intérieur du lobe formé d'un seul et même trait de couleur ; d'autres essais du même, en réduction (16 1/2 $\times$ 20 1/2 ^{mm}) portent un trait blanc au-dessus des 5 lettres FR et Cˢ de FRANCS.

D'autres faux de 5 francs montrent des défauts semblables ; dans l'un, ou les initiales du graveur sont remplacées par de vagues traits blancs, le dessin est trop grand (17 2/5 $\times$ 21 1/2) ; dans un autre (Gênes) dont le cliché primitif a été exécuté pour le timbre belge, le filet supérieur se confond avec le fond, les lettres des inscriptions sont coupées de traits, le D (initiale du graveur) est informe et deux fois trop grand ; le reste du dessin est informe. Dans une série complète, l'inscription supérieure est peu nette, le T est mal venu (comparez avec un original du 5 centimes facile à trouver); les nuances sont arbitraires. N.-B: L'angle aigu au-dessus de E (voir type IV illustré) est faux dans le 5 frcs belge et original dans les timbres congolais.

1887-94. N°s 6 à 13 ^b. *Réimpressions ?* clandestines ; même remarque que pour la première émission *Faux.* 5 frcs. Faux lithographié ; nuance plutôt lilas que violet ; les lettres ne sont pas symétriques dans le cartouche du bas, celles de CONGO, notamment, sont trop épaisses , les lettres de FRANCS sont trop maigres ; divers défauts dans le dessin des cheveux et de l'oreille. Autre faux dont le signe principal est un renflement du nez à hauteur des yeux alors que dans l'original la ligne nasale est droite et peu ombrée. 10 frcs faux de Genève ; voir l'illustration précédente ; épaisseur 70 mcs au lieu de 55 environ ; ocre au lieu de bistre ; dentelure 15 admissible ; le trait blanc sous N D de INDEPENDANT est presque horizontal ; autant dire pas de hachures sur le nez ni sous l'œil droit ; celles du front sont incomplètes ; hachures du front central trop fines ; fausses oblitérations, ronde à date, en bleu ou en noir BANANA 2 MARS 8 M 1890, chiffres interchangeables ; avec 1886 elle a servi pour la première émission : BOMA 3 OCTO 8-M 1886 ; BOMA 11 AOUT 7-5 1886 toutes trois 1 cercle, 23 ^{mm} de diamètre. Le 5 francs a été également imité à Genève, en violet et gris même type que le 10 frcs mais avec S de FRANCS mieux venu. Se reconnaissent facilement à deux taches blanches dans les hachures de l'ovale central à droite du front. Trois autres faux de cette valeur présentent des défauts semblables dans les hachures (comparer avec une valeur commune, 5 cent. vert) et l'on retrouve parmi eux le type à nez gondolé comme dans le faux du 5 fr. 10 fr. n° 13. Contrefait en feuilles de 10 ; le cadre inférieur montre une concavité sous le zéro de gauche et l'ornement sous le S de FRANCS ne montre pas le " T " renversé que l'on voit dans les originaux.

1894-1900. N°s 14 et 17. *Truquages :* ces valeurs ont été obtenues par altération des couleurs des numéros 16 et 19.

1908. N°s 30 à 49. Très nombreuses surcharges fausses ; comparaison indispensable.

1923. Surcharge locale, 25 c. N°s 104 et 105. Fausses surcharges normales, renversées ; aussi doubles pour le n° 104. Une série faussement surchargée 10 ✕ 5 ^{mm} au lieu de 7 ✕ 4 1/2 porte la fausse oblitération BOMA 4 VI 23.

Timbres taxe. Nombreuses surcharges fausses. particulièrement pour les trois premières émissions ; certains modèles ne se rencontrent que sur les fortes valeurs. Comparaison nécessaire.

Colis-postaux. Fausses surcharges n⁰ˢ 1 à 5. Comparaison indispensable. Les deux types (non encadré et encadré) ont été imités à Genève avec points trop faibles, etc.

Ruanda et Urundi. Voir Est africain allemand. Fausses surcharges sur le 1 fr. 25 du Congo Belge. Comparaison.

CONGO FRANÇAIS

1891-92. Nᵒˢ 1 à 7. Nombreuses variétés qui rendent la spécialisation indispensable ; Marconnet (pages 263 à 268) et de Vinck (pages 61 et 62) renseignent suffisamment les amateurs sur les types de variétés et sur leurs mensurations. *Fausses surcharges* nombreuses ; y compris pour les variétés ; comparaison absolument indispensable. (Genève, 3 types du chiffre 5).

1892. Nᵒˢ 8 à 11. Même observation. Congo français doit mesurer 18 1/2 ᵐᵐ de long.

1892. Type groupe. Nᵒˢ 12 à 24. Pour les faux de toutes pièces voir Colonies françaises.

1900. Surcharge 15 c. Nᵒˢ 25 et 26. Fausses surcharges ; comparaison détaillée indispensable. La surcharge a été imitée à Genève.

1900. Type groupe. Nᵒˢ 42 à 45. *Faux*, voir Colonies françaises.

1903. Surcharges 5 et 10, nᵒˢ 46 et 47. Fausses surcharges, comparaison nécessaire. (Aussi Genève)

1916. Croix-rouge. Nᵒ 65 et variétés. Très nombreuses surcharges fausses, particulièrement doubles et renversées Comparaison minutieuse nécessaire.

Colis-postaux, 1891. Nᵒ 1. *Original* : papier vert bleu relativement foncé et parsemé de points bleuâtres (loupe) dont quelques-uns vont jusqu'au bleu-noir ; 85 mcs environ. 3 types qu'on reconnaît à la disposition des ornements supérieurs. *Faux de Genève*, en feuilles de 20 (4 × 5) le septième timbre renversé (tête-bêche) tous au type I (ornements supérieurs normaux) ; papier teinté en vert jaunâtre avec fils de soie bleus incorporés dans la pâte du papier ; 75 mcs. Mauvais faux ; on ne s'est même pas donné la peine de rechercher des caractères identiques.

L'illustration renseigne sur les défauts grotesques ; il en est d'autres dans le cadre et les lettres.

Oblitérations fausses de Genève : 1ᵒ ronde à date (22 1/4 ᵐᵐ) LIBREVILLE 13 NOV 92 GABON-CONGO ; 2ᵒ ronde à date

(21 1/2 ^{mm}) LIBREVILLE 10 MARS 00 CONGO FRANÇAIS (00 plus petits que les chiffres de la date, pas de trait d'union après CONGO). LIBREVILLE 1^E/15 DEC 86 CONGO FRAN-ÇAIS. Dates interchangeables ; cachets appliqués de manière à masquer Français et CENTIMES.

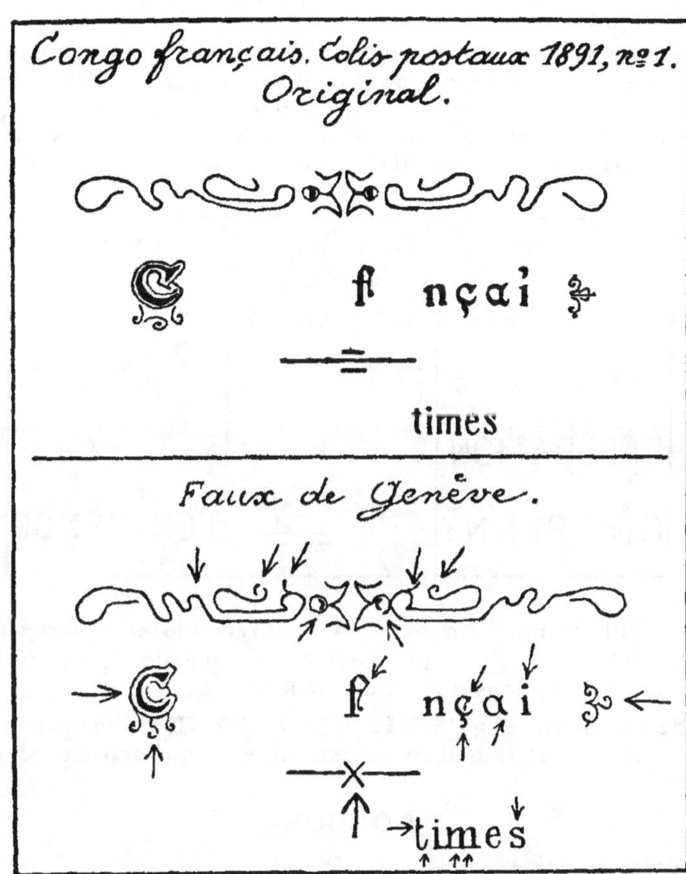

CONGO PORTUGAIS

1902. Surchargés, n°s 29 à 36. Quelques fausses surcharges. Comparaison utile.

1914-18. Surcharge República sur 75 r. n° 118. Même observation.

COOK

Première émission. 1892. N°ˢ 1 à 4. *Originaux* : Dentelés 12 1/2. Typographiés. Tout le cadre ornemental, y compris le cadre extérieur formé primitivement de caractères typographiques imparfaitement accolés montre, entre ces caractères, des faiblesses et des interruptions. Il n'y a pas de taches de couleur sur le fond blanc.

Faux ; 1, 2 1/2 et 10 pence. N°ˢ 1, 3 et 4. Typographiés à Genève. Généralement non dentelés ; mesures possibles ; obtenus par photogravure, mais portant comme c'est presque toujours le cas dans ce procédé des défauts du zinc sous forme de taches ou points de couleur ainsi que des lettres défectueuses

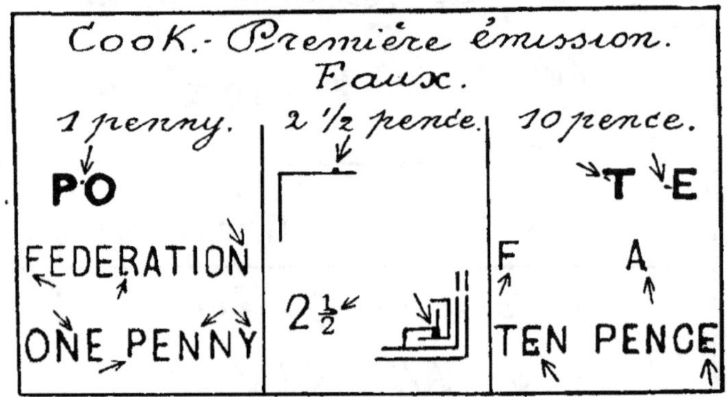

(voir l'illustration). En outre, la photographie et la formation consécutive des clichés ont comblé, en beaucoup d'endroits, les petites interruptions du cadre ornemental.

1899. Surcharge ONE HALF PENNY. Fausses surcharges normales, doubles ou renversées. Comparaison nécessaire.

CORDOBA

Voir Argentine.

CORÉE

1884. N°ˢ 1 à 5. *Originaux*, typographiés, dentelés 9 ; 10 ; 8 1/2 × 9 ; 9 × 9 1/2 ; 9 1/2 × 10 ; le 10 moon aussi 8 1/2. *Réimpressions*, 5 et 10 moon en énormes quantités (probablement aussi les 3 autres valeurs) avec dentelures 8 1/2 ; 9 et 11 à 12. La comparaison avec les nuances originales est indispensable.

Faux : 5 moon, lithographié en rouge terne sur papier épais, dentelé 11 1/2. Le petit losange des coins y est remplacé par une sorte de virgule.

CORRIENTES

Voir Argentine.

COSTA-RICA

Première émission. 1862. N⁰ˢ 1 à 4. *a) Faux anciens ;* lithographiés ; mauvaises productions qui sont loin de la finesse de la gravure originale. Les 4 valeurs ont été imitées, voir l'illustration pour les défauts de cette série qu'on trouve non dentelée et percée en scie. Un essai ? de cette contrefaçon porte dans le haut : .PORTE I PESEDA et dans le bas : UNA PESEDA. *b) faux ancien* du 1 peso ; très mauvaise lithographie ; les 1ʳᵉ et 5ᵐᵉ étoi-

les ne touchent pas les motifs ornementaux, mais la 2ᵐᵉ lance à gauche en haut est simple au lieu de double et va toucher le cadre gauche ; pas d'ornements sur les cotés de UN PESO ; dentelure 12 1/2. *c)* d'autres faux anciens, mal exécutés, ne portent que 3 lances à droite en haut ; pas de hachures, ou une seule, après RICA. *Essai* du 1 real en brun clair ; dentelé 12 comme les originaux ; 3 perles sur le pavillon des cornes d'abondance (au dessus de N et A) au lieu de 4 ou 6 ; etc.

1881-83. Surchargés, n⁰ˢ 5 à 11. *Fausses surcharges.* La comparaison avec les originaux suffit le plus souvent ; toutes les surcharges ont été imitées à Genève ; les 10 et 20 cts sans U. P. U. n'ont pas été émis ; les surcharges rouges 5 cts avec 5 maigre et à barre droite sont des fantaisies.

1907. Centres renversés. Truquages faits de deux pièces habilement réparées.

1911. Surchargés 73 à 93. Fausses surcharges des variétés rares ; comparaison nécessaire.

Timbres de service. Nombreuses *surcharges fausses*, notamment (Genève) sur timbres de 1889 et 1892 : comparaison nécessaire. Les surcharges OFICIAL avec O presque rond et point final sont des fantaisies (ceci pour le 3ᵉ type de surcharge, 3 ᵐᵐ de haut, 19 de long, point compris).

Guanacaste ; ces *surcharges*. nombreuses et variées, nécessitent la spécialisation ; elles ont été très imitées (notamment à Genève en 4 types sur les timbres de 1883 et en 2 types sur les timbres de 1889 nᵒˢ 8 à 16 et 19 à 22).

COTE D'IVOIRE

1892 et 1900. Type groupe, nᵒˢ 1 à 17. Faux de toutes pièces (Genève), voir Colonies françaises.

1904. Surchargé 0,05 sur 30 c. Nᵒ 18. *Fausses surcharges*, comparaison nécessaire.

1906-07. Type Balay. Nᵒˢ 36 à 40. *Faux* de toutes pièces faussement surchargés à Genève (voir Colonies françaises) avec surcharge normale ou espacée ; fausse oblitération de Genève, ronde à date, à double cercle (cercle intérieur interrompu) à divisions de levées : GRAND-BASSAM (une petite étoile) 25 MARS 15 COTE D'IVOIRE.

1915. Croix-rouge. Nᵒ 58. *Fausse surcharge double*, parfois sur lettre. Comparaison indispensable.

Colis postaux. Nombreuses *surcharges fausses* ; comparaison très nécessaire et spécialisation recommandée si l'on veut s'y reconnaître. Les fausses surcharges ont été appliquées sur des originaux, mais principalement sur des timbres faux, notamment à Genève, nᵒˢ 5 et 6 ; nᵒ 7 type I ; nᵒˢ 9 et 10.

COTE DU NIGER

Fausses surcharges sur les 3 premières émissions, nᵒˢ 1 à 19 ainsi que sur les nᵒˢ 26, 33 et 34. Comparaison.

COTE D'OR

Trois premières émissions. Nᵒˢ 1 à 20. GOLD COAST sur les côtés. *Faux anciens ;* mauvaises lithographies, sans filigrane ; quelques points sur le devant de la joue et sur le nez au lieu des fines hachures originales ; une épaisse ligne de contour marque le contour du visage et du cou (voir l'illustration donnée pour la première émission des Bermudes) ; piquage en points 13.

N° 21. Surcharge ONE PENNY et barre. Fausses surcharges. Comparaison nécessaire (aussi Genève).

COTE DES SOMALIS

1894. Surchargés n°ˢ 1 à 3. *Fausses surcharges ;* comparaison nécessaire ; les timbres avec surcharge originale sont oblitérés 554 (n° 1, aussi fausse surcharge de Genève).

1894-1900. 25 et 50 francs n°ˢ 20 et 21. *Faux* de Genève ; filigrane quadrillage imprimé en gras, moins visible dans la benzine ; baire verticale du F de Fᶜˢ triangulaire au lieu de rectangulaire ; sous l'S un point au lieu d'une virgule ; le zéro de 50 est aussi grand que le 5 alors qu'il doit être visiblement plus petit ; on trouve les deux valeurs fausses avec le chiffre omis. *Fausses oblitérations* de Genève : 1° cachet ondulé avec cercle interrompu à l'intérieur : DJIBOUTI 18 OCT 99 POSTES ; 2° cachet double cercle, cercle intérieur interrompu : DJIBOUTI 10 AOUT 97 COLONIE-FRANCˢᴱ ; 3° cachet semblable : COTE FRANCAISE DES SOMALIS 7 MARS 04 DJIBOUTI (ce dernier sur les 25 et 50 francs d'OBOCK, et sur fragment ; voir cette colonie). Les 3 cachets en bleu ou noir, chiffres interchangeables, on trouve aussi assez souvent 25 sept. 99.

1899 à 1902. Surchargés. Surcharges fausses, principalement pour les variétés chères. Comparaison nécessaire. (Fausses surcharges de Genève : n°ˢ 22 et 23).

1902. Sujets divers. N°ˢ 37 à 52. *Faux* insidieusement imités sur papier trop épais, à dentelure irrégulière (examinez les coins) : impression floue qui les fait facilement reconnaître par comparaison avec les 3 types originaux.

1903. Mêmes sujets. N°ˢ 53 à 66. *Soi disant réimpressions* provenant d'un tirage clandestin ; il est indispensable de comparer les nuances avec des originaux certains aussi bien pour les exemplaires normaux que pour les centres renversés.

CUBA

1873. 12 1/2, 25 c. et 1 p. N°ˢ 1 à 4. *a) Faux anciens ;* le trait de couleur entourant l'ovale est plein au lieu d'être formé de courts traits horizontaux (loupe) ; pas de tilde su l'N de ANO ; tout en bas de l'effigie E. JULIA manque. *b) faux de Gênes ;* 1°, 2° et 3° comme ci-dessus ; hachures des coins verticales au lieu de horizontales, celle du haut sont éloignées de 1ᵐᵐ de l'inscription supérieure.

1875. 12 1/2 c. et 1 p. *Faux de Gênes :* dessin fantaisiste ;

pas d'ornements aux coins du cadre extérieur ; lignage du fond très mal venu (interruptions) ; la tour et le collier sont autant dire invisibles dans l'écusson.

1876. 12 1/2, 25, 50 c. et 1 p. N**os** **13 à 16.** *Faux typographiés ;* assez bien imités, mais les mots CORREOS (à droite et à gauche du timbre) sont illisibles ; le contour des cheveux est parfaitement rond.

1883. Surchargés, n**os** **52 à 54.** Le type C (Yvert) a été particulièrement bien imité, à l'aide de clichés originaux appliqués à la main, l'impression est donc moins nette que dans le tirage typographique au moyen de la planche de 110 surcharges comprenant ce type et le foulage est inégal. On trouve aussi les autres types falsifiés pour contrefaire les erreurs de surcharges : comparaison indispensable. (Les 5 types ont été imités à Genève).

1883-88. Diverses valeurs ont été regravées ; elles sont désignées dans les catalogues sous le type II ; l'ovale entourant l'effigie est mince partout, excepté à droite en haut et, en outre, le type II montre un arrondi des cheveux au-dessus de la tempe au lieu d'un angle aigu. *Faux usés poste* par imitation du type II du 5 c. ; papier grisâtre au lieu de blanc ; dentelés 14 1/2 au lieu de 14 ; l'arrondi des cheveux au-dessus de la tempe se dirige vers l'U de Cuba et non vers le C ; le pavillon de l'oreille est marqué par un trait blanc trop épais ; l'ovale est épais partout comme dans le type I.

1890. 5 c. gris-olive n**o** **76.** *Faux usé poste* ; dentelé 14 1/2 comme le précédent au lieu de 14 ; nuance brunâtre arbitraire, 19 ᵐᵐ de largeur au lieu de 18 1/2.

1898. 80 c. 1 et 2 p. n**os** **114 à 116.** a) *faux* de Gênes ; aucune hachure sur le devant de la joue (entre nez, bouche et extrémité droite de l'œil), les courtes hachures manquent au-dessus de l'inscription supérieure (U, B et 9) ainsi qu'au-dessus des lettres C et V de l'inscription inférieure ; le derrière du cou est très incurvé ; les hachures de la face et du cou sont informes, l'oreille aussi ; le pointillé manque à la base du cou ; dans l'inscription supérieure l'Y touche le chiffre 9, etc. b) *faux* du 1 peso, lithog ; hachures de la joue à peine meilleures que dans les faux précédents (quelques hachures peu visibles) et hachures au-dessus des inscriptions comme dans les faux précédents ; marges de 2 ᵐᵐ ; dentelure possible. Ce faux malgré ses marges considérables peut appartenir à un exemplaire des blocs genèvois suivants. c) *faux de Genève ;* dentelés 14 ; à distance, la joue et le bas du cou paraissent non colorés, mais la loupe fait voir entre l'œil et la bouche comme dans le bas du cou un sablé de petits points irréguliers avec parfois quelques hachures ; dans l'inscription supérieure le C

de CUBA est penché à gauche et l'A du même mot est descendu
par rapport aux autres lettres Le cercle intérieur est interrompu
ou rattaché au second cercle blanc surtout dans le quart de gauche en bas ; etc. Les fausses oblitérations de Genève sont rondes
à date, 1 cercle, 27^{mm} : HABANA 2 JULIO 1898 YSLA DE
CUBA ; SANTA-CLARA 3 ENERO 1899 YSLA DE CUBA ; MA-
TANZAS 7 DIC 1898 YSLA DE CUBA.

1899. Surchargés. N°s 117 à 135. Très nombreuses *surcharges fausses :* comparaison minutieuse indispensable. Les fausses surcharges de Genève (chiffres 1, 2, 3 et 3 types du 5 dont
aucun n'est conforme) ont été appliquées sur les originaux et sur
des faux de même provenance, et les timbres ont reçu les oblitérations fausses précédemment décrites.

CUNDINAMARCA

Voir Colombie.

CURAÇAO

1873-89. Effigie du Roi. N°s 1 à 12. *Originaux:* typographiés ; papier bleuté (1er tirage) ou blanc. grené d'environ
70 mcs. ; 18 3/4 $\times$ 22 3/4 ; dentelures diverses 11 1/2-14.
Toute l'effigie (front, nez, oreilles, joue et cou) est traversée par
des hachures fines ; dans le fond central les hachures horizontales, fines ou épaisses, sont régulières ; dans le fond, le burelage
montre non-seulement de gros points losangiques, mais aussi
tous les traits moins accentués. *Faux anciens ;* papier uni, jaunâtre, d'épaisseur admissible ; grandes marges (1^{mm}) ; 19 à 19 1/4 $\times$
23^{mm} ; dentelure 11 3/4 $\times$ 13 1/4. Pas de finesses ; visage et cou
totalement ou partiellement démunis de hachures ; le haut de la
tête (sous les lettres AC) montre une tache blanche ; hachures
du fond central souvent confuses à gauche et interrompues à
droite ; les gros points du fond sont oblongs plutôt que losangiques ; le reste de ce fond est insuffisant (quelques petits points
ronds disséminés, excepté sous les mots CENT où le dessin est
mieux venu ; nuances plates ; fausses oblitérations (avec arcs de
cercle extérieurs, voir après timbres-taxe) partiellement appliquées.

1896. Surcharge 2 1/2 CENT. N° 25. Fausse surcharge
de Genève appliquée sur faux.

Timbre-taxe. 1889. N°s 1 à 10. *Originaux ;* papier blanc
grené ; largeur 17 3/4 ; nuance vert-jaunâtre ou papier jaunâtre,
grené ; 17 7/8, nuance vert jaune. Hauteur 22^{mm}. Piquage 12 1/2.
L'impression du dessin et des chiffres a laissé des traces de fou-

lage (voir au verso, particulièrement dans les neufs). Les traits
terminaux des chiffres sont fins (chiffres 1 et 4). Le dessin du
coin sous TE est régulier ; les lettres des inscriptions sont à section nette ; on trouve dans la boucle du P et dans l'O de PORT
un rectangle de couleur assez régulier (voir l'illustration). *Faux
de Genève ;* toute la série photolithographiée d'après le cliché

employé pour les imitations des Indes Néerlandaises, mais soit
par mauvais report, soit par mauvaise retouche pour corriger le
défaut de ce cliché (sous les lettres TE, voir Indes Néerlandaises)
on trouve sous ces lettres un défaut non moins grave dans le
dessin blanc de forme triangulaire. Papier uni, nuance possible,
épaisseur admissible ; type III ; 18×22^{mm}. Dentelure 12 1/2 ;
vert-jaune un peu trop pâle ; lettres irrégulièrement tracées, voir
N de BETALEN et PORT. Oblitération fausse du modèle
décrit pour les Indes (gravure sur bois, encre trop grise) :
CURACAO 5 3 1890 et PARAMARIBO 2 7 1890. *Autre série
photolithographiée,* bien venue et pratiquement insidieuse
mais dentelure 12 1/2 $\times$ 12. Papier trop jaune, trop commun,
chiffres lithographiés. Enfin troisième série photolithographiée
sur papier vraiment jaune avec grené vertical et dentelée
11 1/2 $\times$ 11 1/2 ; 18×22^{mm} ; chiffres également lithographiés.
A gauche, vers le milieu du timbre, les deuxième et troisième
cadres verts se touchent et le cercle blanc situé entre le fond
central et les chaînons est interrompu du même côté.

DAHOMEY

1899, 1900, 1901-05 ; 1912. N°s 1 à 17 et 33 à 42. Type
groupe et même type surchargé. Voir les faux de toutes pièces à
Colonies françaises.

1906-1907. Type Balay. N⁰ˢ 30 à 32. *Faux*, voir Colonies françaises.

1915. Croix rouge. Triple surcharges. Fausses surcharges à comparer soigneusement. N-B Une *fausse oblitération* de Genève, ronde, à date, double cercle. 21 1/2ᵐᵐ PORTO NOVO DAHOMEY (date interchangeable) se rencontre assez fréquemment sur les faux de 1899 à 1912.

DIÉGO-SUAREZ

Voir Colonies françaises pour les timbres entièrement faux (1881 et type groupe) des Colonies générales.

1890. Surchargés 15. N⁰ˢ 1 à 5. *Fausses surcharges.* La comparaison est indispensable. La hauteur de la *surcharge originale* est de 7 ᵐᵐ. (Aussi Genève, chiffre 5 à barre horizontale trop longue).

1890. Lithographiés. N⁰ˢ 6 à 9. *Originaux.* Lithographiés sur papier blanc, très légèrement grisâtre de 65 mcs. environ ; l'impression est plus grise que noire et montre dans les traits colorés de petites taches blanches (loupe) dues au manque de foulage, à une encre peu fluide et probablement aussi au grain du papier employé. 20 × 30 ᵐᵐ en moyenne. le 25 c. un peu moins, cadre intérieur 11 1/2 × 15 environ ; le cadre à gauche de la valeur ne dépasse pas 2/5 de mm. d'épaisseur ; le D de DIEGO a la forme d'un O rectangulaire. 1 c. la ligne ondulée de la vague la plus haute touche l'arrière du bateau ; vérifiez les petites courbes formant les nuages ; 5 c. vérifiez les cheveux sur le front de la négresse ; la partie droite de l'œil de cette dernière est de forme rectangulaire ; 15 c. on voit un 3 retourné sur la tempe de l'effigie casquée et un second chiffre 3 assez bien formé dans la tête du dragon qui surmonte le casque ; 25 c. le chiffre 2 forme un angle droit à gauche en bas. Voir en outre l'illustration pour quelques détails caractéristiques.

Faux de Genève : en feuilles de 16 comprenant 4 bandes de 4 formées chacune des 4 valeurs ; papier jaunâtre épais de 80 mcs ; le D de DIEGO a la forme caractéristique d'un D ; dimensions admissibles, impression trop noire, cadre gauche de la valeur 1/2 ᵐᵐ d'épaisseur et plus ; l'illustration fait ressortir les graves défauts de cette série dont les fausses oblitérations sont rondes à date, double cercle, 24 ᵐᵐ. DIEGO-SUAREZ ; idem, 23 ᵐᵐ. et MADAGASCAR avec dates interchangeables au centre : 1 SEPT 92 ; 15 MARS 90 ; 28 SEPT 91 ; 27 SEPT 90, etc. en noir ou en bleu.

Faux divers et photolithographiés ; papier souvent trop jaunâ-

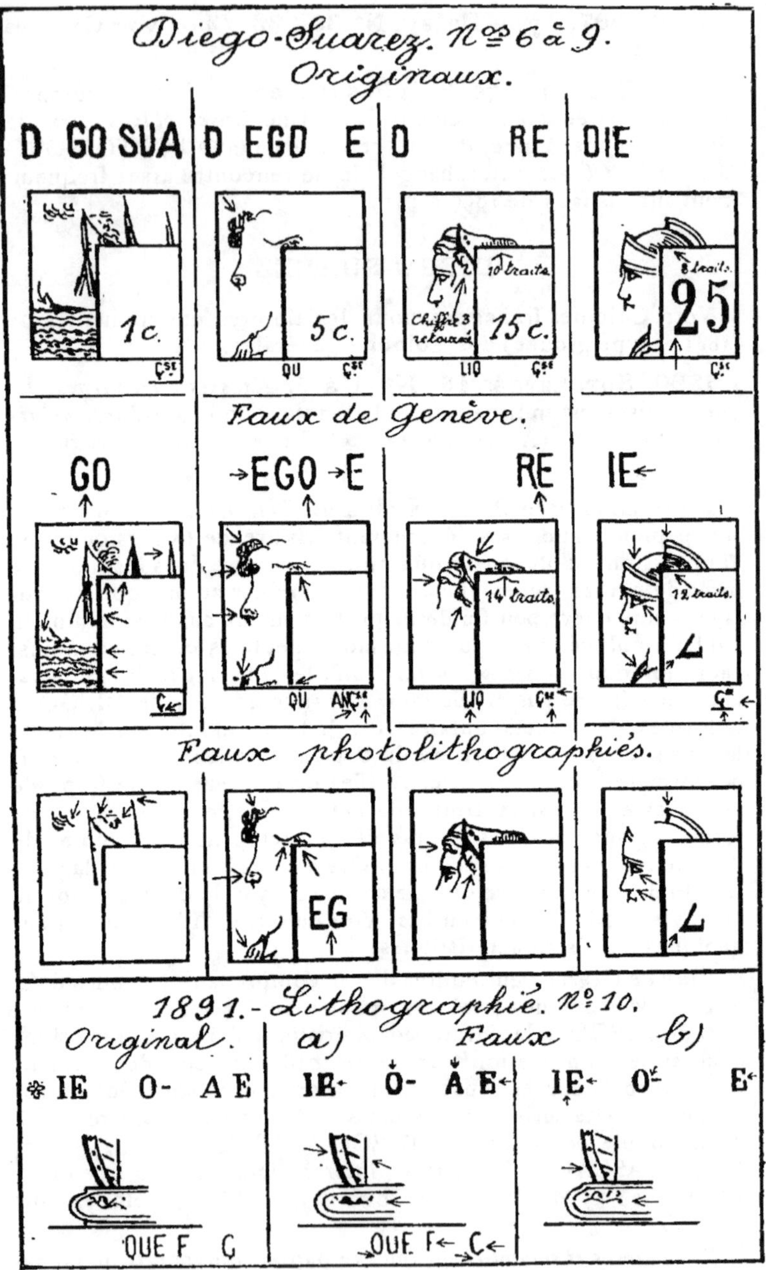
Diego-Suarez. Nᵒˢ 6 à 9.
Originaux.
D GO SUA   D EGD E   D   RE   DIE
1c.
5c.
10 traits.
Chiffre 3 retourné   15 c.
8 traits.
25
QU   Çˢᵉ   LIQ   Çˢᵉ   Çˢᵉ
Faux de Genève.
GO   EGO E   RE   IE
14 traits.
12 traits.
QU   ANCᵉˢ   LIQ   Cᵐᵉ   Cᵐᵉ
Faux photolithographiés.
EG
1891.— Lithographié. Nᵒ 10.
Original.   a)   Faux   b)
IE   O   AE   IE   O   AE   IE   O   E
QUE F G   OUE F C

tre, mais aussi grisâtre et *parfois* trop gris ; 55, 65, 70 mcs ; impression généralement trop noire mais aussi grise et trop grise ; traits fréquemment flous avec défauts (taches blanches trop grandes) provoqués par l'emploi de pierres à gros grain ; dimensions fréquemment non conformes (hauteur trop grande) ; les lettres des inscriptions sont assez bien venues, mais on remarque dans une bonne série : 1 c. l'A de FRANC touche l'N par le bas ; 5 c. l'E de FRANÇAISE est un peu moins haut que l'S ; 15 c. les lettres de FRANC vont en augmentant de hauteur comme dans l'original du 25 c. ; 25 c. la barre inférieure de l'E de DIEGO est à 1/4 de ^{mm} du G au lieu de 1/2, etc. Le cadre à gauche de la valeur à 1/2^{mm}. d'épaisseur mais je l'ai vu d'épaisseur normale. L'illustration renseignera sur les défauts des imitations les plus répandues ; pratiquement, on en trouve dans tous les albums. En cas de doute, il faut comparer avec des originaux certains.

1891. Lithographié n° 10. *Original,* 17 2/3 × 21 1/4 ^{mm} ; dans le millésime, le premier chiffre est un peu moins haut que le dernier ; le 8 ne touche pas en haut, mais le 9 touche assez souvent ; l'impression est nette ; les divers cadres sont réguliers (minces ou épais) ; la garde de l'épée ne touche pas le bras (1/2^{mm} de distance) ; à droite du millésime, le dessin ornemental forme dans sa partie droite, une sorte de chiffre 4 penché à gauche ; la barre supérieure du 5 n'a que 1 1/2^{mm}. de largeur, etc. Voir aussi l'illustration. *Faux ; a)* médiocre production en gris clair ; le dessin à gauche de DIEGO est informe ; la rosace au-dessus de POSTES porte dans le haut un trait oblique qui se dirige vers le soleil ; le deuxième rayon à droite de cet astre est horizontal au lieu d'être incurvé et n'est pas plus long que le troisième ; le trait terminal du bas de l'E de POSTE touche le dessin ornemental à sa droite ; le cadre extérieur est trop épais partout ; 18 × 21 1/2, etc. ; fausses oblitérations diverses dont : ronde à date, en bleu, DIEGO-SUAREZ 28 SEP. 91 MADAGASCAR. *b)* photolithographié, insidieux : 18 × 21 1/2 ; le dessin à gauche de DIEGO est informe ; le jambage gauche de l'U DE SUAREZ touche le trait en haut ; la rosace au-dessus de POSTE empiète sur le cadre intérieur gauche ; le 8 et le 9 du millésime touchent le trait au-dessus ; la barre supérieure du 5 à 1^{mm} 3/4 de largeur environ ; le dessin à droite du millésime est mal venu ; papier blanc ou jaunâtre, au lieu de blanc légèrement grisâtre ; impression noire parfois légèrement violacée ou noire trop vive ; cadre extérieur droit irrégulièrement tracé, etc. Fausses oblitérations diverses dont 1 SEPT 91 avec encre gris-noir très diluée.

1891. Surchargés. N°ˢ 11 et 12. *Fausses surcharges,* comparaison necessaire. *Surcharges originales :* cadre 17 1 2 $\times$ 21 1/2 ; millésime 4^{mm} 1/2 de long.

1892. Surchargés DIEGO-SUAREZ. N°s 13 à 24. La surcharge originale mesure 2 1/2^{mm} de hauteur sur 19^{mm} de long. Très nombreuses *surcharges fausses.* normales, renversées ou doubles, en noir ou en rouge, s'assurer d'abord que le timbre lui-même n'est pas faux (voir Colonies françaises 1881). La série de Genève, entièrement fausse avec fausses surcharges en noir ou en rouge porte les fausses obliterations DIEGO-SUAREZ 28 SEPT 91 (ou 1 SEPT 92) MADAGASCAR, en noir ou en bleu.

1892. Type groupe. N°s 25 à 50. *Faux,* voir Colonies françaises, type groupe.

Timbre-taxe. 1891. N°s 1 et 2. *Originaux;* 17 1/2 $\times$ 21 1/3 à 1/2 suivant impression ; l'A de SUAREZ est plus haut que les autres lettres ; l'inscription du bas est semblable à celle du n° 10 (Postes) et l'S de FRANÇAISE y est aussi caractéristique ; il y a une cédille sous le C ; les inscriptions sont régulières comme dans le n° 10 (timbre-poste) ; l'épaisseur des cadres minces et épais est bien distincte : le papier est blanc. *Faux de Genève ;* il suffit de mesurer ces imitations pour les rejeter ; 5 c. 17 1/4 $\times$ 20 1/2 ; la barre sous PERCEVOIR est droite au lieu d'être festonnée ; 50 c. 17 1/4 $\times$ 20 1/4 ; l'A de SUAREZ n'est pas plus haut que les autres lettres ; dans FRANÇAISE, les cinq dernières lettres sont plus hautes que les quatre premières ; pas de cédille sous le c, etc. Il existe en outre des *Faux photolithographiés* pour lesquels la comparaison et le mesurage sont nécessaires

1892. Surchargés. N°s 3 à 13. Nombreuses surcharges fausses, normales et renversées ; comparaison indispensable Les taxes faux (voir Colonies françaises) ont été aussi faussement surchargés, notamment à Genève.

DOMINICAINE

1862. Armoiries. N°s 1 et 2. *Originaux :* typographiés ; 12 variétés, pareilles dans les deux valeurs ; 19 hachures horizontales en haut à gauche de l'écu et 18 (horiz. ou vert.) dans les 3 autres quartiers ; les quatre traits du cadre ne se touchent pas. *Faux anciens :* lithogr., 17 hachures en haut à gauche ; 12 à droite et 13 en bas, cadre fermé ; le haut du bonnet phrygien penche plutôt à droite qu'à gauche, la croix est hachurée, medio est écrit med*t*o, etc. Les imitations ne correspondent à aucun des types originaux.

1865. Idem, n°s 3 et 4. *Originaux :* typographiés sur vergé ;

le medio real a une première planche à 12 variétés ; la planche II comprend 5 variétés pour les deux valeurs. 11 festons dans le haut ; pour le dessin de l'écu, voir émission de 1862. *Faux anciens :* lithogr. à vergeure arbitraire ; a) 15 hachures en haut à gauche, 13 à droite, 15 à gauche en bas et 14 à droite ; le C et les deux O de CORREOS sont trop petits, etc. b) hachures dans l'ordre : 16, 13, 12 et 14 ; 10 festons dans le haut.

1866 à 1874. Nos 5 à 20. *Originaux :* 15 1/2 × 25 ; du fait que les inscriptions CORREOS (12^{mm} 1/2 de largeur) et la valeur étaient imprimées en second lieu après une première im-

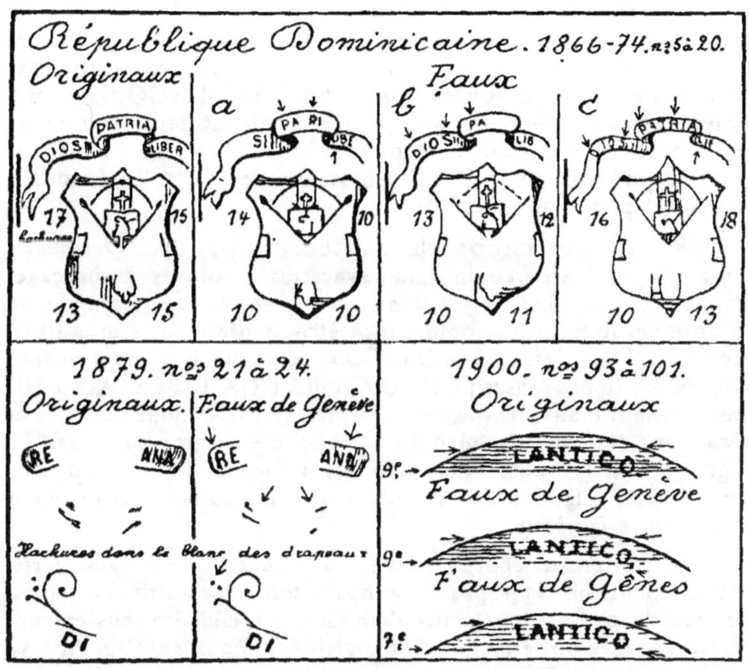

pression typographique du timbre, il n'y a pas lieu de s'attacher, pour l'expertise, aux divers déplacements de ces inscriptions ; l'axe de l'écu passe entre les lettres T et R de PATRIA. L'illustration renseignera sur les principaux signes à examiner. Les chiffres indiquent le nombre de hachures des quartiers de l'écusson (dans le bas, à gauche, en comptant le gros trait de droite ; dans le bas, à droite, en comptant le gros trait du haut et le trait mince du bas, souvent mal venu). *Faux anciens.* 3 séries dont l'illustration marque suffisamment les dissemblances. Série a)

15 2/5 ✕ 24 3/4 environ ; b) *faux de Genève ;* bonne dimensïon, oblitération gros points (imprimée) ou figure irrégulière formée de 8 barres ; l'illustration renseignera suffisamment sur les principaux défauts ; quelques différences dans les inscriptions suivant les valeurs et aussi suivant l'impression ; le demi cercle au-dessus de la croix paraît parfois former un trait plein, etc.

c) 15 3/5 ✕ 25 1/5 environ ; les 18 ou 19 hachures à droite en haut de l'ecu comprennent les lignes de points et les hachures interrompues ou courtes ; souvent, traces de hair-lines dans le bas de CORREOS. Pas de *réimpressions.*

1879. Dentelés 12 1/2 ✕ 13. N⁰ˢ 21 à 24. *Originaux,* typographiés. *Faux de Genève* ; dimensions admissibles ; dentelés 13 1/2 ; voir l'illustration pour les signes distinctifs (dans le 1 r. les hachures aux extrémités de REPUBLICA DOMINICA sont un peu mieux venues que dans le 1/2 r. Nuances arbitraires. Fausse oblit. à date double cercle SAN DOMINGO. Une première série de Genève, sur papier teinté est dentelée 11 1/2 ; les lances des drapeaux sont pleines, excepté dans le 1 real ; la croix a près de 3/5 de ᵐᵐ d'épaisseur et 2 1/2 ᵐᵐ de hauteur ; hachures non conformes, etc.

1880 et émissions suivantes. 1 p. or. *Original* ; 19 2/5 ✕ 24 1/2 percé en lignes avec traits colorés de perçage. *Faux* typographié ; 19 3/4 ✕ 25 ; non dentelé ou perçage trop prononcé, le timbre semble plutôt être dentelé 10 ; trait au lieu de pointillé au-dessus de CORREOS ; les deux R de ce mot sont réunis par le bas ; inscription DIOS PATRIA LIBERTAD particulièrement mauvaise (lettres informes, partiellement illisibles et beaucoup touchant le bord du cartouche en haut ou en bas). Le lignage sur les côtés de l'écu est informe. Je n'ai vu que le 1 peso. Ce faux a été « émis » par Fournier mais provient d'une autre fabrique.

1883. Surchargés. N⁰ˢ 43 à 60. *Fausses surcharges,* particulièrement sur le 1 p. or. Comparaison nécessaire. Voir aussi le faux de cette valeur dans l'émission précédente. Les erreurs de surcharges ont été également falsifiées. *Faux burelage* (n⁰ˢ 51 à 60) sur toutes les valeurs ; ne se compose parfois que de traits diagonaux ; comparez le burelage avec les n⁰ˢ 33 à 36 originaux assez communs. (Surcharge 5 FRANCOS, type I pour FRANCOS et type II pour le chiffre ! a été faite à Genève sans point final).

1900. Cartes géographique. N⁰ˢ 93 à 101 *Originaux ;* n⁰ˢ 93 à 97 dentelés 14 ; 98 à 101, dentelés 12 ; 32 3/5 à 3/4 ✕ 20 1/2 à 3/4. Point après ATLANTICO ; les lettres A et N de ce mot touchent la troisième hachure ; L et I vont de la 4ᵉ à la 7ᵉ ; l'O dépasse la 9ᵉ et le point est à cheval sur la dixième.

Faux de Genève ; 32 1/4 à 32 1/2 de largeur ; 1, 10, 20 et 50 c. dentelés 13 ; A et N ne touchent pas la troisième hachure ; l'O ne dépasse pas la 9ᵉ et le point est entre la 9ᵉ et la dixième hachure ; fausse oblit. à date, double cercle, SAN DOMINGO 20 ENO 02... *Faux de Gênes ;* 21 ᵐᵐ de hauteur, dentelés 11 ; L, A, N, T. et I touchent la deuxième hachure ; pas de point.

DOMINIQUE

1874-86 1, 6 p. et 1 sh. *Originaux ;* dentelés 12 1/2 ou 14 ; filigrane CC ou CA couronne. *Faux anciens ;* deux séries qui se reconnaissent facilement au contour du visage formé par un trait ; aux hachures de la face qui n'aboutissent pas à ce trait et aux joyaux du bandeau qui sont très indistincts ; le cercle des inscriptions touche le cartouche de la valeur ou pénètre légèrement dans ce cartouche. Piqués à l'aiguille 13 ou dentelure formant perçage en lignes.

EGYPTE

1866. Nᵒˢ 1 à 7. *Originaux ;* lithographiés avec filigrane' pyramide (1 p. typographié sans filigrane) ; 18 × 21 ; (1 pi 18 1/2 × 21 1/2 ; dentelés 12 1/2 ; 12 1/2 × 13 ; 12 1/2 × 15. 5 pi. fleur centrale 14 pétales ; 10 p. 28 cercles autour de l'ovale ; 20 p. les A du coin supérieur gauche sont pointus ; chiffres éloignés de 1/2ᵐᵐ ; 1 pi 96 perles ; point carré entre P et E à droite et en bas ; 2 pi. point très visible après E du coin supérieur gauche ; 5 pi. fleur centrale à 7 pétales, 11 perles en haut, 12 en bas ; 10 pi. point après E dans le coin supérieur gauche. *Faux anciens ;* sans filigrane, non dentelés ou dentelures arbitraires ; 5 p. fleur centrale à 19 pétales ; 10 p. 27 cercles ; chiffres 1 avec traits terminaux ; 20 p. coin supérieur gauche, le sommet du second A est horizontal ; 3/4 de ᵐᵐ entre les chiffres du coin supérieur droit et 1/4 entre ceux du coin inférieur gauche ; 1 pi. 84 perles, faible point rond entre PE à droite en bas ; 2 pi. point minuscule après E du coin supérieur gauche et barre médiane de cette lettre plus courte que les autres barres ; 5 pi. diverses imitations et imitations d'imitations ; 6 pétales trop marqués ; 10 perles en haut et 9 ou 10 en bas ; 10 pi. pas de point après l'E du coin supérieur gauche ; ovale central quadrillé (vert et horiz.) sans plus.

1867. Sphynx au milieu. Nᵒˢ 8 à 13. *Originaux ;* dentelés 15 × 12 1/2 ; filigrane croissant et étoile, obtenu par estampage ; lithographiés ; hauteur 19ᵐᵐ environ. Le quadrillage des coins intérieurs (autour de l'ovale central) est fin et bien visible.

On voit sur la pyramide, au-dessus du sphynx 4 lignes de signes ou traits interrompus et un point près du sommet. Les hachures horizontales à gauche de la pyramide sont au nombre de 20 ou 21 suivant type (5 piastres 19) et de 19 ou 20 à droite. *Faux anciens*, lithographiés, sans filigrane, hauteur 19 1/2 à 20 mm ; dentelures arbitraires ou perçages en points ; le quadrillage des coins intérieurs est informe ; 3 lignes de signes et un point au-dessus du sphynx ; une série a 22 hachures de chaque côté de la pyramide ; une autre, 21 : un faux du 5 paras 22 à gauche et 21 à droite et dans ce faux, les cartouches de la valeur ne sont pas plus larges que les cartouches latéraux. 5 piastres, faux de Genève ; non dentelé ou dentelure arbitraire ; 19 1/4 mm de hauteur ; 21 hachures à gauche de la pyramide.

1872. Sphynx à gauche. N°ˢ 14 à 22. *Originaux ;* 24 ✕ 19 mm ; dentelés 12 1/2 ; 12 1/2 ✕ 13 1/2 ou 13 1/2 ✕ 12 1/2 ; filigrane ; le T de POSTES, sans barre à droite forme un chiffre 1 ; la tête du sphynx montre 3 larges traits blancs et un quatrième à droite, divisé par deux hachures horiz. de couleur. *Anciennes imitations ;* sans filigrane ; dentelure ou piquage informes ; mesures arbitraires ; cinq traits blancs sur la tête du sphynx (dans la coiffure, au-dessus du visage) ; le T de POSTES a une barre normale ; l'A de EGIZIANE est un R ; pas de fin trait blanc au dessus de cette inscription. *Faux modernes :* Genève, toute la série ; sans filigrane ; 19 1/5 à 1/2 de hauteur ; dentelure 12 1/2 parfois admissible ; lettres de l'inscription du bas trop maigres ; entre le bas de l'S de POSTES et le T (1 comme dans les originaux), intervalle de 1/2 mm au lieu de 1/5 ; l'ovale blanc n'a que 1/5ᵉ de mm de largeur au dessus de la hachure horizontale supérieure, au lieu de 1/3 de mm ; croix au lieu de points à gauche au dessous de la bouche ; traces de traits separatifs à environ 1 mm des coins du timbre.

1879 et 84. Surchargés 5, 10 et 20 paras. N°ˢ 21, 22 et 31. *Fausses* surcharges de Genève sur faux et surcharges renversées sur faux et originaux. Comparaison nécessaire.

1926. Surcharges PORT FOUAD. N°ˢ 111 à 114. *Fausses surcharges :* comparaison indispensable. La surcharge originale a 23 mm 3/4 de hauteur, sur le 50 piastres les lettres sont nettes, horizontales dans le bas.

Timbres-taxe. Il existe un nombre considérable de faux des 3 premières émissions de taxes. La spécialisation est désirable.

1884 et 1886. N°ˢ 1 à 9. *Originaux ;* première émission avec filigrane croissant et étoile ; 22 1/2 ✕ 19 mm ; dentelés 10 1/2 dans les inscriptions égyptiennes les points sont de forme carrée. *Faux de Genève ;* toute la série avec ou sans filigrane estampé ;

largeur 22 1/4 à 22 2/5 (le 20 pa. jusqu'à 22 1/2); dentelés 11 ;
points des inscriptions égyptiennes plus arrondis ; A PERCE-
VOIR est tracé un peu obliquement dans le cartouche et dans les
10, 20 p et 1 pi notamment le bas du P est à 1/6 de ^{mm} du trait
du dessous au lieu de 1/4. Fausses oblitérations : un cercle EB
NOUL avec étoile et croissant et double cercle avec double
barre au milieu SEDF... 26 MAI ou 30 I... (chiffres interchangeables). *Autre série fausse ;* également avec ou sans filigrane ; légè-
res différences dans les lettres mais le meilleur signe est la mensuration : 22 1/4 $\times$ 19 1/2 à 19 3/4. Dentelure 11 et 11 1/2.

1888. Dentelés 11 1/2. **N°s 10 à 14.** *Originaux :* 22 1/2 $\times$ 19 ;
épaisseur 65 à 70 mcs ; même caractérisque des points dans les
inscriptions égyptiennes. *Faux de Genève :* dentelure 11 1/2
mais aussi 11 $\times$ 11 ; épaisseur, 55 à 60 mcs. Voici quelques
caractériques des diverses valeurs : 2m. 18 3/4 $\times$ 22, le premier
signe de l'inscription du bas, à gauche, sous l'M de MILLIÈMES
au lieu d'être curviligne partout forme un E couché dont la
barre supérieure rejoint le premier des trois points au dessus ;
5 mi. 19 $\times$ 21 4/5 ; le second signe de l'inscription n'a pas de
point blanc au milieu du cercle ; 1 pi ; 19 $\times$ 21 9/10 ; un trait
blanc coupe obliquement le cadre de gauche en bas ; il part au
dessus du T de POSTES pour aboutir dans le cadre inférieur à
1 ^{mm} environ du coin ; 2 pi. 19 $\times$ 21 3/4 ; P de PIASTRES trop
épais ; 5 pi. 2 clichés différents 1° 18 3/5 $\times$ 21 3/4 ; entre POS-
TES etc et PIASTRES les deux cadres fins sont à 1/4 de ^{mm} du
cadre épais et il en est de même à droite ; 2e cliché :
18 1/4 $\times$ 21 3/4; le cadre mince qui entoure le cadre intérieur
épais n'en est éloigné que de 1/8 de ^{mm} environ. *Autre faux,*
5 piastres, 19 1/4 $\times$ 22 1/4 ; papier gris de mauvaise qualité, l'O
de PERCEVOIR est en réalité un C (loupe) ; le premier signe à
gauche en bas se termine à droite par un trait horizontal avec
petit crochet à son extrémité et le cadre fin à droite du cadre intérieur épais (sous l'inscription égyptienne de droite) est plus
éloigné du cadre épais en haut qu'en bas.

Canal de Suez. N°s 1 à 4. *Originaux,* 25 $\times$ 19 1/2
à 19 3/4 ^{mm} ; lithographiés. (Voir illustration). Pas de *réimpressions. Faux :* on connaît une douzaine de séries différentes dont
il serait fastidieux de donner le détail ; il suffira d'examiner les
timbres douteux avec les signes distinctifs renseignés dans l'illustration des originaux, aucun ne porte tous ces signes ; examinez notamment les ombres des 4 cercles, les petits défauts
de report qu'on trouve à l'intérieur de ceux-ci et la disposition
des cercles par rapport aux hachures, les ombres des lignes de
l'ovale des inscriptions ; les lettres signalées ; les S de POSTES ;
les hachures entrecroisées au-dessus de PO et sous EZ de SUEZ ;

l'ornementation à droite de ce mot ; la disposition des mâts, oriflammes ; cordages ; personnages ou apparaux ainsi que la cheminée (surtout à gauche de celle-ci) ; la fumée rend invisible une partie du mât d'artimon. Le faux de Genève (avec encadrement extérieur à 1 ^{mm} 1/4) comprend deux types, un cliché

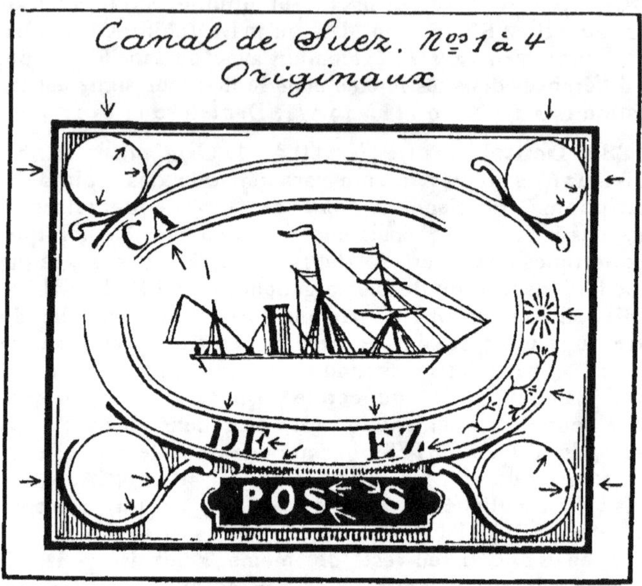

ayant été fait avec un personnage à l'avant du navire, un autre sans. Les *fausses obliterations* sont nombreuses sur ces faux et sur les originaux.

EQUATEUR

Premières émissions. 1865 à 1872. Non dentelés n°s 1 à 4. *Réimpressions.* En stéréotypie par blocs de diverses catégories ; le travail a été mal exécuté, soit que les reproductions proviennent d'un ou de plusieurs clichés de rebut (oxydés), soit à cause d'une mauvaise reproduction unie à un grossier travail d'impression. Pour le 4 reales il dut y avoir reproduction photographique, au moins partielle, avant la confection de la planche, sans cela on s'explique difficilement la trouvaille de pièces réimprimées dont le condor regarde à droite et situées à côté d'autres, normales. Le medio et le un réal ont toujours les cadres extérieurs latéraux mal venus, notamment le cadre gauche qui est généralement doublé ou très épais (formé de deux traits accolés) etc. Le cadre extérieur est parfois doublé sur 3 ou 4 côtés ; les nuances sont arbitraires, les intervalles entre les timbres aussi : papier mince, transparent. Les originaux sont typographiés.

1/2 real. Nº 1. *Original.* 18 4/5 et 19 1/4 $\times$ 22 3/5 à 23 ; soleil à 17 rayons ; 13 feuilles |bien visibles à gauche de l'ovale ; 70 perles ne se touchant pas. *Réimpressions* ; 19 1/2 $\times$ 23. 1/2 ; voir plus haut pour le cadre gauche ; pas de papier vergé, ni quadrillé ; les premières réimpressions (1890 feuilles de 9) sont mieux venues que celles de 1893 (feuilles de 100) dont le plus grand nombre de timbres montrent les défauts signalés dans l'illustration et notamment le gros point bleu sur le cercle

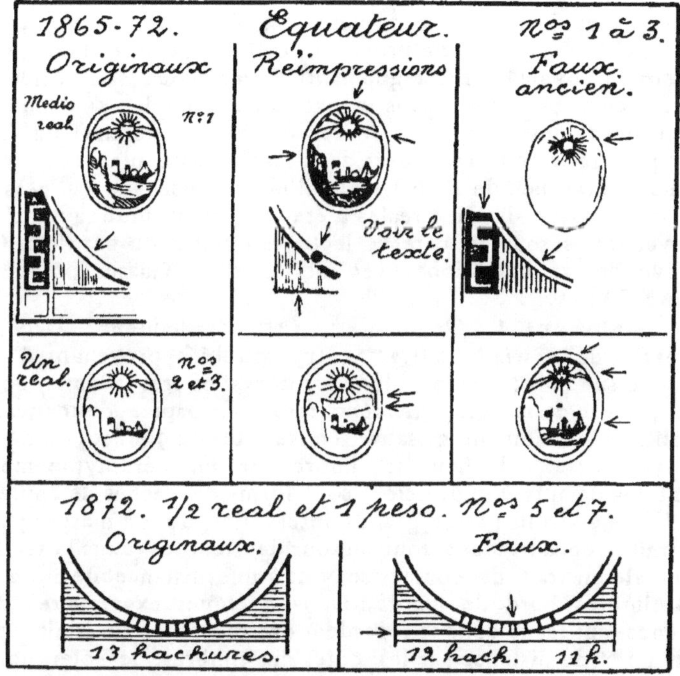

blanc. *Faux anciens :* très grossiers ; soleil à 28 ou 30 rayons 3 éléments de grecque au lieu de 5 ; dans l'ovale, le bateau est suspendu et porte à droite une espèce de palmier ; une vingtaine de hachures dans les coins intérieurs au lieu d'une trentaine ; les lettres de MEDIO REAL sont trop hautes et trop épaisses ; ces mots n'ont que 1 mm 1/5 d'intervalle entre eux. *Autre faux :* comme celui indiqué pour les nᵒˢ 2 et 3.

1 real. Nᵒˢ 2 et 3. *Originaux :* 19 à 19 1/5 $\times$ 23 à 23 1/5 mm. 17 rayons. 78 perles. *Réimpressions :* 20 $\times$ 24 mm. Défaut déjà cité du cadre extérieur ; pas de papier vergé ni quadrillé excepté pour le n° 3 qu'on rencontre parfois sur quadrillé. J'ai rencontré aussi du papier bleuté pour cette valeur avec lignage écolier en bleu au verso. Les réimpressions des deux valeurs portent de faux traits d'ombre entre le soleil et le navire (voir illustration) ; ceci se voit dans les bonnes impressions mais il y a des impressions brouillées. Il est vrai que les faux traits en question se rencontrent aussi sur des originaux et seul, le doublage du cadre gauche permet de reconnaître les réimprimés avec certitude. Les deux rayons longs à gauche du soleil sont fréquemment interrompus. *Faux anciens ;* 1° mêmes signes que pour le faux ancien du 1/2 real ; 3 éléments de grecque ; soleil ...fantastique ; hachures trop peu nombreuses dans les coins intérieurs ; plus de 100 petites perles ; pas de point avant et après UN REAL. 2° Autre série provenant de Genève, dont le mauvais dessin de l'ovale est renseigné *dans l'illustration* sous celui du faux ancien. 75 perles ; dans le bas, sous le cercle, 55 hachures verticales (y compris les 2 cadres intérieurs latéraux) au lieu de 74 ; 3 traits courbes colorés dans les drapeaux placés à gauche de l'ovale (au lieu de 4); 9 à 10 feuilles au-dessus de ce dessin, au lieu de 13. N.-B. Un 2 reales a été également imité ; 40 hachures verticales sous le cercle ; le bateau pique du nez ; etc. On trouve des réimpressions avec oblitérations fausses (points et FRANCA ; etc.).

4 reales n° 4. *Originaux :* 23 ^mm^. de hauteur ; largeurs diverses de 18 1/4 à 20 1/2 ^mm^ ; typographiés provenant d'une gravure sur bois ; papier blanc ; intervalles très réduits, donc presque pas de marges. *Réimpressions ;* sur papier de mauvaise qualité, généralement grisâtre ; en feuilles de 9 (1890) ou de 96 (1893); 23 1/2 ^mm^ de hauteur ; impression en stéréotypie montrant des défauts d'impression sous forme de taches de couleur en divers endroits ; assez grands intervalles, donc : marges ; pas de trait d'encadrement tout autour des feuilles (dans la feuille originale un trait de couleur se voit à une distance de 1 a 2 ^mm^ des timbres bord de feuille). Dans quelques exemplaires des grandes feuilles le condor regarde à droite ! il y a un trait séparatif à 1 ^mm^ de distance sur les côtés des timbres, le soleil porte 6 courts traits horizontaux sur 4 lignes (2, 2, 1 plus long, 1); deux types, l'un avec un grand « cercle » blanc (en réalité ovale dont les axes mesurent 14 3/4 $\times$ 16 ; le cartouche de CUATRO REALES porte aux extrémités un petit cercle parfait de 2/3 de ^mm^ de diamètre environ (intérieur blanc) au lieu du trait courbe qu'on voit à cet endroit dans les originaux. Dans le second type, le grand ovale mesure 14 $\times$ 15 3/4 ; les cercles aux extrémités du cartouche inférieur portent un point de couleur à l'intérieur. Le premier type porte 5 hachures verticales à droite et à gauche de la légende supérieure ; le second, 4 à gauche et 3 à droite. Dans les 2 types falsifiés les lettres de l'inscription supérieure sont trop minces et la nuance est trop foncée. La fausse oblitération est fréquemment un losange de points avec gros chiffre 3154.

1872. Dentelés 11. N⁰ˢ 5 à 7. *Originaux* n⁰ˢ 5 à 7 ; lithographiés ; 13 hachures horizontales en haut et en bas ; 87 divisions blanches dans le cercle pour le 1/2 R et 83 pour le 1 peso ; 19 1/2 × 22 1/2 environ ; le soleil est un rien trop à droite dans l'ovale ; dans le 1 peso la lettre U de UN est de forme carrée. *Faux* de Genève ; 12 hachures dans les coins intérieurs en haut, dans le coin gauche la douzième n'est qu'amorcée ; voir l'illustration pour les coins inférieurs ; 68 divisions dont une trop large dans le bas du cercle ; 3 hachures au-dessus du cou du condor (la troisième touche le cou) ; il en faut 5 pour le 1/2 réal. Pour exécuter le peso on s'est servi du cliché du 1/2 réal en modifiant simplement le bas du timbre, ce qui fait que les ornements des coins ni le cartouche de la valeur ne touchent les cadres extérieurs et intérieurs ni les grecques ; l'U de UN est très rond dans le bas ; 20 × 22 1/4 (1/2 R) ou 22 1/2ᵐᵐ (1 peso) ; le soleil est au milieu de l'ovale ; piquages 12 1/2 ou points 13. La fausse oblitération de Genève est le plus souvent un carré de gros points carrés. Parmi les autres oblitérations de la même provenance il y a lieu de citer l'oblitération à date, double cercle, 22ᵐᵐ de diamètre ; QUITO 18 MARZO 81 FRANCA et 2 étoiles sur les côtés. Il existe une bonne imitation du 1/2 R d'une autre provenance, reconnaissable aux dimensions 19 1/2 × 22. La dentelure est 11 ou 14 ; la nuance bleu terne ; le papier est mince. *Original* n⁰ˢ 6, 1 réal, lithographié ; 78 lignes horizontales, y compris les 2 cadres intérieurs ; en outre, un lignage horizontal beaucoup plus rapproché entre les feuillages latéraux. *Faux* de Genève : le cadre extérieur est trop éloigné du cadre intérieur ; 69 lignes horizontales (comptez à droite) ; ces hachures se continuent entre feuillage avec un écartement pareil ; dentelure 12 1/2.

1883. Surchargé DIEZ CENTAVOS. N⁰ˢ 14. Comparaison de la surcharge ; les surcharges renversées sont fausses.

1894 à 1896. N⁰ˢ 30 à 37 ; 38 à 45 ; 69 à 75. On vend comme originaux les *réimpressions* Seebeck dont les nuances et le papier diffèrent. La comparaison est nécessaire et la spécialisation désirable. Ces réimpressions se rencontrent le plus souvent avec les faux cachets suivants : Double cercle (27ᵐᵐ) CORREOS DEL ECUADOR 1904 SEPT 22 YBARRA ; idem. CORREOS DEL ECUADOR SEPT 1897 ; id. (24ᵐᵐ) DIRECTION GÉNÉRAL DE CORREOS Y TELEGRAFO QUITO U.P.U.

FEB 2 1898, en bas ECUADOR ; double cercle avec CORREOS DEL ECUADOR, étoile noire au milieu, et, dans le cercle ENCOMIENDAS ; double cercle avec arc de cercle noir de 2 1/2 ^{mm} de large dans le haut du cercle intérieur : ADMINISTRATION DE CORREOS, au milieu ENCOMIENDA .... ; cachet double (32 $\times$ 22 mm.) CORREOS DEL ECUADOR FEB 18 ..9......

Commémoratifs 1896 ; faux de Genève ; très mal exécutés en lithographie et reconnaissables au lignage du fond dont les traits horizontaux sont interrompus en de nombreux endroits et ne sont pas équidistants ; aux ombres pointillées des effigies (points trop gros, trop peu nombreux et grands espaces blancs sur le front et les joues) ; aux traits pleins qui partent de l'œil vers la narine dans le type à trois effigies, et enfin à l'oblitération fausse : ronde à date, double cercle, 25 ^{mm}. ADN..... DE CORREOS DE GUAYAQUIL ECUADOR et au centre GUAYQUIL U.P.U. MAR 12 189..

1897. Surchargés 1897-98. Cinq variétés ;de surcharges originales. On trouve des surcharges fausses des grosses valeurs et notamment de la surcharge originale qui a 18 ^{mm} de largeur (chiffres 1 de gauche, 7, et 8 final trop peu hauts), etc. Comparaison nécessaire.

1897. Dentelés 15, 16. N°s 109 à 116. *Réimpressions ;* à examiner par comparaison avec des originaux, nuances plus claires, papier plus épais.

Timbres de service. *Fausses surcharges* : comparaison nécessaire ; une fausse surcharge OFICIAL mesurant 17 $\times$ 5 ^{mm} est une fantaisie. La *surcharge originale* des n°s 1 à 10 mesure 22 $\times$ 3 1/4 ^{mm}.

Timbre taxes, 1896. N°s 1 à 7. *Réimpression*s ; avec fiiligrane « bonnets phrygiens couchés » ; papier poreux épais. Les originaux portent parfois le même filigrane.

ERITHRÉE

Pays à surcharges ; ces dernières ont été imitées sur beaucoup de valeurs et particulièrement dans le cas de raretés comme les surcharges renversées, etc. Quand le timbre est oblitéré, examinez d'abord l'oblitération qui peut à elle seule faire repérer la fausse surcharge puis comparez avec une surcharge originale certaine qu'on peut se procurer à bas prix dans presque toutes les émissions. Le 5 lire n° 11 a été *imité* de toutes pièces : l'oreille droite de l'effie (à gauche en regardant le timbre) est mal exécutée : comparez les traits avec une petite valeur ; *l'oblitération fausse* sur ce timbre est ronde, 1 cercle MASSAUA

12, 11, 99 (ERITREA). *Colis-Postaux*. Fausses surcharges de Gênes ; lettre de 1 ^{mm} 1/4 au lieu de 1 1/3 de hauteur et foulage insuffisant. Les oblitérations fausses de Genève sont rondes à date, un cercle, 26 mm, MASSAUA 7-2-98 ERITREA ou MAS-SAUA 7 6 98 (ERITREA) tous deux avec 2 étoiles sur les côtés.

ETATS CONFEDERES D'AMERIQUE

I. Emissions provisoires

(Maîtres de postes 1861)

Nombreuses falsifications anciennes, peu dangereuses en général, mais c'est la pièce originale de comparaison qui manque le plus souvent ; il est donc utile de se spécialiser et, malgré les indications renseignées plus loin il est bon de faire vérifier par un spécialiste avancé ces timbres peu connus.

Presque toutes les anciennes collections contiennent de mauvais fac-simile de ces timbres adhésifs dont nous renseignons plus loin quelques imitations bien faites. Le catalogue Scott renseigne, outre les adhésifs relatés par Yvert une quantité d'enveloppes, très recherchées aux Etats-Unis et dont les prix varient de 25 à 500 dollars avec quelques variétés rarissimes.

Athens. *Originaux ;* typographiés ; 21 $\times$ 25 ^{mm} ; ATHENS mesure 14 ^{mm}. *Faux :* dimensions non conformes ; lettres épaisses ; ATHENS mesure 15 2/5 ^{mm}.

Bâton rouge. 5 c. carmin avec impression de fond d'étoiles en vert. *Faux* avec étoiles trop rapprochées : 3 2/3 mm. de centre à centre au lieu de 4 1/4.

Goliad. *Originaux* type a, 21 $\times$ 23 1/2 ^{mm} ; type b, 24 $\times$ 22 ^{mm} ; typographiés ou cachet à main en noir. Faux du type a par cachet à main en violet-noir sur rosé.

Greenville. *Originaux*, n°s 1 et 3 ; 21 1/2 $\times$ 27 ^{mm} ; n° 2 : 20 1/2 $\times$ 24 4/5 ^{mm}. *Faux* du n° 2 avec le mot Greenville en capitales comme dans le type a d'Yvert.

Knoxville. *Originaux :* typographiés sur vergé ; 20 $\times$ 24 1/3 mm. *Faux*, lithographiés sur papier uni.

Livingston. *Original*, typographié, 24 $\times$ 26 1/2 ^{mm} ; les lettres des inscriptions sont épaisses et irrégulières. *Faux :* lithographiés avec lettres minces et non alignées.

Lynchburg. Original, typographié, 20 2/5 $\times$ 24 3/5 ^{mm}. *Faux :* a) le point manque dans le coin inférieur droit ; b) autre faux avec intérieur de la boucle du 5 entièrement blanc. Mensurations et nuances non conformes.

Mâcon. Une *contrefaçon* insidieuse du 2 c. n° 1 provient d'un cachet à main appliqué sur un papier de nuance sauge. *Original*, typographié noir sur vert.

Memphis. *Original* du 2 c. : 22 × 24 1/2 ᵐᵐ environ, typographié sur papier mince ; à gauche en haut de la lettre D de PAID il y a un rectangle plein, un peu plus étroit que les carrés pleins du dessin de fond. *Faux* : 2 c. sur papier mince ; un simple trait en haut et à gauche du D ; dans un autre faux sur papier épais un carré complet se trouve à 1/2 ᵐᵐ à gauche et en haut de la lettre D dont il est séparé par deux traits ; bleu laiteux ou bleu foncé, 21 1/2 × 24 ᵐᵐ. 5 c. faux avec boule terminale du chiffre de moitié trop petite ; dans un autre faux les festons extérieurs sont réguliers (original : irréguliers). 5 c. *réimpression*, nuance trop claire, comparaison nécessaire.

Mobile. *Originaux* : typographiés, 18 × 20 ᵐᵐ. *Faux* : Dimensions non conformes et les pointes de l'étoile ne touchent pas le cadre intérieur.

Nashville. 3 c. carmin ; *original* ; 21 2/5 × 21 2/3 ᵐᵐ ; *faux :* dimensions non conformes ; cadres extérieurs joints. Dans d'autres faux les dimensions ne concordent pas et la nuance est rouge-carminé terne. 5 et 10 c. originaux : papier gris-bleu côtelé ; *faux* sur papier uni ou vergé.

Nouvelle-Orléans. *Originaux :* lithographiés ; 2 c. 19 1/3 × 24 1/2 ᵐᵐ ; 5 c. 19 × 23 3/5 à 23 4/5 suivant type. *Faux :* 2 c. 19 × 23 1/2 ; la lettre R d'ORLÉANS est sous la lettre D de RIDDELL au lieu de se trouver sous la lettre I. Bleu. Dans un 2 c. en rouge, mieux venu, avec lettres de POST OFFICE alignées on remarque les mêmes défauts, mais la hauteur est admissible. 5 c. 1° l'ornement à gauche en bas représente un avant-bras avec une main ouverte, montrant les quatre doigts 2° les lettres N de NEW et S d'ORLÉANS touchent le cartouche par le bas.

Pétersburg. *Originaux :* papier épais, 21 × 25 ᵐᵐ environ ; rouge. *Faux :* nuances roses ; fantaisies en bleu ; mensurations non conformes et lettres de PÉTERSBURG de 1 1/8 ᵐᵐ au lieu de 1 2/5 environ.

II. Emissions générales régulières

1861-62. Nᵒˢ 1 à 5. *Originaux :* lithographiés, 2 c., 20 1/2 × 26 ᵐᵐ ; 5 c. 21 1/2 × 27 ᵐᵐ ; 10 c. 20 × 25 1/4 ᵐᵐ ; le fond central porte des hachures croisées (horizontales et verticales) ; les hachures verticales sont plus espacées dans le 2 c. que dans les autres valeurs (voir à gauche de l'effigie) ; dans les 5 c. on voit les deux pointes du faux col et les lettres O et N de CONFEDERATE sont très rapprochées. *Faux :* 2, 5 et 10 c. avec hachures horizontales seulement (fond central) ; autre faux du 5 c. dans lequel l'inscription CONFEDERATE, etc. est illisible ; on ne voit que la pointe gauche du faux-col ; autre faux du 5 c. dans lequel les lettres O N sont aussi espacées que les autres lettres et on ne voit que la pointe droite du faux-col. On trouve d'autres imitations mal faites, dont les mesures sont arbitraires et qui ne méritent pas de description.

1862-64. N°s 6 à 12. *Originaux :* 5 c. typographié ; hachures du fond central plus serrées que celles de la face ; premier E de CONFEDERATE à barre médiane très courte ; dans le deuxième E, cette barre est aussi longue que les autres ; les 4 étoiles sont normales, de même grandeur et contiennent un cercle blanc parfait. 10 c. gravé ; la pointe du cou finit exactement à l'ovale formé par les lignes croisées du fond central ; à gauche et en dessous du chiffre 1 il y a 4 hachures très épaisses de même qu'à droite de l'S de CENTS. 20 c. gravé en taille-douce ; lignes de points sur le front ; les hachures verticales du fond central sont bien tracées, bien visibles et l'on aperçoit d'imperceptibles traits obliques qui les croisent (loupe). *Faux :* 5 c. hachures du fond central aussi espacées que celles du visage ; les étoiles du haut ont le cercle blanc plus grand que celles du bas ; dans le premier E la barre médiane est longue et au contraire courte dans le deuxième. 10 c. la pointe du cou n'aboutit pas au bord de l'ovale de lignes croisées ; le C de CENTS est plus étroit que les autres lettres ; S et T de POSTAGE se touchent par le haut ; à gauche du chiffre 1 et à droite du S de CENTS, il y a cinq hachures. 20 c. : hachures horizontales pleines sur le front ; le fond central est autant dire plein. Mauvaise lithographie ! Pas de *réimpressions* : un 10 c. avec effigie de Jefferson Davis, comme dans le 5 c. bleu n° 9 a été tiré de la planche de cette dernière valeur ; c'est une fantaisie. D'autres faux assez insidieux du 5 c. sont typographiés en vert-bleu terne ; la barre médiane du F de FINE est trop courte.

ETATS-UNIS D'AMÉRIQUE

I. Emissions des Maîtres de postes

Les remarques faites anx émissions similaires des Etats Confédérés sont valables ici. Même si les données suivantes correspondent à des pièces que l'on voudrait acquérir ou reconnaître en toute certitude, il faut les faire examiner par un spécialiste de ces émissions car la plupart des timbres sont rarissimes et l'on peut en faire dans l'avenir des imitations meilleures que celles qui sont actuellement connues.

Alexandria. *Originaux :* 27^{mm} de diamètre ; 39 ou 40 caractères dans le cercle.

Baltimore. *Originaux* : gravés ; 16 à 17 ✕ 53 à 54 ᵐᵐ ; 11 variétés pour le 5 c. et 3 pour le 10 c. sur blanc ou bleuté uni.

Brattleboro. *Originaux :* gravés en taille-douce en feuilles de 10 (5 ✕ 2) formant 10 types ; 21 ✕ 14 ᵐᵐ. *Faux :* lithographiés.

New-Haven. *Original :* cachet à main, 26 ✕ 31 ᵐᵐ. Faux : lithographié, 25 1/2 ✕ 30 ᵐᵐ.

New-York. *Originaux :* gravés sur acier feuille de 100 (10 ✕ 10) et signés à l'encre rouge ACM ou RHM sous forme de parafe incliné à droite, 20 3/4 ✕ 27 3/4. On trouve des exemplaires sans signature. *Réimpressions :* en noir, mais aussi en brun, vert, bleu et rouge : 20 1/2 ✕ 28 1/4. *Faux :* bonnes imitations avec FALSH visible ou gratté dans le bas du timbre. En cas de doute, comparaison utile.

Providence. *Originaux :* gravés en taille douce, feuille de 12 (3 ✕ 4) 11 variétés du 5 c. et 1 du 10 c. (timbre nᵘ 3) dans la même feuille ; 28 1/4 ✕ 20 ᵐᵐ environ ; avec point blanc après CENTS ou sans point, le 10 c. sans point, dans les 4 coins, ornements triangulaires portant 3 hachures courbes dont les 2 premières, presque réunies et qui semblent former un seul trait épais, rejoignent les traits du cadre ; la troisième hachure, plus fine, leur est parallèle ; dans les lettres O des inscriptions, le dessin est rectangulaire. *Réimpressions :* papier mince, jaunâtre ou bleuté ou papier blanc épais; les 12 timbres de la feuille portent au dos l'une des lettres (dans l'ordre des types) du nom de la personne qui a exécuté ces réimpressions: BOGERT DURBIN. *Faux :* 27 1/2 ✕ 19 3/4 ; imitations des 10 et 5 c. par reproduction des types 3 et 6 de la feuille (5 c. sans point après CENTS) ; lithographiés ; 27 1/2 ✕ 19 3/4 ; papier semblable au papier original habituel mais plus mince, plus transparent ; la grosse boule blanche au milieu à droite du timbre est à égale distance du cadre et de l'ovale au lieu d'être plus rapprochée du cadre ; l'intérieur des lettres O est de forme plutôt ovale.

Saint-Louis. *Originaux :* gravés en taille-douce ; 1845 ; feuilles de 6 (2 ✕ 3) ; 3 types du 5 à gauche et 3 du 10 à droite ; 1846 même planche, mais le chiffre 5 des deux timbres du haut a été gratté et remplacé par le chiffre 20. Ces deux tirages sur papier gris-verdâtre uni. 1847 : même planche mais on a gratté les chiffres 20 qui furent remplacés par le chiffre 5 placé trop bas et touchant presque le cercle dans le type I et placé trop bas et dévié à droite dans le type II ; tirage sur papier pelure. Pas de *réimpressions. Faux :* 2 c. fantaisie ! 5 c. imitation insidieuse sur papier vert grisâtre ; copies du type III ; *a)* le trait courbe qui se trouve au-dessus de OUIS de LOUIS dans les originaux manque ici ; *b)* à droite en haut de la boucle inférieure du 5 il n'y a que 3 points au lieu de 4 ; le trait courbe au-dessus de OFFI de

OFFICE termine au-dessus de l'intervalle entre I et C au lieu de se terminer au-dessus de la lettre I. D'autres faux du 5 c. n'appartiennent à aucun type, notamment une imitation sur blanc dont la cuisse de l'ours entame le cadre intérieur gauche alors que la cuisse de l'ours droit est à 1/2 ^{mm} environ du cadre intérieur : les deux courbes sous SAINT et LOUIS touchent par leurs extrémités les lettres A et I ; les 3 traits qui se trouvent sous ces courbes sont trop longs et ceux de droite touchent presque l'ombre en lignes horizontales du 5, qui est également trop grande.

II. Emissions générales

1847. Nᵒˢ 1 et 2. *Originaux :* 5 c., les deux chiffres sont autant dire à égale distance du cadre inférieur, le côté gauche de la cravate blanche vient toucher l'ovale à peu près entre F et I, le côté droit au-dessus du milieu du V ; la bouche est un peu trop allongée (vers la droite du timbre). 10 c., les deux yeux sont réguliers, le col est fortement hachuré et on ne le distingue guère de l'habit ; à gauche de l'effigie (donc à droite du timbre) les cheveux sont normalement bouclés. *Réimpressions* ou plutôt imitations officielles sur planches refaites ; 5 c. : le 5 de gauche est placé plus haut que celui de droite, le premier est posé sur la troisième hachure horizontale, celui de droite sous la deuxième, le côté gauche de la cravate blanche vient toucher l'ovale au-dessus du gros trait vertical de la lettre F et le côté droit au-dessus de la branche gauche du V ; la bouche se termine à gauche (donc vers la droite du timbre) par un point de couleur, il y a deux traits courts (loupe) qui semblent former un second trait de couleur placé obliquement. 10 c., l'œil droit a moins de hauteur que l'œil gauche, le col moins fortement hachuré devient visible, du côté gauche de la face, (côté droit du timbre) on voit dans le bas de la boucle de cheveux un petit cercle noir portant une hachure verticale (loupe). Dans les deux valeurs, les lettres R, W. H et E placées sous le cadre inférieur sont moins visibles et moins lisibles que dans les originaux ; sans gomme. Le papier est uni dans les 10 c. et le 5 c. brun-rougeâtre, vergé dans le 5 c. brun.

Faux anciens lithographiés de si mauvaise venue qu'ils ne requièrent pas la description. *Truquages* du 10 c. original coupé pour moitié : à prendre sur lettre seulement et l'oblitération doit être soumise à un spécialiste ou expert spécialisé.

1851-56, non dentelés. Nᵒˢ 3 à 8. *Truquages* comme celui de l'émission précédente par 5 et 6 c. coupés pour moitié provenant des 10 et 12 c. nᵒˢ 7 et 8, avec le plus souvent une oblitération fausse de San-Francisco 1858.

1857-60, dentelés 15. Nᵒˢ 11 à 17. *Réimpressions* (1875) :

facilement reconnaissables à la dentelure 12 ; le 3 c. est du type
I, le 5 cents des types II et III, les 1, 3, 10 et 12 c. sont tirés de
planches nouvelles ; les nuances diffèrent ; papier très blanc,
sans gomme. Les 24, 30 et 90 c. non dentelés sont des *essais*
(R. R.). *Faux* de quelques valeurs en mauvaises lithographies
que l'examen de l'impression suffit donc à repérer ; le 90 c. a été
imité à plusieurs reprises a) avec fond de hachures horizontales
seulement, cadre séparatif, une seule courbe épaisse au-dessus
de U. S. POSTAGE etc. ; b) avec fond de hachures très serrées
dont les hachures verticales sont bien visibles à la loupe, dans
le bas du timbre un trait horizontal mince et un autre plus épais,
percé en points, l'œil droit paraît être en verre ; c) faux mieux
copié, photolithog., les 3 traits horizontaux (bas du timbre) touchent les courbes extérieures au lieu de s'arrêter aux faibles
courbes intérieures, défaillantes ici. a et c sont généralement
non dentelés. Dans ces trois espèces de faux, le front, le nez,
les cheveux, sur la tempe gauche, la gauche du menton et la
cravate blanche montrent des espaces blancs, sans aucun point
ou trait d'ombre.

1861-66. U. S en bas. Dentelés 12. Nᵒˢ 18 à 28. Grilles de
diverses dimensions 9 $\times$ 13 à 13 1/2ᵐᵐ ; 11 1/2 $\times$ 13 ou 1/2 ;
12 $\times$ 14, 13 $\times$ 16 ; 18 $\times$ 15, grande grille sur toute la surface (3 c.). *Réimpressions* (1875) également dentelées 12 ; 1 c.
outremer ; 3 c. brun-rouge ; 5 c. brun-pâle ; 10 c. vert-bleu ;
24 c. brun-violet foncé ; 30 c. brun-orange ; 90 en bleu foncé ;
les 2, 12 et 15 c. en noir intense au lieu de gris-noir ou noir ; papier très blanc ; gomme blanche. Ces réimpressions n'ont pas de
grille et sont rares. *Truquages :* fausses grilles de diverses
dimensions (aussi Genève) ; quelques-unes sont insidieuses
et requièrent un supplément d'informations chez un spécialiste.
Il existe de cette émission et des suivantes des *essais* sur carton, dans les nuances originales ; ce qui a donné lieu à des *truquages* par amincissement uniforme du carton et estampage
consécutif d'une fausse grille.

1869. Grille en relief. Nᵒˢ 29 à 38. *Originaux :* grille de
9 ᵐᵐ, carrée, ou sans grille. *Réimpressions ;* 1875 sans grille ; papier blanc, dur et poreux. Même dentelure que les originaux ;
gomme blanche (au lieu de brune) ; nuances légèrement différentes. *Truquages :* estampage de la grille pour la faire disparaître ; centres renversés obtenus par remontage d'un centre.....
renversé et d'un cadre droit avec estampage consécutif d'une
grille.

1870-73. U. S. POSTAGE. Nᵒˢ 39 à 57. *Originaux :*
grille de 12 $\times$ 13 ᵐᵐ ou sans grille ; dentelure 12. *Réimpressions*
1º 1875. Sans gomme, dentelées 12 ; se reconnaissent difficilement

mais le spécialiste s'y retrouvera par quelques différences de nuances et dans quelques valeurs par l'usure de la planche ; le papier plus blanc fournira aussi des indices par la comparaison. 2° 1880. Mêmes indices mais une partie du tirage est sur papier poreux. Les réimpressions sont sans grille.

1882-83. Dentelés 12. Nᵒˢ 60 à 62. *Réimpressions* des 3 valeurs (fin 1883) sur papier poreux mou ; sans gomme, le 2 c. en brun-pâle ; 3 c. vert pâle et 5 c. en jaune-brun.

1916-17. 5 c. rose erreur. Nᵒ 203 ᵃ· *Faux* : le trait terminal de la branche gauche de l'U est triangulaire ; sans filigrane ; dentelé 11 ; on ne distingue pas l'oreille ; au-dessus de la tête, une longue ligne blanche est visible.

Timbres pour journaux. Nᵒˢ 1 a 4. Originaux : typographiés : 51 × 95ᵐᵐ environ. *Réimpressions* (1875) ; nᵒˢ 2, 3 et 4 ; le 10 c. en vert foncé et en vert-bleu foncé ; le 25 c. en rouge-vermillonné vif ; le 5 c. (bordure blanche) en bleu foncé. Même dentelure 12. Ces réimpressions se reconnaissent encore à l'inscription NATIONAL BANKNOTE COMPANY, NEW-YORK placée dans le bas du timbre et qui est moins prononcée ici que dans les originaux. Papier blanc, dur, sans gomme ; dentelés 12. Le 5 c. a été réimprimé plus tard en bleu foncé, bleu foncé terne et bleu violacé avec les mêmes caractérisques mais sur papier poreux mou. *Faux de Genève :* 5 c. (avec bordure de couleur) dentelure 12 1/2. Le fond central autour de l'effigie est formé de hachures informes (voir 25 c.) ; dans les deux grands V il n'y a que 6 hachures et un point au lieu de 7 hachures et un point imperceptible etc. 10 c. 36 hachures horizontales de couleur, au lieu de 41, dans le cartouche de l'inscription NEWSPAPERS, etc. ; fond ovale autour de l'effigie fait d'épaisses lignes horizontales de 1/3 de ᵐᵐ d'épaisseur au lieu de 1/5ᵉ environ ; les courbes des cheveux (sous le bas de l'oreille) sont invisibles ; l'arcade sourcillière et l'œil forment une tache noire ; tout le guillochage autour de l'ovale centrale est formé de courbes blanches entrecroisées qui sont toutes de la même finesse ; pas d'inscription NATIONAL BANK, etc., dans le bas ; dentelure 12 1/2 au lieu de 12, 25 c. Les cadres de gauche (blanc ou colorés) ne sont pas droits ; le lignage horizontal autour de l'effigie est informe et formé de hachures d'épaisseur inégale, parfois courbes, qui se touchent souvent et dont les espaces blancs sont aussi larges que les hachures elles-mêmes ; dans les originaux, ces hachures sont régulières, bien parallèles et les espaces sont formés de traits blancs fort minces ; dans l'inscription du bas, il y a 2 points carrés derrière le 3 qui suit MARCH au lieu de 3 ᴰ· Ces faux portent un cachet rond de 33 ᵐᵐ de diamètre, en rouge ou en noir, avec NEW-YORK et un dessin ornemental composé d'une étoile et de 2 arabesques (dans le bas).

Autres faux des mêmes valeurs, dentelés 11 1/2 ; dans le 10 c. toutes les hachures du fond autour de l'effigie se touchent et l'épaisse ligne de couleur qui les entoure se devine à peine , sur l'effigie même elles se touchent le plus souvent ; l'œil ne se distingue pas ; dans le cartouche de NEWS PAPERS, etc. les hachures de couleur sont beaucoup plus épaisses que les traits blancs qui les séparent ; l'inscription NATIONAL, etc, est presque invisible : foulage très prononcé ; 25 c. même foulage qui ressemble à un estampage ; le fond autour de l'effigie est plein ; l'inscription NATIONAL, etc est invisible, etc. On trouve encore des imitations dentelées 11, 11 1/2 et 12 1/2 ; de 49 à 51 × 92 1/2 à 94 1/2 ᵐᵐ. de nuances arbitraires ; elles sont lithographiées mais portent un estampage consécutif des parties blanches pour faire croire à un tirage typographique.

1875-85-95. Dentelés 12. Nᵒˢ 5 à 53. *Réimpressions* (mars 1875 soit 2 mois après le tirage original) ; papier très blanc et dur ; sans gomme ; dentelure 12 Les nuances sont légèrement différentes ; 2 à 10 c. en gris-noir au lieu de noir ; 12 à 96 c. en rose pâle au lieu de rose ; 3 dollars écarlate ; 6 d. outremer foncé ; 9 d. jaune-orange ; 12 d. vert foncé ; 36 d. rose-brunâtre : 48 d. brun-rouge ; 60 d. pourpre. Les nuances des 1 d. 92 c. et 12 d. doivent être comparées Les 5 à 100 dollars de 1895 ont été réimprimés en 1899 avec le filigrane de l'émission de 1897 (U. S. P. S. à double trait) dentelés 12 ; avec gomme blanche au lieu de jaunâtre et en nuances différentes : 5 d. bleu de Prusse ; 10 d. gris-vert ; 2° d. gris-lilas ; 50 d. rose brunâtre : 100 d. violet pourpre.

Faux : il existe de grandes quantités d'imitations portant le mot FAC SIMILE en surcharge et aussi le mot FALSCH dans le bas du cadre intérieur et gravé avec le timbre ; ces inscriptions sont parfois grattées avec repeinture consécutive ; le type indien 1 à 10 c. noir se reconnaît facilement aux grosses hachures obliques qui partent au-dessous de CALS pour aboutir au-dessus de CENTS et qui sont droites au lieu d'être courbées ; dans le type déesse de la Justice nᵒˢ 13 à 20 rose il n'y a pas de lignes de points entre les hachures horizontales de l'écusson. On trouve des différences aussi graves dans les divers types des nᵒˢ 21 à 53 ; comparaison

Timbres pour lettres par exprès. Nᵒˢ 1 et 2. *Originaux :* 34 3/4 × 20 environ. *Faux de Genève :* 35 3/4 × 20 2/5 environ ; dans le nᵒ 1 les traits verticaux du cadre gauche restent très éloignés (excepté 2 traits) de l'horizontale qui les limite en bas ; une des hachures blanches du cadre supérieur dépasse à droite le trait oblique qui limite ces hachures ; la lettre S de CENTS est penchée à droite. Dans le n° 2 l'S de CENTS est trop grand, mal formé et visiblement penché à droite

III. Carriers

a). Emissions officielles.

1851. Effigie. N° 1. *Réimpressions* (1875): 1° sur papier original en bleu foncé sur rose au lieu de bleu terne ou sombre sur rose-jaunâtre ; 2° sur rose pale dans les mêmes nuances (réimpression plus commune). Les deux sont sans gomme alors que les originaux ont une gomme brune et sont d'impression plus fine.

1851. Aigle. N° 2. *Réimpressions* (1875): 1° sans gomme, dentelée 12, 2° non dentelée, sans gomme. Original ·avec gomme brune, nuance bleue ou bleu-verdâtre, réimpressions bleu foncé. N.-B. Les n°⁵ 1 et 2 orange sont des essais. *Faux* : lithographié au lieu de gravé, point au lieu de trait d'union entre PRE et PAID.

b). Émissions semi-officielles.

Toutes ces émissions doivent être spécialisées car il y a un nombre considérable d'imitations et la plupart des vieilles collections contiennent un grand nombre' de ces dernières. Le détail de tous les faux serait trop long, et le meilleur conseil à donner est de réunir d'abord une petite collection d'imitations certaines, faciles à obtenir, qui peuvent servir de références. Ensuite, dans les cas douteux il faut se référer à l'opinion d'un spécialiste.

Timbres de service. *Réimpressions.* Les séries de tous les départements ont été réimprimées en 1875 sur papier blanc épais avec le mot SPECIMEN (ou par erreur SEPCIMEN) en carmin pour l'Agriculture, l'Etat, la Marine et la Poste, en bleu pour les autres départements. Les dimensions sont en général plus petites notamment dans les STATE. Les *originaux* du département d'Etat (STATE) des valeurs en dollars mesurent 25 1/2 × 39 1/2 ᵐᵐ environ. Des *faux* très bien exécutés mesurent 25 1/4 × 39 ᵐᵐ et portent les mots FAC SIMILE dans le haut, généralement sur le bas des lettres R MEN de DEPARTMENT.

Ces faux sont pholithographiés et dentelés 11 1/2.

Timbres-taxe 1879. N°ˢ 1 à 7. *Réimpressions* (septembre 1879) sur papier mou, poreux, dentelure 12, sans gomme. La nuance est rouge-brun au lieu de brun-rouge.

Timbre de retour. 1877, n° 2. *Original :* 43 × 26 1/2 environ ; guilloché régulier. *Faux de Genève :* 44 3/4 × 27 2/5 environ avec guillochis informe et nuance arbitraire.

ETHIOPIE

Types de la première émission (Effigie ou lion) 1 à 7. *Originaux* ; dentelés 14 $\times$ 13 1/2 ; 18 $\times$ 22 ^{mm} ; typographiés d'exécution très fine ; l'illustration renseignera sur les détails du visage de l'effigie ; dans le type lion, on remarque que toutes les pierres de la mosaïque du fond central portent deux traits courts (parfois trois). *Faux de Genève ;* en feuilles de 16 ; dentelure 14 ; largeur : 17 3/4 (effigie) ; 17 1/2 (lion) sur 21 3/4 environ de hauteur. L'examen de la face suffit pour reconnaître

les faux (voir illustration) au type effigie. Pour le type lion, le signe le plus facile est l'examen de l'imbriquement du fond central, dont chaque division ne porte qu'un point, ou un trait ; les divisions placées sous l'oriflamme (à droite) ne portent même pas de point du tout. *Autres faux*, au type effigie ; très mauvaise exécution ; voir l'illustration. Quatre cachets oblitérants falsifiés à Genève (25 à 26 1/2 mm. de diamètre) dont un cercle à traits interrompus DIBRE-DAOUA, étoile, 10-06 ABISSINIE ; les autres double cercle avec 2 transversales, dates interchangeables ; en haut, caractères éthiopiens, en bas ENTOTTO ; HARRAR ; ADIS ABEBA.

Emissions de 1900 à 1908. N°s 8 à 85 et

Timbres-taxe. 1896 à 1909. N°s 1 à 35 *

On trouve de fausses surcharges sur originaux ; comparaison nécessaire : mais on trouve aussi toutes ces surcharges imitées sur timbres faux de Genève et dans ce cas l'examen de l'authenticité du timbre suffit. *Oblitérations fausses de Genève* appliquées sur faux timbres poste ou taxe ; double cercle coupé de deux barres pour la date (type allemand) ; 25 ou 26 ^{mm} de diamètre avec caractères éthiopiens en haut et en bas les mots ENTOTTO. HARAR ; ADIS ABEBA et dates diverses ; aussi cachet rond, 1 cercle à traits interrompus, 26 1/2 ^{mm}; DIRRE-DAOUA étoile 10-.. 06 ABYSSINIE.'

RÉPUBLIQUE DE L'EXTRÊME-ORIENT

Pays à *surcharges,* dont beaucoup ont été copiées : la comparaison minutieuse est indispensable.

FARIDKOT

Fausses surcharges poste et service. Comparaison nécessaire.

FERNANDO-PO

Premières émissions. Originaux n°s 1 ; 20 c. brun (1868) 18 3/5 × 21 4/5 ^{mm} environ, n°s 2 à 4 (1879) : 18 1/2 × 22 1/2. *Faux :* mauvaises copies anciennes, lithographieés, si mal exécutées qu'elles ne valent pas de description ; les hachures du fond central, visiblement trop grasses sont fréquemment interrompues, touchent le cercle, etc. *Faux de Genève* n°s 1, bien exécuté en typographie (blocs) ; se reconnaît le plus facilement aux mensurations : 18 1/4 × 21 1/2 ^{mm}. Le cadre intérieur blanc est interrompu en de nombreux endroits etc. Deux oblit. fausses de Genève, à date, double cercle, 25 1/2 mm. SANTA ISABEL 21 APR 99 et CABO DE SAN JUAN 19 MAY 00 toutes deux avec FERNANDO POO dans le bas.

1885-1900. HABILITADO. N°s 9 à 11 et 23 à 34. *Fausses surcharges* sur originaux et sur faux ; en majorité mal exécutées. Comparaison nécessaire. La surcharges 5 CEN. dans un ovale a été également imitée (notamment à Genève) et requiert aussi la comparaison.

1896-99. Fiscaux. 10 c. de Peso. *Originaux :* typographiés ; 26 1/2 × 33 ^{mm}. *Faux :* 26 1/4 32 1/2 ; lithographiés ; pas d'accent sur premier O de POO et de MOVIL ; hachures horizontales du fond interrompues ; les verticales de l'écusson touchent en haut la ligne horizontale qui limite leur quartier ; le lion (dans l'écusson) a négligé de mettre sa couronne sur la tête ; à droite et à gauche du cartouche de la valeur les 2 boules blanches sont éloignées de celui-ci au lieu de se raccorder avec lui; etc.

1899. Dentelés 14. N°s 40 à 57 et

1900. *idem* **67 à 85.** *Faux :* Les grosses valeurs 60, 80 centavos et 1 et 2 pesos ainsi que le 3 milesimos et probablement d'autres valeurs ont été imitées à Genève, en blocs. Les lettres des inscriptions sont baveuses, le trait droit de la lettre N de FERNANDO est plus long que le trait gauche, la lettre S de CORREOS touche le cartouche par le bas, la figure est trop peu ombrée sur le devant du front, de la joue et du menton, les fines hachures au-dessus et en dessous des inscriptions horizontales sont mal venues ou manquent (voir Philippines). Le 3 m. provient d'un autre cliché, nuance gris-noir, dentelure 13 3/4. Oblit. fausse : CABO DE SAN... 17 MAY.

ILES FIDJI

1870-71. Fidji Times Express. Nᵒˢ 1 à 5. *Originaux :* 1870, typographiés, 22 1/2 $\times$ 18 1/2ᵐᵐ, papier quadrillé (excepté pour le 9 p.); 1871, toutes les valeurs sur papier bâtonné (vergé). Perçage en points (20), les cadres horizontaux sont plus épais que les verticaux et ne touchent pas ceux-ci, les lignes de séparation entre les timbres sont faites de points, la longueur totale du mot TIMES est de 8 1/2 ᵐᵐ environ et du mot FIDJI de 4 ᵐᵐ 3/4 environ. Les interruptions du cadre permettent d'identifier la place des timbres dans la feuille. Le chiffre est simple, excepté dans le 1 shilling où il est ombré d'un trait fin. 1 p. chiffre de 4 mm. de hauteur, 3 p. id., 6 p. 7 mm., 9 p. 4 1/4 ᵐᵐ. 1 shilling 6 ᵐᵐ 1/4 environ. Pas de *réimpressions*. Les soi-disant réimpressions privées du Fidji Express Times mesurent 22 1/2 $\times$ 16 ᵐᵐ ; typographiés en noir sur papier de couleur ; TIMES 7 1/2 au lieu de 8 1/2 ᵐᵐ environ ; point après FIDJI, etc.

Essais sur papier jaune uni. *Faux* : séries qu'on reconnaît facilement aux cadres horizontaux de même épaisseur que les autres. a) sur papier épais uni, rose-violacé ; 1 p. chiffre 5 ᵐᵐ 3/4 de hauteur, les lignes des cadres se touchent ; 3 p. chiffre entouré d'un trait ornemental ; 6 p. 5 ᵐᵐ avec trait ornemental ; 9 p. 6 ᵐᵐ de hauteur ; b) imitations dites de San-Francisco sur papier vergé verticalement ; non dentelés ou dentelés à l'aiguille ; le cadre séparatif est formé de traits ; TIMES n'a que 7 ᵐᵐ de large et FIJI, 3 1/2 environ ; ces dernières portent souvent des inscriptions à l'encre.

Fin 1871. 1, 3 et 6 p. Nᵒˢ 6 à 8. *Originaux ;* typographiés, le dessin, très finement exécuté montre dans le fond central des hachures horizontales qui ne touchent pas le cercle (loupe) ; la base de la couronne est horizontale et le bandeau montre le même dessin dans les trois valeurs ; dans le 6 pence les hachures du fond central, interrompues à droite et doublement interrompues à gauche laissent voir un hexagone blanc (loupe). Voir illustration ; celle-ci renseigne sur le nombre de perles et le dessin du cercle. Dentelure 12 1/2 ; 18 1/3 environ $\times$ 21 2/3,

22, 21 1/2 ; dans le 1 p. le P de POSTAGE et le Y de PENNY touchent presque le bord latéral du cartouche ; la base du P est à pan coupé à gauche ; dans le 6 pence, le triangle blanc, au-dessus de POSTAGE et PENCE a été agrémenté de divisions colorées (comme dans le cercle du 3 pence).

Faux : les hachures du fond central touchent le cercle et la base de la couronne est arrondie. Série a) les trois valeurs ont le même dessin du cercle ! 1 p. 18 1/2 à 18 3/4 $\times$ 22 : le P touche

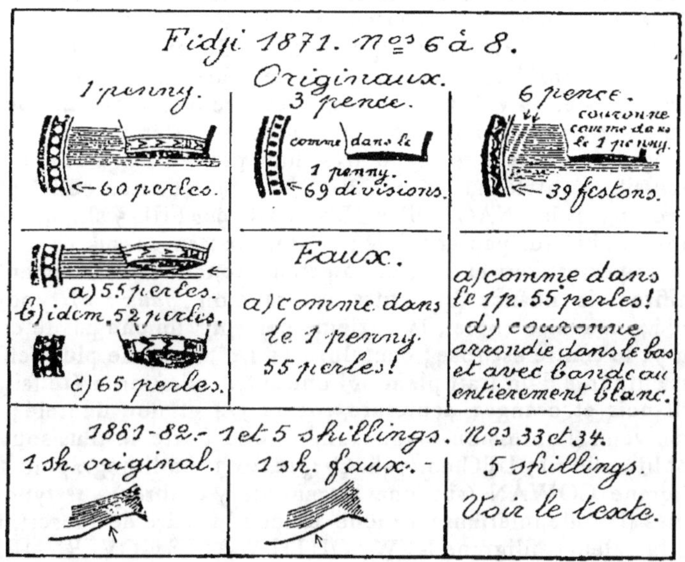

le bord du cartouche ; le 2 p. a 22 1/2 de hauteur et le 6 p. près de 23. Non dentelés ou percés en points 14 1/2 a 15 1/2. b) 1 p. dessin de la couronne aussi mauvais et 52 perles au lieu de 60. c) mauvaise copie du 1 p. (voir illustration) les lettres de l'inscription du bas touchent presque toutes le cartouche ; hauteur 22 1/2 ; dentelure 11, etc. d) 6 p. le bas de la couronne est arrondi ; l'hexagone du fond central y est, mais on n'en voit que 4 côtés, les hachures horizontales des deux autres n'ayant pas été renforcées. Dans le type a, la fausse oblitération est un quadruple cercle avec 6 barres intérieures ou un cercle de barres ; type c, grosses barres espacées de 4 ᵐᵐ environ.

N.-B. On trouve les 3 valeurs originales non dentelées mais ce sont des épreuves jamais émises ; il en est de même pour les émissions suivantes, surchargées.

Types C. R. surchargés 1872 à 1877. Nᵒˢ 9 à 24. En premier lieu, examiner s'il ne s'agit pas des faux précédents qui ont tous reçu de fausses surcharges. Pour les originaux, la comparaison de la surcharge s'impose. Les surchages V. R. ont été particulièrement bien imitées et l'expertise s'impose si l'on ne possède pas d'originaux certains. Le type avec lettres ornementées a été imité à Genève sans points derrière les lettres.

1878-80. V. R. n°s 25 à 32. Ces timbres ont été reproduits des timbres n°s 1 à 3 avec modifications des lettres. Il n'y a donc pas lieu d'y revenir.

1881-82. Grand format, 1 et 2 sh. N°. 32 et 34. 1 sh. *original*, typographié ; hauteur 27 mm ; dentelé 10 ; 11 $\times$ 10 ; 11 ou 11 $\times$ 11 3/4. *Faux* typographié à Genève (en bloc de 16 4 $\times$ 4) très insidieux ; les hachures de la base du cou ne sont pas conformes et on voit un très grand espace blanc formant tache ; hauteur 26 3/4 mm ; à droite et à gauche, à l'extérieur du timbre, on voit souvent une ligne très fine provenant d'un foulage excessif ; dentelé 11 $\times$ 11 ; 11 $\times$ 11 1/2. Fausse oblitération ronde 1 cercle : NAOPOPIPOR 5 MAR 1902 FIJI. 5 sh. *original ;* lithographié sur papier teinté ; dentelé 10 ; au-dessus de FIJI il y a 11 perles dont la dernière à gauche touche l'encadrement du chiffre ; la nuance du centre est saumon ; *faux ; a)* typographié ; mauvaise copie ; la onzième perle ne touche pas le cadre du 5 ; le centre est rose ; dentelure 11 1/2 $\times$ 11 ; de plus l'effigie est entourée d'un trait plein ; *b)* une autre imitation a été faite en gris-noir et orange ; dentelure 10 ; 11 3/4 et non dentelé ; très bien venu (impression clandestine ?) elle porte le plus souvent l'oblitération 15 DEC oo. 5 sh. *Originaux* 1° en lithographie avec filigrane COWAN (sur une largeur de 5 timbres) ; 2° typographiés (l'étoile inférieure gauche touche le cadre de l'inscription de la valeur) ; filigrane NEW SOUTH WALES GOVERNMENT.

FORMOSE

1887. Un timbre grand format 33 $\times$ 77 mm est R. R. Il est typographié en rouge et noir.

1888. Dentelés 14. N°s 1 à 3. *Originaux :* 30 1/2 $\times$ 32, gravés ; tous les détails, notamment le fond ondulé, le dessin du dragon et du cheval sont d'une finesse extrême. *Faux :* 29 1/2 $\times$ 30 1/2 ; traits du fonds ondulé presque droits ; perles irrégulières avec simplement un point au milieu, dessin grossier, etc.

GABON

1886 à 1889. Surchargés. N°s 1 à 13. Vérifiez d'abord si les timbres poste ou taxe sont eux-mêmes originaux (voir col. françaises). *Originaux :* GAB mesure 9 mm de large ; les chiffres ont 5 1/2 mm de haut ; encre brillante. Sur originaux des colonies générales on trouve de très nombreuses *surcharges fausses* (souvent encre terne), et il est indispensable de comparer avec des originaux certains (les nᵒˢ 3, 8 et 13 se trouvent encore assez facilement). Dans la surcharge de la première émission (13 ou 56 points) l'A de GAB est un peu moins haut que les autres lettres et incliné à gauche. Il y a des fausses surcharges, soi-disant réimprimées de l'émission de 1888-89, exécutées en 1889 et qui se reconnaissent à la nuance noire (au lieu de noir intense) et au chiffre 5 qui est aligné avec le chiffre qui le précède, au lieu de se trouver plus haut. (Les surcharges GAB ; GABON TIMBRE et les chiffres 15 et 25 ont été imités à Genève).

1889. Non dentelés ; typographiés ; surchargés GAB. Nᵒˢ 14 et 15. *Originaux ;* papier très épais ou bristol (120 à 160 microns) rose ou vert légèrement bleuâtre ; 25 1/2 à 26 1/2 × 22 ᵐᵐ environ, suivant types et impression (dans les types 7, le cadre inférieur a été placé trop bas et la hauteur est de 22 1/2 ᵐᵐ. environ. Dans les bonnes impressions et dans la plupart des 10 types, les lignes du cadre se terminent en biseau et ne se touchent pas (1/2 ᵐᵐ environ ou moins ; coin N-O des t. 3 et N-E des t. 5 un peu plus ; voir aussi bas des types 7 dans l'illustration) ; mais, dans les impressions lourdes, elles se touchent souvent. Dans RÉPUBLIQUE FRANÇAISE, des lettres sont souvent mal venues ou faibles ; de même dans POSTES et de même pour la cédille sous le C ; POSTES a 1 ᵐᵐ 3/4 de haut ; le trait d'union entre GABON-CONGO a environ 1 ᵐᵐ de long et les minuscules de ces mots ont 1 ᵐᵐ 1/4 environ de hauteur. Le cachet à main (GAB entouré de 6 points) est identique sur tous les types et montre — dans les bonnes impressions de cette surcharge — les caractéristiques renseignées dans l'illustration.

Faux de Genève, en blocs de 6 ou 12, papier moyen de 55 à 85 mcs ce qui démontre qu'il y eut plusieurs tirages dont le total doit se monter à 10 fois au moins du montant du tirage original (1.000 et 1.500 ex). 15 c. sur rose de nuance approchante, mais aussi sur rose saumoné et saumon ; le 25 c. sur vert trop clair ou vert-jaune. On a fait, pour chaque valeur des types dont on peut réduire le nombre à deux types vraiment différents pour chaque valeur, avec des têtes-bêche verticaux avec intervalles de 1 1/2 et 1 cent. Premier cliché du 15 : 26 1/3 × 22 1/4 ; second 26 environ × 22 2/5. Premier cliché du 25 c. : 26 2/5 à 1/2 × 22 ᵐᵐ ; second : 26 1/4 × 22. Typographiés ; l'illustration renseignera sur les défauts des cadres des deux clichés les plus typiques de chaque valeur ; dans les autres timbres des feuilles, ces défauts sont légèrement modifiés ou mal venus. Le 15 c. a été copié du type 9 original dans lequel la barre supé-

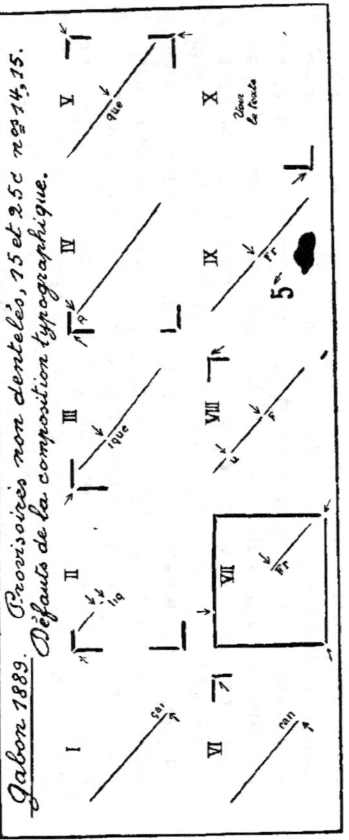

rieure du 5 se termine plus ou moins en biseau ; dans la même
valeur les lettres du mot POSTES ont 2 ^{mm} de hauteur environ

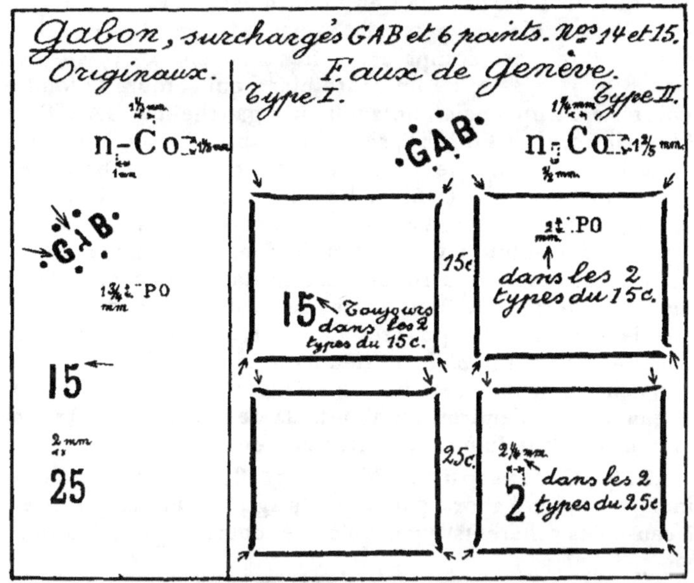

au lieu de 1 3/4. Le trait d'union entre GABON-CONGO n'a que 1/2ᵐᵐ de longueur environ ; le C de CONGO a 1ᵐᵐ 1/4 de large au lieu de 1ᵐᵐ 1/3 ; l'impression de RÉPUBLIQUE FRANÇAISE est toujours bien venue ainsi que la cédille sous le C : dans le 25 c. le chiffre 2 est trop large (voir illustration) et éloigné de plus de 1ᵐᵐ du 5 (au lieu de 1/2) ; le 5 du premier type est assez bien imité ; dans le second type, ce chiffrè est semblable au 5 du 15 centimes. La surcharge GAB a été appliquée à l'aide d'un cachet à main (comme dans les originaux) mais elle n'est pas conforme (voir illustration) et les deux points situés au-dessous de GAB sont *toujours* trop faibles. N-B. Cela s'est également produit *incidemment* sur les originaux quand le cachet à la main était tenu obliquement. Les fausses oblitérations sur ces faux sont : cachet à date double cercle, 22ᵐᵐ LIBRE-VILLE 13 NOV 92 GABON-CONGO et 21ᵐᵐ LIBREVILLE 20 mai 89 GABON, avec dates interchangeables ; aussi 6 août 86 sur faux, faussement surchargés de la première émission.

1904-07. Type groupe nᵒˢ 16 à 32 et 1912. Type groupe surcharge nᵒˢ 66 à 78.

Voir colonies françaises pour les faux de ce type.

1910. Type négresse. Nᵒˢ 46 à 48. *Originaux :* typographiés ; 2 frcs : 20 7/8 × 35 1/2 ; 5 frcs 21 1/8 × 35 3/5 ᵐᵐ. *Faux :* je ne connais jusqu'à présent que les 2 et 5 frcs mais il est probable que le faussaire ne s'en tiendra pas là. Photolithographiés dont l'ensemble est plus plat ; nuances trop pâles ; ceci pour le cas où l'on peut comparer. 2 frcs : 20 2/5 $\times$ 35 2/5 ; 5 frcs : 20 7/8 $\times$ 35 3/8 ^{mm}. Le fin cadre blanc qui entoure le fond plein, coloré, est trop épais, notamment à gauche de GABON. Dans l'inscription L. COLMET, sous le timbre, le second L descend trop bas et, dans le 5 frcs les deux L ont la branche inférieure trop courte. Dans la boucle d'oreille de droite le trait extérieur courbe reste visiblement éloigné de la joue alors qu'il n'y a qu'une solution de continuité dans les originaux ; le premier collier est bien arrondi à droite dans les timbres vrais, tandis qu'il forme ici une sorte de rectangle dont le haut est visiblement interrompu près de la ligne du cou et se continue ensuite par un trait plein au lieu d'un pointillé (loupe) ; plus loin, à gauche la ligne supérieure du même collier manque à droite et à gauche de l'endroit ou aboutit la deuxième hachure oblique partant du haut du cou à droite ; etc, etc

1916. Croix-rouge. N°s 79 et 80. La comparaison est indispensable, d'abord parce qu'il s'agit de surcharges et ensuite à cause des différents types qu'on rencontre dans la feuille.

GAMBIE

1869 à 1887. Impression en relief. N°s 1 à 19. *Originaux*. 1869 ; 4 et 6. non dentelés sans filigrane ; les émissions sui-

vantes avec filigrane. Le relief est visible dans tous ses détails surtout dans les deux premières émissions et particulièrement dans les neufs (couronne, cheveux, chignon, lettres etc.) N-B. Le point de couleur sur le chignon (voir illustration) n'est pas toujours visible. *Faux* ; électrotypiés qui paraissent bien faits ; je dis paraissent car si on les met sur le métier pendant 2 minutes il n'en reste littéralement rien. 18 3/4 $\times$ 22 1/5 environ ; les lettres des inscriptions sont un peu trop hautes (1 ^{mm} 2/3 au lieu de 1 ^{mm} 1/2 environ et trop épaisses, avec des défauts de symétrie dans les A de GAMBIA (voir illustration); le trait coloré sous ce mot et celui placé au-dessus de la valeur n'ont que 1/5 à 1/4 de ^{mm} d'épaisseur (au lieu de 1/3) le cercle blanc n'a que 1/4 de ^{mm} d'epaisseur (au lieu de 2/5 environ); le point coloré manque 2/5 dans le chignon; les ornements des coins intérieurs sont trop épais ; le relief est en général peu accentué. La hauteur de l'effigie, depuis la pointe du diadème jusqu'à la pointe du cou est de 14 ^{mm} (au lieu de 13 1/2 environ). Ces contrefaçons sont presque toujours non dentelées (pour imiter la première émission). Pas de filigrane.. Les fausses oblitérations sont généralement un cercle de barres ou un carré de gros points.

GEORGIE

1920-21. Surchargés. N°s 19 à 30.

Fausses surcharges ; comparaison nécessaire. ,

Il y a des fausses surcharges pour lesquelles la comparaison suffit. D'autres plus insidieuses et probablement clandestines pour lesquelle le foulage et l'encre sont les seuls indices de comparaison. Il en est de même pour les surchargés des émissions suivantes et d'autres surchargés russes dont la plupart sont resurchargés au fur et à mesure des besoins de la clientèle... jusqu'à plus soif.

GRANDE COMORE

Voir colonies françaises, type groupe. L'oblitération fausse de Fournier est à date, double cercle, 21 1/2 mm. MORONI G^{DE} COMORE.

GRAND LIBAN

Pour les valeurs au type Merson, 1, 2 et 5 frcs de France, n°s 12 à 14 ; 17, 18 ; 40 à 42 ; 45 et 46, vérifiez s'il ne s'agit pas de timbres faux décrits aux colonies françaises

GRENADE

1860 à 1865. 1 et 6 pence. N°s 1 à 6. *Originaux :* gravés 19 1/2 $\times$ 22 1/2 ^{mm}. première émission, 1860, non dentelés sans filigrane, papier épais ; les autre dentelés 14-16 avec filigrane ; papier mince.. *Faux* ; papier moyen, sans filigrane, dentelés 12 à 13 ou non dentelés ; les carrés ornementaux des coins sont carrés ou rectangulaire au lieu de former une croix de Malte ; le bas du diadème est formé de 3 rangs de perles au lieu que le rang intérieur soit formé de joyaux de forme mal définie ; le pied du P est aussi long que la boucle de cette lettre au lieu de n'avoir que le tiers ou le quart de la hauteur. *Truquages ;* dans les émissions suivantes, des oblitérations fisca-

les sur les grosses valeurs ont été lavées et ornementées ensuite
d'une oblitération fausse. Comparaison des oblitérations nécessaire. Le n° 1 est connu en essai non dentelé.

GRIQUALAND

Pays à surcharges et comme la surcharge ne comporte qu'une
ou deux lettres, on s'en est donné à cœur joie. Un seul moyen
d'en sortir : comparer ou faire comparer avec les originaux d'un
spécialiste. Les meilleures références verbales, ni la vente publi-
que ne valent cette garantie là. Même observation qu'à Grenade
pour les oblitérations fiscales (Genève : les types I à V ont été
copiés par Fournier).

GUADELOUPE

Timbres-poste de 1884 à 1894. N⁰ˢ 1 à 54. *Surcharges
originales :* il est impossible de relater ici les différents types de
surcharges ainsi que la multitude des variétés existant dans les
timbres de la Guadeloupe. La spécialisation est nécessaire et les
amateurs trouveront les détails et illustrations nécessaires dans
les travaux de Marconnet (pages 283 à 296) et dans le bel ouvrage de M. de Vinck (1) (pages 72 à 107). Dans l'émission de 1891,
le mot GUADELOUPE mesure 16 ᵐᵐ de longueur. *Fausses surcharges :* très nombreuses, particulièrement dans l'émission de
1891. Les n⁰ˢ 14 à 26 ont eté fabriqués à Genève (timbres de
1881 faux, voir Colonies françaises) avec fausses surcharges et
fausses oblitérations suivantes : rondes à date St LOUIS 2 JUIL 91
(et 92) GUADELOUPE ; BASSE-TERRE 21 JUIN 92 GUADE-
LOUPE ; POINTE A PITRE 2ᴱ | 21 JANV 91 et 92 GUADE-
LOUPE ; chiffres interchangeables. Fournier a également imité
les surcharges de 1888 (avec CENTIMES mesurant 12 2/5 ᵐᵐ) et
de 1889 (avec CENTIMES mesurant 10 3/4 et 12 ᵐᵐ) chiffres interchangeables.

1892. Type Groupe. N⁰ˢ 27 à 44. *Faux* de Genève ; voir
les imitations de ce type à Colonies françaises.

Timbres-taxe 1876. N⁰ˢ 1 et 2 avec Centimes. *Originaux* planches de 20 clichés (4 × 5) typographiques de 13 1/2
× 15 2/3 à 15 3/4 ᵐᵐ. La même composition a servi d'abord pour
le 25 centimes puis pour le 40, après remaniement des chiffres.
On a enlevé ensuite le mot CENTIMES et les chiffres pour les
remplacer par des chiffres plus grands, suivis de la lettre C (40 c.
sur blanc ; 15 et 30 c. n⁰ˢ 3, 4 et 5).

L'illustration suivante renseigne les principaux défauts généri-

<hr>

(1) Colonies françaises et Bureaux à l'Etranger ; édition du Philatéliste
Belge, 92 Avenue de Cortenberg, Bruxelles.

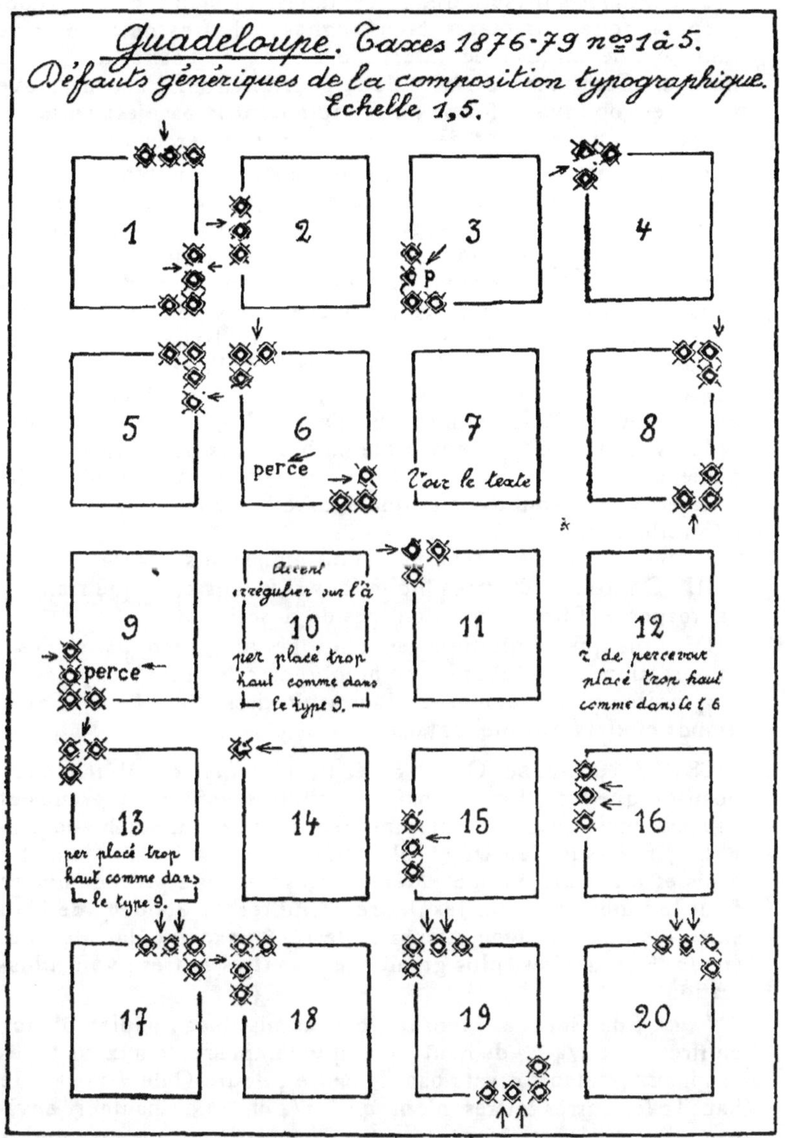

ques de la planche. mais seulement sur ceux qu'on retrouve dans la suite des diverses valeurs (1).

(1) Voir aussi : Revue Philatélique de France ; nᵒˢ de juin à août pour cette question et pour les Diego-Suarez et Gabon.

25 centimes sur jaunâtre, 40 centimes sur bleu ; bonne typographie nette, caractères bien alignés ; chiffres de 2 1/2 ^{mm} de haut $\times$ 2 de large avec intervalle de 1/2 ^{mm}. Lettres de 1 ^{mm} de hauteur. Centimes à 8 1/4 ^{mm} de largeur environ. L'accent grave sur l'à est oblique et forme un triangle dont la base est en haut ; la lettre à est à 1 1/4 ^{mm} des mots centimes et percevoir.

Faux. I. de Genève. Ne s'apparentent à aucun type original. 25 c, mesures admissibles ; chiffres de 3 ^{mm} de haut sur 2 1/4 de large ; impression baveuse sur blanc ; festons arrondis dans le cadre ; 40 c. 13 3/4 $\times$ 16 environ ; impression plus nette ; cadre sans aucun des défauts renseignés dans les types originaux ; chiffre 4 même hauteur que ceux du 25 centimes faux ; zéro : 3 1/4 ^{mm} de hauteur sur 2 1/4 de large. L'm de centimes est le plus souvent fermé dans le bas ; l'à est fermé. Papier blanc ou jaunâtre pour le 25 c. qui a été tiré en blocs portant cette valeur ainsi que le 40 c. sur blanc et le 30 (sans C). Le 40 c. et le 15 c. ont été tirés ensemble en blocs des deux valeurs sur papier bleu. Les types de ces blocs provenant d'un seul cliché faux par valeur sont donc toujours pareils dans chaque valeur. (Voir illustration)

II. Soi disant réimpressions : Voir émission suivante.

III. On trouve d'autres imitations si fantaisistes que rien n'y est respecté. Elles ne méritent pas de description.

IV. Quelques imitations en photogravure, reconnaissables à l'impression défectueuse avec nombreuses bavures ; impression trop noire ; papier et mensuations arbitraires. N-B. Le 25 c. avec grands chiffres est une fantaisie.

1877 ?-79. Avec C. N°s 3, 4, 5. *Originaux ;* Même composition que les n°s 1 et 2 mais les chiffres sont plus grands et ils sont suivis de C. remplaçant centimes. 40 c. sur blanc-jaunâtre ; 15 c. sur bleu vif et bleu clair ; 30 c. sur blanc-jaunâtre épais et sur blanc mince Mêmes mesures que précédemment pour le timbre et pour les lettres. Chiffres de 4 5/6 ^{mm} de haut sur 2 1/3 de large avec intervalle de 1/2 ^{mm} excepté dans le 15 c. (1 1/2 ^{mm}.) Le C est plus grand que les autres lettres ; voir illustration.

Faux. I de Genève. Mensurations admissibles ; papier blanc ; chiffres de 4 3/4 ^{mm} de haut ; aucun type apparenté aux 20 types originaux ; défauts divers dans le cadre ; lettre C de 2 1/2 ^{mm} de haut ! ; les autres lettres n'ont que 3/4 de ^{mm} de hauteur environ ; l'à est généralement fermé et l'accent est plus ou moins rond et touche la lettre. On trouve le 30 c. sans C ni point avec intervalle de 1 ^{mm} entre les chiffres. Les oblitérations fausses sont les mêmes que sur les surchargés de 1881 mais elles ne laissent pas voir le millésime. II. Autres faux. Mal exécutés et qui peuvent se reconnaître facilement par les détails que nous venons de donner sur les originaux. Un 40 c. ressemble beaucoup aux faux de Genève (chiffres de pareille hauteur et le C qui suit aussi) mais le 4 est éloigné du zéro de 1 ^{mm} 2/5 et le C de 1 ^{mm} environ ; l'à est mieux fait et l'accent est oblique sans toucher la lettre ; les lettres ont aussi la même hauteur que dans les faux de Genève mais percevoir n'a que 7 ^{mm} de large au lieu de 9 ^{mm} environ. Cadre sans défauts. Il est fort possible que Fournier ait simplement copié ce faux pour exécuter ses productions. III. *Soi-disant réimpressions :* 2 compositions de 8 clichés (4 $\times$ 2) faites pour le 25 centimes n° 1 et le 40 c. n° 3, formées avec des caractères typographiques probablement originaux

Guadeloupe 1876. Taxes, avec centimes n° 1 et 2

Originaux.

Faux de Genève.

1878?-79. Taxes avec c. n° 3 à 5.

pour les cadres, les chiffres et les lettres, mais aucun des types ne correspond aux types originaux précédemment décrits et les lettres à, si elles sont de bonnes dimensions, sont pourvues d'un accent le plus souvent placé presque verticalement et de forme ronde ou ovale. Voici les principaux défauts qui permettent de reconnaître ces contrefaçons : I. Composition du 25 centimes ; les types 4 et 8 sont placés trop bas par rapport aux autres ; type I, chiffre 2 trop large (2 1/2 au lieu de 2 ^{mm} environ) ; type II les rosaces du cadre, à droite et à gauche du chiffre 25 (en haut) sont démolies dans le bas ; dans le type III les même rosaces sont épointées dans le haut et la rosace à gauche du p de percevoir est amputée à gauche de cette lettre ; type IV, rosace du coin supérieur gauche amputée de moitié dans le bas ; chiffre 2 penché à droite ; type V, chiffre 5 penché à gauche ; type VI, le c de centimes touche la rosace ; la rosace à droite de la lettre R est épointée de ce côté ; type VII, 5 légèrement penché à gauche ; type VIII, chiffre 5 visiblement trop maigre ; rosace à gauche de percevoir déviée de 1/4 ^{mm} à droite et rosace à droite de percevoir amputée au sud-est. II. Composition du 40 c. Les types 3 et 7 sont placés visiblement plus hauts que les autres. Type I. La rosace du coin supérieur droit est épointée à gauche et celle placée au-dessous est épointée en haut et en bas ; type II, chiffre 40 fortement dévié à gauche ; l'à se trouve sous la partie blanche du chiffre zéro ; la rosette du coin inférieur droit est démolie en haut ; type III, rosette du coin supérieur gauche démolie (mal venue), sa voisine de droite est épointée à gauche ; type IV, sans lettre à ; les rosettes placées à droite au-dessus du C et à gauche de la barre horizontale du 4 sont endommagées dans le haut ; type VI, la syllabe voir remonte vers la droite comme dans le type II ; la rosette du coin supérieur gauche est étirée vers la droite et celle placée au-dessous raccourcie dans le haut ; type VII, les chiffres sont déviés à gauche, mais moins que dans le type II ; la rosette du coin inférieur droit est placée 1/4 ^{mm} trop bas ; type VIII, le chiffre zéro est un peu plus large que dans les autres types mais l'intérieur blanc de ce chiffre est visiblement trop large, ce qui rend le défaut bien apparent ; la rosette à droite de percevoir n'a pas de filet d'encadrement au sud-ouest. Le papier est plus mince et plus blanc que dans les originaux.

1884. N°ˢ 6 à 12. On trouve sept types différents pour toutes les valeurs excepté le 35 c. Le 50 c. vert-bleu n'existe qu'au type I. Pour les détails voir les ouvrages de Marconnet et de de Vinck.

103. Surchargés n°ˢ 13 et 14. Les spécialistes consultent avec fruit les ouvrages di-dessus. Les *fausses surcharges* se reconnaissent facilement par comparaison.

GUAM

1899. N°ˢ 1 à 11 et Taxe n° 1. *Fausses surcharges* de diverses provenances, parfois bien exécutées, dont une série fabriquée à Genève par application d'une fausse surcharge sur des timbres oblitérés des Etats-Unis. La comparaison s'impose.

GUANACASTE

Voir Costa-Rica.

GUATÉMALA

1871. N°ˢ 1 à 4. *Originaux* : gravés, 18 1/2 × 22 1/2, dentelés 14 × 13 1/2, soleil à 36 rayons non colorés ; dans le haut de l'écusson 6 barres verticales blanches et un embryon de barre en haut à gauche. *Faux :* 3 séries mal lithographiées et dentelées 13 ; a) 31 rayons et 7 barres complètes ; b) 34 rayons et 5 barres plus deux parties de barres à droite et à gauche ; c) 33 rayons environ et 5 barres complètes plus une barre presque complète à gauche.

1872. N°s 5 et 6, 4 réales et 1 peso. Les *originaux* sont lithographiés. 18 1/2 × 22 1/2, dentelés 12. *Faux :* lithographiés de bonne apparence, mais sans aucune ombre sur la page placée au milieu de l'écu, oiseau à tête de canard, dent. 11 1/2, mauvais papier jaunâtre. Le plus amusant est que cette imitation porte les mots FAC SIMILE en petits caractères blancs, dans le fond de hachures sous l'écu (loupe nécessaire).

1875. 1/2 à 2 r. N°s 7 à 10. *Originaux :* gravés 16 × 26 mm., dentelés 12 ou non dentelés, les lettres A des inscriptions portent une faible barre médiane (loupe). *Faux*, de Genève, lithographiés, dentelés 13, les lettres A n'ont pas de barre horizontale et le blanc de l'œil n'est pas hachuré.

1878-81. Effigie de femme indienne n°s 11 à 14. *Originaux :* typographiés, dent. 13 1/2 parfois fragments de filigrane marque de fabrique Lacroix Frères. 12 perles bien visibles au collier ; les yeux des oiseaux sont bien visibles. Pas de *réimpressions.* On trouve des *maculatures* non dentelées ; recto-verso etc. *Faux :* lithographiés ; dentelés 12 1/2 ou 13 : oiseaux sans yeux ; 14 perles entièrement visibles au collier ; les deux• plumes ou feuilles, placées sur la tête et pointant vers les lettres O et A touchent l'ovale intérieur au lieu de toucher l'ovale extérieur, etc.

1881. Surcharges en centavos. Comparaison indispensable, ces surcharges ayant été furieusemeut imitées.

1881. 1 à 20 c. bicolores. N°s 22 à 26. *Originaux.* Finement gravés par la Bank Note Company New-York ; dent. 12. *Faux :* très mal lithographiés ; nuances arbitraires ; généralement non dentelés ; l'oiseau a une tête de hibou, etc.

1887-94. Gravés. Dent. 12, n°s 44 à 51. Ces timbres se distinguent facilement des lithographiés de 1886 ; les 4 hachures horizontales supérieures (au-dessus de la locomotive) sont visiblement plus fortes que les suivantes ; tous les détails du plumage de l'oiseau (notamment sur la tête) sont bien visibles (loupe).

Timbres de service. 1902. N^{ss} 1 à 5. Toute la série a été falsifiée en typographie enfantine : les lettres sont mal espacées ; dans Franqueo la lettre R touche fréquemment l'A ; le point après Guatemala est fréquemment trop rapproché de l'A final, etc. Dentelure 11 1/2 au lieu de 12.

Autres timbres de service surchargés de 1924 etc. Surcharges falsifiées à l'excès. Scott ne les cote pas.

GUINÉE ESPAGNOLE.

Les surcharges sur timbres fiscaux des possessions espagnoles d'Afrique (n°ˢ 27 à 33 c. et 101 à 102 c. d'Yvert 1928) doivent se juger par comparaison avec une surcharge originale certaine.

GUINÉE FRANÇAISE

1892 et 1912. Type groupe. N°ˢ 1 à 17 et 48 à 62. *Faux :* voir Colonies françaises, faux du type groupe.

·1906-07. Type Balay. N°ˢ 45 à 47. *Faux :* voir les imitations de ce type à Colonies françaises.

La *fausse oblitération* de Genève sur faux et originaux est ronde à date, double cercle 23 ᵐᵐ ; cercle intérieur à traits interrompus : KONAKRI 29 NOV 10 GUINÉE FRANÇAISE ; date interchangeable.

GUINÉE PORTUGAISE

1880-83. Surchargés GUINE. N°ˢ 1 à 24. Timbres *faux* de Genève, voir Cap Vert. *Fausses surcharges :* très nombreuses, principalement dans la première émission : la comparaison détaillée est nécessaire. Dans les deux types de fausses surcharges de Genève (Guiné, sur originaux et sur faux) la surcharge est trop large et l'accent trop grand.

GUYANE ANGLAISE

1850. Circulaires. N°ˢ 1 à 4. *Originaux :* typographiés sur papier montrant une sorte de vergeure rapprochée. Les lettres de BRITISH GUIANA ont 2 ᵐᵐ de haut ; les chiffres 1 1/2 ᵐᵐ le 4 est fermé ; le c de cents mesure environ 1 1/2 ᵐᵐ en largeur et en hauteur ; ce mot est bien aligné avec le chiffre ; le point final est placé un peu trop haut, excepté dans les 2 cents. *Faux :* 3 espèces, tous lithographiés. *a)* lettres de 2 1/2 à 3/4 ᵐᵐ de haut ; chiffre de 2 ᵐᵐ de haut ; c de cents 1 1/4 de large sur 2 1/4 de haut ; pas de point après ce mot (12 cents). *b)* autre série ancienne, très facile à contrôler du fait que qu'une signature E. Lew (écriture anglaise) est lithographiée comme le reste ; qu'elle porte à l'intérieur la valeur avec le mot cents placé très obliquement par rapport au chiffre et qu'une sorte de parenthèse souligne la signature. *c)* série de Genève : lettres de 2 1/2 à 2 3/4 ᵐᵐ de haut ; chiffres de 2 1/2 ᵐᵐ de haut (le 4 a 3 ᵐᵐ et est ouvert) ; les lettres de cents (excepté l'S final) sont droites au lieu d'être penchées. Les faux a et b sont sur papier grené ; les c sur papier uni. L'oblitération sur la série de Genève est A O 3, encre grisâtre, cachet non conforme.

1851. 1 et 4. N°s 5 et 6. *Originaux :* 19 1/2 $\times$ 28 2/3 ^{mm} environ. Le chiffre 1 n'a pas de trait terminal et le 4 est fermé. La lettre M. de VICISSIM est placée sous l'U de PARTIMUS. *Faux de Genève :* dimensions un peu trop grandes ; chiffre 1 avec trait terminal ; 4 fermé ; l'M est placée sous l'espace entre les lettres U S ; nuances arbitraires ; oblit. A O 3. *Réimpressions :* dentelées 12 1/2.

1853. Non dentelés avec millésime. N°s 7 à 11. *Faux :* je n'ai vu que quelques exemplaires falsifiés ; ils sont lithographiés et par conséquent très loin de la gravure originale. On les reconnaît de suite à l'inscription de l'ovale qui est pratiquement illisible ; la barre inférieure de l'E de POSTAGE se termine par un court trait vertical au lieu de porter un triangle blanc assez épais. *Réimpressions :* dentelées 12 et 1/2 ; rouge orange, bleu-pâle ; papier plus mince que les originaux.

1856. Rectangulaires. N°s 12 à 14. *Originaux :* typographiés (foulage bien visible) ; les lignes du cadre ne se touchent pas (excepté parfois dans le coin inférieur gauche) ; le Q. de Que est une majuscule. *Faux de Genève :* lithographiés ; les lignes du cadre se joignent ; le Q de Que est une miniscule (q) ; les lettres des inscriptions se touchent fréquemment notamment l'm de Damus. Oblit. A O 3. On trouve également des faux avec défauts semblables et signature E. Lew lithographiée et diverses oblitérations.

1860-75. Millésime 1860. N°s 15 à 26. *Originaux :* typographiés avec piquages divers ; l'inscription de l'ovale est DAMUS PETIMUSQUE VICISSIM avec lettres bien formées ; les chiffres du millésime sont placés bien au milieu de leurs cadres ; le zéro est légèrement aplati dans le haut ; la boucle terminale du R de BRITISH remonte un peu plus haut que le trait terminal inférieur de la lettre I. *Faux.* Une demi-douzaine de séries lithographiées que la simple comparaison avec le dessin original fait immédiatement écarter (voir le navire, le lignage horizontal du fond de l'ovale et le burelage des coins intérieurs). Voici en outre quelques graves défauts des inscriptions : chiffre 1 dévié à gauche ; chiffre zéro bien ovale ; RETIMUSQUE ; PETIMUSOUE ; DAMUS (A sans barre médiane) ; fond ovale plein ; boucle du R de BRITISH descendante ou horizontale avec le pied de la lettre I. Les non dentelés sont des essais.

1862. Provisoires, 1, 2 et 4 c. N°s 27 à 29. *Originaux :* Les 4 traits du cadre intérieur ne se touchent pas et les traits sous BRITISH et POSTAGE sont interrompus ; les timbres portent au centre la signature rouge du Directeur des POSTES (sans signature non émis). Les 1 et 2 c. sont aux types a, b et c des catalogues (voir le cadre ornemental) ; le 4 c. aux types d, e, f et g seulement. Généralement oblitérés à date, un cercle ou A O 3. *Faux*. Diverses séries dont les lignes du cadre intérieur se touchent et dont les traits verticaux sont pleins. Généralement non dentelés au lieu d'être percés en lignes. Les inscriptions du centre sont le plus souvent B M : C H ; E Lew ; C W ; ou nor por en noir sur deux lignes. Fournier (Genève) a reproduit les 3 valeurs dans les sept types ! sans signature, non dentelées avec souvent l'oblitération A O 3.

1863-75. Millésime 1863. N⁰ˢ 30 à 32. *Originaux*. Typographiés dentelés 10, 12, 13 ou 15. Les hachures du fond central sont fines, parallèles et montrent deux petits nuages à gauche des mots et un à droite. Point derrière GUIANA et CENTS. On trouve entre le cartouche de B. GUINA et le bandeau circulaire un point blanc au-dessus de l'U de PETIMUSQUE et un autre au-dessus de Q. Les non dentelés sont des *essais*. *Faux* Une demi-douzaine de séries dont les caractéristiques sont : a) dent, 13 1/2 ; pas de nuage à droite du mât ; VICISSJM ; point blanc au-dessus de la lettre M. b) dent, 13 1/2 pas de point sur l'U. c) dent, 13 ; pas de point après GUIANA. d) dent. 12 ; très faible point après GUIANA. e) dent, 12 ; pas de point après GUIANA et CENTS. f) dent, 11 1/2 ; même défaut et XXIV est écrit 24. La comparaison avec l'original usé du 24 cents, assez commun, fera toucher du doigt, instantanément les graves défauts du dessin (navire, lignage horizontal du fond, des coins) de toutes ces séries. Des faux dentelés 9 1/2 ou 11 1/2 valeur et CENTS rapprochés ont environ 1 mm. de largeur et de hauteur en moins.

1876 à 1882. *Faux :* sans filigrane.

1882. SPECIMEN en perforation oblique. N⁰ˢ 61 à 64. *Faux* de Genève ; 27 mm. au lieu de 25 : pas de point derrière CENT ; le mât d'avant se dirige vers le T de BRITISH ; etc. (type à 3 mâts).

Timbres de service. *Surcharge originale* en noir. Une bonne imitation montre la surcharge avec lettre O trop arrondie.

Timbres fiscaux-postaux. N⁰ˢ 1 à 15. *Faux* de Gênes : insidieusement imités avec surcharge notamment les valeurs en dollars mais : lithographiés ; sans filigrane ; dentelure 15 en points

GUYANE FRANÇAISE

1886-88. Surchargés. N⁰ˢ 1 à 9. La comparaison des surcharges est absolument indispensable car les *fausses surcharges* sont très nombreuses. (Genève : surcharge des n⁰ˢ 1 et 2)
Dans les *surcharges originales* les mots GUY FRANC mesurent 14 ᵐᵐ dans les n⁰ˢ 1 et 2 ; 11 ᵐᵐ dans les n⁰ˢ 3 et 5 ; 10 ᵐᵐ dans le

n° 4 ; 17 ᵐᵐ dans les nᵒˢ 6 et 7 ; 15 ᵐᵐ dans les nᵒˢ 8 et 9. La surcharge de 1886 se rencontre en 2 types différents 1°) accent sur l'é ne touchant pas la lettre et chiffre 1 avec trait terminal oblique en haut. 2°) accent touchant la lettre et chiffre sans trait terminal.

1892. Surcharge GUYANE. Nᵒˢ 10 à 28. Comparaison de la surcharge indispensable. Pour les surcharges des timbres de 1881 (nᵒˢ 15 à 28) examiner d'abord si le timbre lui-même n'est pas faux (voir Colonies françaises) toute la série ayant eté falsifiée à Genève munie d'une fausse surcharge et de la fausse oblitération : CAYENNE 2 JUIN 92 GUYANE ; dates interchangeables ou sans date.

1892. Type Groupe. Nᵒˢ 30 à 48. *Faux* de ce type (voir Colonies françaises).

1912. Type Groupe surchargé nᵒˢ 66 à 72. *Faux* comme pour 1892.

1912. Croix rouge. Nᵒ 73. Expertise ou comparaison minutieuse indispensable car il existe un grand nombre de fausses surcharges, même dans la nuance vermillon originale. Ne pas s'en référer aux articles donnant des détails sur une ou plusieurs fausses surcharges car il en est d'autres, parfois plus dangereuses et seule la comparaison vaut.

GWALIOR

1885. Surchargés. Nᵒˢ 1 à 8. *Originaux ;* les deux surcharges sont distantes de 13 1/2 mm environ ; les caractères indiens mesurent 13 1/2 ᵐᵐ de largeur. *Réimpressions* des 1/2 et 1 anna avec surcharges distances de 13 mm ; on les trouve parfois avec spécimen. *Fausses surcharges :* nombreuses, comparaison indispensable ; dans les usés, vérifier l'oblitération ; c'est un bon indice d'expertise. Toute la série a été faussement surchargée à Genève mais la seconde ligne de la surcharge au lieu d'être GWALIOR est un mot hindou de cinq lettres.

1886-1900 surchargés. Nᵒˢ 9 à 28. Comparaison des surcharges indispensable. Dans les surcharges originales, la largeur du mot indien est de 14 mm. *Réimpressions* des 1/2, 2, 4 annas et 1 Rup. avec surcharge rouge ; les réimpressions portent le plus souvent le mot REPRINT. *Fausses surcharges :* nombreuses. Celle de Genève, rouge ou noire a toutes les lettres du mot hindou reliées par le haut et le trait vertical du G ne sort pas de la lettre (à droite en bas).

La surcharge SERVICE a également été copiée à Genève. La fausse oblitération de Genève est ronde à date, 1 cercle, 25 mm. GWALIOR-STATE 7 oc 01 AGAR et des ornements.

HAITI

1881. Type Liberté. Nᵒˢ 1 à 6. *Originaux* : 18 × 21 3/4 mm.
environ ; inscriptions bien régulières : la tranche du cou est le
plus souvent marquée par un trait blanc ayant 1 1/2 à 2 mm. de
long (au-dessus de l'écusson portant la valeur). *Faux.* Première
série : (Genève) 22 mm. de hauteur ; impression lithographique
assez grossière ; cadre extérieur épais (1/4 mm. au lieu de
1/8 mm. environ); le cercle de couleur est interrompu au-dessus
et entre les lettres I et Q de RÉPUBLIQUE ; le cercle intérieur
l'est sous la lettre D, sous l'apostrophe et sous le jambage droit
de l'A dans D'HAITI ; nombreux traits incorrects dans le dessin
(voir notamment les ombres de la joue). Voir l'illustration. Cette
série est le plus souvent oblitérée du cachet rond à date ; double
cercle, 21 mm. : CAP HAITIEN 13 SEPT 82 HAITI. Deuxième

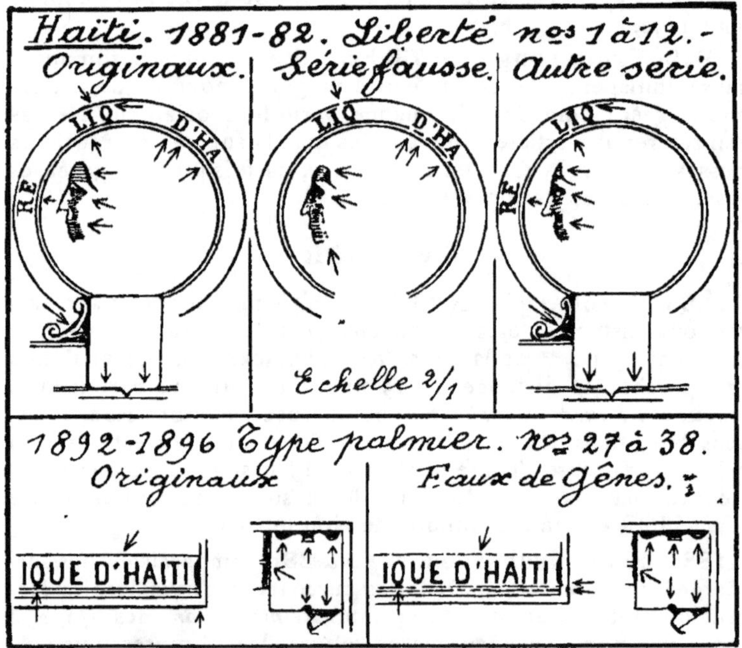

série ; 18 1/4 × 22 ; apparence bien meilleure que la première
série ; la boucle terminale de l'R de RÉPUBLIQUE est visiblement trop oblique ; le Q du même mot touche en *haut* le cercle
de couleur ; l'ornement courbe, à gauche de l'écusson est interrompu vers son milieu ; on trouve *toujours* dans le bas de
l'écusson de la valeur, et tels qu'ils sont figurés dans l'illustra-

tion, deux traits assez épais, alors que dans les originaux il n'y a, suivant les types qu'une fine hair-line ou rien du tout à cet endroit ; défauts dans les ombres du visage (voir notamment la forme du front). Ces deux séries se rencontrent presque toujours non dentelées, la seconde avec grandes marges.

1882. Même type. Dentelés. *Faux :* voir première émission. *Faux usés poste :* employés en 1882 à Cap Haïtien ; dentelés 14 et 15 3/4 à 16 (dentelure originale 13 et 13 $\times$ 13 1/2) ; la comparaison des traits du visage suffit à les repérer. A prendre sur lettre seulement. Valeur 25 à 100 fcs or suivant rareté.

1892-1896. Palmier à branches retombantes. Nᵒˢ 27 à 38. *Originaux :* largeur 19 1/3 à 19 3/4 mm.; papier épais, 90 mcs environ ; légèrement jaunâtre ; dentelés 13 ; bien gravés. *Faux* de fabrication récente (Gênes) ; les deux émissions, mal photolithographiées ; largeur trop grande ; non dentelés ou dentelés 11 ; papier mince (50 mcs enxiron); nuances arbitraires ; nombreux défauts dans le dessin (voir illustration); le trait terminal du Q touche le trait au-dessous de la lettre. Une seconde de comparaison avec un original permet d'écarter ces productions risibles.

1898. Filigrane R. H. Nᵒˢ 39 à 44. Les 1, 3, 7 et 20 c. sont des timbres spéculatifs. A prendre sur lettre seulement.

1902. Surchargés nᵒˢ 62 à 76. *Fansses surcharges* parisiennes, genèvoises et autres. Comparaison nécessaire. Faux cachet de Genève comme dans la première émission mais parfois avec date modifiée 1 ... JUIN 02.

1904. Jubilaires, nᵒˢ 77 à 83. *Faux :* toute la série a été imitée par P. de Lausanne ; dentelure possible, mauvaise photolithographie, comparaison des deux femmes nécessaire, voir aussi émission suivante.

1904. Idem. Service extérieur. Nᵒˢ 84 à 89. *Originaux :* dentelés 13 1/2, 14 ; papier légèrement grisâtre, tout le détail du dessin est bien net, notamment les canons et leurs affûts. Le 1 c. porte sous le chiffre de droite l'inscription Paris, les autres valeurs le millésime de 1903. *Faux* ou réimpressions clandestines, papier très blanc, dentelés ou non dentelés, les détails du dessin sont flous (canons, etc.) et les hachures du fond paraissent former fond plein (loupe). Le tête-bêche du 50 c. a été imité aussi. Le 50 c. et d'autres valeurs ont été imités à Lausanne, papier blanc pur, dentelés 13, le nom sous le chiffre de gauche est incomplet et sous le chiffre de droite le 0 de 1903 est trop petit.

Même série avec surcharge bleue. 84 à 89. Fausses surcharges notamment à Genève, toute la série, en bleu ou en rouge, sur originaux ou sur réimprimés. Comparaison nécessaire. Fausse oblitération de Genève comme dans la précédente émission.

Émissions suivantes avec surcharges. Quelques fausses surcharges. Comparaison utile.

HAUTE-VOLTA

Fausses surcharges sur N°s 18, 19, 20, 38 et 39. Comparaison nécessaire.

HAUT-SENEGAL ET NIGER

1906. Type Balay. N°s 15 à 17. *Faux ;* valeurs en francs ; voir les falsifications de ce type à Colonies françaises. La fausse oblitération de Genève est ronde à date, double cercle, 24 mm, BAMAKO-KOULO 6 JAN 11 HAUT-SÊNÉGAL-NIGER.

HAWAÏ

1851-52. N°s 1 à 4. *Originaux*, typographiés, 19 1/2 × 28 mm sur papier pelure bleuté uni. Deux types pour chaque valeur ;

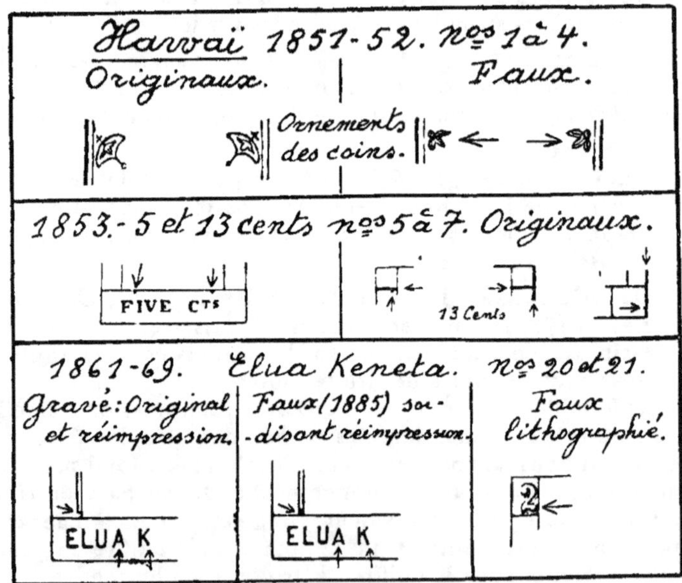

type I, le trait vertical du P. de POSTAGE prolongé passe entre les deux verticales de l'H de HAWAIIAN type II ; la verticale du

P se trouve juste sous la verticale gauche du H. Le cadre extérieur montre un ou deux coins ou les traits ne se rejoignent pas. *Faux :* lithographiés sur papier blanc moyen ; toujours ? au type II ; les 4 lignes du cadre se joignent ; les ornements du dessin ornemental des coins ne ressemblent pas à ceux des originaux (voir l'illustration pour l'une des meilleures contrefaçons) ; les points sur les I de HAWAIIAN touchent le cadre intérieur à 1/2 ᵐᵐ de ce cadre dans les vrais), etc.

1853. Effigie. Nᵒˢ 5 à 7. *Originaux :* gravés en taille douce sur papier épais jaunâtre uni (80 mcs) ou très épais (110 cms). Le nᵒ 7 sur azuré et sur le papier le moins épais seulement. 5 c. 19 ᵐᵐ de large 13 c. 18 3/4 et tous deux 24 1/2 de hauteur. Le dolman ou tunique du personnage porte 6 boutons de chaque côté ; le collet porte 5 traits. Dans le 5 c. on remarque, attachés au cadre inférieur de l'effigie deux points de couleur ; l'un placé entre F'I ; l'autre au-dessus du petit S (voir illustration). On trouve en outre deux petits points de couleur à gauche du chiffre 5 de droite, attachés au trait, vers le haut et le bas du chiffre. Dans le 13 c. le cadre droit est formé de deux traits rapprochés et les traits placés sous les chiffres 13 du haut sont également doubles (loupe) ; voir illustration. Le chiffre 3 en haut à gauche est légèrement aplati dans le bas ; le point placé derrière cts, dans le cartouche de gauche touche l'encadrement du chiffre ; celui placé derrière cts du coin de droite en bas est faible et touche le cadre droit.

Les soi-disant *réimpressions* sont en réalité des faux tirés de nouvelles planches gravées en 1889 ; largeur des deux valeurs 19 ᵐᵐ 1/4 ; le papier est épais ; les nuances trop pâles ; ils portent parfois le mot REPRINT. Dans le 5 c. les protubérances du cadre inférieur de l'effigie manquent ; on ne les trouve pas non plus dans aucun autre faux ; les deux points à gauche du 5 de droite manquent le plus souvent, ou bien ils sont extrêmement faibles. Dans le 13 c. le cadre droit est à simple trait ; les traits sous les chiffres 13 du haut sont bien doublés mais si rapprochés qu'ils paraissent simples. Le chiffre 3 de gauche en haut est arrondi dans le bas ; sous ce chiffre, le point placé derrière Cts ne touche pas le trait ; pas de point derrière le Cts de droite en bas.

Faux. Tous lithographiés, ce qui les fait reconnaître facilement. Il existe une demi douzaine de falsifications de chaque valeur, voici de bons points de repère : 5 c. sur mince bleuté, 7 boutons indistincts à droite ; sur blanc épais, 10 boutons à gauche ; en bleu pâle, grené, 7 boutons à gauche et 3 à droite ; en bleu pâle sur mince, 3 traits seulement au coté gauche du collet ; bleu sur blanc, les deux I de HAWAIIAN forment un N et il n'y

a qu'un seul point sur ces lettres ; sur blanc épais, pas de
bouton à droite ; bleu sur blanc et noir ! sur bleu, le fond de
l'effigie est plein. 13 c. défauts du même genre ; on trouve
aussi les défauts suivants : 5 boutons à gauche et pas de
point après le Cts du cartouche de gauche ; pas de point après
le Cts du coin inférieur droit : dans le cartouche de gauche inscription HAWA*N*IAN ! et une production fantaisiste erreur de
couleur ! en bleu ! Le papier des faux est souvent vergé ou
grené.

1859 à 67. Chiffres. N°s 8 à 15. *Originaux ;* chaque valeur comporte 10 types typographiés : 20 × 26 mm. environ ;
papier gris-bleu moyen ; les cadres (extérieurs ou intérieurs ne
se touchent pas, à part quelques rares exceptions, en un ou
deux des coins ; il y a un point après POSTAGE et LETA et un
point plus gros après CENT ou CENTS. Le papier est mince. Ceci,
avec les indications de nuances, de couleur d'impression et de
papiers, données par les catalogues généraux est suffisant pour
dépister tous les *faux.* Parmi ces derniers on trouve les défauts
suivants : traits de cadres se rejoignant partout ; un, deux ou trois
points manquent ; la lettre H de HAWAIIAN n'a pas de barre
médiane ; ou bien ce mot est écrit HAWA*N*AN ; traits du cadre
extérieur espacés de 1 1/2 à 2 mm ; base du chiffre 2 formée d'un
trait droit ; papier trop épais ; etc. Dans une bonne série ou les
lignes des cadres ne se rejoignent pas, la barre du t de Cents
déborde des deux côtés du trait vertical (au lieu de déborder
faiblement à droite) et la courbe au pied de cette lettre est bien
marquée au lieu d'être faible. Tous ces faux sont lithographiés excepté une série de ces valeurs qui est gravée en taille-
douce et dans laquelle les traits du cadre se joignent partout.

**1864-68. INTER ISLAND à gauche. N°s 16 à 18 et
1864-67. 5 c. bleu n° 19.** *Originaux :* même remarque que précédemment quant aux cadres ; le 5 c. se trouve en deux compositions de 10 types ; 1° avec INTER ISLAND à gauche ; 2° avec
HAWAIIAN POSTAGE des deux côtés. Les 4 valeurs ne portent pas de points après les inscriptions ni après la valeur. *Faux :*
lithographiés ; mêmes remarques que précédement ; on trouve
5 c. typographié, en outremer, le coin sud-est seul n'étant pas
ouvert. Le 5 c. a été imité à Genève avec les 2 coins de gauche
ouverts ; 20 × 25 1/2 ^{mm}.

1861-1869. ELUA KENETA. N°s 20 et 21. *Originaux :*
1861, lithographié, papier blanc, vergé horizontalement ou verticalement ; impression brouillée, pas de réimpressions. 1869,
gravé en taille-douce, non émis ; papier mince, uni, jaunâtre ;
19 1/8 × 24 3/4 environ ; voir signes distinctifs dans l'illustration.
Réimpression du gravé (1889) ; mêmes distinctifs que l'original,

mais le trait extérieur, à droite des chiffres 2 est visible, alors qu'il l'est fort peu dans les originaux lithog. ou gravés ; l'ornementation florale est retouchée (plus complète) ; papier épais 19 1/4 de largeur ; inscription CANCELLED, SPECIMEN ou REPRINT sous la barbe. *Faux* de 1885 (soi-disant réimpression) ; gravé ; la barre de l'A d'ELUA est placée plus bas que dans l'original ; le trait terminal du K de KENETA est plus long (voir aussi l'illustration pour le trait vertical à droite du cartouche de gauche) ; le trait courbe à droite des chiffres 2 est plus complet et remonte donc plus haut que dans la réimpression ; 19 1/4 $\times$ 24 1/2 ^{mm}. Un autre *faux* du gravé a été tiré en lithographie ; le chiffre 2 de gauche au lieu d'être au milieu du rectangle est fortement dévié à droite (voir illustration) ; pas de point après KENETA ; le point derrière LETA est à 1/4 de ^{mm} du trait vertical qui limite à droite le cartouche supérieur (au lieu de 3/5 de ^{mm}).

1864-71. Dentelés 12. N°s 22 à 26. *Originaux :* gravés en taille douce, le fond des cartouches d'inscription des chiffres est formé de traits bien visibles. *Faux :* mauvaises productions lithographiées anciennes, trace de traits séparatifs, mauvaise dentelure ou dent. 13, les chiffres sont sur fond plein ou presque plein.

HOÏ-HAO

1901 ; 1903-04. N°s 1 à 31. Vérifier d'abord si le timbre lui-même n'est pas faux (voir Colonies françaises, type groupe) ; faire ensuite sur originaux la comparaison détaillée de la surcharge. La fausse surcharge de Genève (1901) a été appliquée sur timbres originaux et faux.

1906-08, n°s 32 à 47. Comparaison de la surcharge indispensable. Pour les 75 c. et 5 fr. voir aussi Colonies françaises type groupe.

1919, n°s 81 et 82. Pour les surcharges des valeurs en piastres voir même émission à Indo-Chine.

HONDURAS

1865. Noir sur couleur. N°s 1 et 2. *Originaux :* lithographiés sur papier mince, bleu-gris et rose, 17 3/5 $\times$ 18 1/4 à 18 1/2 mm., l'ovale touche les hachures extrêmes en haut et en bas, la hachure la plus basse est dédoublée sous le chiffre 2 de gauche (loupe), pas de point après REALES ni après LIBERTAD, le côté gauche de la pyramide est deux fois aussi épais que le côté droit ; dans l'ovale on trouve deux étoiles à cinq branches bien formées ; la pointe de la pyramide affleure le bas de l'inscription intérieure à égale distance des lettres N et Y.

Faux : une demi-douzaine de séries lithographiées aux nuances arbitraires dont la hachure horizontale la plus basse ne se dédouble pas à gauche et qui montrent un ou plusieurs des défauts suivants : l'ovale ne touche pas les hachures extrêmes, le sommet de la pyramide est trop près de N, idem de Y ou touche cette lettre, UNION est écrit ONION ; un point après REALES ; pas d'étoiles ; le bonnet phrygien est remplacé par un triangle ; l'ovale extérieur est trop large (moins de 1/2^{mm} à gauche et moins de 2/3^{mm} à droite), les vagues sous le triangle sont formées de traits horizontaux, les lettres des inscriptions ne sont pas comparables, etc. ces imitations sont généralement oblitérées ou surchargées. On trouve beaucoup de fausses oblitérations sur originaux.

1877. Surchargés. N°s 3 à 13. Vérifier d'abord s'il ne s'agit pas des faux précédemment décrits. Vérifier ensuite la surcharge par comparaison ou faire expertiser. Les surcharges medio réal, un réal et dos reales ont été imitées à Genève et appliquées sur des timbres originaux de 1865.

1896. Effigie, dentelés 11 1/2. N°s 76 à 83. *Originaux :* lithographiés sur papier mince, légèrement transparent. *Réimpressions* sur papier épais, non transparent, généralement tamponnées de complaisance (en feuilles) d'un cachet HONDURAS entre deux barres. *Faux* de Paris ou Gênes ?, dentelés 11, dans la rosette supérieure gauche la lettre U est plus grande que les deux autres lettres, l'oreille est entièrement blanche et le front est ainsi le plus souvent. Papier crayeux.

1898. Locomotive. N°s 84 à 91. *Originaux :* dentelés 11 1/2 ; lithographiés. *Faux de Genève :* à droite de la boucle inférieure de l'S de HONDURAS le cadre du cartouche et le cadre extérieur droit se touchent ; à droite de CORREOS, le cadre supérieur touche la première hachure située sous ce cadre ; le fond du paysage et la fumée de la locomotive sont formés de points et sont confus ; nuages visibles (originaux : pas de nuages apparents) ; *Faux* de Paris ou de Gênes ; dentelés 11 ; papier crayeux ; photolithographiés.

1913 ; 1913-14 ; 1919 et 1925. Surchargés divers. La comparaison des surcharges est indispensable.

Timbres de service. 1898. N°s 23 à 27. Les faux de Genève (voir timbres-poste 1898) ont reçu la fausse surcharge OFICIAL et un faux cachet : AD^{v} DE CORREOS TEGUCI-CALPA 25 MAI en bleu.

Idem. 1911 et 1916. Surchargés N°s 28 à 42. Comparaison des surcharges indispensable.

HONDURAS BRITANNIQUE

1866. Dentelés 14. N°s 1 à 3. *Originaux :* typographiés très finement. *Faux* anciens, lithographiés de diverses provenances (aussi Genève), exécution très médiocre qu'une seconde de comparaison avec des timbres communs (2 et 3 c. sur 1 penny rose et 3 p brun, n°s 26 et 27) fait reconnaître ; le contour du visage et du cou forme trait plein, au moins partiellement ; des lettres touchent l'ovale, etc. Le 3 pence a été imité de la même manière. Généralement piqués 13, dentelure déplorable.

1871 à 1887. Avec filigrane. N°s 4 à 17. Mêmes *faux* que précédemment, sans filigrane. N. B. Il existe des *truquages* aux types Reine et Roi des fortes valeurs, obtenues à l'aide de valeurs plus communes. Le 5 dollars à l'effigie du roi Edouard — et probablement d'autres valeurs — a été imité, sans filigrane ; la comparaison des traits du visage avec un ordinaire de la série suffit.

HONG-KONG

1862. Dentelés 14. N°s 1 à 8. *Originaux :* typographiés ; fond de 90 hachures horizontales qui ne touchent pas les cadres intérieurs latéraux ; leur arrêt forme seul le contour du front, du nez et du devant du cou ; la pointe de ce dernier repose sur la 4e hachure. *Faux.* a) série de Genève ; mauvaise lithographie ; 73 hachures qui touchent les cadres latéraux ; la pointe du cou repose sur la 3e hachure ; dentelure 12 1/2 ; pas d'ombres sur la joue, au-dessous de l'œil ; le chignon montre deux grosses taches intérieures de couleur, entourées de blanc et l'ensemble, vu à distance forme un 8 bien visible (les 18 et 48 cents sont un peu mieux venus en cet endroit), sans filigrane, fausse oblitération. B 62. b) Série semblable, ayant les mêmes caractéristiques (même nombre de hachures ; la pointe du cou repose sur la 3e ; pas d'ombre sous l'œil, etc.) ; mais les hachures tout en étant trop rapprochées des cadres ne les touchent pas ; le front, le nez, le menton et le cou sont limités par un trait plein ; le chignon est mieux dessiné que dans la série précédente ; sans filigrane ; dentelés 12. c) série de Gênes ; gravée ; 77 hachures fines ne touchant pas les cadres intérieurs ; la pointe du cou est posée sur la deuxième hachure ; autant dire pas d'ombres sur la joue, sous l'œil ; certaines valeurs ont tout le devant du visage et le cou limités par un trait mince ; dans d'autres ces parties sont limitées comme dans les originaux par les hachures horizontales. A distance, l'effigie parait avoir une oreille, mais si l'on approche la loupe, elle disparaît ! Sans filigrane ou avec faux filigrane estampé ; dentelés 13 1/2 × 12 1/2.

1863-74. Même type. Filigrane cc. N°s 8 à 21. *Faux :*

quelques valeurs ont été imitées comme précédemment (séries a et b); sans filigrane.

1876-80. Surchargés. N°s 22 à 28. *Fausses surcharges* sur originaux oblitérés : comparaison nécessaire. Aussi sur faux, notamment les 4 surcharges 5, 10, 16 et 28 cents à Genève.

1885-90. Surchargés. N°s 46 à 56. *Fausses surcharges :* même observation ; les 7, 20 cents et 1 dollar ont été imités à Genève et les surcharges appliquées sur des originaux oblitérés et sur des faux.

1891. Jubilé. N° 57. La comparaison de la surcharge est nécessaire ; elle a été imitée à Genève et appliquée droite ou renversée sur des originaux oblitérés. Vérifiez le millésime d'oblitération.

1903 et 1904-09. Effigie du roi Edouard. N°s 71 à 76 et 88 à 94. *Faux :* le meilleur moyen de reconnaître les imitations est de comparer les traits du visage avec un original commun (1 à 10 cents). *Truquage* des fortes valeurs de ces émissions et des suivantes par des annulations fiscales et leur remplacement par des oblitérations fausses.

INDES ANGLAISES

1852. Impression en relief. N°s 1 à 1 *b. Originaux :* n° 1, papier blanc uni ; n° 2 papier blanc uni d'épaisseur variable ; n° 3, papier glacé rouge, au recto seulement. Le mot ANNA ne touche pas le cercle intérieur. *Faux :* a) dans le bas, la boucle ne touche pas le cercle mince. b) autre série ; le cercle mince manque, le cercle extérieur est donc simple et non double. c) de provenance allemande ; papier rugueux ; le chiffre 1 de la fraction touche le bas de l'écu central. En cas de doute, la comparaison est utile.

1854. N°s 2 à 5. *Originaux :* papier épais jaunâtre avec fragments de filigrane. Lithographiés pour les n°s 2 à 3 ; typographiés pour les n°s 4 à 5. *Réimpressions* des cinq valeurs sur papier blanc satiné ; sans filigrane et sans gomme. (1887). Ces réimpressions portent généralement le mot SPECIMEN au dos. Il existe également une réimpression du 4 annas, faite en 1867-68 et portant en marge des traits séparatifs en rouge ou en bleu et une autre du 2 annas, dentelée 12 1/2 sur papier bleuté et vergé, sans filigrane. *Faux* divers ; 1/2 a. rouge : lithographié sur mince ou moyen sans filigrane ; 8 cones 1/4 de couleur sur le côté gauche ; 7 3/4 à gauche ; 7 à droite et 7 3/4 à gauche ; 8 à droite ; et gravé en taille-douche avec 8 cones de chaque côté alors que, l'original à 9 cônes 1/2 de chaque côté. Genève : papier mince, jaune-foncé, oblitération 112. 1/2 anna bleu, faux sur papier pelure ou moyen ; 7 cônes 3/4 à gauche, impression en noir ; l'original à 8 cones de chaque côté. 1 anna rouge ; faux, papier très mince, mince ou moyen ; avec 3 rangées de points dans la tranche du cou, avec 2 rangées de points mal alignés ou sans points du tout ; dans l'original il y a 2 lignes de points bien alignés. 4 annas, faux de Genève, exécuté en blocs ; effigie droite ou renversée, papier moyen ; nez extrêmement pointu ; le premier A de ANNAS touche le cercle blanc au-dessus et le second A touche le cercle blanc au-dessous. Le huitième trait blanc oblique à gauche du cercle (compter du bas) est épais et entre dans le cercle blanc ce qui ne se rencontre pas dans les 12 types originaux. Un autre faux ancien de Genève, encadré et oblitéré 21 ne mérite pas de description. *Truquage* du 4 annas pour faire la rareté avec effigie renversée par enlèvement de l'impression de l'effigie et impression consécutive de cette effigie à l'envers : la comparaison détaillée du dessin suffit à contrôler cette production.

1856-60. Papier azuré. N⁰ˢ 6 à 8. *Truquages* par coloration chimique du papier des timbres de l'émission suivante notamment du 8 pence.

1866. Surcharge POSTAGE sur fiscal. N⁰ˢ 26. *Fausses surcharges.* (Genève ; type I).

1888. 12 a. brun sur rouge. N⁰ 42. *Faux usé poste*, lithographié et non typographié ; sans filigrane ; la nuance est grise et non brune.

1891. Surchargé 1/4. N⁰ 44. *Fausse surcharge* renversée (Genève). Comparaison.

Timbres de service.

1866. Surchargés Service. N⁰ˢ 1 à 11. *Fausses surcharges ;* comparaison détaillée indispensable car il y a des imitations insidieuses, à côté de productions fantaisistes. (Genève).

1867. Surchargés n⁰ˢ 12 à 17. Même observation que ci-dessus. La question se complique de réimpressions plus ou moins officielles de la surcharge (caractères et mensurations différents). N-B. Les surcharges GOS ; GPS ; GWS ; etc. qu'on peut trouver sur ces timbres n'ont aucun caractère officiel.

Télégraphes. La surcharge TELEGRAPH du type II a été imitée à Genève.

ETATS NATIFS DE L'INDE ANGLAISE

Remarque importante. Les timbres de ces états ont été peu imités et les contrefaçons à part de rares exceptions sont mal exécutées en lithographie. En cas de doute, les mensurations aideront à lever les obstacles. Les nombreuses variétés de types,

de nuances de dentelutes et les réimpressions rendent la spécialisation désirable. On trouvera d'excellentes indications dans le
catalogue anglais Stanley Gibbons (Native States of India) et
le Calman renseignera utilement utilement sur les nombreux
types des diverses planches reproduites dans cet ouvrage.

ALWAR.

1877. Lithographiés ; 24 × 21 mm. Les timbres avec filigrane
sont recherchés.

BAMRA.

1889. Première émission. Papier uni ; 1 anna bleu planche de 72 variétés ; 2 a vert, planche de 80 variétés ; 1/2 a.
rouge, 4 annas jaune et 8 a. rose : planches de 96 variétés. 1/2 a.
jaune et 1/2 a. rose (1890) nᵒˢ 1 et 2 d'Yvert en planches de
16 variétés (8 × 2). Soi-disant *réimpressions* des nᵒˢ 1 à 6 d'Yvert,
exécutées sur nouvelles planches de 20 types (5 × 4) avec le
trait le plus court de la banderole pointant horizontalement vers
la droite. Papier uni. *Faux* anciens en rose. vert, jaune et bleu,
au type du 2 annas (la troisième lettre de l'inscription ressemble
dans ce type à un R retourné) mais la banderole du bas ressemble plutôt à celle du 4 annas. Papier mince grené. (Genève).

BHOPAL.

Nᵒˢ 1 à 5. Lithographiés. Une planche de 20 types par valeur,
le nᵒ 5 deux planches. Papier blanc uni.

1878-79. Lithographiés. Une planche de 32 types par valeur.

1881-82. Nᵒˢ 13 à 17. Une seule planche de 24 types pour
toutes les valeurs (avec uniquement changement de valeur).
Lithographiées.

1886-90. Nᵒˢ 18 à 23. Lithographiés. 1° une planche de
32 types (8 × 4) ; papier divers, non dentelés ou dentelés 7.
2° une planche pour le 1/2 a. rouge pâle ; 32 types avec caractères plus grands et BECAN au lieu de BEGAM ; 3° une planche
de 24 types pour le 4 annas ; caractères plus épais ; 1 planche de
32 types pour le 1/2 a. noir avec erreur BECAN ; 4° 1 planche de
24 types pour les 1 a. brun et 4 a. jaune ; 5° 1 planche 24 types
pour le 1/2 a noir ; dentelé 8 ou non dentelé ; 6° une planche
retouchée de 10 types (5 × 2) pour le 8 a. bleu ; 7° une planche de 24 types pour le 2 a. bleu-vert ; lettres plus petites ;
8° une planche de 32 variétés pour le 1/2 a. rouge ; 9° 1 planche
de 10 variétés pour le 8 a. bleu-vert (1891, papier vergé) ; etc. On
voit que la spécialisation est plutôt souhaitable ! Les amateurs
trouveront tous les renseignements désirables dans le bel ouvrage de M. Calman

BHORE.

1879. N⁰ˢ 1 et 2. Cachet à la main sur papier grisâtre mince vergé N⁰ 1 axes 32 × 25 mm. ; n⁰ 2 : 31 × 25 mm.

BUNDI.

Il est nécessaire de se référer aux catalogues spéciaux.

BUSSAHIR.

Même observation.

CACHEMIRE

Jumbo. 1866. N⁰ˢ 1 à 11. Cachet à la main sur papier grisâtre ou brunâtre, épais vergé. 2 types pour les 1/2 et 1 anna ; type I 23 mm. de diamètre ; type II 24 mm. Les caractères diffèrent légèrement dans ces types. Le 1/4 r. (une barre et un croissant au centre) se trouve en noir, en bleu, en outremer.

1867. N⁰ˢ 16 à 25. Cachet à la main composé de 3 clichés (3 types) du 1/2 a. et 1 du 1 a. Même papier. 21 × 24 mm.

Cachemire. N⁰ˢ 26 à 34. Cachets à la main ; un pour les 1/2 et 2 annas ; 1 pour le 4 et 1 pour le 8 a. Nombreuses variétés et papiers. Consulter les catalogues spéciaux.

Jumbo et Cachemire. 1878. N⁰ˢ 35 à 43ᵃ. Typographiés 19 × 22 mm. Planches diverses ; 1/2 a. 15 types ; 1 anna, 20 types.

1879. N⁰ˢ 44 à 49. Typographiés ; 22 × 24 mm. 1/2 a. 15 types ; 1 et 20 a. 20 types ; 4 et 8 a. 8 types.

1883-94. N⁰ˢ 50 à 66. Idem.

Timbres de service. Comme dans l'émission de 1878. *Réimpressions* des timbres pour Jumbo (Jamu) et Cachemire (Srinagar) sur divers papiers unis ou vergés à la machine, au lieu de papier à la main vergé ; impression huileuse ; n⁰ˢ 1 à 34. *Faux :* reconnaissables au papier ; aux dimensions ; en cas de doute se référer au dessin des originaux, très mal exécuté ici.

CHARKARI.

1896-97. N⁰ˢ 1 à 5. Les timbres sur papier de couleur sont des essais. *Faux* de Genève ; se reconnaissent au point après le O dans le coin supérieur droit. Oblit. double cercle 28 mm. CHARKHARI en haut ; 2 J V 97 P M entre 2 barres au centre et B-C INDIA dans le bas.

COCHIN.

1892. N⁰ˢ 1 à 3. Lithographiés sur papier grisâtre uni. 19 × 20 3/4.

DATIA.

Comparaison indispensable pour les nᵒˢ 1 à 4 et 10 à 14. *Faux de Genève*, nᵒˢ 5 à 8 ; le premier T de STATE est réuni à l'A par le pied ; id. pour l'I et l'A de DUTIA ; le P et l'O de POSTAGE se touchent presque ; le cadre est interrompu aux quatre coins.

FARIDKOT.

1879-80. Nᵒˢ 1 à 3. Typographiés ; mauvaise impression à la main ; 1 folus 17 1/2 × 14 mm. ; 1 paisa 19 1/2 × 25 mm. ; nᵒ 3 double cadre extérieur blanc épais, 20 1/2 × 26 1/2 mm. Papier blanc uni ; les nᵒˢ 1 et 2 aussi sur blanc vergé. N.-B. *Les timbres carrés sont des fantaisies... postales.* Voir aussi à Faridkot les timbre des Indes anglaises surchargés FARIDKOT STATE.

HAIDERABAD.

1866. Nᵒ 1. *Original ;* gravé en taille douce sur papier blanc uni ; 29 1/2 × 20 1/2 mm ; dentelé 11 1/2, 48 rangées horizontales de traits blancs. *Réimpression :* dentelée 12 1/2 ; nuance trop claire ; des réimpressions avec dentelure coupée se font passer pour des non dentelés. Les timbres en d'autres nuances (rouge et outremer) dentelés 12 1/2 sont des fiscaux parfois usés postalèment ? *Faux ;* lithographié ; piqué en points 13 1/2 ; 35 rangées horizontales de traits blancs.

1871. Nᵒˢ 2 et 3. *Originaux ;* gravés ; dentelés 11 1/2 papier blanc vergé. 240 types 17 × 20 1/2 mm. *Réimpressions ;* dentelées 12 1/2 : 1/2 a. 135 types seulement en brun orangé au lieu de brun et 2 a. 240 types en vert vif ou vert-bleu au lieu de vert sauge.

1871 à 1904. Nᵒˢ 4 à 10. Dentelés 12 1/2 ; 19 × 21 1/2 mm.

Timbres de service. Nombreuses *surcharges fausses ;* beaucoup sont très insidieuses, notamment pour les émissions de 1869 à 1871 et demandent une comparaison détaillée, voir l'expertise à la lampe de quartz.

JAIPUR.

1904. Nᵒˢ 1 à 3. Comparaison indispensable.

JHALAWAR.

1887-90. Nᵒˢ 1 et 2. Lithographiés sur papier blanc vergé pour le nᵒ 1 ; 18 1/2 × 22 mm. et sur divers papiers pour le nᵒ 2 (1890) ; 21 1/2 × 25 1/2 mm.

JHIND.

1875. Nᵒˢ 1 à 5. Lithographiés sur papier blanc mince ;

18 ⨯ 20 mm. Chaque valeur, une planche de 50 types peu différents (10 ⨯ 5).

1876. N°ˢ 6 à 11. Idem sur papier épais bleuté et vergé ; 50 types par valeur ; le 1/2 a. non dentelé ou dentelé 12.

1882-84. N°ˢ 12 à 25. Lithographiés sur divers papiers suivant les tirages. 1/4 a. orange, 15 1/2 ⨯ 16 1/2 ; les autres, 18 ⨯ 21 1/2 mm. Le 1/4 orange 3 planches : 1° 50 variétés ; 2° planche regravée de 50 variétés et 3°, planche de 25 variétés ou types ; les autres valeurs une planche de 50 types.

KISHENGART.

Comparaison utile pour toutes les raretés. L'oblitération fausse de Genève est ronde, à date, 1 cercle 26 mm. : KISHEN-GARH 23 AP 04 RAJ · PO.

NÉPAL.

Lithographiés sur divers papiers. 17 ⨯ 20 mm.

NOWANUGGUR.

1877. N°ˢ 1 et 2. Typographiés sur blanc uni. 17 ⨯ 16 1/2.

1880. N°ˢ 3 à 5. Spécialisation indispensable ! 11 planches pour le 1 d. ; 13 pour le 2 d. et 9 pour le 3 d. chaque planche ayant 10 à 15 types.

POUNTCH.

Cachets à la main sur divers papiers ; type a d'Yvert 20 1/2 mm. carré ; type semblable (1 anna avec cercle et points dans le coin supérieur droit et cercle brisé inscrit dans le carré intérieur) 21 1/2 ⨯ 21 mm. ; type b : 21 1/2 ⨯ 21 ; type c : 21 ⨯ 19 1/1 ; type semblable mais caractère du coin supérieur gauche bien formé (2 annas) 22 1/2 ⨯ 21 1/2 ; type d : 20 ⨯ 19 mm. ; type e : (4 annas) 27 1/2 ⨯ 23 mm.

RAJPEEPLA.

1880. N°ˢ 1 à 3. Lithographiés sur papier blanc uni. 1 p. dent. 11 ; 18 ⨯ 18 1/2 ; 64 types ; 2 et 4 a. dent. 12 1/2 ; 18 ⨯ 22 1/2 mm.

SCINDE.

(Voir Indes anglaises n°ˢ 1 à 1 ᵇ)

SIRMOOR.

1879-80. N°ˢ 1 et 2. Lithographiés ; dent. 11 1/2 ; le 1/2 a. sur papier blanc uni (1879) et le 1/2 a. bleu sur papier blanc vergé. *Originaux ;* 21 1/2 $\times$ 24 mm. vert, vert pâle, bleu, bleu foncé ; la première ligne en caractères indiens porte 9 caractères et il n'y a pas d'accent (ou de trait débordant) au-dessus du troisième caractère de la ligne du bas. Soi-disant *réimpressions* ou deuxième tirage ; 23 $\times$ 26 ; dentelure 11 1/2 imprimée ; vert-jaune, bleu-vert et outremer ; papier épais ; cadre extérieur très épais. *Faux ;* 8 caractères indous dans la première ligne et accent débordant la ligne du bas, au-dessus du troisième caractère.

SORUTH.

N° 1. Cachet à la main sur papier azuré et vergé.

1870-78. N°ˢ 2 à 6. Spécialisation nécessaire. Typographiés. 2 planches de 20 variétes pour le 1 a. et 3 planches de 20 types pour le 4 a., plus 3 planches de chacune des valeurs en 16, 16 et 4 types.

1878. N°ˢ 9 à 14. Lithographiés. 1 a. 21 $\times$ 17 1/2 mm. ; 2 planches de 15 et 20 variétés ; 4 a. 19 1/2 carré ; 2 planches de 5 types.

TRAVANCORE.

1888-1900. N°ˢ 1 à 9. Typographiés. 20 $\times$ 25 mm.

WADHWAN.

N° 1. Lithographié ; 30 $\times$ 27 mm.

INDE FRANÇAISE

1892 à 1907. Type groupe. N°ˢ 1 à 19. *Faux* de Genève : voir à Colonies françaises les faux de ce type ; l'oblitération fausse est ronde à date, double cercle 22 mm. : PONDICHERY. 1 FEVR 92 INDE.

1903. Surcharges 0,15. N°ˢ 20 à 23. *Fausses surcharges* en grand nombre ; la comparaison minutieuse avec un original et le passage au gabarit s'imposent.

1915-1916. Croix-Rouge. N°ˢ 43 à 47 : même observation. Surcharges typographiques : vérifiez le foulage. Dans le n° 47 l'espace normal est de 10 1/2 mm.; une exception par feuille n'a que 9 1/2 mm.

INDES NÉERLANDAISES

1864-65. Effigie. N°ˢ 1 et 2. *Originaux :* gravés en taille-douce, donc relief, proportionné à la profondeur de la taille (examinez à la loupe, en tenant le timbre obliquement) traces de l'encrage sur les marges. Les hachures du fond (autour de l'effigie sont croisées, excepté en haut à gauche, où l'on ne trouve que des hachures horizontales ; à droite du T de CENT il y a 4 hachures de longueur inégale ; la nuance est carmin, relativement foncé ; le papier est épais et jaunâtre mais la gomme, épaisse et brunâtre a souvent modifié la nuance primitive. La dentelure du n° 2 est 12 1/2 $\times$ 12.

Faux anciens : Deux types lithographiés, donc sans aucun relief coloré. I. Papier jaune et dessin si mal venu que même les débutants ne sauraient se tromper à ces sortes de décalcomanies, les hachures du fond sont informes. II. Papier blanc, mince ; nuance trop rougeâtre ; tout le fond est formé de lignes croisées et les quatre hachures à droite de CENT sont d'égale longueur. La comparaison du nez de l'effigie et de l'épaulette montre de sensibles différences. Non dentelé ou avec dentelure non conforme.

1870-87. Effigie de Guillaume III. N°s 3 à 16. *Originaux* : typographiés ; papier très épais (premiers tirages) ou blanc grené de 60 microns environ ; dentelures diverses ; 18 $\times$ 22 mm environ. 87 perles bien rondes. Dans les cartouches latéraux, les ailes des caducées montrent quatre échancrures ; la gueule et l'œil des serpents sont également bien visibles (loupe). Voir aussi l'illustration. *Faux anciens :* toute la série, lithographiée. Mauvaises copies que les défauts renseignés dans l'illustration font pointer tout de suite ; point rond sous l'œil ; pavillon et lobe de l'oreille non ombrés ; les lettres des inscriptions sont trop minces ; les ailes des caducées ne montrent que deux échancrures : les serpents sont aveugles, et d'autres parties du dessin sont informes. 86 perles trop petites et de forme irrégulière. Papier épais ; non dentelés ou dentelés 13 à petit trous. Souvent oblitérés grand cachet à date, rond, un cercle ; demi-cercle FRANCO, etc.

Faux de Genève : Type I. Série lithographiée. Papier cotonneux, mou, jaunâtre (70 microns environ). Dentelures 13, 14 ; irrégulières. Nuances plates et non conformes. 67 perles oblongues ou rectangulaires : ceci suffit à reconnaître cette série 18 $\times$ 21 3/4 mm. en moyenne ; le 2 G 50 a 22 mm. de hauteur. Voir aussi l'illustration. Les fausses oblitérations sont du modèle demi-cercle (24 mm. de diamètre) avec FRANCO au-dessous, comme le deuxième type des oblitérations hollandaises à date (avec millésime). Les dates sont interchangeables. On trouve :

SOERABAJA	..	..	1870	FRANCO
SEMARANG	23	12	1870	FRANCO
MAOASSAR	..	..	1870	FRANCO.

Type II. Série photolithographiée beaucoup plus insidieuse que les précédentes. Papier plus blanc que le précédent, peu grené d'une épaisseur de 80 mcs environ Mêmes dimensions.

87 perles bien venues. Piquage 14 à petits trous. Cette série montre les défauts des productions lithographiques, c'est-à-dire que les grandes finesses du dessin sont mal venues ou absentes

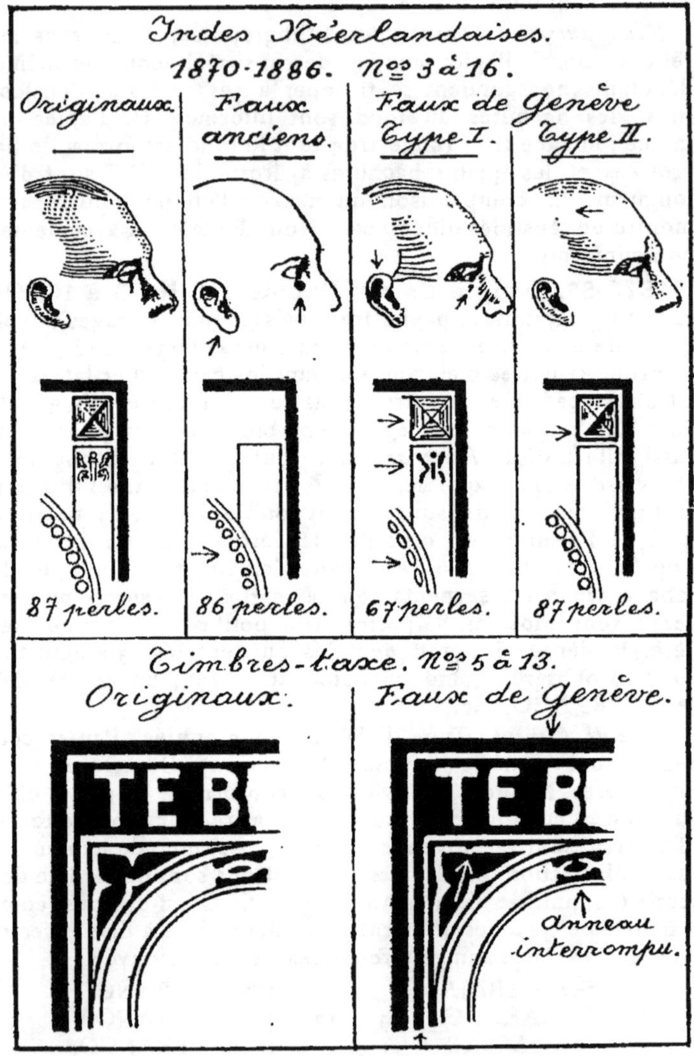

(voir illustration) ; les ombres de la joue et du cou forment le plus souvent une suite de points plutôt que des traits continus : cela est dû au grain de la pierre lithographique. Fausses oblitérations : comme précédemment et aussi polygone de petits points carrés avec chiffre central interchangeable (souvent 9 ou 6). *Truquage.* On trouve le 1 c. en brun-rouge par virage chimique de la couleur primitive.

1902. 1/2 sur 2 c. et 2 1/2 sur 3 c. Nᵒˢ 38 et 39. *Fausses surcharges* simples, doubles et renversées. Sport très à la mode. Comparaison nécessaire.

1908. Surcharges JAVA et Buiten Bezit. A vérifier par comparaison, comme ci-dessus.

1912-13. 1 G et 2 1/2 G. Nᵒˢ 106 et 107. *Truquages :* les valeurs correspondantes de l'émission de 1903-08 des Pays-Bas (nᵒˢ 58 et 59) ont été traitées chimiquement en bleu. On trouve aussi des truquages secondaires à l'encre. Comparaison de la nuance et répartition de celle-ci.

Timbres de service 1911. Nᵒˢ 2 à 8. *Fausses surcharges D. (Dienst) :* Toute la série de 1891 nᵒˢ 23 à 30) a reçu la fausse surcharge droite ou renversée. Elle est fort bien imitée et on la trouve dans un grand nombre de collections Le cercle est de dimension possible, mais la lettre D est un rien trop peu large ; l'encre, un peu trop huileuse est trop transparente ; le foulage, inégal, montre qu'on s'est servi d'un tampon à main et le faussaire voulant donner bonne mesure, a surchargé aussi le nᵒ 28 (30 cent.). Comparaison comme pour les provisoires de 1902.

Timbre-taxe. Nᵒ 1. *Truquage :* le taxe nᵒ 1 des Pays-Bas a été chimiquement décoloré pour en faire le rare taxe des Indes, mais le premier est dentelé 13 et le second 13 × 14 ; ceci, et la nuance qui reste arbitraire font déjouer facilement l'escroquerie.

Taxes de 1882. Nᵒˢ 5 à 13. *Originaux :* papier grené, dent. diverses ; 4 types ; nuances rose ou rose vermillonné. Les lettres des inscriptions sont régulières et de section nette, les anneaux réguliers, les cadres intérieurs latéraux minces, les ornements des angles montrent des rentrants blancs bien réguliers. largeur moyenne 18 mm. *Faux de Genève,* lithographiés bicolores, la nuance est d'un rose-rougeâtre. Par suite du mode d'impression le cadre ni les chiffres noirs ne montrent aucune trace de foulage. Ces imitations sont du type III ; elles sont assez insidieuses et entrent facilement dans les collections, les originaux étant en général communs. Largeur 18 ᵐᵐ 1/8 ; papier insuffisamment grené, épaisseur admissible, dent. 11 1/2 × 13 1/2. Les principaux défauts du dessin sont : B de BETALEN penché à droite, cadres intérieurs colorés trop épais, rentrants blancs des ornements des coins moins prononcés que dans les originaux, celui sous TE nettement défectueux (voir l'illustration). Les anneaux sont irréguliers, celui situé sous le B de BETALEN est le plus souvent interrompu (défaut de report), on trouve une interruption semblable dans des exemplaires originaux mais ce petit défaut de planche est situé plus à droite. Les chiffres présentent aussi des différences notables mais ce que nous venons de signaler pour le reste du dessin permet de ne pas s'y arrêter.

Fausses oblitérations, double cercle (cercle intérieur interrompu dans le bas) 24 et 13 mm. de diamètre, avec à l'extérieur, aux quatre points cardinaux, trois petits arcs de cercle concentriques, dates interchangeables :

BATENGLENTJIR	29	6	1886
WELTEVREDEN	6	7	1890
MAOASSAR	29	2	1888
PALENBANG	30	7	1886

Faux photolithographiés : Ces faux sont mieux venus que ceux de Genève, en ce sens qu'ils ne présentent pas de défauts aussi caractéristiques, mais leur papier jaunâtre, leur nuance, leur dentelure et leurs dimensions arbitraires les font pointer avec facilité ; comparez aussi les caractéristiques des lettres E de BETALEN (types I et III).

INDES PORTUGAISES

1871 à 1877. Chiffre dans un ovale. N°s 1 à 40. *Originaux :* typographiés. Pour les divers types, papiers et dentelures voir les catalogues. On trouve un point sous le C ; le lignage du fond est irrégulier (33, 41, 43 ou 44 hachures) ; dessin crucial avant et après INDIA PORT formé de 4 traits pour la 1re émission et de cinq points pour les suivantes. Pas de *réimpressions.* *Faux* lithographiés, toutes les valeurs ; série a) papier épais ; dentelure 11 1/2 ; pas de dessins cruciaux ni de points sous le C ; 28 hachures ; lettres des inscriptions trop hautes ; série b) les hachures du fond, au nombre d'une quarantaine très fines et trop régulières ; papier moyen ; l'ovale ne touche le cadre ni en bas ni à droite ; pas de point sous le C.

1879 à 1881. Type couronne. N°s 41 à 54. *Réimpressions :* voir Colonies portugaises. *Faux* de Genève : toutes les valeurs en blocs, mais reproduites d'un premier cliché défectueux dont on trouvera les signes distinctifs dans l'illustration (voir Colonies portugaises) ; l'ornementation d'un coin intérieur droit en haut touche le trait inférieur du carré ornemental. 21 × 24 mm.

1881-83. Surcharge de chiffres. N°s 55 à 113. *Fausses* surcharges extrêmement nombreuses sur timbres originaux ou faux : la comparaison minutieuse et parfois même l'expertise sont indispensables. Deux avis valent mieux qu'un seul. Les fausses surcharges, sont en général trop noires et le T des nᵒˢ 87 à 113 est placé exactement sous le chiffre. Toutes les surcharges ont été imitées à Genève et appliquées sur originaux et sur faux (en blocs) ; il y a donc lieu de vérifier l'authenticité du timbre avant d'examiner la surcharge. Les fausses oblitérations de Genève sont rondes à date : 1° un cercle, 25 mm DAMAO 2 NOV. 82 ; 2° idem mais avec date dans un rectangle intérieur : DIRECCAO DO CORREO 14 JUIN 84 DE MACAU ; double cercle, même diamètre : CORREIO DE DAMAO $\frac{6}{3}$ 1885.

1882. Type couronne. Nᵒˢ 114 à 120. *Originaux :* 2 types : I. La croix sur la couronne est entièrement blanche ; II. Ses 4 branches sont séparées par un cercle de couleur avec centre blanc.

1913-14. Surchargés. Nᵒˢ 252 à 305. Quelques *fausses surcharges :* comparaison nécessaire.

INDO-CHINE

1889. Surchargés nᵒˢ 1 et 2. *Fausses surcharges :* comparaison indispensable. Vérifiez d'abord si le timbre de 35 c. n'est pas le taux de 1881 (Genève) décrit aux Colonies françaises. Ce faux a été faussement surchargé à Genève (nᵒ 1 et 2 avec variétés) en noir ou en rouge et muni des oblitérations fausses suivantes : rondes à date, double cercle 24 mm. NAM-DINH 1 OCT 92 TONKIN qui a servi aussi sur l'émission suivante ainsi que sur les timbres faussement surchargés d'Annam et Tonkin ; 24 mm. HANOI 3ᵉ | 27 FEVR 94 TONKIN qui a également servi sur les faux de l'émission suivante, sur les faux d'Annam et Tonkin (même date, mais millésime 88) et sur cette émission-ci, le millésime et les chiffres étant interchangeables.

1892-98. Type groupe. Nᵒˢ 3 à 21. *Faux* de Genève au type groupe ; voir Colonies françaises. Oblitération fausse de Genève, ronde à date, double cercle 22 mm. HA-NOI 2ᴱ | 21 JUIL. 92 TONKIN et 23 mm. HA-NOI 2ᴱ | 20 AOUT 92 TONKIN.

1912. Surchargés 05 ou 10. Nᵒˢ 59 à 64. Timbres *faux* de Genève, au type groupe, faussement surchargés : voir Colonies françaises.

1914-17. Croix-rouge. Nᵒˢ 65 à 68 *Fausses surcharges :* comparaison méticuleuse indispensable, particulièrement pour les doubles, triples et quadruples surcharges spécialement fabriquées pour amateurs.

1919. Surchargés en piastres. Nᵒˢ 88 et 89. *Fausses surcharges,* notamment avec l'S final de PIASTRES défectueux (bavures). Les mêmes valeurs ont été ainsi faussement sur-chargées sur timbres des bureaux indo-chinois en Chine (Canton, Hoi-Hao, Kouang-Tcheou, Mongtseu, Packoi, Tchong-King et Yunnanfou).

INHAMBANE

1895. Surchargés. N⁰ˢ 1 à 14. *Fausses surcharges*, notamment à Genève. Facilement reconnaissables au gabarit ou par comparaison.

JAMAÏQUE

1863 à 1883. N⁰ˢ 1 à 24. *Originaux :* typographiés ; dentelés 14. *Faux* anciens : grossièrement exécutés en lithographie (série comprenant les 6 types de la première émission) ; pas de filigrane ; aucune hachure sur la joue ; le front, le menton et le devant du cou sont le plus souvent limités par un trait plein.

Fiscaux-postaux. *Truquages* par enlèvement des annulations fiscales remplacées par des *oblitérations fausses*.

JAPON

Remarque générale. La spécialisation est recommandée. Les indications données plus loin permettront de pointer toutes les imitations mais, pour les premières émissions s'il subsiste un doute, du fait que l'oblitération porte sur les indications de fac simile ou sur des signes distinctifs il suffira de se reporter aux types renseignés dans l'ouvrage de M. Calman, les meilleures imitations n'ayant pas de type bien défini.

1871. Première émission. N⁰ˢ 1 à 4. *Originaux :* gravés sur papier indigène mince vergé ou sur papier uni ; l'illustration (voir à la loupe) renseignera sur les détails de l'ornementation du cadre : 10 éléments de grecque ou plutôt 5 doubles éléments sur chaque coté, sans compter l'ornement des coins ; dans les sortes de losanges placés en haut et en bas, sous la grecque, il y a un point au centre de chaque figure dans les 48 et 500 moons ; 4 points dans le 100 m. et 5 points (on ne voit le plus souvent que 2 points et un trait) dans le 200 m. Pas de *réimpressions*.

Faux. 1⁰ Imitations soi-disant officielles : reconnaissables à deux signes japonais microscopiques (renseignés dans les catalogues) et qu'on trouve dans l'un ou l'autre endroit du fond blanc ou du dessin (examinez tout le timbre à la loupe) mais qui sont parfois cachés par une oblitération. Le dessin est plus net que dans les originaux ; le papier est blanc (au lieu de grisâtre) et moins transparent ; enfin, on trouve des erreurs de dessin, notamment dans les grecques, dont des éléments sont trop

larges par rapport à d'autres, etc. Ces imitations sont gravées
2° Imitations typographiées ; mêmes défauts du papier ; les ornements des coins (un ou plusieurs coins) ne sont pas dans l'aligne-
ment requis ; les grecques sont défectueuses en quelques endroits (hauteur, espacement ou largeur) le dessin est trop net et
enfin on y trouve parfois des défauts plus graves cités parmi les
signes distinctifs des faux lithographiés. 3° Faux lithographiés ;
papier en général trop blanc ; transparence généralement

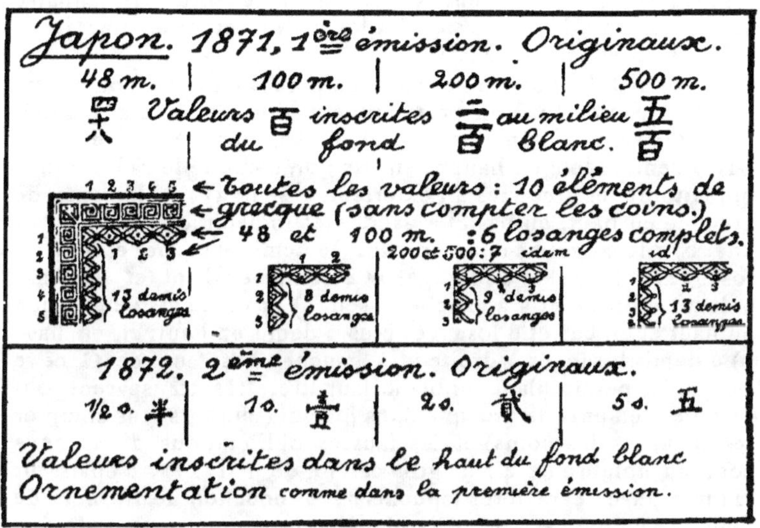

meilleure ; dessin brouillé (les détails des dragons ont le plus
souvent disparu). 48 m. *a)* 11 éléments de grecque en haut et
en bas ; (Genève) caractères japonais grisâtres et baveux.
b) 8 éléments idem et 12 demi losanges à droite : *c)* les points à
l'intérieur des losanges sont remplacés par de petits cercles ;
100 m., 9 éléments de grecque en haut et à droite ; un faux de
nuance bleu-acier est bien venu mais les points des losanges
touchent presque toujours les 4 côtés de ceux-ci ; 200 m.,
7 1/2 losanges dans le haut (le demi en trop est à gauche) ;
500 m. *a)* 11 éléments de grecque en bas, à droite et à gauche ;
en haut 6 losanges complets et 2 demis aux extrémités ;
b) 13 demi losanges sur les côtés mais le plus bas est beaucoup
trop petit (angle plus aigu) ; *c)* 9 losanges en haut et en bas et
les demi losanges des côtés se terminent par de grosses boules
pleines ; *d)* Genève : 11 éléments de grecques en haut, etc...
N.-B. Dans les faux du 3° les inscriptions du fond blanc sont
presque toujours lithographiées en nuance grisâtre (originaux et

faux du 1°, noir intense) avec nombreux points blancs, par manque à l'impression et bavures.

1872. Dentelés. N⁰ˢ 5 à 8. *Originaux :* dentelés 11 1/2 ; 1/2, 1 et 2 s. 19 ✕ 22 1/2 ᵐᵐ. 10 s. 21 ✕ 24 ; 20 s. 22 1/2 ✕ 25 1/2 ; 30 s. 24 ✕ 27 ᵐᵐ ; papier mince vergé ou uni ; le 5 c. aussi sur épais uni. Ornementation et losanges comme dans la première émission ; voir aussi détails donnés dans ladite. *Réimpressions :* (1896) 1 et 2 sen. Non dentelés, papier blanc au lieu de jaunâtre et impression meilleure ; ce sont les seules réimpressions japonaises et elles sont R. R.

Faux : mal dentelés (à l'aiguille ou percés en lignes) ou dentelure non conforme. Voir première émission pour détails généraux. 1/2 sen. 11 éléments de grecque en haut, à droite et en bas. 1 sen. 9 idem en haut et en bas ; on a oublié le cadre mince qui entoure les grecques à l'extérieur. 2 sen. a) 11 éléments de grecque en haut, en bas et à gauche et 10 demi losanges à gauche. b) 7 losanges et demi en haut (le demi à gauche) et 9 demi losanges à droite. c) 6 losanges et 2 demis en haut et en bas ; 6 demis à droite et 5 à gauche. 5 sen. a) 11 éléments de grecque en haut et en bas et 6 losanges plus 2 demis en haut et en bas ; b) 9 demis losanges à droite et à gauche. Les faux de Genève sur papier pelure blanc ou blanc jaunâtre, très transparent ont 11 ou 9 éléments de grecque dans le haut (toujours sans compter les éléments des coins) et les fausses oblitérations de Genève sont au nombre de 4 : 1° gros cercle de 1 1/2 ᵐᵐ d'épaisseur (22 mm.) avec caractères japonais ? ; 2° bouchon de 18 mm. de diamètre coupé par une croix blanche de 2 mm. environ de largeur ; 3° bouchon de 23 mm. de diamètre formant un gros cercle interrompu 8 fragments et un petit cercle intérieur formé de 4 fragments triangulaires ; 4° triple rectangle 21 ✕ 18 ᵐᵐ, le plus petit 13 1/2 ✕ 10 ᵐᵐ avec caractères japonais.

1872-73. Avec chrysanthème, sans numéro de planche. N⁰ˢ 9 à 19. *Originaux :* gravés ; dentelés 9 1/2-12 1/2 6 s. 20 ✕ 22 1/2. Papier mince uni ou vergé excepté le n° 15, 2 s. sur épais vergé et les n⁰ˢ 16 et 17, 4 et 30 s. sur épais uni. *Faux :* les mieux faits sont les faux soi-disant *officiels* qui portent des caractères microscopiques (signifiant fac simile) ce qui les fait suffisamment reconnaître ; s'ils sont cachés par une oblitération fausse l'étude de la pièce et du dessin, comme il est expliqué ci-après sera nécessaire ; elle est suffisante. *Faux* en général : examinez d'abord le papier et la dentelure, cela suffit pour rejeter la majeure partie des imitations. Puis l'impression qui est généralement lithographique (sans relief ni foulage) et ensuite le dessin. Ce dernier a été exécuté pour les originaux par d'excellents dessinateurs et graveurs et doit donc montrer des traits nets, symétriques sans bavures ni faux traits. Le chrysanthème central doit toujours avoir 16 pétales.

Voici les caractéristiques des faux les plus connus : 2 sen orange n° 11, fleurs des coins N-O, 10 rayons ; S-O, 6 rayons et 7 rayons à droite. 10 sen vert, chrysanthème à 15 pétales, 20 sen n° 13 : a) chrysanthème trop près du cadre en haut ; dans la feuille de droite au-dessus de l'E de SEN il n'y a que deux nervures (au lieu de 3) bien venues ; b) chiffre 2 du bas touche le cartouche et le zéro touche le trait inférieur de ce cartouche. 30 sen. n° 14 et 17 : le cadre intérieur en bas (sous la valeur) touche la grecque, surtout à droite et les deux chiffres 3 touchent le bord inférieur du cartouche. Dans ce faux et dans un autre mieux fait les éléments des grecques sont très inégaux, 4 sen rose n° 16 et 19 ; a) les deux extrémités des branches sont pleines ; b) les dessins des coins de gauche ont leur centre dévié à droite ; c) le chrysanthème n'est pas rond et deux pétales opposés sont moitié moins larges que les autres, etc.

1874. Idem. Avec numéro de planches. N° 20 à 31.
Originaux. Les numéros se trouvent dans le bas du timbre à l'intersection des branches ; entre les queues des dragons (10 sen) ; sous la boucle, à droite de SEN dans le 6 s. et au-dessus du zéro de 20, à gauche de la feuille de gauche dans le 20 c. Dentelure 11 1/2. Papier vergé mince pour les n° 20 à 23 et papier uni épais pour les autres. *Faux :* mêmes observations que dans l'émission précédente. Dentelure parfois mieux faite. Je n'ai pas vu de faux sur papier mince vergé (enlever le papier parfois vergé, qu'on peut trouver au dos des imitations). 1/2 sen n° 24 : chrysanthème à 17 pétales ; piqué en points 14 ; planche 2 à chiffre mal formé. 1 sen n° 25 : 3 imitations ayant bien 16 pétales mais a) sur papier mince uni, dent. 14, la branche gauche touche le cartouche de gauche (par une feuille à 5 nervures) et l'ornement du coin intérieur gauche ; deux sigues japonais au lieu de quatre dans le centre, planche indéchiffrable. b) même défaut de la branche gauche ; 4 signes au milieu ; papier mince uni, planche 2, petits signes de spécimen à l'extérieur en haut des branches. c) papier moyen jaunâtre, planche 14. la branche de droite ne touche nulle part le cartouche de droite.

2 sen n° 26. a) les caractères du cartouche de gauche sont dissemblables avec ceux de droite, planche 15. b) idem sur mince uni, pl. 17. 4 sen n° 27 : a) imitation c déjà décrite aux timbres sans numéros de planche (n° 16 et 19 d'Yvert) mais cette fois avec planche 1 ; il y a 6 lignes de caractères dans le fond blanc, dentelure admissible. b) non dentelé ; chrysanthème à 14 ? pétales imparfaits. c) truquage par timbre provenant d'une

bande avec n° de planche dans un cadre hexagonal. 6 sen n° 28.
a) chrysanthème à 15 pétales : papier moyen uni ; planche 14
mais ce chiffre forme un P gothique fermé. b) chrysanthème
idem ; papier mince uni ; dans les fleurs des coins de gauche il
manque des rayons à gauche. c) trois perles au lieu de 4 dans
le bandeau à droite de 6. Tous trois dentelure admissible.
20 sen n° 30 : en lilas et en violet avec chrysanthème à 15 pétales. 30 sen n° 31 : a) papier moyen, dentelure informe, la fleur
supérieure de la branche droite est éloignée du chrysanthème ;
le cadre intérieur droit touche la grecque ; b) papier mince,
non vergé ; la fleur touche presque le chrysanthème ; défaut à
peu près semblable du cadre intérieur droit ; dentelure admissible. Tous lithographiés excepté les soi-disant faux officiels.

1876. Oiseaux. N°s 32 à 34. *Originaux :* finement gravés ;
dentelés 9 à 13. *Faux :* a) série soi-disant officielle portant les
deux signes du fac-simile en très petits caractéres (loupe). Dans
le 12 sen les signes sont placés à 1 mm à droite et à gauche du
milieu du cou de l'oiseau ; dans le 15 sen, dans le fond central à
1 mm. environ au-dessous de 15 sen ; dans le 45 sen, à 1 mm.
environ au-dessus du terrain sur lequel est posé l'oiseau et à
1 mm. du cercle limitant le fond central. Ces imitations paraissent insidieuses et se rencontrent dans beaucoup de collections
générales ; voici un moyen dè les reconnaître même quand les
signes du fac-simile sont intentionnellement cachés par une
oblitération : 12 sen, le chrysanthème (en haut) a 15 pétales ;
15 sen, 13 pétales ; 45 sen, 14 ou 15 pétales. b) série lithographiée, mal dentelée en points 13, planche 1 mais dans ce chiffre
les deux traits se touchent ; 12 sen, 13 pétales, pas de point dans
le coin inférieur gauche ; 15 sen, 18 pétales ; 45 sen, 17 pétales,
fleur du coin supérieur gauche trop petite.

1875. Avec n^{os} de planche. N°s 35 à 44. *Originaux :* même
dentelure que précédemment ; le 6 s. est orange ; les 20 et 30 sen
petit format 5, 10, 20 et 30 s. 19 1/2 $\times$ 22 mm. On trouve
les 1, 4 et 5 s. sans numéros de planche (n°s 42 à 44 d'Yvert)
Faux. 1/2 s. n° 35 planche 2, voir faux du n° 24. 6 s. orange ; a)
pl. 9 ; cette planche n'existe que dans le brun-violet du n° 21 ;
l'ornement du coin intérieur gauche est dévié vers la droite.
b) pl. 17 ; 3 perles dans la banderole placée sous la valeur au bas
du timbre (il en faut 4). 10 sen n° 39, chrysanthème à 14 pétales.
20 sen n° 40 : a) le double cercle central, trop épais à droite,
touche le cartouche de droite ; sous le numéro de planche il y a
3 fragments de feuilles ; celle du milieu a seule les nervures nécessaires. b) chrysanthème à 14 pétales ; bonne impression ;
dentelure 11 1/2 admissible ; 6 lignes de caractères dans le fond
central. c) 14 pétales, mauvaise dentelure en points.

30 sen n° 41 : a) mauvaise impression générale ; les extrémités des branches (dans le bas) sont pleines au lieu d'être hachurées. b) numéro de planche semblable à un chiffre 11 ? ! le chiffre 3 du bas est visiblement plus large en haut qu'en bas. c) 15 pétales, sans chiffre de planche. 5 c. n° 44 : a) avec numéro de planche 17 ! la boucle, sous l'N de SEN est hachurée de lignes simples et non croisées. b) sans numéro de planche, même défaut et les hachures sous SEN, ne sont pas croisées non plus. c) chrysanthème à 14 pétales ; cette dernière imitation en deux types différents : 1° les fleurs des coins de gauche touchent le cadre intérieur ; 2° elles ne touchent pas et on trouve, dans les côtés de l'ovale, un troisième signe japonais plus petit que les deux signes habituels et différents pour chaque côté. Dans ce type les hachures sont partiellement croisées.

1876-77. Types divers. Nos **47 à 59.** *Originaux :* dentelés 8 1/2-10 1/2 (communs) et d'autres piquages rares, voir les catalogues. *Faux ;* toute la série lithographiée, mal imitée au Japon, avec dentelures rares ; l'oblitération (double cercle) est lithographiée aussi sur les 1 sen noir ; dans d'autres valeurs (notamment 5 sen) les traits de l'oblitération sont lithographiés dans la couleur du timbre et une fausse oblitération noire a été ensuite appliquée plus ou moins heureusement dessus. La plupart des timbres de cette série étant communs, il suffira de comparer avec un original peu cher (10 s. pour le 12 s. et 15 ou 20 s. pour les 30 et 45 s.) pour pointer facilement ces productions (hachures et caractères japonais, hachures croisées pour les chiffres des 30 et 45 s.).

JHIND

1885. Première émission. Nos **26 à 31.** *Originaux ;* surcharge JHIND, 9 mm de large, STATE, 9 1/2 mm. *Réimpressions ;* JHIND, 8 mm et STATE 9 mm. *Fausses surcharges :* très nombreuses ; notamment (Genève) toutes les surcharges sur timbres-poste. Comparaison nécessaire. Dans celles de Genève STATE mesure 10 1/2 mm de largeur totale dans un type et 10 mm dans un second.

Emissions suivantes. *Fausses surcharges nombreuses.* Comparaison nécessaire. (Genève nos 32 à 37).

Service. 1885. Nos **1 à 3.** *Réimpressions* des 3 valeurs. Même observation que pour les timbres-poste de 1885. La surcharge SERVICE de 1887-1903 (nos 7 à 13) a été *imitée* à Genève et appliquée sur oblitérés originaux — N.-B. La fausse oblitération de Genève est ronde à date, 1 cercle 26 mm. SANGRUR MA 14 03 et au-dessus du cercle une bande circulaire avec les mots JHIND-STATE.

JOHORE

1876 à 1891. Surchargés n°s 1 à 2. *Fausses surcharges.*
Comparaison nécessaire et spécialisation utile si l'on veut s'y
reconnaître.

KIAUTSCHOU

1900. N°s 1 à 13. *Fausses oblitérations ! Faux* de Genève ;
type bateau, valeurs en pfennings (et en cents pour les deux
autres émissions) sans filigrane ; dentelés 13 1/2. (Voir Colonies
allemandes). Fausse oblitération de Genève, 1 cercle 27 mm. :
TSCHINWAN 16/2... DEUTSCHE POST.

1905. Valeur en cents et dollars. N°s 14 à 23. Valeurs
en cents ; *faux de Genève* voir première émission. Valeurs en
cents ; *faux de Gênes :* lithographiés, dentelés 13 1/2 au lieu
de 14 : hachures du cadre confuses, notamment celles des banderoles reliant la légende supérieure aux chiffres ; pas de hachures
visibles dans le haut des retours de la banderole portant le mots
CENTS L'impression noire est également lithographiée (points
non colorés dans les caractères et les chiffres) ; les lettres ENTS
de CENTS sont reliées entre elles. Valeurs en dollars, *réimprimées* avec soin ; ces valeurs doivent se collectionner sur lettre
datée avant novembre 1905 après expertise de l'oblitération.

1905-1911. Filigrane losanges. N°s 24 à 33. *Faux de
Genève ;* valeurs en cents ; voir première émission.

KOUANG-TCHEOU

1906. Surchargés. N°s 1 à 17. *Fausses surcharges,*
comparaison nécessaire avec les impressions des 2 tirages originaux (encre brillante ou mate). Pour les 75 c. et le 5 frcs vérifiez
d'abord s'il ne s'agit pas des faux du type groupe (Voir Colonies
françaises). Pour les 2 et 4 piastres sur 5 et 10 francs, n°s 50
et 51, voir en outre émission de 1919 d'Indo-Chine.

KUWEIT

1923-24. Surchargés. N°s 15 à 26. Cette série ainsi que
la série correspondante des timbres de service sont des non
émis. *Fausses* surcharges renversées ; comparaison nécessaire·

LABUAN

1892-1893. Sans filigrane. N°s 32 à 45. *Originaux.* Série
de 1892, gravée (n°s 32 à 38). Série de 1893 lithographiée (n°s 39
à 45 ; le front, le nez et le devant du cou sont marqués par un
trait mince (1/12 de mm. environ), le bas du chignon est formé

de deux boucles en fuseau dont les traits se touchent presque toujours et sont reliés au chignon ; les ornements des coins intérieurs ne touchent ni le cadre intérieur ni l'ovale ; ces ornements se terminent dans les coins par une petite flèche formée de deux traits séparés par une solution de continuité (loupe)

Faux lithographiés, ce qui permet, à simple vue, de ne pas les confondre avec la série originale gravée. 1º série de provenance italienne, en blocs de 10 (5 $\times$ 2) photolithographiée ; traits du front du nez et du cou trop épais (1/6 de mm.) ; la boucle du chignon montre des traits séparés, la boucle n'est que rarement reliée au chignon et le trait oblique inférieur ne mesure que 1/4 de mm. de long (au lieu de 1/2 environ) ; les petites flèches des coins intérieurs en bas ne sont pas interrompues ; nombreuses solutions de continuité dans les cadres minces des 4 cartouches ; le trait qui limite la bouche à droite est le plus souvent trop prononcé. 2º *Faux de Genève*. Série également photolithographiée et beaucoup mieux réussie, pourtant, les lignes des cadres et de l'ovale montrent des bavures ; les flèches des coins intérieurs en bas ne sont pas interrompues. Il est utile, pour cette dernière série de comparer les *nuances* qui sont arbitraires, tout comme dans la précédente. N-B. les deux séries fausses ont une épaisseur de papier, des dimensions et une dentelure 14 admissibles.

1895-99. Surcharges sur Borneo. N⁰ˢ 57 à 61 et 86 à 94. *Fausses surcharges.* Comparaison nécessaire (aussi Genève sur originaux et sur 1 dollar faux).

LAGOS

1885-86. Valeurs en shillings. N⁰ˢ 24 à 26. *Faux* insidieux sur papier original filigrané ; la comparaison des hachures du fond central et des traits de l'effigie (avec un timbre commun) est suffisante.

ILES LEEWARD

1897. Surcharges. Sexagenary. N⁰ˢ 9 à 16. *Fausses surcharges :* comparaison nécessaire. (Genève, 2 types ; I. 16 mm ; boucle inférieure traversée par une diagonale. II. Même dimension au lieu de 15 1/2 ; un trait horizontal traverse toute la boucle dans le haut et la lettre R de Sexagenary touche presque le cercle intérieur.

LIBERIA

1860-1864. N⁰ˢ 1 à 6. Typographiés. dent. 12, 11, 11 1/2 $\times$ 12. Les timbres de 1860 sont sur papier épais uni ; on trouve des non dentelés ; les n⁰ˢ 4 à 6 sont sur papier moyen uni.

1867. N⁰ˢ 7 à 9. Lithographiés, mêmes dentelures ; papier mince uni ; on trouve des non dentelés ; le 6 c. vert dentelé et le 24 c. rouge non dentelés sont des essais. Les timbres de cette émission portent un cadre extérieur à 1 mm du triple cadre habituel.

N⁰ˢ 1 à 9. *Originaux :* 6 c. 22 4/5 à 23 ✕ 27 3/4 à 28 mm. On voit les cinq doigts du pied droit ; celui-ci est à 1 mm de distance

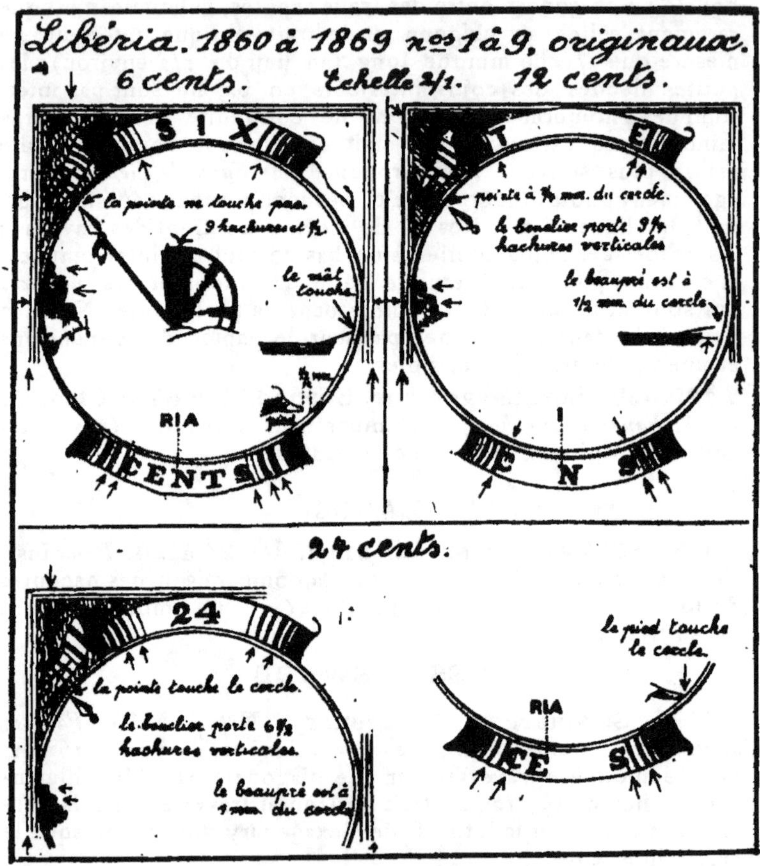

horizontale du cercle ; à 50 centimètres de distance, les nuages sont à peine visibles. 12 c. 22 1/2 à 3/4 ✕ 27 1/3 à 27 1/2 mm. Le pied gauche est éloigné de 1/2 mm du cercle et il porte des hachures croisées dans sa partie postérieure. Le pied droit montre deux orteils avec indication du troisième. Le gros nuage au-dessus du navire est suffisamment visible. 24 cents. 23 1/5 × 28 mm. Le pied droit montre cinq doigts généralement visibles. A l'avant du navire, les vagues se distinguent mal de la terre ; nuages comme dans le 6 c.

Faux : très nombreux ; 5 séries des trois valeurs et divers isolés ; leur description détaillée serait trop longue, aussi nous avons préféré dessiner les caractérisques des originaux. Comparez avec les illustrations des 3 valeurs ; les différences deviennent alors très visibles. Voici en outre quelques points qui doivent attirer l'attention : 6 c. cadre extérieur épais ; distances de la lance, du pied gauche et du mât de beaupré au cercle non conformes ; 5 à 7 hachures verticales dans le bouclier ; cadre extérieur à 1 mm 1/2 ou 1 mm 3/4 ; le cercle ne touche pas le cadre intérieur de droite, etc., etc. 12 c. cadre extérieur mince ; aucune hachure ne touche les lettres des inscriptions ; pieds informes ; la lance touché le cercle : 6, 7 ou 8 hachures verticales dans le bouclier ; inscriptions placées trop haut dans leur cartouche ; courbes du bouclier non conformes, etc., etc. 24 c. le pied gauche ne touche pas le cercle ; fragments de traits du cadre extérieur (dans les coins) ; 5 ou 9 hachures verticales sur le bouclier : cadre extérieur très épais, etc., etc

Signalons aussi que deux séries anciennes (avec ou sans nuages au-dessus du navire, dentelés ou non dentelés, avec ou sans cadre supplementaire) ont les trois valeurs avec traits obliques rectilignes dans les coins ; le second I de LIBERIA se trouve au-dessus du milieu de la lettre N de CENTS ; ces séries sont le plus souvent oblitérées avec un cachet rond portant les mots MONROVIA et LIBERIA. *La série de Genève,* exécutée en blocs non dentelés et avec dentelure 12 1/2 montre dans les coins un burelage ressemblant à celui de 24 cents (voir illustration) pour les 3 valeurs de 1860 à 1867, ce qui fait pointer immédiatement le 12 cents ; dans le 6 cents le mât est à 3/4 de mm. du cercle et dans le 24 cents le pied est à la même distance de ce cercle, et le second I de LIBERIA, prolongé, toucherait le côté gauche du N comme dans le 6 cents. La fausse oblitération est ronde, à date, 1 cercle. 23 mm. MONROVIA 7 JAN 64 LIBERIA ; elle a été appliquée sur faux et originaux.

Probablement à la suite de réclamations de sa clientèle, Fournier a refait plus insidieusement, avec ou sans cadre extérieur à 1 mm. les 3 valeurs. Cette *seconde série de Genève,* se reconnaît aux signes suivants : 6 c. 23 1/5 × 27 1/2 environ ; dans les coins burelés, des hachures diagonales croisées forment des losanges assez grands, bien visibles, surtout dans les coins supérieurs ; la pointe de la lance et le pied touchent le cercle ; 12 c. 22 1/4 à 22 2/5 × 27 mm. environ ; cette fois le burelage des coins est correct et l'ensemble du timbre est très insidieux ; le haut du cartouche ne dépasse pas le cadre intérieur ; le bouclier ne porte que 6 1, 2 ou 7 1/2 hachures verticales ; le cadre extérieur droit est interrompu dans le bas, à 4 mm. environ du coin ; le cadre extérieur gauche est toujours mal venu ou interrompu à gauche du rocher. 24 c. 22 3/4 × 27 1/2 mm ; mêmes losanges que dans le 6 c. dans le burelage des coins ; à gauche du chiffre 24 on trouve 1, 1, 2, 2, et 3 hachures (au lieu de 1, 1, 2, 3, 2, voir illustration), etc. L'oblitération fausse est la même que dans la série précédente.

1880. Même type. Dentelés 10 1/2. Nᵒˢ 10 à 14. *Originaux :* lithographiés sur papier ordinaire ; les 6, 12 et 24 c. sont du même type que ceux des émissions précédentes. *Faux* de Genève : 1 c. en bleu laiteux ; burelage des coins comme dans la première série fausse précédemment décrite ; la lance touche, le pied ne touche pas le cercle ; 2 c. carmin terne ; burelage des coins comme dans la seconde série fausse ; la lance et le pied touchent le cercle. Les trois autres valeurs ont été également imitées non dentelées ou dentelées, le 6 c. comme dans la première série et les 12 et 24 c. comme dans la seconde série fausse. Nuances arbitraires.

1902. Surchargés ORDINARY. Nᵒˢ 54 à 72.

1916. Surcharges diverses. Nᵒˢ 116 à 139.

1918. Croix rouge. Nᵒˢ 153 à 165 et

Timbres de Service. *Fausses surcharges* régulières ou renversées (aussi quelques autres variétés) sur la plupart des valeurs. Comparaison indispensable.

LIBYE

Fausses surcharges sur timbres de la première émission (nᵒˢ 1 à 13) principalement oblitérés (le millésime de l'oblitération est souvent antérieur à 1912 !) ; sur nᵒ 19 ; sur taxes nᵒˢ 8 à 10 oblitérés (valeurs en lires) et sur colis-postaux. Comparaison nécessaire. Les fausses surcharges de Genève sur valeurs en lires de la première émission et sur taxes sont visiblement trop épaisses. La surcharge du croix-rouge du 15 c. + 5 c. a été réimprimée et nécessite la comparaison.

LORENZO-MARQUÉS

1895. Timbres de Mozambique surchargés nᵒˢ 14 à 30. *Fausses surcharges* S. ANTONIO, etc., notamment à Genève ; comparaison utile, mais le passage au gabarit suffit.

1898. Surchargé 50 reis. Nᵒ 31. *Fausse surcharge :* comparaison.

1902. Surcharges de nouvelles valeurs. N⁰ˢ 52 à 64.
Fausses surcharges. Comparaison nécessaire.

MACAO

1876-1885. Type couronne. N⁰ˢ 1 à 9 et 16 à 21. *Faux*
de Genève. Toute la série. Voir les signes distinctifs des originaux et de ces imitations dans l'illustration à Colonies Portugaises. On remarque, en outre, que dans les contrefaçons l'ornementation du coin intérieur, droit en haut, touche le trait du
cartouche supérieur sous l'I de CORREIO et sous le carré ornemental du coin. L'oblitération fausse est ronde, à date, double
cercle, 26 1/2 mm. avec rectangle intérieur : CORREIO 13
NOV. 84 BOLAMA. *Réimpressions* (1885) ; toute la série, papier
glacé, crayeux, blanc pur ; (originaux : papier jaunâtre ou grisâtre) ; sans gomme. 1906 : réimpressions pour le Roi d'Espagne, etc., avec gomme, dentelées 13 1/2 et très rares.

1884-85 et 87 surchargés. N⁰ˢ 10, 11 à 15, 22 à 28.
Fausses surcharges, comparaison nécessaire. Vérifiez d'abord si
les timbres de Macau ne sont pas faux eux-mêmes (voir émission
précédente) car les timbres de la série falsifiée à Genève ont reçu
des fausses surcharges (toute la série), ainsi que l'oblitération
fausse à date, double cercle, avec rectangle intérieur 26 1/2 mm. :
CORREIO 10 JAN 87 MACAU en bleu ou en noir.

MADAGASCAR

1889-1891. Surchargés n⁰ˢ 1 à 7. *Originaux* surchargés
par cachets à la main. *Fausses* surcharges très nombreuses ; comparaison indispensable. Vérifiez d'abord si les timbres eux-mêmes ne sont pas des faux de l'émission de 1881. (Voir Colonies
françaises). Les surcharges o 5 du n⁰ 4 et la surcharge 5 des numéros 6 et 7 ont été contrefaites à Genève et appliquées sur faux
et sur originaux ainsi que l'oblitération fausse, double cercle
23 mm. TAMATAVE 25 JANV 91 MADAGASCAR qui a servi
aussi à oblitérer des faux de l'émission suivante.

1891. Grand format. N⁰ˢ 8 à 13. *Originaux :* typographiés
sur papier de couleur. Les 1 et 5 francs portent une première impression de fond de la nuance du papier. Toutes les valeurs
furent exécutées avec la même composition typographique ;
l'illustration suivante renseigne les principaux défauts de cette
composition dont quelques-uns, par suite du remaniement des
chiffres après le tirage de chaque valeur, par suite du travail
d'impression ou de chocs, ne sont visibles que dans les dernières
valeurs tirées et même seulement dans le 5 frcs. Dans cette der-

nière valeur, l'inscription de la valeur s'est effectuée par cachet à la main, en trois fois.

Madagascar 1891. Chiffres. Nᵒˢ 6 à 13.
Défauts génériques de la composition typographique.

Lignes pointillées normales : 24 points (les exceptions sont indiquées).

L'illustration renseignera sur la disposition des lignes de points par rapport au cadre ornemental de cercles et sur le nombre de points dans chaque type ; sur les défauts des lettres et sur les interruptions des cadres séparatifs, étant entendu que dans les impressions lourdes les petites interruptions sont parfois diminuées ou annihilées. Les dimensions (filets des cercles orne-

mentaux compris) sont en moyenne de 22 à 22 1/4 × 28 3/4
variant dans chaque type du fait de la composition typographique.
Pas de réimpressions. Faux : 1° série 22 1/2 de largeur mais
1 et 5 frs de 22 1/3 ^{mm}. ; 29 ^{mm} de hauteur excepté le 5 c. qui n'a
que 28 3/4. Tous lithographiés y compris le fond des 1 et 5 frcs.
Les 5, 10 c. et 1 fr. paraissent copiés du type VIII si l'on en
juge par la *disposition* des lignes de points mais ces points sont
au nombre de 21, 22 (3° et 21° dédoublés), 23 et 23 points en
commençant par le haut ; les 15 et 25 c. copiés du type IV si
l'on en juge par l'écartement des lignes de points et malgré que
la 3° ligne soit déviée à droite par rapport à la 4° ; 22 ou 23 ; 20 ;
22 et 22 points ; le 5 fr. correspondrait au type X par les disposition des 3° et 4° lignes de points ; dans la première, 22 ou 23
mais souvent des manquants à gauche ; 24, 23, 21. Bien entendu,
aucune valeur ne montre les défauts des lettres ni des cadres ;
les points sont mal formés (tirets, petits traits obliques ; points
« doublés » ; petits points) ; dans le cadre gauche le premier
cercle dépasse ceux du cadre supérieur et celui du bas dépasse
ceux du cadre inférieur. Papier de 40 à 50 mcs. Les fausses oblitérations sont: TAMATAVE 15 OCT 91 MADAGASCAR ; TAMA-
TAVE 25 MARS 92 MADAGASCAR oblit. double cercle, diamètre extérieur de 23 mm.

2° série tout aussi mauvaise ; également lithographiée ;
lettres de POSTES plus épaisses que celles de FRANÇAISE ;
point au nombre de 22 ou 23 ; 20 (dernier à droite faible) ;
20 ou 21 ; 21 ou 22 ; en réalité on ne peut les compter que
difficilement parce que ce sont en général des traits plutôt
que des points et que souvent deux ou plusieurs traits sont
reliés. Ne correspondent à aucun type ; les deux cercles
extrêmes du cadre supérieur sont visiblement descendus. Fausse
oblitération de Tamatave mars 96 mais aussi..... 91 car j'ai
vu ces deux millésimes sur deux cachets différents appliqués sur le même faux ! 3° 1 fr. photolithographié du type IV
avec burelage du fond typographié. La distance du chiffre 1 au
cadre gauche est de 4 mm. (au lieu d'être un peu supérieure) ; la
3° ligne de points ne commence qu'à 2 mm. de ce cadre et la 4° à
1 ^{mm} 1/2 (au lieu de 1 et 0,75 dans l'original de ce type) et ces
lignes sont rapprochées d'autant du cadre droit. Hauteur 29 mm ;
65 mcs ; papier uni. 5 fr. Copie insidieuse du type VIII ; photolithographié avec fond faible et paraissant aussi être lithographié ; les défauts du type original s'y retrouvent. Hauteur 29 mm ;
65 mcs ; papier mou, légèrement grené ; 5 FR est imprimé par
cachet à la main ; la boucle du 5 ne forme qu'un cercle de
4 1/2 mm. (au lieu de 5 environ). 5° 5 fr. avec lignes pointillées
visiblement trop épaisses ; diamètre vertical de la boucle du 5
environ 4 ^{mm} 1/2 cette boucle étant fine près du trait vertical du

chiffre ; barre horizontale de la lettre F festonnée (au lieu d'être droite), etc.

1895. Surchargés. Nos 14 à 22. *Originaux :* surcharge typographique (foulage) en vermillon. Comparaison. Voir tout d'abord s'il ne s'agit pas de faux du type groupe décrits à Colonies françaises.

1896. Ellipses en surcharge. Nos 23 à 27. *Originaux ;* cachet à main ; celui employé pour la surcharge du 25 c. est plus large que le timbre. La comparaison est absolument indispensable. *Fausses surcharges* nombreuses ; il y en a de fort bonnes avec oblitération fausse dans laquelle le T de ET et le P de Ples sont rapprochés alors que l'oblitération authentique montre un espace de 1 mm 1/2 entre la tête et le pied des lettres. Vérifiez aussi s'il ne s'agit pas de faux du type groupe. La comparaison ou tout au moins le passage au gabarit est nécessaire. Les ellipses ont été imitées à Genève avec l'oblitération fausse double cercle, 23 mm. TAMATAVE 7 SEPT 96 MADAGASCAR.

1896-1906. Type groupe. Nos 28 à 47. *Faux* de Genève : Voir leur description à Colonies françaises ; même oblitération fausse que sur l'émission précédente.

1902. Surchargés. Nos 48 à 60. *Fausses surcharges* diverses. Comparaison nécessaire. Vérifiez d'abord s'il ne s'agit pas de *faux* du type groupe (de Diego-Suarez pour les nos 59 et 60).

1904-1906. Timbres coupés et annulés. Nos 78 à 93. *Originaux :* cachets à la main. Comparaison nécessaire.

1912. Surchargés 05 et 10. Nos 111 à 120. Vérifier s'il ne s'agit pas de *faux* du type groupe (voir Colonies françaises) faussement surchargés. *Fausses surcharges* sur originaux du type groupe (erreurs et chiffres espacés) : comparaison nécessaire et fausses surcharges sur faux de Genève.

1915. Croix-rouge. No 121. *Originaux :* la surcharge est carmin.

1921. Type Zébu surchargé. No 124. *Fausse surcharge.* Comparaison indispensable. no 126 ª, 25 c. sur 35, idem.

Taxes 1896. Nos 1 à 7. *Surcharges originales* typographiées (foulage). Vérifiez d'abord s'il ne s'agit pas de timbres faux (voir taxe des Colonies françaises). La surcharge a été imitée à Genève et appliquée sur faux et originaux ainsi que l'oblitération fausse décrite dans l'émission des ellipses.

Majunga. *Fausses surcharges :* comparaison absolument indispensable. Les nos 1 à 5 doivent porter l'oblitération du 25 février (de Vinck dixit). L'oblitération fausse de Genève (appliquée parfois aussi sur timbre-poste et taxes de 1896) est ronde, double cercle, 23 mm. MAJUNGA 28 DEC 96 MADAGASCAR.

MADÈRE

On peut dire que, pratiquement, tous les timbres du Portugal ayant été surchargés pour Madère. ont reçu un grand nombre de *fausses surcharges.*

La comparaison est indispensable, particulièrement pour les trois premières émissions. Voici quelques détails propres à guider le lecteur ; il y a 3 sortes de surcharges : I. 15 mm. de large environ sur 3 mm. de haut ; II. 14 1/2 $\times$ 2 3/4 ; III. 14 1/4 $\times$ 2 1/2. *Originaux,* surcharges I sur les deux premières émissions ; sur l'émission de 1871 à 79 on trouve les types I, II, III suivant valeurs et dentelures (consulter le catalogue spécialisé du Portugal) ; sur l'émission de 1880, type III. *Réimpressions ;* (1885) et (1906, R.R), toujours au type II. On trouve dans les réimpressions non dentelées (pour la première émission) les 5 reis noir ; 10 r. jaune et le 25 r. rose, qu'on retrouve ensuite dentelés (pour la seconde). La fausse surcharge MADEIRA a été imitée à Genève en deux types ; l'un en lettres maigres 14 1/4 mm. de largeur (au pied des lettres) ; l'autre en lettres grasses, assez insidieuse mais qui dépasse un peu la mesure ayant 15 mm. de largeur.

MALACCA

1867. Suchargés. n°s 1 à 9. La valeur du 3/2 cents est imprimée en toutes lettres ; la couronne diffère avec celle des autres valeurs. On la trouve en noir avec chiffre 2 au dessus (R.R). *Fausses surcharges* nombreuses ; comparaison indispensable.

1868-91. Effigie de la reine. N°s 10 à 21 ou 31 à 43. *Originaux* avec filigrane CC ou CA couronne, dentelés 14 ; typographiés ; les hachures horizontales du fond sont nettes et ne touchent pas le cadre de l'effigie ; les détails de l'oreille sont bien visibles à la loupe ; le trait formant le devant de l'œil est incurvé. *Anciennes imitations* notamment Genève, mal lithographiées avec hachures du fond touchant le cadre ; dentelure informe ; pas de filigrane ; traces de traits séparatifs en dehors des marges ; etc. *Faux gravés* dits « sans oreilles », modernes ; dentelures diverses ; 14 $\times$ 12 1/2 ; 14 $\times$ 13 ; 11 ; faux filigrane par estampage. L'aspect général est très bon mais ces falsifications sont faciles à pointer car l'oreille, qui parait visible à distance disparaît autant dire complètement dans les 5, 10 et 30 cents, lorsqu'on la regarde à la loupe et est insuffisante dans les autres valeurs ; on remarque encore que le trait devant l'œil est vertical et non courbe ; etc.

**1879-82. Surchargés n°s 22 à 30 et

1883-94. Idem n°s 44 à 64.
Fausses surcharges nombreuses. Comparaison indispensable.
Il y a 7 variétés de surcharges du n° 29 et 12 du n° 30. La spécialisation est donc utile.

ILES MALDIVES

1906. Surchargés MALDIVES. N°s 1 à 6. Fausses surcharges sur originaux neufs ou usés de Ceylan. Comparaison nécessaire.

MARIANNES

Occupation Epagnole. *Fausses surcharges :* comparaison utile ; les oblitérations des Philippines sont suffisantes pour démontrer la fausseté de la surcharge et si elles sont de novembre 1899 ou postérieures, l'argument est renforcé d'autant.

Occupation allemande.

1899. Surchargés. N°s 1 à 6. *Surcharges fausses,* dont quelques-unes très insidieuses ; notamment une série peinte à la main dont le point sur l'I est carré au lieu d'être rond. Comparaison et même parfois expertise indispensable. L'expertise de l'oblitération est également nécessaire pour les surcharges inclinées à 56°. *Faux :* toute la série a été imitée (surcharge de 48°) à Genève (voir Allemagne, émission de 1886, volume I) avec fausse oblitération : SAIPAN 18/11 99 MARIANEN (1 cercle 26 1/2 mm.).

1900. Type navire. N°s 7 à 19. *Fausses* oblitérations nombreuses. Expertise nécessaire. *Faux de Genève,* valeur en pfenninge ; voir Colonies allemandes.

MAROC

I. Bureaux allemands

1899. Surcharge Marocco seule. Série non émise.

1899. Surcharge oblique sur 2 lignes. N°s 1 à 6.
Surcharges originales : se divisent en grasses et maigres ; *fausses surcharges :* comparaison nécessaire. Examinez d'abord s'il ne s'agit pas des faux timbres d'Allemagne 1889 décrits dans le volume I.

1900. Surchargés (Reichspost), n°s 7 à 19. *Fausses surcharges.* Comparaison. *Fausses oblitérations* sur *surchargés originaux :* expertise. L'oblitération fausse de Genève est ronde à date, 1 cercle 26 1/2 mm. TANGER (MAROCCO) 6/3. 01. DEUTSCHE POST.

1905 à 1911. Surchargés. Nᵒˢ 20 à 27. Même observation.

N.-B. Dans les originaux nᵒˢ 16, 17 et 19 la valeur se trouve plus haut que le bas des inscriptions latérales ou à cette hauteur. Dans le nᵒ 8 le T est pointu ou non ; dans les valeurs en marks des 3 dernières émissions, la valeur est placée soit à hauteur des inscriptions latérales soit plus haut ; enfin les valeurs en marks de 1900 se rencontrent à partir de 1903 avec les M plus épais.

II. Bureaux anglais

On trouve des *fausses surcharges*, notamment des trois premières émissions et de leurs variétés rares. La comparaison est nécessaire parfois, mais l'étude facile, les surcharges anglaises étant bien faites (en général).

III. Bureaux espagnols

Même observation pour les trois premières émissions. Comparaison indispensable. La surcharge de 1903-1909 (nᵒˢ 1 à 13) a été imitée à Genève et appliquée, en général, sur des usés dont l'oblitération..... espagnole est originale ; elle a été faite en deux types, le premier avec la lettre M sous la première R de CORREO ; le second est meilleur. L'oblitération fausse de Genève est ronde à date double cercle 30 1/2 mm. TANGER (entre deux étoiles) 2.. ..NE 04 MARRUECOS.

IV. Bureaux français

N.-B. Il existe un grand nombre de surcharges fausses (types courants et variétés) ; la comparaison s'impose le plus souvent et la spécialisation est indiquée. Voici, pour les diverses émissions quelques détails qui devront attirer l'attention : les surcharges typographiques montrent un foulage égal ; dans les surcharges à main il peut être plus prononcé sur l'un des quatre côtés avec, parfois, glissement léger. Chaque fois que le timbre français est cher à l'état neuf, scrutez avec attention le cachet oblitérant..... français soit que la date soit antérieure à l'émission de la surcharge, soit qu'il se trouve sous la surcharge.

1891-1900. Centimos et Peseta. Nᵒˢ 1 à 11. Surcharge typographiée. Les 25, 50 T II et 1 pes. sont du 1-1-91. Les 5 c. vert I, 10 II et 20 c. du 1-1-93. Les 5 c. vert-jaune I et II, 10 I de 1899. Le 50 c. I et le 2 pes. de 1900. Les surcharges vermillon 5 c. vert II et 25 c. d'avril 95. La surcharge du 2 pes. a été insidieusement imitée mais le chiffre 2, trop épais, montre dans la boucle un ovale dont le grand axe est vertical au lieu d'être penché à gauche : ceci ne veut pas dire que quand l'axe est penché à gauche la surcharge est toujours originale !

1893. TIMBRE POSTE. N°s 12 et 13. Cachet à main, encre carmin. 3 février 1893. Vérifiez d'abord si le taxe de France n'est pas lui même *faux*. (Voir volume I et Colonies françaises).

1902-03. Type Maroc. N°s 14 à 20. Surcharges typographiées. Dans la double surcharge n° 14^b le foulage des deux surcharges doit être pareil. *Faux* du 1 et 2 fr. type Merson (voir Colonies françaises).

1903. Surcharge PP. N°s 21 et 22. Cachet à main, encre carmin. La surcharge est en réalité une oblitération (indication de port payé) et ne devrait se prendre que sur lettre du 10 octobre 1903, ce timbre n'ayant servi que ce jour-là (Tanger). A Genève on a surchargé les 5 et 10 c. taxes de France ! (et non les taxes du Maroc avec surcharge carmin) à l'aide du PP encadré qui a servi à oblitérer des faux de Suisse. La fausse oblitération de Genève est ronde à date, double cercle, 25 mm. cercle intérieur à traits interrompus TANGER 5 FEV 93 MAROC.

1907-10. N°s 23 à 27. Surcharge typographique.

1911-17. Type Maroc avec surcharge arabe. N°s 28 à 39. Surcharge typographique. Dans les chiffres écartés la distance entre les chiffres est plus grande de 1/2 mm. pour le 10 c. et de 3/5 environ pour le 20 c. que dans les chiffres normalement distancés. Pour le n° 39 voir *faux* du type Merson à Colonies françaises.

1914-21. PROTECTORAT FRANÇAIS. N°s 40 à 54. Surcharge typographique. Le 15 c. est de 1919 et les 1 c. grisnoir et 25 c. de 1921. Voir émission précédente pour les chiffres écartés. Pour les n°s 53 et 54 voir *faux* du type Merson à Colonies françaises.

1914-15. Croix-rouge. N°s 54^a à 59. N.-B. Ces surcharges ont été l'objet des soins assidus des faussaires. La comparaison détaillée de la croix, du chiffre et de la lettre ainsi que la comparaison de l'encre est indispensable. Le n° 56 (Oudja) provient d'un cachet à la main, encre carmin, les autres ont une surcharge typographique locale. Dans le n° 55 (sur n° 43) la barre horizontale est composee de 2 caractères typographiques ; dans les autres, d'un seul. Dans le n° 57 (sur n° 43) la surcharge est vermillon.

1915-27. Croix-rouge. N°s 60 à 62. Surcharges typographiques.

1918-24. Surcharges TANGER. N°s 80 à 97. Surcharge typographique. *Truquage :* la variété rare du 25 c. sans TANGER a été obtenue en grattant la surcharge du 25 c. n° 35 de 1911.

1922-27. Aérophane. n°s 98 à 108. *Truquage* du 75 c. vert n° 102 en bleu pour faire le n° 101, 75 c. bleu. Le plus souvent, la nuance obtenue est le bleu-vert du 50 c. mais le plus sûr est de comparer avec la nuance d'un 75 c. bleu original.

1923-27. Types de 1917. N⁰ˢ 109 à 133. Impression en héliogravure. La comparaison avec l'impression de la série de 1917 suffit mais elle est nécessaire car la mention Helio Vaugirard (placée sous le timbre, en bas a droite) a été grattée sur des timbres de fortes valeurs héliogravés.

Timbres-taxe. Toutes les surcharges sont typographiées.

MARSHALL

1897. Surcharge Marschall-Inseln. N⁰ˢ 1 à 6. Les prix varient beaucoup suivant que les timbres sont oblitérés avec le premier cachet oblitérant Marschall (avec c) Inseln (R.R) ou avec le second Marshall (sans c). Pour les neufs, la série pour le bureau dè Berne (simple différence dans la pression de l'impression) est plus recherchée. *Fausses oblitérations* du premier type et du second (surtout sur les 25 et 50 pf). *Faux* de Genève; fabriqués de toutes pièces (voir Colonies allemandes, timbres allemands faux de 1889) avec fausse surcharge et fausse oblitération JALUIT 8/6 97 MARSHALL INSELN. (1 cercle, 27 mm).

1900. Marshall (sans c) Inseln n⁰ˢ 7 à 12. Ces timbres sont rares et recherchés avec le premier cachet oblitérant. *Fausses surcharges* : comparaison nécessaire. *Fausse oblitération* de Genève, 1 cercle 27 mm. JALUIT MARSCHALL-INSELN (ces 2 mots sur 2 lignes) 12-2-98.

1900. Type navire. N⁰ˢ 13 à 25. *Fausses* oblitérations nombreuses. Expertise nécessaire. *Faux de Genève* : voir Colonies allemandes type bateau.

1914-15. Surchargés G. R. I. Nombreuses *surcharges fausses* : comparaison indispensable ; mais la spécialisation l'est aussi car il y a des types différents et une foule de variétés sur lesquels le catalogue Stanley-Gibbons donne les renseignements nécessaires.

MARTINIQUE

1886 à 1892. Surchargés. N⁰ˢ 1 à 30. *Originaux*. Spécialisation recommandée ; pour les types et variétés consulter Marconnet (p. 312 à 324) et de Vinck (p. 116 à 120). *Faux* : vérifiez tout d'abord si le timbre lui-même n'est pas une falsification des timbres de 1881 (voir Colonies françaises). *Fausses surcharges* nombreuses : comparaison indispensable et passage au gabarit. *Originaux* : surcharges typographiques (foulage). N⁰ 1, chiffre de 5 3/4 mm. de haut ; variété avec c : 4 mm. n⁰ 2, lettres de 5 1/2 mm. de haut ; variété : 4 1/2 mm. ; on trouve des exemplaires avec le point derrière c placé à hauteur du sommet de cette lettre. Le n° 26 présente également cette variété. Toutes les surcharges ont été imitées à Genève sur faux et sur originaux faussement surchargés. Oblitération fausse de Genève : ronde à date. double cercle, 24 1/2 mm. cercle extérieur à traits interrompus ST-PIERRE 1ᵉ | 11 JUIN 92 MARTINIQUE.

1892 à 1906. Type Groupe. Nᵒˢ 31 à 51. *Faux* de ce type (Genève); voir Colonies françaises. Fausse oblit. de Genève du type précédent, 23 1/2 mm. : FORT DE FRANCE 6 MAI 94 MARTINIQUE.

1903-1904. Nᵒˢ 52 à 60. Surcharges typographiques. *Fausses surcharges* : comparaison indispensable. Vérifiez d'abord si les timbres au type groupe ou le timbre taxe du n° 60 ne sont pas eux-mêmes des contrefaçons.

1912. Type groupe surchargés. Nᵒˢ 78 à 81. *Faux* de Genève : voir imitations du type groupe à Colonies fançaises.

1915. Croix-rouge. Nᵒˢ 82. Surcharge typographique. On trouve des imitations sur le 10 c. de 1908 usé ; vérifiez le millésime de l'oblitération.

Surchargés des émissions suivantes. Comparaison utile surtout pour les variétés rares.

MAURICE

1847. Post-Office. Nᵒˢ 1 et 2. *Originaux :* gravés en taille douce et présentant donc des traces de couleurs sur les parties blanches par suite du mauvais essuyage des planches (12 types, 3×4), Fond de lignes croisées (verticales et obliques) ; diadème de croix alternées avec des fleurs de lys. *Faux :* diverses reproductions faites par des marchands, en typographie ou lithographie, que leur impression fait facilement reconnaître. Quelques faux anciens : *a)* typographiés avec traits du fond si fins qu'il paraît plein ; *b)* lithographiés sur papier brunâtre avec simple bandeau au lieu d'un diadème; *c)* lithographié de Genève (2 p.) avec fond formé de lignes blanches obliques et croisées dont les intervalles forment des *carrés* de couleur.

1848-58. Post-Paid. 1 et 2 pence. *Originaux :* taille douce ; papier habituellement grené montrant par transparence des groupes de 4 points. Fond de traits obliques prononcés, croisés avec traits verticaux plus faibles Diadème de croix et fleurs de lys alternés. Planches de 12 types (3×4); dans le 2 p. l'erreur PENOE est le septième timbre. 4 principaux états successifs des planches : 1° gravure très fine montrant toute l'étendue des traits du fond avec le beau relief des tailles (mai 1848 à fin 1851) papier épais jaunâtre et papier mince, blanc, jaunâtre ou bleuté ; 2° gravure intermédiaire avec tous les traits obliques du fond entièrement visibles, mais peu de traits verticaux (1852 à fin 55); 3° gravure usée ; lignes diagonales visibles mais sans relief et disparition de ces lignes aux endroits les moins profonds de la taille (1857 et 58) ; 4° gravure très usée de fin de planche ; simples traces des traits obliques près de l'effigie. Les types se reconnaissent principalement aux lettres des inscriptions (voir le catalogue de la deuxième vente Ferrari avec planches reconstituées. *Faux, a)* lithographiés, avec traits verticaux épais et obliques minces ; *b)* photolithgraphiés fac-simile pour le 1 penny en planche de 12 types, planche usée, sur papier très épais.

On trouve des *essais ?* en noir de la planche retouchée ou plutôt retravaillée pour regravure (avec diadème différent. et des *réimpressions* en rouge orange de la même planche, tous deux sur papier blanc au lieu de jaunâtre ou teinté.

1859. Effigie au bandeau Nᵒ 7. Gravure en taille-douce refaite sur la planche du 2 pence des POST PAID ; l'effigie ne porte plus qu'un bandeau; fond de lignes croisées irrégulières. *Faux ;* a) lithog. copie du type X (sans point après PAID ; b) lithog. en outremer foncé sur bleuté. La lithographie permet de reconnaître facilement ces imitations. On trouve en outre des essais ? en noir sur papier blanc (au lieu de bleuté) de la planche entière et des *réimpressions* sur blanc de la même planche.

1859. Tête de chien. Nᵒ 8. *Originaux* : gravure en taille douce. 3 états : 1° gravure très fine ; 2° traits du fond partiellement usés ; 3° planche usée, traits du fond à l'état de vestiges. On trouve dans le fond du timbre des hachures verticales, horizontales et obliques. *Faux* : lithographié; pas de hachures horizontales dans le fond autour de l'effigie et pas de hachures obliques dans le fond des inscriptions.

N.-B. La reconstruction des planches des Post Paid et des nᵒˢ 7 et 8 se trouve illustrée dans le Calman (1901).

1859. Effigie avec grecques. Nᵒˢ 9 et 10. *Originaux* : lithographiés sur papier blanc jaunâtre, vergé horizontalement. N.-B. Il est fort regrettable que la reconstruction du report n'ait pu être faite jusqu'à présent. Ce travail, il est vrai, est autrement difficile que la reconstruction de planches gravées mais il serait extrêmement utile que la publication des signes distinctifs du report soit faite car c'est le seul moyen de reconnaître de bonnes falsifications faites sur papier semblable. La planche a dû être établie par reports directs de la matrice-mère des deux valeurs sans multiplication par transfert sur une grande pierre de la matrice-report ainsi obtenue. A mon avis, le nombre de types est petit (12 ?) si l'on en juge par la variété du 2 p. à cou large (retouche importante des hachures à droite du cou); variété qui se trouve assez fréquemment puisque le catalogue anglais ne la cote qu'environ 3 fois le prix de l'ordinaire. On trouve dans la même valeur d'autres retouches minimes. *Faux anciens* : sur papier blanc uni.

1854. Type Britannia. Surchargé. N° 11. La surcharge originale FOUR PENCE est gravée *Faux* : voir émission suivante. La surcharge a été imitée à Genève avec les barres horizontales inférieures des lettres E trop longues.

1858. Même type. Sans valeur. N°s 12 a 16. Nous prions le lecteur de se reporter à l'illustration donnée pour les timbres de Barbade n°s 1 à 5. *Originaux :* le bonnet porte une étoile à 5 branches et le bouton du haut est ombré , le dessin des coins et le burelage des côtés et du fond sont semblables à celui des susdits timbres de Barbade. Gravés en taille douce. *Faux* : a) série lithographiée ancienne ; bonnet informe dont tout le haut est blanc ; pas d'étoile ni de bouton ; la pointe de la lance touche presque les entrelacs en haut. Mauvaises productions. b) série lithographiée, mieux exécutée mais le bouton du bonnet est sans hachures ; le fer de lance porte une seule hachure épaisse ; la main qui tient cette arme ne montre que 3 doigts au lieu de 4 ; le fond burelé ne ressemble pas au dessin original. c) gravés en taille douce ; pas de bouton ni d'étoile au bonnet ; fer de lance sans hachures excepté 2 extrémités du burelage du fond qui y pénètrent ; cette gravure fantaisiste a bonne apparence mais se reconnaît facilement à une double ligne festonnée (à parties concaves vers l'extérieur) l'espace entre ce festonné et le cadre extérieur étant totalement blanc. d) série lithographiée de Genève, en blocs ; voir détails dans l'émission suivante qui provient du même cliché faux. *Truquages* par altération chimique des nuances des n°s 15 et 16 neufs, non émis, en vert et en violet-rouge pour en faire des n°s 12 et 14. La comparaison des nuances suffit en général : si non l'emploi de la lampe de quartz est indiqué.

1859-62. Même type. Valeur indiquée. N°s 17 a 22. *Originaux :* voir émission précédente. *Faux* : 6 pence lithographié en diverses nuances ; non dentelé ou dentelure irrégulière ; l'étoile du bonnet forme un ovale à bord renversé ; point coloré en place de hachures dans le bouton du bonnet ou bien ce dernier est entièrement blanc ; 2 hachures dans le fer de lance ; fond informe. *Faux de Genève ;* lithographiés en blocs, comme les imitations de l'émission précédente ; non dentelés ou dentelés 13 1/2 environ ; le bouton du bonnet est petit, rond et porte un point de couleur au milieu ; le fer de lance porte une grosse hachure courbe. vers le milieu, excepté dans les 2 nuances du 6 pence ou il y en a deux ; simple tache blanche, réduite, sur le devant du bonnet : 4 doigts visibles à chaque main, mais si minces qu'on dirait des griffes ; le fond est fait d'un semis de points blancs. Fausse oblitéiation : quadruple cercle, 24 mm. de diamètre (au lieu des oblitérations originales B 5 3, P A I D dans un cercle ; ou quintuple cercle de 16 1/2 mm.).

1860. Sans filigrane, dentelés 14. *Originaux ;* typog. le contour du visage est formé par le simple arrêt des fines hachures du fond central ; les hachures de l'oreille sont horizontales. 6 pence *faux*, nᵒˢ 26 et 27. Lithog. piqués en points 13. Manque de hachures sur le visage, le bas du diadème est partagé en trois par des traits verticaux ; etc., la comparaison avec un 4 p. rose de l'émission suivante suffit. 9 pence nᵒˢ 28. Lithog., piqué 11 ; trait plein au contour du visage, hachures obliques sur l'oreille ; des lettres des inscriptions touchent les bords du cartouche.

1863. Filigrane cc. Nᵒˢ 33 à 40. *Originaux :* voir série précédente. *Faux :* le fond central est formé de petits points ; le visage manque de hachures ; piqués 13 ; sans filigrane.

Surchargés des émissions suivantes ; quelques *fausses surcharges*, notamment des nᵒˢ 42 ᵇ, 42 ᶜ et des variétés renversées ou doubles : comparaison nécessaire. La surcharge TWO CENTS de 1891 (nᵒ 79) a été imitée à Genève (simple ou double) ; etc.

MAURITANIE

1906. Type Balay. Nᵒˢ 14 à 16. *Faux :* voir les imitations de ce type à Colonies françaises.

1915. Croix-rouge nᵒ 34. Doubles *surcharges* fausses. Comparaison détaillée indispensable.

1906. Taxes. Nᵒˢ 1 à 8. *Fausses surcharges :* T dans un triangle. comparaison indispensable.

MAYOTTE

1892 à 1912. Type groupe. Nᵒˢ 1 à 31. *Faux* de Genève : voir les imitations de ce type a Colonies françaises; oblitération fausse de Genève, ronde, 21 1/2 mm. double cercle, cercle intérieur à traits interrompus : DZAOUDZI 2 AOUT 98. MAYOTTE.

MEXIQUE

Il est fortement recommandé aux collectionneurs qui s'intéressent à ce pays de se spécialiser. Recommandé aussi d'utiliser le catalogue Calman qui renseigne sur 90 pages in-quarto toutes les surcharges (avec illustrations et mensurations) les nuances et les timbres coupés, etc., renseignements qu'il est impossible de relater ici, même en raccourci.

1856-61. Non dentelés, N°s 1 à 12. *Originaux* : gravés en taille-douce ; papier de 50 mcs environ ; le fond de l'ovale porte des traits horizontaux rapprochés avec des hachures obliques (N-O à S-E) du côté gauche de l'effigie mais ces traits ne sont guère visibles, excepté dans les réimpressions ; la chemise porte 2 boutons ; le fond de l'ornementation est formé de fines hachures obliques (N-E à S-O) ; un trait mince limite dans le bas les lettres de CORREOS MEJICO ; le fond de la valeur est fait de lignes croisées, souvent peu visibles, excepté dans les réimpressions, Tout le visage (front nez, joues et menton) est bien ombré. *Réimpressions* (1888) : les cinq valeurs de l'émission de 1856, couleur sur blanc plus un 2 reales rose, un 4 reales sur papier cotelé et un 8 reales gris. Papier plus épais (65 microns) ; les parties blanches du recto (examinez à la loupe) sont légèrement bleutées ; enfin. elles ont été tirées sur planches usées et nettoyées et, de ce fait les ombres du visage sont réduites (front, nez) et les traits du fond central. du fond ornementé et du fond des inscriptions, réduits en largeur, sont plus visibles. Les 5 valeurs de l'émission de 1861 ont été également réimprimées : 1/2 r. noir sur brun-pâle ; 1 r. noir sur vert et noir sur rose ; 2 r. noir sur jaune et noir sur rose ; 4 r. noir sur jaune et rouge sur jaune ; 8 r. noir sur brun et vert sur brun. Ici la distinction avec les originaux est plus difficile à faire pour ce qui intéresse l'impression, mais on y arrive par la comparaison des nuances, légèrement différentes, plus vives, et par le papier, plus épais, qui montre moins de points de transparence.

N.-B. Les réimpressions portent parfois des noms de districts. *Truquages ;* reimpressions avec noms falsifiés : comparez cette surcharge ; fausse oblitération ou non. *Faux.* Plusieurs séries lithographiées dont les trois premières présentent les graves défauts suivants : série A, CORREOS MEDICO ; le grand ovale est plein ; B, GORREOS MEJIOS ; avec traits séparatifs autour du timbre ; C, inscription supérieure bien orthographiée mais les lettres sont colorées sur fond blanc ! Trois autres séries sont meilleures : D, inscription supérieure très défectueuse (voir illustration) ; traits ou fragments de traits séparatifs ; le nez est formé d'un gros trait épais ; la levre supérieure d'un trait épais doublé d'un trait mince ; il y a fréquemment 3 boutons à la chemise (au lieu de 2), etc. ; E, série photolithographiée de Genève, bien venue dans ses détails n'étaient les nuances arbitraires ; les hachures du fond central sont limitées par un trait courbe partant sous l'S de CORREOS pour finir à hauteur du bas de l'oreille ; voir illustration pour quelques défauts dans l'ornementation sous l'ovale ; le fond de hachures horizontales (ovale) ne mesure à hauteur de la bouche que 11 1/2 mm. de largeur au lieu de 12 ; l'oreille forme un 8 renversé ; l'œil droit se termine à la

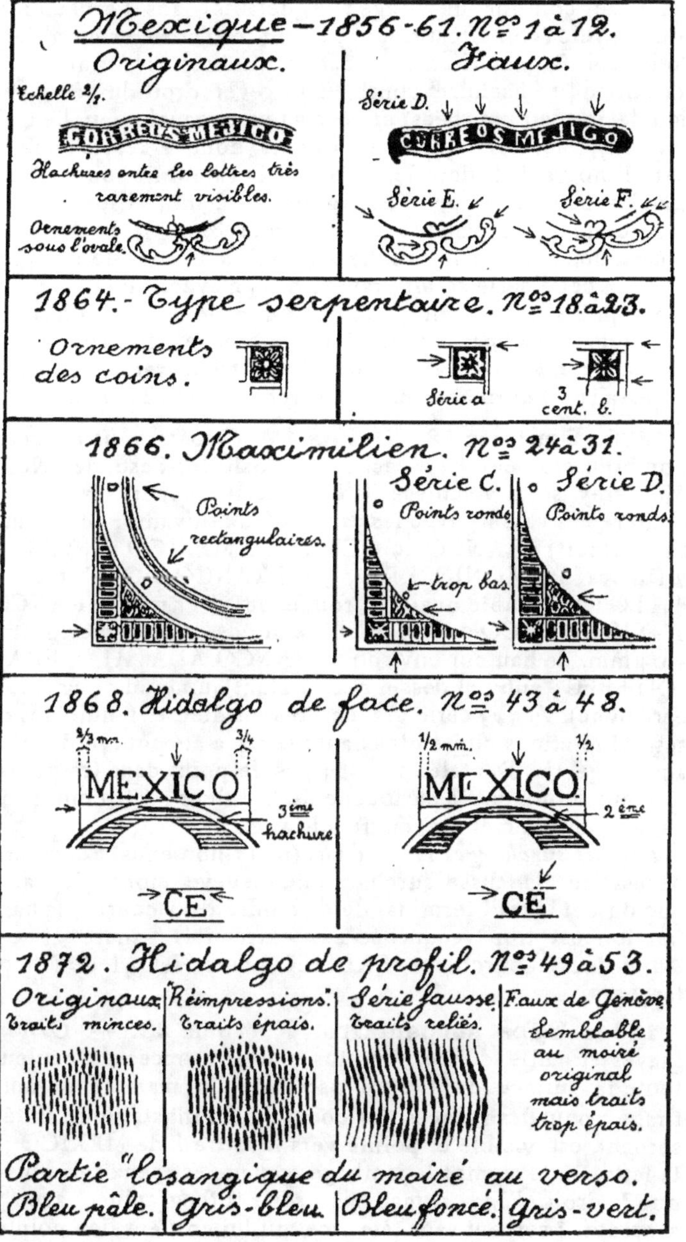
Mexique — 1856-61. Nᵒˢ 1 à 12.
Originaux.
Faux.
Echelle ²/₃.
Série D.
CORREOS MEJICO
CORREOS MEJICO
Hachures entre les lettres très
rarement visibles.
Série E.
Série F.
Ornements
sous l'ovale.
1864. - Type serpentaire. Nᵒˢ 18 à 23.
Ornements
des coins.
Série a
3 cent. b.
1866. Maximilien. Nᵒˢ 24 à 31.
Série C.
Série D.
Points
rectangulaires.
Points ronds.
Points ronds.
trop bas
1868. Hidalgo de face. Nᵒˢ 43 à 48.
²/₃ mm.
3/4
MEXICO
3 ème
hachure
CE
1/2 mm.
1/2
MEXICO
2 ème
CÉ
1872. Hidalgo de profil. Nᵒˢ 49 à 53.
Originaux
traits minces.
Réimpressions.
traits épais.
Série fausse
traits reliés.
Faux de Genève.
Semblable
au moiré
original
mais traits
trop épais.
Partie "losangique" du moiré au verso.
Bleu pâle.
Gris-bleu.
Bleu foncé.
Gris-vert.

ligne de contour du visage ; F, défauts dans l'ornementation sous l'ovale (voir illustration) ; le nez et l'arcade sourcillière de l'œil droit (à gauche en regardant le timbre) est formé d'un gros trait plein ; 12 hachures courbées au revers droit du vêtement (au lieu de 16 peu courbées) et 10 au revers gauche (au lieu de 16 environ), etc. ; G, quelques valeurs dont 2 reales ; mauvaise série lithographiée dont les lettres de la valeur ne sont guère plus grandes que celles de l'inscription du haut ; H, on me signale encore quelques valeurs n'ayant que 8 ou 9 hachures dans le cartouche du haut (au lieu de 11) avec nez de l'effigie non ombré ; cette série serait gravée, mais n'ayant pu la voir, je présume qu'il s'agit de réimpressions ? dont le fond de l'inscription supérieure est mal venu. Voir, en outre, émission de 1867. *Fausses surcharges* avec noms de districts rares (comparaison nécessaire). Fournier a imité la surcharge SALTILLO.

1863. Dentelés 12. Nᵒˢ 13 à 17. *Fausses oblitérations* très nombreuses. Seuls les cachets de Saltillo, Paso del Norte et Monterey sont valables ; ils doivent être expertisés. Fournier a oblitéré ces valeurs avec les cachets faux suivants : cercle unique, 24 mm. : 1°) FRANCO 29 OCT 18.. ? MEXICO ; 2°) FRANCO 7 DEC 1863 MONIERREY ; 3°) FRANCO 2 OCT 1863 SALTILLO ; 4°) double ovale en rouge, 28 × 17 mm., FRANCO EN TUXILA CHICO ; 5° et 6° oblitérations sur 2 lignes. lettres de 5 1/4 mm. de hauteur environ : FRANCO ADALAJA ; FRANCO ANTEPEC ; enfin 7° dessin ressemblant au nœud de Savoie (voir Sardaigne). *Faux ;* série gravée, très insidieuse, munie des diverses oblitérations citées plus haut ; le 1 r. a été pourvu de la fausse surcharge 1/2. Dentelés 11 1/2 ; pas de point dans les petits cercles qui terminent le cartouche de la valeur ; 6 hachures noires au col (sous le menton) au lieu de 5, etc.

Fausses surcharges 1/2 sur 1 r. (nᵒ 17 non émis) ; comparaison nécessaire ; la fausse surcharge de Genève montre le trait oblique du 1 et le trait terminal de ce chiffre trop courts ; la barre de fraction est trop recourbée aux extrémités ; encre grise ; etc. Aussi fausse surcharge SALTILLO avec les 3 L de différentes largeurs.

1864. Type serpentaire. Nᵒˢ 18 à 23. — *Originaux,* gravés en taille douce ; le plus souvent traces de couleur sur toute la surface du timbre par suite du manque de soins au tirage ; pour les rosaces des coins, voir l'illustration ; la tête du serpent est visible et pointe vers la lettre E de MEXICO ; dans la lettre X de ce mot le jambage gauche est deux fois plus large que le droit. *Faux. a)* mauvaise série lithographiée avec traits séparatifs ; serpent sans tête ; ce qui lui en tient lieu pointe vers la lettre M ; la lettre X a les deux jambages d'égale épaisseur ;

l'illustration du carré ornemental suffit d'ailleurs amplement à reconnaître ces productions. *b)* Je n'ai vu que le 3 centavos mais il est possible que la série existe ; lithographié mieux venu ; les carrés ornementaux ne sont guère mieux traités que dans la série précédente ; le fond du bandeau ovale paraît être plein sous les inscriptions ; la tête du serpent pointe vers le pied droit de la lettre M ; le haut de la lettre X touche la lettre E, etc. *c)* Soi disant réimpression du 3 cent. obtenue par impression d'un cliché original mais retouché dans les lettres de la valeur ; nuance brun-jaunâtre, non surchargé.

1866. Maximilien n⁰ˢ 24 à 31. *Originaux :* le fond central est fait de hachures verticales et horizontales croisées ; le fond des inscriptions de fines hachures concentriques ; cela se distingue facilement à la loupe dans les *gravés*, moins bien dans les *lithographiés*. Dans le bas, la barbe se divise en deux pointes dont l'une est séparée de la pointe du cou par une distance de 1 mm. environ. Toute l'effigie est bien ombrée et la tranche du cou montre des lignes croisées. Voir l'illustration pour le détail de l'ornementation des coins. Pas de *réimpressions. Faux.* Toutes les séries sont lithographiées avec le fond de l'ovale plein. On trouve d'abord deux séries où la barbe finit en une seule pointe dont la distance à la pointe du cou est fort minime : A, série bien exécutée sur papier épais ; MEXICANO s'écrit MEXIOANO ; entre les indications de la valeur et les inscriptions, il y a 2 points carrés et 2 points ronds. B, série mal exécutée sur jaunâtre ; les lettres sont minces, les 4 points manquent. Dans deux autres séries la barbe est présentable ; la plus répandue est la série C, dont les points sont ronds et ceux placés après les lettres c placés au pied de cette lettre ; cadres séparatifs ; dessin des coins très mal copié (voir illustration) ; D, série de Genève, beaucoup mieux faite en photolithographie 21 2/3 mm. de hauteur) ; les 4 points sont ronds ; les lettres sont trop minces ; voir dans l'illustration quelques défauts de l'ornementation des coins. Cette série a reçu le plus souvent en surcharge MEXICO (en bas) 78 (en haut à gauche) et 1866 (en haut à droite), et les oblitérations fausses précédemment décrites (sans millésime visible). Le 25 c. bleu est un *essai.*

1867. Surchargés Mexico. N⁰ˢ 32 à 42. Il existe des réimpressions (sans filigrane) ; 1/2 r. noir, 2 r. vert-foncé et 4 r. rose, sur papier trop épais et de ton plus franc que les originaux (1/2 r.). *Faux :* voir première émission ; le 8 reales a également été exécuté très insidieusement sur un papier ressemblant de très près à celui de la première émission mais moins crayeux ; les n⁰ˢ 37 et 38 avec surcharge ont été également bien imités ainsi que les 1 et 4 real du tirage de 1867 sur papier mince azuré, avec faux filigrane R. S. P. La comparaison du dessin, les mensurations et les nuances, légèrement dissemblantes feront reconnaître ces imitations. *Fausses surcharges*, nombreuses : comparaison nécessaire. (Aussi Genève). *Truquage :* réimpression du 1/2 r. faussement surchargée Mexico.

1868. Hidalgo de face. Nᵒˢ 43 à 48. '*Originaux :* les hachures du fond central sont fines ; l'I de MEXICO est visiblement plus épais que les autres lettres ; le haut de crâne touche la troisième hachure (la première touche fréquemment le cercle) ; le C de CENT, plus haut que les autres lettres arrive plus près du haut du cartouche de la valeur. Pas de *réimpressions. Faux,* lithographiés ; les hachures du fond central sont trop épaisses ; le crâne touche la deuxième hachure ; l'I de MEXICO n'est pas plus épais que les autres lettres ; les pieds de l'X touchent le cercle (parfois seulement par un point) ; le C de CENT n'est pas plus haut que les autres lettres de ce mot. D'autres contrefaçons, similaires, se reconnaissent facilement en comparant avec les signes décrits dans l'illustration des originaux ; aucune n'a le petit trait qui part à gauche de la partie supérieure de l'ovale et est tangent à celui-ci.

Fausses surcharges Anotado, souvent avec faux perçage. Comparaison nécessaire. Se souvenir que les Anotado sont du type II (chiffres épais), comme les erreurs de couleur et que leur oblitération porte généralement le millésime 1872.

1872. Hidalgo de profil. Nᵒˢ 49 à 53. *Originaux.* 19 1/2 × 24 mm. 55 microns d'épaisseur ; les exemplaires avec filigrane sont rares ; le cadre extérieur est formé d'un seul trait épais sur les faces extérieures des carrés ornementaux des coins et au dessus des inscriptions ; partout ailleurs il est double. Le lignage du fond est généralement bien visible mais les traits montrent des points d'épaississement et des solutions de continuité. Le trait mince qui limite à gauche les horizontales placées au dessus de CENTAVOS est souvent mal venu ou défaillant ; les hachures à droite et à gauche de CORREOS et MEXICO sont verticales dans les 6 et 25 c. et horizontales dans les autres valeurs. *Réimpressions* (1888) ; 19 2/3 × 24 1/2 mm. 65 mcs. Impression fine avec hachures plus fines et mieux venues que dans l'original. Le moiré du verso est *faux* (voir illustration). Sans filigrane. Les *essais* n'ont pas de moiré au verso.

Faux lithographiés ; a) ancienne série très répandue : 19 1/4 × 23 1/2 ; 70 à 75 mcs ; sans surcharges. Ces imitationas n'ont pas mauvais aspect malgré leurs graves défauts : cadre extérieur épais partout ; les 6 et 25 c. ont des hachures horizontales à droite et à gauche de CORREOS et de MEXICO ; idem dans les coins intérieurs ornementés ; le mot SEIS (6 c.) est écrit à l'envers dans son cartouche (le bas des lettres vers l'intérieur) ; le lignage de l'ovale est fait de traits trop épais, etc. b) photolithographiés de Genève ; 19 1/2 × 24 1/3 ; 70 à 75 mcs ; bien imité, mais nuances arbitraires ; le lignage du fond est trop net ainsi que la ligne intérieure du cadre dédoublé. Pour le moiré, voir plus loin. *Fausses* oblitérations de Genève : 1°) oblit. à date, 1 cercle FRANCO 29 OCT 18.. MEXICO ; 2°) oblitération ovale rouge, FRANCO EN TUXILA CHICO ; 3°) oblit. sur deux lignes FRANCO DAL.. ANTEPE. *Fausses surcharges* sur réimpressions et sur faux ; comparaison nécessaire. Sur faux de Genève on trouve généralement les fausses surcharges suivantes : VERACRUX 50 73 ; URES 50 73 ; SALTILLO 49 73. *Moiré du verso :* l'illustration renseignera sur les principaux défauts ; la nuance du moiré original fournit le moyen d'expertiser rapidement ; ajoutons pour être complet que quand on examine le verso d'original a l'œil nu et à distance, on ne voit pas les figures losangiques dont le dessin est formé ; on les devine dans la réimpression, on les voit bien dans les faux de Genève et on les voit à plus de un mètre de distance dans l'ancienne série falsifiée.

1877-82. Président Juarez. N°⁵ 61 à 73. Les timbres sans surcharge sont des restes de stock vendus neufs mais qu'on trouve munis d'oblitérations diverses ou de *fausses surcharges.*

1884-85. Hidalgo. Chiffres dans les coins. Nᵒˢ 77 à 100. Même observation pour les nᵒˢ 87 à 89 (50 c. à 2 pesos) dont les restes de stock ont été vendus en grandes quantités.

1886-1893. Chiffre dans un ovale. Nᵒˢ 101 à 130. *Réimpressions* (1891) : 20 c. (n° 109) en brun lilas avec filigrane de 1891 ; 12 c. rouge sur papier côtelé au lieu d'uni et gomme blanche au lieu de brunâtre. La surcharge *IIIII Vale.* I Cvo est une fantaisie faite par un receveur des postes pour des marchands.

Emissions postérieures. *Surcharges fausses* sur timbres de 1914. (Victoria de Torreon ABRIL 2-1914 ; nᵒˢ 223ᵃ à 229ᵃ et sur timbres de 1915 (Vale 4 ou 20 centavos 1914, nᵒˢ 286 à 288). Comparaison minutieuse. Ceux de la dernière série sont d'une émission officieuse.

Timbres de service. La plupart des surcharges doivent être comparées avec des surcharges originales sûres.

CHIAPAS

Originaux : 25 × 17 mm. *Faux :* 30 × 20 1/2 mm. avec cachet ovale FRANCO CHIAPAS.

CUERNAVACA

Original : 25 mm. de diàmètre. Timbre discuté, par. suite du manque de documentation officielle.

GUADALAJARA

Originaux : cachet à la main de 21 mm. de diamètre ; papier jaunâtre uni ; papier quadrillé ; papier vergé ; papier batonné ; diverses nuances ; non dentelés ou dentelés 42 en cercle Pas de *réimpressions. Faux :* 1° soi-disant réimpressions ; faites avec le cachet original pour le cercle et l'inscription FRANCO EN GUADALAJARA mais avec valeur et millésime contrefaits ; nuances et papiers arbitraires ; 2° série de Genève : 22 mm.; un real 1867 en 4 nuances de papiers avec fausses oblitérations ovale ou grand 8 à double trait ou bien encore cachet sur 2 lignes FRANCO.. ADALAJA.... De la même provenance, le 2 réales 1867 avec la plupart des lettres touchant le cercle ; 3° séries diverses de plusieurs provenances. Toutes ces imitations, y compris les soi-disant réimpressions se reconnaissent facilement en tirant un trait juste sous le millésime ; dans les originaux (1867) il coupera l'O de FRANCO sur le côté gauche de la lettre et   l'A vers le milieu ; pour ceux de 1868 il coupera ces deux lettres environ par le milieu, ce qui n'est jamais le cas dans les imitations. Ceci sans préjudice des papiers, nuances et dentelures arbitraires.

PATZCUARO

Original : Cachet à main ; 22 mm.; semblable à celui de Guadalajara mais sans désignation de valeur ni millésime. Timbre discuté par suite du manque de documentation officielle de même que ceux de *Chalco, Chihuahua, Morelia, Oajacca, Queretara* et *Vera-Cruz* déjà rangés dans le domaine des fantaisies. (Calman dixit).

Timbres Porte de Mar. 1875. N°⁵ 1 à 8. *Originaux :* lithographiés noir sur jaune ; planches de 49 timbres comprenant toutes les valeurs (14 de 10 c. ; 7 des 25, 35 et 50 c. ; 4 des 75 et 85 c. et 3 des 60 et 100 c.).

1875. Noir sur blanc. N°⁵ 9 à 19. *Originaux :* lithographiés sur divers papiers ; avec ou sans surcharge de district ; chiffres de la valeur 7 mm. de hauteur ; CENTAVOS 7 1/2 mm. de largeur ; 25 1/2 ✕ 31 1/2 mm. *Faux :* diverses imitations dont une·bonne série avec mensurations admissibles mais aucune valeur ne montre le cadre ou les traces du cadre blanc qu'on voit sur les originaux excepté dans le 10 c. et dans les chiffres 1 du 12 c. et o du 20 c.) autour des chiffres et qui provient de ce que les chiffres étaient changés sur la planche par une seconde impression ; on remarque en outre que les hachures ne concordent pas toujours. Dans la série fausse de dimensions acceptables l'S de CENTAVOS est visiblement placé trop haut ; il n'y a qu'un point (au lieu de deux) sous le P de PORTE du dessus de l'ornement du coin inférieur gauche. D'autres imitations portent les deux points. Ces timbres ont été imités à Genève, avec ou sans fausses surcharges Urès, Saltilla etc. des fausses oblitérations en bleu ou en noir.

1875. id. chiffres plus grands. *Originaux :* chiffres 8 mm. de haut ; centavos 9 1/2 mm. ; 25 1/2 $\times$ 32 mm. ; plus d'encadrement blanc aux chiffres des valeurs, chacune de celles-ci ayant une planche distincte.

1879. Couleur sur blanc. N⁰ˢ 26 à 31. *Originaux ;* lithographiés sur papier blanc uni ; 19 $\times$ 25 mm ; filigrane « Administration Général de Correos Mexico » dans la feuille. *Faux* : une bonne série mais avec nuances arbitraires ; 19 1/5 de largeur environ ; toujours 3 points seulement dans le petit cercle blanc entre MEXICO et MAR et les points mal disposés dans les ornements des coins ; 1° au dessus du deuxième R de CORREOS deux traits touchant presque la volute au lieu de 2 points disposés horizontalement ; au dessus de l'E du même mot, un gros point et un petit au lieu de deux points égaux ; au dessus de l'X de MEXICO le point de droite touche la volute placée à sa droite ; un seul point sous l'A de MAR, au lieu de 2 ; pas de point continuant la virgule renversée placée à droite de la grande volute située dans le coin inférieur gauche.

MOHÉLI

1906 et 1912. Type groupe. Nᵒˢ 1 à 22. *Faux* : de Genève voir imitations de ce type à Colonies françaises Fausse oblitération de Genève : à date, double cercle, 22 mm. FOMBONI 4 NOV 09 MOHELI.

MONGTZEU

1903-06. Surchargés MONTZE. Nᵒˢ 1 à 16. *Fausses surcharges* nombreuses ; comparaison nécessaire. Les erreurs de surcharges sont des fantaisies clandestines. *Faux :* Voir Colonies françaises type groupe.

1906-08. Surchargés MONG-TSEU. Nᵒˢ 17 à 32. *Fausses surcharges :* même observation. *Faux* du type groupe (75 c. 5 frcs) idem.

1908. Surchargés en carmin ou bleu. N°s 34ª à 50. La comparaison des surcharges est utile.

1919. Surchargés en CENTS et PIASTRES. N°s 51 à 67. *Fausses surcharges* de 2 et 4 piastres: (voir même émission à Indo-Chine).

MONSERRAT

1876. Timbres d'Antigua surchargés. N°s 1 et 2. *Originaux ;* voir Antigua. Le 6 p. émeraude (vert-bleu) n'est pas connu usé. *Faux :* mauvaises copies lithographiées, avec fausse surcharge ; sans filigrane. Le 1 p. coupé pour moitié doit étre sur lettre entière ; quand une moitié, sur lettre ou non, est surchargée de la fraction 1/2 en noir, cette fausse surcharge démontre le truquage.

MOZAMBIQUE

1877-85. Type couronne. N°s 1 à 14. *Originaux ;* 21 $\times$ 24 mm. *Réimpressions* 1885, sur papier blanc épais, uni, dentelés 13 1/2, généralement sans gomme ; 20 r. en brun-jaune ; 20 r. rose-terne ; 50 r. vert-pâle ; 100 r lilas-pâle ; et pour 1881-85 ; 10 r. vert, 20 rose-pâle ; 40 r. jaune-pâle, 50 r. bleu, nuances différant des couleurs originales. Il en est de même pour les autres valeurs ; comparaison utile. 1895 (R. R.). Comparer les nuances avec originaux et réimpressions de 1885. *Faux* de Genève ; n°s 1 à 14. Voir détails concernant les faux et illustration des signes distinctifs à Colonies portugaises ; les ornements des coins intérieurs en haut touchent le trait placé sous l'inscription supérieure : 1º sous l'O de COR ; 2º sous l'ornement de droite ; pas de cédille sous le c de MOCAMBIQUE. Les oblit. fausses de Genève sont 1º ronde à date, 1 cercle (26 mm. de diamètre); CORREIO DE BEIRA $\frac{6}{10}$ 1878 (MOCAMBIQUE); 2º ronde à date, double cercle (26 et 15 mm.) CORREIO DE MOCAMBIQUE $\frac{1}{9}$ 1885.

1886. Impression en relief. N°s 15 à 23. *Réimpressions* (R. R.) des 5, 25, 40, 50, 100 et 300 r. (1905). *Originaux :* 21 $\times$ 24 mm.

1893. Surchargés JORNAES. N°s 24 à 26. *Fausses surcharges.* Comparaison nécessaire.

1894. N°s 30 à 42. Réimpressions (R. R.) des 2 1/2, 25 et 80 r.

1895 à 1898. Surchargés. N°s 43 à 54. *Fausses surcharges :* comparaison utile. La surcharge 2 1/2 reis (n° 53) a été imitée à Genève.

1902. Surchargés n°s 70 à 91. *Réimpressions* (R. R.) des

65 sur 40 ; 65 sur 200 ; 115 sur 5 ; 115 sur 50 ; 130 sur 25 ; 400 sur 100 reis.

1915 à 1916. Surchargés REPUBLICA. *Fausses surcharges*, notamment sur le n° 173 (115 r. sur 5 r. noir) et n° 193 (75 r. brun-violacé). Comparaison nécessaire.

Timbres-Taxe. Surchargés REPUBLICA. *Fausses surcharges*, comparaison indispensable.

COMPAGNIE DE MOZAMBIQUE

A signaler spécialement parmi les *fausses surcharges*, celles de 1917 (Croix-rouge). *Réimpressions* (R. R.) de la série de 1892-94 à l'exception du 100 reis ; le 20 r. est en carmin ; le 40 r. en chocolat ; le 200 r. en lilas. Comparaison des autres nuances nécessaire.

NABHA

Pays à surcharges ; la spécialisation est donc à recommander. Nombreuses *surcharges fausses* pour lesquelles la comparaison est indispensable. A Genève on a imité les surcharges des timbres-poste et la première surcharge des timbres de service.

1885. Surcharge en ovale n°s 1 à 6, et

1885 Service. Idem. N°s 1 à 3. Soi-disant *réimpressions* officielles : NABHA et STATE ont environ 9 1/2 mm. de longueur (originaux 11 et 10 mm).

1887. Surcharge sur 2 lignes (Poste et Service); 1/2 1. 2, 4, 8 annas et 1 r. ; pour les timbres de Service les 3 premières valeurs seulement : soi-disant *réimpressions* officielles portant le mot SPECIMEN.

NATAL

1857-58. Impression en relief. N°s 1 à 7. *Réimpressions* en 1866, 73 et 93. Quelques unes de ces réimpressions se reconnaissent facilement par la nuance (procéder par comparaison pour les nuances similaires) par exemple le 1 p. lilas-rose ou rose pâle (au lieu de rose n° 1) ; 1 p. jaune et blanc au verso ; (au lieu de chamois n° 3) ; 6 p. vert-jaune (au lieu de vert-bleu n° 5) ; 9 p. bleu pâle et 1 sh. jaune (au lieu de chamois) mais il en est d'autres qui sont si ressemblantes, malgré leur relief un peu plus accentué que le catalogue Stanley Gibbons a pris la sage précaution de ne coter ces timbres qu'à l'état oblitéré. Les autres pièces colorées d'un seul côté et les pièces dentelées 12 1/2 sont des fiscaux. Le 3 p. non dentelé n° 3ª doit être pris avec marges très grandes, car il y a des dentelés avec belles marges ; les non dentelés du 1 et 3 p. filigrane étoile sont des essais.

1859-64. Effigie dans un ovale. Nᵒˢ 8 à 13. *Originaux :* 18 1/2 × 22 mm. gravés en taille douce avec fond ovale fait de hachures extrêmement fines ; le diadème montre 3 rang de plus de 20 perles. Filigrane étoile pour l'émission de 1862 et cc couronne pour celle de 1864. *Faux :* lithographiés, mauvaises copies avec fond central et ornements latéraux informes ; le diadème porte 3 rangs de 19 à 20 perles, 17 et 19. Non dentelés ou dentelures arbitraires. Toujours sans filigrane. Le 1 p. a été imité à Genève, également sans filigrane ; 18 3/4 de largeur ; les hachures de l'ovale central se touchent ; la perle au-dessus de la lettre E est informe. *Fiscaux :* autres nuances.

1867. 1 shilling vert. Nᵒ 14. *Fiscaux :* autres nuances que le vert. *Truquage :* nuance des fiscaux altérée en vert.

1869-70. Surchargés. Nᵒˢ 15 à 26. *Fausses surcharges :* comparaison indispensable.

Timbres de service 1904. Nᵒˢ 1 à 6. Même observation.

NEVIS

1861-1879. Nᵒˢ 1 à 16. Quatre valeurs, gravées ou lithographiées. *Gravés,* relief de la gravure visible à la loupe en tenant le timbre obliquement ; 1861, nᵒˢ 1 à 8 sur papier grisâtre ou bleuté ; dentelés 13. 1866, nᵒˢ 9 à 11 (pas de 6 pence), sur papier blanc, dentelés 15 ; le 4 pence est orange au lieu de rose. *Lithographiés,* pas de relief ; dentelés 15 dans les 4 valeurs et en plus 1 pence vermillonné (1878) dentelé 11 1/2. On ne peut donc confondre que les 1, 6 p. et 1 sh. de 1866 et 1876, si l'on n'est pas capable de reconnaître un gravé d'un lithographié, mais le 1 p. de 1866 est rouge pale ou foncé tandis que celui de 1876 est rose-rouge pâle ou foncé ou bien vermillonné ; le 4 p. de 1866 est orange pâle ou foncé et celui de 1876 jaune-orange ; quant au 1 sh. de 1866 il est vert-bleu ou vert-jaune et celui de 1876 est vert pâle ou foncé. *Originaux,* toutes les valeurs comportent 12 types légèrement différents ; pour donner un exemple, on remarque dans le 1 p. que les burelages latéraux ont une courbe qui aboutit aux coins intérieurs des carrés ornementaux mais d'autres fois, un peu plus à gauche ou à droite. Epaisseur moyenne : 75 mcs. Hauteur moyenne : 22 1/2 mm ; largeur moyenne 19 mm., excepté le 1 sh. 18 1/4 à 18 3/4. (Pour le 1 sh. ne pas mesurer la hauteur au milieu du timbre, mais sur les côtés. Pour les caractéristiques des originaux, voir l'illustration. 1 penny : les cadres latéraux sont doublés tout le long des burelages ; l'eau tombant de la source est bien visible ; la main

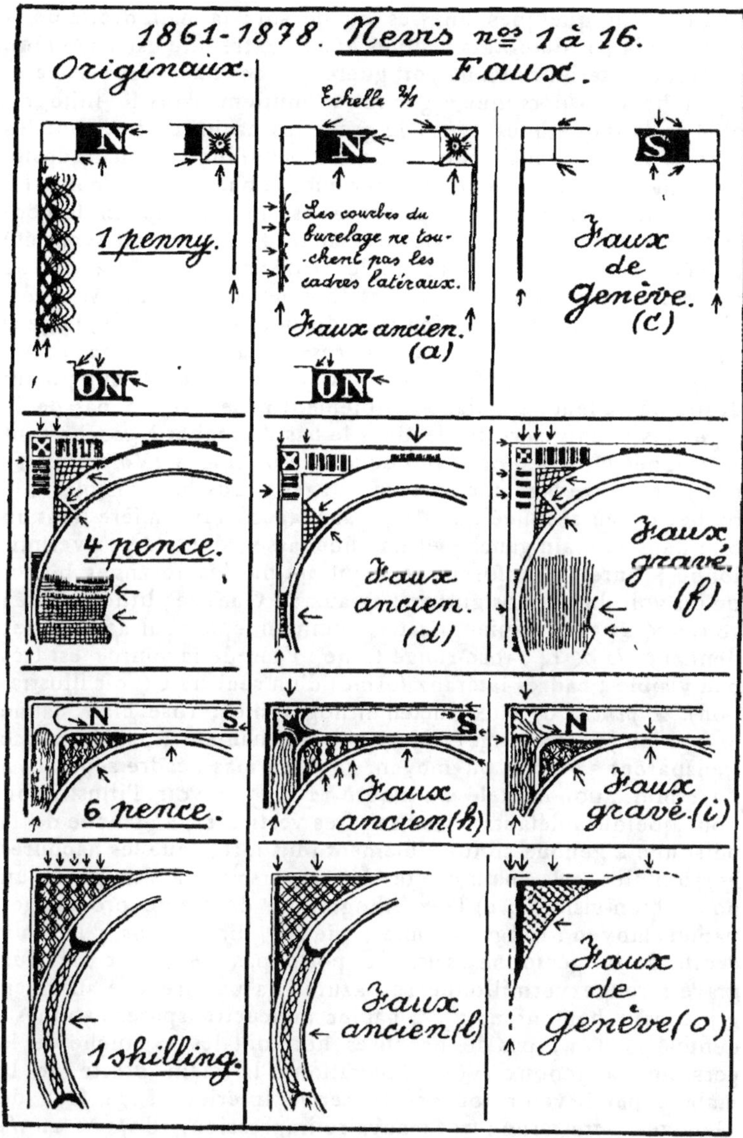

droite de la femme malade touche le sol. 4 pence. Les hachures croisées (horizontales et verticales) à gauche de la personne qui est à genoux sont caractéristiques ; de même les traits fins et les traits épais qui entourent le timbre. 6 pence. L'illustration ren-

seignera sur quelques finesses du dessin ; la main droite de la
malade n'a pas de doigts visibles et son extrémité est à 1/2 mm.
du cercle intérieur ; on ne voit guère que des hachures verticales
à gauche de la personne à genoux ; pourtant dans le lithographié et dans quelques types du gravé les hachures horizontales
sont visibles à gauche de la jupe. 1 schilling. La main droite
de la malade touche le cercle intérieur ; le burelage des coins (légèrement différent suivant les types) est un bon moyen de contrôle, chaque chaîne verticale de losanges à double trait ayant été
gravée successivement, les angles extérieurs des losanges ne
coïncident pas toujours avec les sommets des chaînes voisines.
Faux. 1 penny. a) faux ancien très répandu, lithographié, largeur
19 1/5 ; 60 mcs ; rouge foncé ou rose-rouge ; piqué 12, 13 ou
13 1/2 ; cadre séparatif à 1 1'2 mm. du cadre extérieur ; main
droite de la femme malade visiblement posée sur le bas de la
jupe ; les hachures verticales dans le bas du rocher à gauche sont
rectilignes ou à peu près au lieu d'être ondulées (Voir illustration) ; b) autre faux ancien avec nuages ronds bien visibles ; le
rocher est aussi foncé que les personnages . l'infirmière tient un
œuf dans la main gauche et non une tasse ; dentelé 13 ; vermillonné ; burelage informe ne montrant pas les losanges blancs
qu'on voit dans les originaux ; c) faux de Genève ; lithographié ;
18 1/2 $\times$ 21 3/4 ; papier grisâtre, commun, épaisseur admissible ;
dent. 13 1/2 $\times$ 14 ; rose-rouge terne ; l'eau de la source est très
peu visible ; cadres latéraux formés d'un seul trait (voir illustration). *4 pence.* d) faux ancien lithographié ; rose clair, jaune
orange ou jaune orange vif ; 23 mm. de hauteur ; papier mince
transparent 50 mcs ; ou moyen, 70' à 80 mcs ; cadre séparatif à
1 1/2 mm. ; non dentelé ou piqûre 12 à 13 ; voir l'illustration
pour quelques défauts ; les hachures verticales, à gauche de la
personne a genoux sont visiblement plus fortes que les hachures
horizontales ; la main droite de la personne assise porte un
pouce bien visible ; e) faux lithographié de même provenance
papier moyen ; rouge-carminé ; mêmes dimensions ; la main
droite de la personne assise ne porte pas de pouce ; f) faux
gravé ; rouge vermillonné sur azuré ! (a pu être tiré aussi en
gris-lilas) ; hauteur 22 3/4 ; papier mince transparent 50 mcs ;
dentelé 11 1/2 ; pas de hachures horizontales à gauche de la
personne à genoux (voir illustration). la main droite de la
malade paraît venir toucher le cercle intérieur ! g) faux de
Genève , ocre terne ; très mauvaise impression, 18 1/4 $\times$ 21 3/4
papier et dentelure voir faux c ; cercle intérieur interrompu en
divers endroits ; bordure de traits minces et épais absolument
informe, etc. *6 pence,* h) faux ancien ; 19 1/4 $\times$ 22 4/5 ; en gris
foncé sur papier blanc mince et transparent (50 mcs) ou en
lilacé pâle sur papier blanc moyen ; non dentelé ou dentelé

12 1/2 à 13 mais la dentelure ressemble plus à un piquage en lignes ; cadre séparatif à 2 mm. à l'extérieur du timbre ; la main droite de la malade montre trois doigts ; cette main se trouve à environ 1 mm. du cadre intérieur ; la lettre S de NEVIS a reçu une retouche (voir illustration) : i et y faux gravé ; copié du type 5 de la feuille ; 18 1/2 $\times$ 22 1/2 en gris-noir sur bleuté (ou 19 $\times$ 22 en gris sur blanc, reproduction lithographiée du même) ; dentelure 11 1/2 ; papier moyen non transparent (60 mcs) ou mince, légèrement transparent pour le faux lithographié. Dans les deux faux, la main droite de la malade laisse voir le pouce et cette main se trouve à 1/4 de mm. du cercle intérieur. Les E et C de PENCE n'ont qu'un millimètre de hauteur alors que les lettres N et E ont 1 mm. 1/4. Voir l'illustration, mais seulement pour les burelages et pour la lettre N de NEVIS k) faux de Genève, lithographié en violet terne ; dimensions admissibles ; papier et dentelure comme précédemment ; main droite de la malade à 1 mm. du cercle intérieur ; très mauvaise impression formant tache partout. *1 shilling ;* l) faux ancien lithographié, 18 1/2 $\times$ 22 1/3 ; vert émeraude (vert-bleu) foncé ; 60 mcs ; cadres séparatifs à 1 ^{mm} 1/2 ; non dentelé ou perforation arbitraire ; les deux chaînes dessinées dans le bandeau ovale sont toutes deux déviées à gauche vers le bas, etc.; voir illustration. m) mauvaise lithographie sur papier épais jaunâtre ; piqûre de points ; les cartouches de la valeur sont pointus aux extrémités au lieu d'être ronds. n) lithographié en vert-jaune trop pâle ; dentelure 15 admissible ; burelage des coins non conforme (irrégulier) ; points sur les bras des personnages, sans aucun trait. o) faux de Genève, lithographié en vert-jaune ; le burelage des coins et le cadre extérieur sont très mal venus (voir l'illustration) les inscriptions sont trop fines notamment l'I de NEVIS ; l'O de ONE et SH de SHILLING ; 18 3/4 $\times$ 22 1/2 ; papier et dentelure comme les faux précédents de même provenance. N.-B. La fausse série de Genève est le plus souvent oblitérée du cachet anglais A 09 dans un ovale de barres. Un correspondant me signale qu'il existe aussi des faux gravés du 1 p. Ce cas échéant, la comparaison avec l'illustration des originaux suffira à les pointer. Un faux gravé du 1 sh. (Genève) mesure 18 1/2 $\times$ 22 2/3 ; le guillochage des coins est fait de doubles traits allant d'un cadre à l'autre ; dentelure 11 1/2. *Truquages.* Coloration chimique du papier gris de 1861 en papier bleuté. Les fiscaux, surchargés REVENUE (1876, 1, 4 et 6 p.) (1882-83) 1, 4 et 6 p. vert ont été lavés de leur oblitération fiscale et faussement oblitérés. La comparaison de l'oblitération est nécessaire car ces 6 timbres ont pu avoir un usage postal régulier (voir Stanley Gibbons). On a parfois gratté la surcharge Revenue, notamment sur les 6 pence gris de 1876 et sur le 6 p. vert de 1883.

NICARAGUA.

1862-77. Dentelés 12 ou percés en lignes. Nᵒˢ 1 à 12.
Originaux. Nᵒˢ 1 et 2 (1862) ; 22 1/2 × 18 1/2 mm. papier moyen jaunâtre ; les autres sur papier plus mince, blanc légèrement jaunâtre. Gravés en taille-douce ; la finesse des hachures bien parallèles formant le ciel et la régularité des lettres, sans bavures, permettent de discerner facilement les faux lithogr. *Réimpressions* (1897) ; dentelés 12 et percés en lignes sur blanc pur. Quoique les nuances soient legèrement differentes la comparaison avec des originaux certains et la mensuration sont nécessaires. *Faux* anciens lithographiés. Mauvaises copies, faciles à discerner par les hachures irrégulières du ciel ; le pointillé des montagnes et les lettres irrégulières et baveuses Une série porte à gauche le mot PORTE au lieu de CORREOS. Voici quelques détails sur les imitations où cette inscription est correcte ; 1 c. pas d'arbres dans le coin inférieur gauche ; 2 c. hachures du ciel non parallèles ; 5 c. a) les deux C de CINCO sont trop hauts ; dans une variété de ce faux la lettre O du même mot est trop grande et les arbres du coin inférieur gauche sont absents ; b) des lettres de la valeur touchent le cartouche par le haut ; 10 c. et 25 c.; traces de traits séparatifs ; les rayons du soleil se voient à un mètre de distance ; les deux arbres du bas sont indistincts ou absents.

1892-93. Nᵒˢ 40 à 59. Les timbres d'une nuance différente de celle renseignée dans les catalogues ne sont pas des erreurs mais des télégraphes non surchargés par oubli..... ou spéculation.

1896 et 1897. Carte géographique. Nᵒˢ 81 à 98. Les *réimpressions* (1899) sont sur papier épais poreux et portent rarement le filigrane. Les originaux sont sur papier moyen ordinaire.

1898. Dentelés 12. Nᵒˢ 99 à 109. *Réimpressions* 1899 ; même observation.

Emissions suivantes. Surchargés. Les *fausses surcharges* sont assez nombreuses (aussi dans les timbres de service et télégraphiques) et il a lieu de les comparer avec des surcharges originales certaines chaque fois que le surchargé vaut plus cher que le timbre sans surcharge. 1901. Le 2 CENT sur 1 c. sans ornements latéraux en surcharge est une réimpression (nᵒ 134). 1901. Surchargés CORREOS 1901 avec millésime en haut (surcharge des nᵒˢ 155 à 161) sont des faux. 1901. Surchargés avec CENTAVOS au lieu de CENT (nᵒˢ 142 à 154) sont faux. 1902. Nᵒˢ 176 à 178 non dentelés sont des essais.

1903-1904. Centre noir nᵒˢ 179 à 186. Les soi-disant

erreurs de couleur des nᵒˢ 179 à 182 sont des non émis, irrégulièrement vendus.

1908. Surcharge CORREOS-1908. A comparer particulièrement sur le 1 c. car ce timbre a été faussement surchargé
ainsi par une surcharge à la main, en bleu, de 35 mm.

N.-B. Les timbres originaux des premières émissions et notamment les grosses valeur de 1869 à 1899 ont reçu fréquemment la
fausse oblitération de Genève : à date, double cercle avec cercle supplémentaire extérieur épais, 30 1/2 mm. ADMINISTRA-
TION DE CORREOS 18 JUL. 18.. NICARAGUA et 2 étoiles.

Timbres de Service. 1896-97-98. Nᵒˢ 62 à 90. *Réimpressions* sur papier épais poreux avec ou sans filigrane.

Timbres-taxe. 1896-1897. *Réimpressions* sur papier
poreux épais en rouge orange pour l'émission de 1896 et en vio-
let-rougeâtre pour celle de 1897. Le 1, 2 et 20 c. de 1896 sont
rares avec filigrane (neufs), ainsi que le 10 c. de 1897 ; le 20 c. de
la même émission est rare sans filigrane.

Cabo et Zelaya. Nombreuses surcharges fausses : comparaison indispensable.

NIGERIE

Les oblitérations des fortes valeurs doivent être examinées
avec soin, car il y a des annulations fiscales.

NIUE

1902. Surcharge à la main. Nᵒ 1. La surcharge doit être
méticuleusement comparée comme dimensions et nuances de
l'encre.

1902-16. Surchargés. Nᵒˢ 2 à 11. Les nᵒˢ 1ᵃ à 6 demandent à être spécialisés vu la grande variété des types de surcharges.

NORD-OUEST PACIFIQUE

Surcharges originales. Trois types sur les numéros 1 à 10.
T. I. Les deux S de ISLANDS sont normaux (les deux boucles
de la lettre sont pareilles). T. II. Le premier S à la boucle du haut
moins haute que celle du bas ; le second est normal. T III. Les
deux S sont comme dans le premier S du type II. Les prix varient
beaucoup suivant la variété. Sur les nᵒˢ 11 à 20. Type I seulement. *Fausses surcharges ;* comparaison nécessaire. Dans une
série assez répandue, la distance entre N et W est de plus de
3 mm. au lieu de 2 3/4 ; les trois lignes de la surcharge sont
séparées par un intervalle de 2 mm. (au lieu de 1 3/4) et le mot
ISLANDS a 15 1/2 mm. de long au lieu de 14 1/2. Cette imita-

tion copiée sur le type I peut donc se rencontrer sur toutes les valeurs.

NOSSI-BÉ

Pays à surcharges. Il ne servirait de rien de décrire les *surcharges fausses*, qui abondent, car s'il en est d'isolées il en est beaucoup faites en série : il en est qui pourraient être omises ; d'autres encore qui seront fabriquées..... demain. La plupart sont mauvaises et peuvent se juger facilement par la comparaison ; les meilleures doivent être passées au gabarit et être comparées minutieusement. Autant dire toutes les surcharges ont été imitées à Genève, avec plus ou moins de bonheur. Les *oblitérations fausses* de Genève sont à date, double cercle, 22 1/2 mm. ; NOSSI-BE 10 OCT 91 (et 95) MADAGASCAR ; HELVILLE 22 AVRIL 09 NOSSI-BE.

1889. N°s 1 à 9. *Originaux :* n°s 1 à 6, chiffres de 6 ^{mm} 2/5 de hauteur ; n°s 7 à 9, 4 3/4 mm. environ. *Réimpressions :* les surchargés en outremer et en indigo sont en réalité des réimpressions ne faisant pas partie du tirage régulier en bleu pâle, malgré les oblitérations de complaisance dont ils sont revêtus. On les trouve sur lettres mais cela n'infirme rien de ce fait, les surcharges étant locales et ayant été faites au bureau même ; c'est le bureau qui, moyennant paiement, contentait de la sorte les collectionneurs et les demandes de ceux-ci dépassaient....... les besoins du service. *Faux :* pour les n°s 2 à 6 et 8 à 9 voir d'abord s'il ne s'agit pas de timbres faux de 1881. (Voir Colonies françaises).

1890. Surchargés n°s 10 à 18. *Originaux :* la surcharge N S B des n°s 11 et 12 mesure 8 1/2 × 3 1/2 mm. ; celle des n°s 13 à 15, 9 × 2 1/4 mm. Surcharges typographiques. *Faux* de 1881. Même remarque que précédemment.

1893. Surchargés Nossi-Bé. N°s 19 à 22. *Originaux :* surcharge typographique ; Nossi-Bé mesure 13 1/2 mm. ; les chiffres 7 mm. de hauteur. *Faux* de 1881 ; même observation que précédemment ; aussi pour les n°s 23 à 26.

1894. Type groupe. N°s 27 à 39. *Faux de Genève :* voir à Colonies françaises les faux de ce type.

Timbres-taxe. N°s 1 à 17. *Faux* du type de 1881 : voir Colonies françaises. Pour les *fausses surcharges* mêmes observations que pour les timbres-poste.

NOUVEAU BRUNSWICK

1851. Type couronne. N°s 1 à 3. *Originaux :* Finement gravés en taille-douce, avec relief bien visible (tenir le timbre

obliquement) ; papier bleuté de 8, 5 à 9 mcs. ; la largeur en plaçant le mot Brunswinck en haut est de 22 1/2 à 22 2/3 $\times$
22 à 22 1/2 de hauteur. La couronne touche presque, en trois
endroits, le cadre octogonal unique qui l'entoure ; les tiges des
fleurs sont dirigées vers un sommet des étoiles qui les entourent ; le sommet intérieur des carrés de la valeur se confond
avec le sommet des courbes blanches qui limitent les quatre
dessins floraux : ce sommet est le plus souvent fermé. Voir, en
outre, pour certains détails l'illustration suivante. *Réimpressions*
(1890) rares ; sur papier blanc légèrement jaunâtre ; 7 mcs ;
sans gomme. Le 3 p. est orange-pâle au lieu de rouge ; le 6 p. est
bleu-noir et le 12 p. ou 1 sh. est ardoise foncé. *Faux*. Série a.

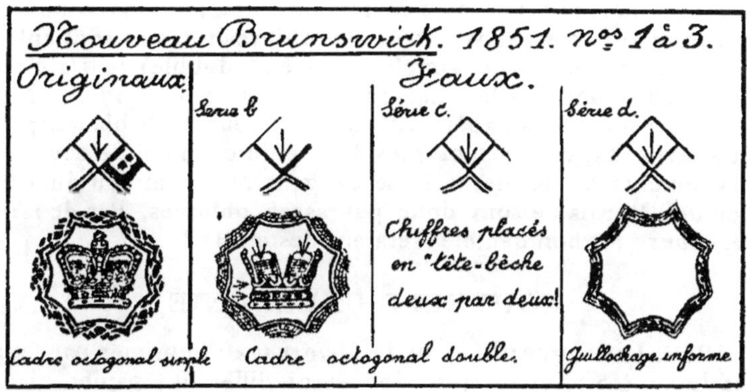

Gravée avec succès sur papier de 90 mcs environ, blanc-
jaunâtre pour les 3 et 6 p. et sur bleuté pour le 12 p. Quelques
petits détails seulement diffèrent de la gravure originale mais les
nuances sont arbitraires et, point plus important, ces imitations
sont beaucoup trop grandes ; largeur 23 1/2 à 23 3/4 $\times$ 23 1/2
environ ; la diagonale mesure 33 mm., ce qui dépasse de 1 ^{mm} 1/2
environ la longueur diagonale des originaux. Viennent ensuite
trois séries lithographiées : b.) mauvaise série que le dessin
entourant la couronne fera facilement reconnaître (voir illustration) ; les 4 étoiles ont les côtés des rayons rectilignes au lieu
d'être incurvés ; etc. c, série encore plus mal copiée, également
avec double cadre octogonal autour de la couronne ; chiffres
placés en tête-bêche ; ceux des côtés étant couchés par rapport
à ceux placés en haut et en bas. Série d.) assez bien réussie, sur
bleuté de 80 mcs environ ; 22 $\times$ 22 mm. environ ; voir les principaux défauts dans l'illustration ; le fin guillochage à la machine,
des originaux, est remplacé ici par des points (visible surtout
dans les étoiles secondaires placées entre les étoiles blanches à

fleurs. Série e ; gravée ; 23 $\times$ 23 ; le mot POSTAGE mesure 14 1/2 à 14 3/4 mm. au lieu de 14.

1860-63. N°s 4 à 10. *Originaux :* gravés en taille-douce ; dentelés 12 ; papier blanc-jaunâtre. *Faux* anciens, mal lithographiés ; dentelés 13 ; papier blanc généralement trop mince ; fragments de traits séparatifs dans les intervalles, près du coin des timbres. 1 c. ; le fond, autour de l'ovale contient des hachures horizontales et des hachures obliques ; ces dernières sont orientées N-O à S-E (au lieu de N-E à S-O) ; 2 et 5 c. l'ornement central du diadème est presque entièrement blanc (sans trace de la croix originale) ; les hachures du fond central mal venues se touchent le plus souvent ; dans le 2 c. on trouve des hachures croisées dans les ovales des chiffres (au lieu de hachures horizontales seulement) ou bien le fond paraît plein. Avec ou sans trait d'union après NEW ; 10 c. ; les chiffres romains sont entourés d'un cercle blanc simple (doit être double) 12 1/2 c.; la fumée passe derrière les mâts (doit passer devant). 17 c ; l'N de CENTS est coupé à gauche en haut ; les deux traits blancs, presque verticaux, qui partent près de la pointe du col ne devraient pas toucher ce dernier ; ils se dirigent vers le milieu du T (au lieu de l'N) ; ils ne sont donc pas assez obliques. Par de *réimpressions ;* les non dentelés seraient des essais ?

NOUVELLE CALÉDONIE

1859. Lithographié, n° 1. *Originaux :* imprimés par feuilles de 50 (10 $\times$ 5) chaque type étant différent ; papier blanc, grisâtre, épais, uni, impression en noir ou gris-noir, non dentelés, sans gomme. L'inscription supérieure est N^{LE} CALEDONIE avec ou sans point sous ^{LE} de N^{LE} ; l'inscription inférieure est 10. c. POSTES. 10 c. avec points partout, mais l'un ou l'autre point peut manquer suivant le type. Les cadres extérieurs latéraux sont formés d'un gros trait épais séparant les timbres entre eux (donc pas d'intervalles latéraux) et de deux traits portant entre eux des cercles ; en haut et en bas les timbres sont séparés par un trait un peu moins épais que les cadres latéraux. L'œil de l'effigie est le plus souvent forme d'un trait double figurant la paupière avec un trait oblique à chaque extrémité ; un trait courbe figure l'arcade sourcillière et touche le rentrant entre le front et la ligne du nez. La disposition de l'effigie dans son cadre intérieur octogonal et le dessin de l'œil (voir l'illustration pour les divers types) permettent de reconnaître facilement une quantité de mauvaises imitations. Les oblitérations régulièrement employées sont au nombre de trois ; 1° ronde, pleine mais avec croix blanche au milieu (bouchon coupé) dans le genre de certaines oblitérations des Etats-Unis ; 2° cachet de

points également empâtés, fabriqué avec un bouchon ; 3° PP ;
cette dernière étant une oblitération d'arrivée. L'affranchis-
sement pour l'Europe se faisait le plus souvent en passant
par Sydney, avec adjonction d'un timbre de 1 p. rouge de la
Nouvelle Galles du Sud, en usage à la même époque. Le lithographié de 1859 a été supprimé en 1861.

Faux : il existe une quantité de falsifications qu'on peut diviser en cinq groupes principaux. I. Reproductions photographiques directes dont les types sont évidemment pareils aux types
originaux, mais qui se reconnaissent facilement au recto par la
couche plus ou moins glacée de gélatino-bromure d'argent ou
leur nuance et pour les papiers modernes par la nuance grisâtre
ou brunâtre des parties qui devraient être blanches. Les mensurations sont arbitraires 99 fois sur 100. II. Reproductions en simili moderne au petit point ! Imitations risibles qu'on trouve
pourtant dans certaines collections ; l'examen à la loupe des
parties blanches fait voir une multitude de points symétriques et
permet de rejeter immédiatement ces fantaisies. L'illustration
jointe a été exécutée de cette manière. III. Reproductions lithographiques ou photo-lithographiques sur papier trop blanc, ou
jaunâtre, impression en gris, gris perle ! noir intense avec divers
défauts que l'examen des types permettra de reconnaître (voir
surtout œil, pointillé du cou, point de l'inscription inférieure
parfois points placés vers le milieu de cette inscription au lieu
d'être placés dans le bas) ; certains dessins ne correspondent à
aucun des 50 types ; mensurations non conformes ; papier
généralement mince ou moyen. IV. Reproduction en photogravure de la planche. Les types sont donc conformes et les
imitations assez insidieuses mais le papier est jaunâtre et mince
avec impression noir foncé. Mensurations non conformes ; quelques détails du dessin diffèrent par suite de l'impression et de
l'encrage ; foulage léger. V. Soi-disant réimpressions faites pour
l'auteur de la planche originale vers 1862 avec des types absolument différents. Le tirage se réduisit à quelques feuilles (dont
une se trouvait dans la collection Ferrari). Sans aucun caractère
officiel ces timbres sont en réalité des faux. N.-B. L'illustration
jointe est réduite de 1/8° environ.

1881 à 1886. Surchargés, n[os] **2 à 10.** *Originaux :* surcharges typographiques ; dans les n°s 2 à 5, NCE mesurent
14 × 4 mm. et dans les n°s 6 et 7, 17 1/2 × 4 mm. *Fausses surcharges :* assez facilement reconnaissables ; la comparaison des
lettres, de l'encre et du foulage est utile. Pour les n°s 9 et 10
de 1876 vérifiez d'abord si le 1 fr. n'est pas faux (voir Colonies
françaises 1881). Les surcharges des n°s 2 à 10 ont été imitées à
Genève.

1891-92. Surcharges encadrées. N°s 11 à 13. Le gros chiffre 10 (n° 12) mesure 11 1/2 × 7 mm. avec de minimes différences, lorsque le cachet a été appliqué obliquement. Les deux types de surcharges ont été également imités à Genève. Pour les n°s 12 et 13 vérifiez d'abord s'il ne s'agit pas de faux de 1881.

1892. Surchargés N^{LLE} CALÉDONIE. N°s 14 à 34. *Originaux ;* surcharges par cachet à la main en deux types : I. E final de CALEDONIE cassé (le trait terminal du haut est oblique et le trait horizontal du bas est trop court (rare). II. E normal ; surcharge de 22 × 3 mm. Pour le type commerce (1881) vérifiez d'abord si les timbres eux-mêmes ne sont pas faux. Toute la fausse série de ce type (Genève) a été surchargée typographiquement par Fournier (avec un seul trait sous LLE et lettre D avec point blanc de forme losangique vers le milieu de la partie courbée de cette lettre). N.-B. Des originaux ont également reçu cette fausse surcharge. *Les oblitérations fausses* de Genève sont rondes, à date, double cercle : 1° 24 1/2 mm., à division de levées, NOUVELLE CALEDONIE 2^E | 26 FEVR 92 NOUMEA ; 2° idem, 22 1/2 mm. avec cercle intérieur à traits interrompus, NOUVELLE CALEDONIE 2^E | 3 SEPT 92 NOUMEA ; 3° même forme, 21 1/2 mm. sans division de levées : N^{LLE} CALEDONIE 19 MAI 92 NOUMEA, en bleu ou en noir.

1892-93. Surcharge NCE ornementée. N°s 35 à 40. *Originaux :* cachet à la main. *Réimpressions* non officielles des surcharges renversées avec les cachets originaux. C'est pourquoi ces surcharges valent très cher sur lettres entières, originales, datées de 1892 ou début de 1893. Les surcharges 5 et 10 ont été imitées à Genève. Pour les n°s 36 à 40 voir d'abord s'il ne s'agit pas des faux de 1881.

1892-1900. Type groupe. N°s 41 à 53 et 59 à 64. *Faux* de Genève. Voir ces imitations à Colonies françaises.

1903. Cinquantenaire. N°s 67 à 87.

Originaux : surcharges typographiques *Fausses surcharges* (généralement brouillées) sur n°s 72 à 80 et particulièrement les variétés rares. Comparaison indispensable.

1912. Surchargés 05 et 10. N°s 105 à 109. *Faux :* voir type groupe à Colonies françaises.

1915. Croix rouge. Double surcharge. N°s 111^a. Fausses surcharges doubles sur n° 111 sur n° 92 (avec deux croix fausses). Comparaison absolument indispensable.

Timbres-taxe. Surchargés T. N°s 1 à 7. *Fausses surcharges* nombreuses. Comparaison absolument indispensable. Voir d'abord si le timbre n'est pas un faux du type groupe.

1903. Cinquantenaire. N°s 8 à 15. *Fausses surcharges* voir

l'émission des timbres-poste avec cette surcharge. Pour les 60 c.,
1 et 2 frs, vérifier d'abord si le timbre-taxe n'est pas lui-même
falsifié.

NOUVELLE-ECOSSE

1852-53. N°s 1 à 4. *Originaux ;* gravés en taille-douce ;
papier bleuté ; épaisseur et dimensions comme dans la première
émission du Nouveau Brunswick, mais le 1 sh. est un peu plus petit
(22 1/3 $\times$ 22) ; le dessin des valeurs au type couronne est comme
celui des Brunswick excepté que la rose placée sous la couronne
est remplacée par une branche portant des fleurettes et quatre
fruits en forme d'olives. Le sommet des carrés des coins tourné
vers l'intérieur du timbre est le plus souvent interrompu ce qui
fait que le sommet des grandes courbes non colorées, l'est également. Dans le 1 p. le fond central et le fond des inscriptions
est formé d'un délicat guillochage à la machine. *Réimpressions*
(1890) ; papier blanc, mince ; sans gomme. Le 1 p. est brun (au
lieu de brun-rouge) ; le 3 p. est d'un bleu trop foncé, le 6 p.
vert foncé (cette nuance existe dans les originaux, mais elle diffère) ; le 12 p. est violet-noir.

Faux lithographiés. Mauvaises copies anciennes que le manque
de relief suffit à faire reconnaître. 1 p. guillochage informe ; 3 p.
aimable fantaisie outremer dont la couronne, à peine plus large
en haut qu'en bas porte les perles à plus de 1/2 ^{mm} du cadre
octogonal ; 1 sh. même défaut ; inscriptions sur un fond qui
n'est pas séparé par un trait du reste du timbre ; on trouve ce
faux en rose, lilas et violet foncé, 6 p. sans traits à l'intérieur des
lettres du mot POSTAGE ; guillochage risible ; etc. Dans un
bon faux du 6 p. les carrés des coins sont rectangulaires au
lieu d'être carrés. *Faux gravés :* a) même genre d'imitations aussi
finement gravées que celles décrites au Nouveau Brunswick ;
tirées en blocs de 4 sur papier blanc d'épaisseur admissible ;
nuance bleu acier ; dimensions visiblement trop grandes (23 1/2
$\times$ 23 de haut ; (mesurer en plaçant SCOTIA en haut). b) autre
faux gravé dont je n'ai vu que le 6 pence mais il est probable
que la série existe ; finement gravé exécution moins bonne que
les précédents pour ce qui concerne les détails ; papier bleuté
d'épaisseur admissible ; 22 1/2 $\times$ 22 ; les sommets intérieurs
des carrés portant les chiffres ne sont pas pointés vers le sommet
des grandes courbes blanches ; le guillochage qui entoure le
cadre octogonal n'est pas comparable à celui des originaux (voir
l'illustration à Nouveau Brunswick) ; sous l'I de SCOTIA et sous
l'A de NOVA on trouve un sablé de petits points non conforme
au fond original.

1860-63. Dentelés 12. N°s 5 à 10. *Originaux :* gravés en
taille-douce, papier épais, jaunâtre ou blanc. 1, 2 et 5 c. la pointe

du cou, posée sur la 3e hachure horizontale du fond, reste éloignée à gauche de 1/2 mm du cercle blanc qui entoure les hachures. 8 1/2, 10 et 12 1/2 c. fond de fines hachures horizontales,
entouré d'un cercle blanc portant deux fins cercles colorés complets, mais très fins (loupe) ; les deux rangs de perles portent
respectivement 23 et 28 perles. Pas de *réimpressions. Faux* anciens *lithographiés ;* dentelés 12 1/2 à 13 ; 1 à 5 c. Série a) hachures du fond central entourées d'un cercle ; contour du nez et
du front marqués d'un trait épais. Série b) pointe du cou posée
sur la 2e hachure, cette pointe touche le cercle blanc à gauche ;
le bas de l'œil est formé de deux traits parallèles (il n'en faut
qu'un, le trait coloré sous le cartouche de la valeur n'est qu'à
1/6 de mm. de ce dernier (au lieu de 1/2mm). 8 1/2 à 12 1/2 c.
fond central quadrillé (loupe) ; ombres de la figure en points ;
moins de 20 perles dans chaque rang du collier.

    Faux de Genève : assez bien exécutés sur papier blanc-grisâtre
ou jaunâtre, dentelés 10, portent souvent le mot SPECIMEN
typographié en rouge dans le bas du fond central (cette surcharge est parfois grattée). 1 à 5 c. La pointe du cou est posée sur la
5e hachure ; l'O de NOVA est remonté, le V du même mot est
fermé en haut, le bas de l'œil est le plus souvent formé de deux
traits courts (au lieu d'un seul, relié au trait courbe formant le
devant de l'œil) séparés du trait épais et oblique qui forme le devant de l'œil. 8 1/2 à 12 1/2 c. Collier, premier rang 15 à 16 perles, second rang, 20 à 21 ; les deux cercles fins placés dans le
cercle blanc entourant les hachures du fond central ne sont
qu'amorcées. Une autre série gravée est sur papier mince grisâtre, dentelure 14 ; défauts similaires.

NOUVELLE GALLES DU SUD

1850. 1, 2 et 3 p. Vues de Sydney. *Originaux* : gravés,
1 p. Pl. I. Sans nuages. Papier jaunâtre ou bleuté. Planche retouchée, avec nuages ; papier très jaunâtre ; gris ; bleuté et papier vergé. Planche de 25 types (5 $\times$ 5). 2 p. Planche I. Burelage
vertical. Les gravures usées (voir disparition presque complète
des lignes fines, nuages, etc.) valent environ la moitié des gravures fines. Cette planche a été retouchée (types 10, 12 et 13 à
24) ; même valeur. Planche II. Burelage horizontal, petit point
au centre des étoiles des coins, ballot avec millésime. Pl. III.
Sans points dans les étoiles, ballot sans millésime et entouré
d'un trait simple (types 7, 10 et 12, traits des cordages du ballot
doublés. Planche IV. Ballot entouré d'un trait double ; petit
cercle au milieu des étoiles ; papier bleu uni ou jaunâtre et papier vergé verticalement. Planche V. Trait vertical dans la quatrième feuille de l'éventail (au bas du cercle) et point dans le

petit cercle qui relie les feuilles de l'éventail. Mêmes papiers que pour la planche IV. Les planches sont de 24 types (12 $\times$ 2). 3 p. Planche de 25 types (5 $\times$ 5), papier uni jaunâtre, bleuté ; grisâtre ou papiers de même nuance vergés verticalement. Pas de nuance émeraude dans cette dernière variété de papier. Les 3 valeurs sont gravées en taille-douce ; la spécialisation est recommandée ; se référer aux ouvrages spéciaux tels le Calman pour l'étude des types dans les diverses planches ; on trouvera dans le catalogue Stanley Gibbons d'utiles indications concernant les papiers, nuances et variétés. Non dentelés. Pas de *réimpressions*.

Faux. 1 penny. Planche I. Sans nuages, a) faux ancien, lithographié, papier blanc épais : copie fantaisiste du 3 p. avec croix de couleur sur croix blanche dans les coins et une seule bande de cadre sur les côtés avec *cercles* entre-croisés ; inscriptions POSTAGE et ONE PENNY en rouge sur fond blanc ; dans le cercle, SIECILLUM pour SIGILLUM ; etc. b) gravé en taille douce, pas de personnages et pas de légende dans le bas du cercle central, sous le paysage. Planche retouchée avec nuages : c) faux ancien, lithographié sur papier mince, transparent ou non ; SICILLUM pour SIGILLUM ; POSTAGE et la valeur en lettres de 2^{mm} de hauteur (au lieu de 1 1/2 environ) ; etc : d) faux lithographié ancien, sans personnages ni légende dans le bas du cercle sous le paysage. *2 pence*. Planche I, burelage vertical ; e) faux ancien lithographié avec SICILLUM et millésime sur le ballot illisible ; étoile pleine dans le coin ; etc. Planche II, burelage horizontal, petit point au centre des étoiles. f) le ballot porte des cordages croisés à double trait ; millesime illisible ; burelage à courbes concentriques simples ; l'inscription à droite sous le paysage à droite est ET RURI ou ET RURA au lieu de ETRURIA ; dans le cercle blanc, le mot CAMB est barré d'un trait bleu dans le haut ; papier blanc, mince, transparent. Planche III sans point dans les étoiles. g) fantaisie du 3 p. comme dans le type a du 1 p. h) gravé, comme dans le type b du 1 p. i) gravé ; l'inscription SIGILLUM NOV CAMB. AUST. est placée tout entière dans la moitié inférieure du bandeau blanc qui entoure le fond central. j) lithographié en gris foncé sur papier blanc, mince transparent ; mauvaise copie du type 18 : le P de PENCE n'a que 1 1/4^{mm} de largeur totale au lieu de 1 3/4 environ ; le trait de séparation entre la cinquième et la sixième feuille de l'éventail est double ; pas de trait blanc ni de trait coloré au-dessus de POSTAGE et sous la valeur. *3 pence*. k) copie fantaisiste du 3 p. (semblable aux types a du 1 p. et g du 2 p.) ; hachures horizontales au-dessus et au-dessous du cercle central au lieu d'un burelage de courbes ; pas de ballot, pas de personnages et pas d'inscriptions sous le paysage ; l) gravé, comme le type b du 1 penny ; m) lithographié ; 7 traits horizontaux entre le cercle et la valeur ; le ballot porte une grosse tache vers le milieu, etc. N.-B. Si l'on rencontrait d'autres faux ou des modernes plus raffinés il y aurait lieu de se reporter aux planches reconstituées si l'examen du papier et de la nuance ne révèle rien de fâcheux ? ce qui est plus qu'improbable.

1851 à 54. Sans filigrane ; non dentelés. Nos 8 à 15. *Originaux*, gravés ; planches de 50 types (10 × 5). Papiers divers, voir le catalogue anglais. *Faux*, 1 penny, lithographié, sans filigrane ; mauvaise copie tirée du 3 p. car elle porte un trait coloré au-dessus et tout le long du cartouche de POSTAGE ; la ligne blanche au dessus du cartouche de la valeur a $1/2^{mm}$ de large au lieu de 1/10 à 1/8 de mm. environ. Il existe plusieurs variétés de ce faux qui a été tiré en blocs. 2 pence, mauvaise copie lithographiée qui ne porte pas sous NEW et WALES la demi douzaine d'arcs de cercle qu'on voit attachés au cadre des cartouches portant ces mots. Sans filigrane. 3 pence, lithographié, sans filigrane, comme les précédents ; 12 feuilles au diadème de lauriers au lieu de 15 ; les petits rayons des étoiles sont en nombre insuffisant et le chignon nè montre pas la forme caractéristique de crochet à double tête ou d'S renversée qu'il montre dans les originaux. 6 pence, lithographié, fond de lignes croisées, sans courbes. Gravé en taille douce, fond de lignes verticales très visibles croisé de lignes *obliques* peu visibles ; généralement papier bleuté ; le trait au-dessus de SIX PENCE est plus gros que celui du cadre intérieur qui se trouve au-dessus du premier. 8 pence, gravé sur bleuté, marges de près de 3 mm., étoiles des coins peu visibles, cartouche de la valeur ovale (comme dans les 1, 2 et 3 p.) et non rectangulaire; fond de lignes verticales au lieu d'être ondulées, etc. Sur les gravés oblit. triple ovale axes de l'ovale extérieur : 29×18 $1/2^{mm}$ avec lettres N. S. W sans point derrière le W. Série de soi-disant *réimpressions*, en réalité réimpressions privées sur planches volées donc aucun caractère officiel, mais pouvant servir de références pour les types ; planches de 50 types (10 × 5) excepté pour le 6 p. 25 types (5 × 5) avec diverses petites différences dans les traits par retouches ou regravure ; papier trop épais, sans gomme ; le 2 p. en bleu terne au lieu de bleu foncé, le 6 p. en brun noir. ou en brun pale sur azuré, au lieu de brun ou brun-jaune et le 8 p. jaune terne au lieu de jaune ou orange, ces deux derniers aussi sur azuré. Le 8 p. bleu est un essai..... de ces faux, tiré en 1885.

Même émission avec filigrane. 1, 2 et 3 p. Nos 16 à 18. Voir les *Faux* précédemment décrits ; ils sont sans filigrane, ce qui suffit à les contrôler.

1856. Effigie à diadème. Non dentelés nos 19 à 25, et 1860. Idem, dentelés. Nos 26 à 35. *Faux :* 5 p. lithographié ancien, le fond central est plein au lieu d'être pointillé, le T de POSTAGE est exactement dans l'axe du T de SOUTH au lieu de se trouver un peu à droite, pas de pointillé sur le devant du cou, etc. 5 p. gravé, très insidieux. 25 $\times$ 25 1/2^{mm} au lieu de 25 carré. faux filigrane estampé ; à gauche de NEW, cinq petits traits dans le cercle blanc au lieu de trois, quatre hachures sur le blanc de l'œil, la boucle au-dessus du F de FIVE et le burelage sur les quatre côtés n'est pas conforme ; en cas de doute comparez avec un n° 29, très commun. Même oblitération que sur les gravés précédents. 5 shillings n° 32, mauvaise copie lithographiée,. sans filigrane, le fond de lignes horizontales, très mal venu, montre des blancs et des taches colorées ; pas de hachures sur le devant du visage et du cou, l'oreille forme un O et les cheveux autour de l'oreille sont enfermés dans une sorte de demi-ovale blanc. *Truquages :* les dentelés de 1860 ont été souvent mués en non dentelés de 1856 par adjonction de marges. *Réimpressions* (1872), 1 p. avec filigrane couronne et N S W (papier de 1871) et 2 p. avec filigrane à simple trait (papier de 1862 à 1864) ; on trouve souvent ces réimpressions avec la surcharge SPECIMEN.

1882-85. N^{os} **45 à 58.** *Réimpressions* de toutes les valeurs excepté les 5 et 9 p. n°s 49 et 52 et 10 sh. n° 56. Tous avec surcharge REPRINT. Les timbres surchargés O S (service) ont été également réimprimés. *Faux* de Genève : 5 sh. n° 55 ; le W de NEW est très mal formé à gauche, l'U de SOUTH est trop petit, défauts dans le burelage des coins, hachures horizontales du centre non parallèles ; sans filigrane.

Timbres pour lettres recommandées, n^{os} **1 à 3.** *Originaux ;* planches de 50 types. *Réimpressions :* 1° 1870, dans les deux nuances de la valeur avec gomme blanche, non dentelés, souvent avec surcharge SPECIMEN ; 2° 1887, dans les deux nuances, sans gomme, nuances foncées, non dentelés sur papier jaunâtre ; 3° 1891, en rouge et bleu, dentelés 10, avec surcharge REPRINT. *Oblitérations fausses,* nombreuses sur les réimpressions sans surcharge.

Timbres de service 1880-92, n^{os} **1 à 24.** Nombreuses surcharges fausses, notamment les surcharges rouges de 1880-86. Comparaison détaillée nécessaire.

NOUVELLE GUINÉE

1896. Timbres allemands surchargés. N^{os} **1 à 6.** Vérifier d'abord si les timbres n'appartiennent pas à l'une des deux catégories de *faux* timbres allemands dont la description est donnée à Colonies allemandes. La série de Genève porte *l'oblitération fausse* ronde à date, un cercle STEPHANSOKT 16-5 99 et une étoile.

1915. Surchargés G. R. I. Nos **1 a 15.** *Fausses surcharges* nombreuses. Comparaison indispensable.

NOUVELLE-HÉBRIDES

1920. Surchargés Nos **58 à 69.** *Fausses surcharges.* Comparaison indispensable.

1924. Surchargés. 50 c. sur 25 c. No **75.** Le 50 c. a été appliqué sur timbres de 25 c. des émissions de 1911-12 avec filigrane C A multiple et avec filigrane R F. Mais dans cette dernière catégorie on trouve beaucoup de pièces qui ne portent pas de fragments des lettres R F. On a frauduleusement muni ces pièces d'un *faux filigrane* C A multiple dessiné en gras, et d'une fausse surcharge pour les faire passer pour le no 75. La comparaison de la surcharge suffit généralement pour écarter ces produits peu catholiques; la comparaison du filigrane rend le diagnostic encore plus rapide.

NOUVELLE RÉPUBLIQUE

Les timbres de cet Etat reçurent une impression à la main provenant d'un cachet en caoutchouc. Suivant que la pression exercée par la main était plus forte de l'un ou l'autre côté on trouve des cadres, des lettres, des ornements plus épais ou plus minces comme il arrive dans les surcharges à main. C'est d'ailleurs comme une surcharge d'une bonne étendue qu'il faut considérer cette impression et comme elle a été imitée il faut comparer avec des originaux certains. La spécialisation est tout à fait indiquée. Le 1 d. a été tiré en noir sur jaune (9 JAN 86) R. R. ainsi qu'en violet à la même date.

1886. *Originaux* violet sur jaune. Nos 1 à 18. Dimensions moyennes 24 × 32 1/4 dentelés 11 1/2. Violet sur gris avec courts fils bleus dans la pâte du papier, nos 19 à 37 : idem. 1886-87. nos 38 à 65. Armoirie en relief dont l'écusson mesure environ 1 mm. de largeur; autres signes : idem.

Dans les timbres avec armoiries en relief l'inscription originale est, en néerlandais : EENDRAGHT, REGTVAARDIGHEID en LIEFDE; on les trouve avec armoiries renversées. *Faux:* ne répondent pas aux données ci-dessus, dans la majorité des cas; sinon, comparer. Les nos 1 (1 d. 3 nov. 86); no 19 (1 d. 3 nov. 86 et JUN 30 86) ainsi que le no 22 (4 d. sans date) ont été imités à Genève avec cadres latéraux déviés vers l'extérieur à gauche au milieu et vers l'intérieur à droite en bas.

NOUVELLE ZÉLANDE

Premières émissions. N[os] **1 à 36.** Effigie diadème et collier
1855 à 1872. *Originaux* gravés en taille-douce sur divers papiers,
avec diverses dentelures et filigranes décrits dans les catalogues;
dimensions moyennes 19 $\times$ 25 mm. La tête ne se présente pas
exactement de face mais légèrement tournee vers la droite (à
gauche en regardant le timbre). *Faux* anciens, lithographiés des
1, 2, 4 p. et 1 sh. Les 1 et 4 p. sur jaunâtre, non dentelés ou mal
perforés 12 1/2 à 13 : le 2 p. sur papier mince bleuté non dentelé
ou piqué en points 17 environ; le 1 sh. sur verdâtre non dentelé.
Tous les quatre *sans filigrane.* La lithographie est loin de rendre
les finesses de la gravure des originaux et notamment du burelage
du fond central, du dessin des coins ou du fond extérieur et un
instant de comparaison avec un original facile à trouver comme
le 2 pence bleu de 1864 suffit pour rejeter ces productions.
L'effigie s'y présente bien de face; il n'y a que 4 ou 5 points de
couleur sur l'hermine de l'épaule gauche (au lieu de 7) et 9 sur
l'épaule droite (au lieu de 10); dans le 1 p. le P de POSTAGE
touche le cartouche en haut; 2 p. le cartouche du même mot,
est dévié à gauche, part du premier jambage du W de TWO au
lieu de partir du milieu de cette lettre; dans le 1 sh. au contraire,
il est dévié à droite et part du jambage droit de la lettre N de
ONE au lieu de partir du milieu de cette lettre. Il en est de
même dans le 4 p. où la lettre E de POSTAGE se trouve au-dessus de l'espace entre N et C au lieu de se trouver au-dessus du N.

Fiscaux-postaux ; nombreuses oblitérations fausses sur
timbres lavés de leur oblitération fiscale à la plume ; l'examen
au microscope suffit souvent pour en retrouver des traces, sinon
la comparaison de l'oblitération postale est nécessaire.

NYASSA

1898. Surchargés NYASSA. N[os] **1 à 26.** *Fausses surcharges* sur les 2 1/2 et 5 reis et fausse surcharge renversée sur
le 50 r. n° 7. Comparaison nécessaire. Les 2 1/2, 5, 25, 80, 150 et
300 reis ont été réimprimés en 1906 (R. R) pour le roi d'Espagne, etc.

1919 et 1921. Surchargés. N[os] **64 à 94.** *Fausses surcharges,* comparaison indispensable.

NYASSALAND

1916. Surchargés N. F. N[os] **25 à 29.** En usage dans la ré-
gion du Tanganyika (Est africain allemand) pendant l'occupation anglaise. La double surcharge du 3 p. n'existe qu'à 6 exemplaires. *Fausses surcharges,* comparaison indispensable.

OBOCK

1892. Surchargés OBOCK. N°s 1 à 20 et

1892. Timbres taxe. Mêmes surcharges. N°s 1 à 18.
Originaux : surchargés à la main à l'aide d'un cachet en caoutchouc ce qui a provoqué beaucoup de défauts d'impression dans
les lettres. La surcharge cintrée mesure environ 12 1/2^{mm} de
largeur (milieu à gauche de la lettre O jusqu'au sommet de l'angle rentrant formé par les deux jambages du K) ; la hauteur du
premier O est de près de 4 mm. *Soi-disant réimpressions* de la
surcharge cintrée sur 4 c. poste n° 3 et sur 5 c. taxe n° 1. Ce
sont des fantaisies, résultats d'une combinazione de marchand
qui fit faire ces impressions, comme par hasard, des deux valeurs les plus rares, en surcharges droites et renversées. Heureusement, le caoutchouc, chargé d'ans avait diminué de volume
et le premier O n'avait plus qu'un peu plus de 3 mm. de hauteur
et la largeur n'était plus que de 12 mm. environ. Quoiqu'il
s'agisse du cachet original ce fut une erreur de cataloguer ces
fantaisies et surtout de les coter, d'abord parce que leur chiffre
de tirage est inconnu, ensuite parce que si après-demain un autre individu fait refaire, avec le cachet racorni au dixième des
« réimpressions » aussi particulières ou aussi peu officielles, cela
promettrait de beaux jours à la philatélie... ou à la spéculation.
Faux. Vérifiez tout d'abord si les timbres poste ou taxe ne
sont pas faux eux-mêmes (voir Colonies françaises). Les deux
séries fausses de Genève (poste et taxe) ont été munies de fausses surcharges (dans la cintrée la boucle basse du B est visiblement plus haute que la boucle supérieure); dans la droite, qui
mesure près de 18 au lieu de 17 1/2 en mesurant jusqu'au pied
droit du K le trait oblique supérieur de cette dernière lettre est
trop court). Les fausses oblitérations sur ces séries sont à date
double cercle, cercle intérieur interrompu : OBOCK 27 MARS
92 COLONIE FRANÇAISE et mêmes mots avec 26 SEPT 92 en
noir ou en bleu. *Fausses surcharges :* nombreuses et quelques-
unes très bien exécutées. La comparaison minutieuse est indispensable.

1892. Surcharges de grands chiffres. N°s 21 à 31.
Surcharges originales : cachets à la main appliqués en deux fois
pour les n°s 27 à 31, en noir, vermillon et violet. *Fausses surcharges* sur originaux avec surcharge droite (n°s 12 à 20) notamment
pour les n°s 22 et 27 à 31 ainsi que fausses surcharges renversées
et doubles. On trouve aussi ces fausses surcharges sur les faux
précédemment décrits. Comparaison nécessaire pour les chiffres
(mesures, distances) et pour l'encre.

1892. Type groupe. N°s 32 à 44. *Faux.* Voir les imitations
de ce type à Colonies françaises.

1893-94. 2 et 5 frcs. N°s 45 et 46. 5 frcs original : format 45 × 37^{mm}. *Faux :* il existe de bonnes imitations de cette valeur ; le meilleur moyen de les reconnaître est de les mesurer.

1894. Papier quadrillé. N°s 47 à 64. *Faux* de Genève pour les 25 et 50 frcs avec faux quadrillage imprimé lithographiquement en gras, brillant a la lumière et disparaissant dans la benzine. Nuances arbitraires. Les courbes imitant la dentelure sont interrompues en grand nombre du côté droit, Dans le cartouche de R F on trouve dans les coins inférieurs un petit ornement blanc comportant 3 petites hachures obliques (dans les originaux l'ornement de droite, en forme de masque ne porte que deux hachures). Ces imitations ont ete .fabriquées normales ou avec centre deplacé de 1 a 2 centimètres. Oblitérations fausses comme dans la première émission, mais avec millésime modifié ou illisible. Je possède aussi le 25 frcs coupé pour moitié, sur fragment avec fausse oblitération OBOCK centre illisible et dans le bas REPUB FRANC^{se}.

OCÉANIE

1893-1906. Type groupe. N°s 1 à 20. *Faux* de Genève voir imitations de ce type à Colonies françaises.

1915. Surcharge E F O. N°s 38. Surcharge typographiée. *Fausses surcharges* renversées : comparaison avec l'original nécessaire.

1915-16. Croix-rouge. N°s 39 à 42. Surcharges des n°s 39 et 40 typographiées en vermillon ; n° 41 typographié en rouge foncé et n° 42 typographié en carmin. *Fausses surcharges* et particulièrement fausses surcharges renversées qu'une comparaison méticuleuse peut faire reconnaître.

1916-1921-1924. Surchargés. N°s 43 à 46 et 65. Même observation pour ce qui concerne les surcharges. Je n'ai pas vu la fausse surcharge renversée n° 65^a mais on m'écrit qu'elle existe, bien faite. et... je le crois sans peine.

ORANGE

1868 à 1900. Type oranger. N°s 1 à 31. *Originaux :* typographiés, dentelés 14, 19 × 22 3/4^{mm}, 60 mcs (1868 à 78), 70 mcs à partir de 1883. *Faux,* examinez toujours les timbres, surchargés ou non, au point de vue de l'authenticité et ensuite seulement, s'ils sont vrais, les surcharges par comparaison détaillée car les fausses surcharges sont fort nombreuses. *Faux anciens :* n°s 1 à 3, dentelés 12 1/2 parfois d'un seul côté seulement, lithographiés, 18 4/5 × 22 2/3 ^{mm}, 55 à 60 mcs, souvent oblitérés avec une grille ovale ; le bas du J d'Oranje est rattaché à la lettre N et le point touche le cadre intérieur. (Voir en outre l'illustration pour divers détails des hachures et du cor placé sous le pied de l'oranger. Ces faux paraissent provenir *de Genève* mais ils ont été ensuite légèrement retouchés et tirés en nuances arbitraires ; toujours 74 hachures, le J de Oranje touche presque la lettre N, le point touche presque le cadre gauche et le J de VRIJ est aplati dans le bas, au lieu d'être rond ; le 4 p. bleu de 1878 a été imité de même. *Faux modernes*, relativement récents, lithographiés sur papier très blanc (6 p. et 1 sh. de 1868, 5 sh. de 1878, 1 sh. de 1898 mais il est probable que toutes les valeurs suivront. et, comme ces timbres sont bien imités, qu'ils recevront rapidement toutes les fausses surcharges connues ; dentelure 14 admissible, 19 1/5 à 19 1/4 $\times$ 22 7/8 à 23 ^{mm}, 80 mcs environ ; le point après Staat est éloigné de 1/2 ^{mm} environ de la lettre T (au lieu

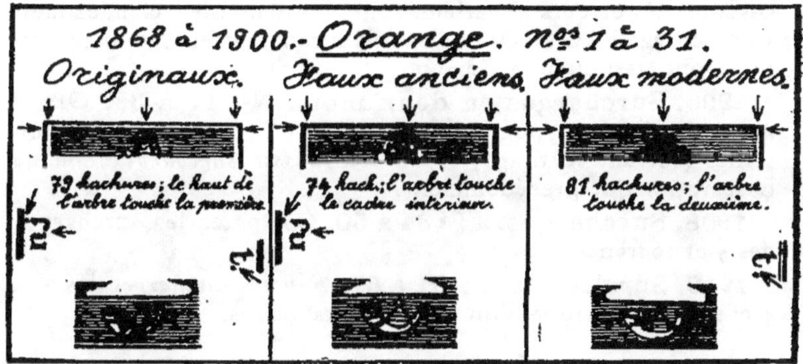

de 1/4 ; voir l'illustration pour divers détails ; les hachures horizontales sont bien venues et bien espacées, mais le faussaire, pour donner bonne mesure en a ajouté une en haut et une en bas (81 au lieu de 79). etc.

Emissions postérieures. La plupart des surcharges ont été imitées sur originaux ou sur faux et demandent une comparaison rigoureuse. A Genève on a imité les types I et III du 3 d. n° 9 ainsi que la surcharge de 1900 ORANGE RIVER COLONY.

Timbres-télégraphe. Mêmes observations que ci-dessus. *Faux* de Genève, 1 sh. n° 6, avec les deux A de STAAT bouchés dans le haut, burelage non conforme et fausse surcharge TELEGRAAF.

OUBANGUI

1815-18. Surchargés. N°s 1 à 17. *Originaux :* surcharge typographique.

1916. Croix-rouge. N°s 18 et 19. *Originaux :* sur papier couché ; n° 18 par cachet à la main, en noir; n° 19 surcharge typographique carmin. *Fausses surcharges :* nombreuses sur originaux, surtout pour les variétés rares n°ˢ 18 ᵃ et 18 ᵉ. Comparaison rigoureuse indispensable.

OUGANDA

La comparaison et même l'expertise sont indispensables pour les n°ˢ 1 à 35 et pour les timbres télégraphes.

PACKOÏ

1903-04. Surchargés. N°ˢ 1 à 16. *Faux :* vérifiez d'abord si les valeurs au type groupe ne sont pas des falsifications décrites à Colonies françaises. *Fausses surcharges :* comparaison nécessaire ; les erreurs et variétés sont des fantaisies clandestines. La surcharge PACKHOI et diverses surcharges en monnaie chinoise ont été imitées à Genève.

1906. Surchargés en deux mots. N°ˢ 17 à 33. *Originaux :* surcharges typographiques noires ou rouges, brillantes ou ternes (suivant le tirage). *Faux* et *fausses surcharges :* même observation que précédemment.

1908. Surchargés. N°ˢ 34 à 50. Comparez les surcharges des 5 et 10 francs.

1919. Surchargés. N°ˢ 51 à 67. *Fausses surcharges* des 2 et 4 pi sur les 5 et 10 fr. Voir Colonies françaises.

PAHANG

Très nombreuses *surcharges fausses* dont plusieurs assez réusˉsies ; comparaison indispensable et spécialisation recommandée à cause des variétés de types. La surcharge PAHANG du type II a été imitée à Genève.

PANAMA

I. — Colombie

1878. N°ˢ 1 à 4. *Originaux :* lithographiés sur blanc 18 1/4 à 1/2 × 23 1/5 à 1/4; le 50 c. : 22 1/2 à 3/4 × 27 ᵐᵐ. Papiers de diverses épaisseurs, 50 à 65 mcs ; les 5, 10 et 50 c. aussi 80 mcs environ. Les timbres portent un encadrement séparatif peu visible ; nuances 5 c. vert ou vert-bleu, 10 c. bleu, 20 c. rose et 50 c. orange foncé. Les lettres des inscriptions ne se touchent pas, excepté celles de la valeur dont quelques lettres se joignent par leurs traits terminaux. Dans les écussons des coins, les hachures de la bande supérieure sont équidistantes, toutes les hachures sont faibles et l'impression est bonne. *Réimpressions :* 5 c. vert-jaune, 10 c. gris-bleu, 20 c. rouge, 50 c. jaune. Impression empâtée notamment dans le plumage de l'oiseau, l'isthme et dans le bas du cercle sous le navire. *Faux de Genève :* lithographiés sur blanc ou jaunâtre (5 c.), le 10 c. avec encadrement séparatif bien visible à 4/5 mm du cadre , les autres valeurs sans. Les hachures des quatre écus ne sont pas équidistantes, les hachures entre cadres sont beaucoup trop prononcées, celles de la presqu'île sont irrégulièrement croisées. 5 c. vert olive foncé, 18 1/2 $\times$ 23, 70 mcs, la patte droite de l'oiseau (à gauche du timbre) n'a que deux serres, l'E de ESTADOS touche le bas du S, pas de hachures dans la moitié supérieure du cadre gauche excepté quelques points, disséminés sous l'écu. 10 c. bleu-outremer, le bandeau tenu par le bec de l'aigle porte deux gros traits de couleur au lieu d'un seul, les lettres de la valeur n'ont autant dire pas de traits terminaux. 20 c. rouge-brunâtre pale ou terne avec ou sans impression très transparente, l'S et le T de ESTADOS se touchent par le haut, dans la mer inférieure les mâts du navire sont beaucoup trop inclinés à droite.

1887. Dentelés 13 1/2. N°s 5 à 10. *Originaux :* toujours avec dentelure des quatre côtés, 1 c. vert foncé ou bleu-vert, 2 c. rose, 5 c. bleu, 10 c. jaune foncé ou citron, 20 c. lilas, 50 c. brun sur blanc-jaunâtre. Dimensions moyennes 24 1/2 $\times$ 21 1/4 à 21 1/2. *Réimpressions,* sans gomme, dentelure 13 1/2 mais le plus souvent partielle. 1 c. vert-jaune, 2 c. rose foncé, 5 c. bleu foncé, 10 c. paille, 20 c. violet et 50 c. brun clair.

Emissions postérieures. Fausses surcharges, notamment des n°s 20 c et des n°s 2 à 8 et 11 à 18 des lettres recommandées. Comparaison nécessaire.

II. — République indépendante

1893-04. Surchargés RÉPUBLICA DE PANAMA. N°s 1 à 7. *Originaux :* cachet à la main ; première ligne 18 mm ; deuxième 12 1/2 mm. de largeur ; hauteur totale : 5 mm. environ. *Fausses surcharges :* très nombreuses ; comparaison nécessaire. On peut comprendre aussi sous cette rubrique les réimpressions privées de Panama du modèle original mais avec RÉPUBIICA et celles de COLON (16 1/2, 11 mm. et 4 mm. de hauteur) imprimées en nuances arbitraires mais qui ont passé par la poste. Elles n'ont aucun caractère officiel et on peut les cataloguer si l'on veut comme faux usés poste.

Émissions postérieures ; lettres chargées ; Canal-Zone. Très nombreuses *surcharges fausses* qui nécessitent une comparaison détaillée. Spécialisation recommandée. Les surcharges CANAL ZONE, sur 1 et 2 lignes (nᵒˢ 1 à 4 ; 10 à 15 et taxes 1 à 3 on été imitées à Genève.

PAPUA

1907-08. Surchargés Papua. Nᵒˢ 9 à 24. Les *surcharges originales* mesurent 11 et 10 3/5 mm. point compris. La première a été *imitée* sur le 4 p. et la seconde en doubles surcharges diverses ; comparaison indispensable.

1901. 2 sh. 6, Nᵒ 8. *Truquage :* 2 sh. 6 de 1908 avec petite surcharge grattée et remplacée par une oblitération dont une grosse barre passe sur le grattage ; la benzine ou la loupe (par transparence) permettent de pointer la manœuvre frauduleuse.

PARAGUAY

1870. Lithographiés. Nᵒˢ 1 à 3. *Originaux :* non dentelés ; épaisseur moyenne 70 mcs ; 19 × 24 1/2 mm. (le 2 r. 1/4 plus haut ; le 3 r. 1/5 plus large ; mesurer au milieu du timbre). 1 r. chaque chiffre contient 3 points dont celui du milieu est plus gros ; la pointe terminale du chiffre est recourbée et légèrement arrondie au bout ; 8 hachures dans le bonnet ; celui-ci ne touche pas le cercle ; quelques hachures du fond dépassent le cercle intérieur (loupe). 2 r. le bonnet dépasse de peu la 6ᵉ hachure horizontale ; il porte 12 hachures courbes ; dans les coins, les lettres de DOS ne touchent pas leur cadre (à droite en haut le D en est très près), ni le gros point blanc. 3 r. Les hachures horizontales du fond dépassent par endroits le losange intérieur ; le bonnet touche la quatrième hachure ; les cercles N-O et S-E ne touchent pas le losange extérieur. Entre le bonnet et le haut de la tête du lion, il n'y a pas de hachure dans le 1 r ; 3 dans le 2 r. et 4 dans le 3 r. en ne comptant pas celle qui touche le bonnet. La perche sur laquelle le bonnet est posé est hachurée partout dans les 1 et 3 r. tandis que dans le 2 r. on ne voit que des traits courts laissant une ligne de lumière à gauche. *Faux :* diverses imitations dont le détail serait trop long, toutes lithographiées et dont aucune ne montre tous les signes distinctifs relatés pour les originaux. Le faux le plus répandu est du 1 r. avec bonnet touchant le cercle intérieur ; chiffres 1 avec trait oblique finissant en pointe etc. ; papier mince, 50 mcs. *Faux* ou *réimpression privée)* 1898 du 2 reales sans aucun caractère officiel, provenant de la planche lithog. originale ; papier poreux de 80 mcs ; bleu vif au lieu de bleu terne.

1873. Surchargés 5. Nᵒˢ 4 à 6. *Surcharges originales :* type I et type II surcharges en noir terne et en bleu terne, *Fausses surcharges ;* soi-disant réimpressions, sans aucun caractère officiel du type I (grand 5, en noir intense ou en bleu vif avec trait vertical du 5 interrompu. On trouve d'autres surcharges fausses, de diverses provenances et la comparaison détaillée est indispensable. La surcharge des numéros 4 à 6 a été imitée à Genève.

1879. Lithographiés. N°s 10 et 11. *Originaux :* dentelés 12 1/2 papier blanc, lisse. *Faux :* soi-disant *réimpressions privées* tirées sur les planches originales, faux papier jaunâtre (gomme) grené, trop mince ; nuances arbitraires brun trop pâle et vert jaune foncé (au lieu de vert-émeraude) ; fausses dentelures 11 1/2 ; 13 1/2 trop régulières ou non dentelés.

1881. Surchargés 1 et 2. N°s 12 et 13. *Fausses surcharges :* comparaison indispensable. La surcharge 1 a été imitée à Genève avec trait inférieur trop prononcé et la surcharge 2 avec trait inférieur ondulé.

Émissions postérieures et timbres de service. *Fausses surcharges*, notamment pour les variétés du n° 48 et pour les timbres de service qui doivent tous être minutieusement comparés.

PATIALA

Nombreuses *surcharges fausses ;* la comparaison est indispensable. *Réimpressions des surcharges :* 1885, les 5 valeurs avec STATE ayant 7 3/4 mm. de large au lieu de 8 1/2 et généralement la surcharge supplémentaire REPRINT. Service 1886-87, surcharges réimprimées ayant la même caractéristique mais le 1/2 vert n° 4 est surchargé en rouge. Toutes les surcharges (excepté les surcharges SERVICE de 1913-27) ont été imitiées à Genève.

PERAK

Pays à *surcharges* dont quelques-unes, notamment celle de 1878 n° 1, ont été bien imitées. Comparaison indispensable, surtout pour les variétés rares et spécialisation recommandée. Les fortes valeurs de l'émission de 1895 ont été lavées de leur oblitération fiscale remplacée par une *oblitératiou fausse*, ou présentés comme neufs. *Timbres de service :* la surcharge P. G. S. a été imitée à Genève... et ailleurs. Comparaison rigoureuse indispensable.

PÉROU

1858-61. Lithographiés. N°s 1 à 7. *Pas de réimpressions.* *Faux : 1 dinero bleu*, copié du 1 dinero de 1858 n° 1 ; 8 hachures sur les quatre côtés (original 9 en bas) ; 13 hachures horizontales dans le quartier de l'écu contenant le lama (au lieu de 16) ; lettres des inscriptions de la même hauteur alors que dans l'original la lettre U de UN descend plus bas et que D et N de DINERO descendent moins bas que les autres lettres de ce mot.

1 peseta rose ; copié du n° 7 (1860 sans point après CORREOS) mais très facile à reconnaître, l'inscription du bas étant UN PESETO au lieu de UNA PESETA : perles autour du fond central au lieu d'une ligne brisée formant des triangles blancs. *1/2 peso jaune* copié du 1/2 peso de 1858, n° 3. L'original est jaune orangé terne sur papier blanc de 65 mcs environ ; 21 1/4 $\times$ 20 7/8 mm. ; le premier entourage du fond central est formé d'une quarantaine de traits dont la moitié sont courts et *semblent* former parfois des perles et l'autre moitié longs de 1 mm. environ. Ces traits sont alternés ; le burelage des coins intérieurs est formé de lignes ondulées verticales. *Faux :* a) jaune-verdâtre sur blanc épais (90 mcs environ) ; 14 hachures au lieu de 13 dans le quartier du lama ; FALSH imprimé en vert dans le haut. b) comme le faux UN PESETO précédemment décrit : papier jaunâtre ; CORREOS à droite et à gauche au lieu de MEDIO PESO à gauche et 0 50 CENTIMOS à droite. c) jaune-brunâtre ou rose lilacé (erreur !) sur mince de 50 mcs environ ; hachures des coins intérieurs en grands zigzags ; 12 hachures dans le quartier du lama.

1862. Typographiés. Nᵒˢ 8 et 9. *Originaux :* 21 mm. carré ; armoiries bien visibles, celle du 1 peseta avec drapeaux. Le n° 13 (1868) idem. Le n° 15 (1871) idem.

1866-67. Nᵒˢ 10 à 12. *Originaux :* finement gravés et dentelés 12. *Faux :* deux séries grossièrement exécutées en lithographie, dentelées 12. 5 c. U de PERU fermé dans le haut : les deux banderoles de CORREOS PERU et PORTE FRANCO se touchent à leurs extrémités. Dans les 10 et 15 c. les montagnes sont beaucoup trop visibles ; 10 c. le lama noir est borgne ; 20 c. a) deux gros traits dans la partie droite de la montagne la plus haute ; chiffres 2 interrompus dans les coins N.-O. et S -E. ; b) le lama noir est aveugle ou plutôt sans yeux.

1871-73. Locomotive ou lama. Nᵒˢ 14 et 16. *Originaux:* n° 14, rouge carminé et vermillonné ; 20 1/2 $\times$ 21 mm. n° 16, ardoise (bleu-gris) à outremer foncé ; 17 3/4 à 18 $\times$ 19 1/2 mm. Le cadre gauche est plus étroit que les autres ; papier épais, blanc jaunâtre ; impression moyenne (petites protubérances de couleur sous forme de « bavures » des cadres et des lignes de contour du lama et des lettres. *Réimpressions* du n° 16 : papier un peu plus mince (80 mcs) et plus blanc ; impression en relief moins prononcée mais impression meilleure ; le cadre gauche est aussi épais que les autres ; 18 1/8 $\times$ 19 3/5 ; bleu-pâle terne ou gris perlé. *Faux:* gris-foncé (copié de la réimpression !) sur papier d'épaisseur admissible mais grisâtre et de mauvaise qualité ; 4 cadres trop épais ; 18 1/4 $\times$ 19 4/5 ; relief moins accentué, notamment celui du lama ; lettres des inscriptions latérales mal venues par suite d'une mauvaise impression ; le D de DOS ressemble à un O, l'E de CEN-TAVOS est trop étroit et l'N est trop petit ; la queue du lama touche le cadre intérieur, comme c'est souvent le cas dans la réimpression.

1874-79. Nᵒˢ 17 à 25. *Originaux :* gravés, dentelés 12 ; grille en relief au verso. *Faux* des valeurs en CENTAVOS : mal dentelés 13, non dentelés ou piqués en points ; lithographiés ; sans grille en relief. 2 c. les rayons du soleil forment 9 bandes blanches, non divisées dans le haut qui arrivent à 1/2 mm. de l'ovale (au lieu de 1 mm. environ) ; 3 boulets sous la bouche du canon de gauche (au lieu de 5) ; violet vif au lieu de violet ou mauve 20 c. 9 bandes blanches de rayons du soleil qui aboutissent à l'ovale au lieu d'en rester éloignées ; la tête du lama touche le haut de l'écu ; dans le bas de celui-ci, 6 hachures obliques autour de la corne d'abondance (au lieu de 21 hachures verticales, etc.

1880 à 1884. Surchargés nᵒˢ 26 à 74. Très nombreuses *surcharges fausses ;* comparaison nécessaire. Surcharge *originale* UNION POSTAL etc., PLATA LIMA dans un ovale : les lettres de PLATA mesurent 2 1/2 mm. de hauteur et la barre horizontale du T également ; *réimpressions ?* de la surcharge : PLATA 3 mm. de hauteur et barre du T aussi ; (nᵒˢ 26 à 37 et 67 à 71, ainsi que les taxes nᵒˢ 6 à 10). *Surcharge originale* des armoiries du Chili ; (nᵒˢ 42 à 47) l'étoile a 3 1/2 mm. de diamètre extérieur ; les hachures touchent l'écu ; nombreuses imitations clandestines. La surcharge *originale* triangulaire sur nᵒˢ 59 à 74 se rencontre en cinq types différents. Comparaison. Les surcharges de toutes ces émissions ont été imitées à Genève.

1884-86. 1 sol brun nᵒ 82. *Oblitération fausse :* à date double cercle : CORREOS DEL PERU .. SET 05 LIMA. (26 mm. de diamètre).

Timbres de Service. *Fausses surcharges*, notamment à Genève (Gobierno encadré ou non)..

Timbres taxes. Surchargés LIMA CORREOS. Nᵒˢ 12 à 16. Cette surcharge a été *réimprimée* copieusement. Encre plus rouge, plus huileuse et surcharge plus épaisse que la surcharge originale. Comparer avec la surcharge en bleu qui est une variété de la réimpression. Remarque valable pour d'autres émissions ou valeurs sur lesquelles on trouverait cette réimpression de la surcharge, notamment pour les nᵒˢ 27 à 31.

AREQUIPA

1882. Surcharge Arequipa dans un cercle. N⁰ 3. Dans la surcharge originale le P ressemble à un F.

1883. N⁰ 6. *Réimpression* sur papier mince, en rouge orange ou rouge brique. *Original :* 19 1/4 × 24 mm.

1883-84. N⁰ˢ 8 à 10. *Réimpressions* des 10 c. et 1 sol : papier légèrement bleuté ; le 1 sol est brun foncé au lieu de brun. *Faux* 10 c., typographié en bleu pâle (au lieu d'ardoise) sur papier épais non transparent (au lieu de papier mince transparent) ; le plus souvent avec FALSH en rouge au milieu de l'écu. Le 25 c. a été mal imité ; comparer le pointillé dans les coins supérieurs et le détail du dessin de l'écu suffit.

1885. N⁰ˢ 11 et 12. *Originaux :* 5c. gris olive, 20 1/2 × 26 1/2 ; 10 c. ardoise. 20 1/2 × 27 1/2 mm. *Réimpressions : sans surcharge,* en olive pâle et en ardoise pâle ; gomme blanche.

1885. N⁰ˢ 13 et 14. *Originaux :* 5 c. 20 × 25 1/2, bleu ; 10 c. 20 1/4 × 26 1/4 mm., brun ou brun-olive. *Réimpressions : sans surcharge ;* 5 c. bleu pâle ; 10 c. olive pâle ; gomme blanche.

Cuzco

1881-85. N⁰ˢ 1 à 3. *Surcharge originale :* le mot CUZCO mesure 16 × 3 1/2 mm. et l'ovale 25 1/4 × 17. *Fausses surcharges :* comparaison. Dans une bonne *surcharge fausse* ancienne le mot CUZCO mesure 17 mm. et l'ovale est trop grand.

Puno

1881-85. N⁰ˢ 1 à 14. *Surcharges originales* en 3 types. Cercle extérieur : I : 19 mm. ; II : 23 ; III : 20 ; lettre M ; I : 2 1/2 mm. de large ; II : 3 1/2 ; III : 3 mm.

Cᴵᴱ DE L'OCÉAN PACIFIQUE

1857. Non dentelés. N⁰ˢ 1 et 2. *Originaux :* la Compagnie de l'Océan Pacifique n'a mis en cours que les 1 et 2 reales sur papier azuré. On se servit de ces timbres avant la première émission du Pérou (1858) ; ils ont été admis par le gouvernement péruvien et doivent donc prendre place en tête des émissions de ce pays. Les seules oblitérations régulières sont celles de Lima, à date dans un cercle ; Lima, Callao (port de Lima) et Chorillos dans un ovale avec points au-dessus et enfin, chiffre 4 dans un ovale de barres (19 × 25 1/2) du genre des cachets anglais A O I ; B O 1 etc., qui était le cachet de la Compagnie. Gravés en taille-douce ; dimensions moyennes 25 2/3 × 20 3/4 ;

les deux traits du grand ovale sont très rapprochés ; le trait de l'ovale central n'est guère qu'à 1/5 de mm. du festonné ; le pavillon du vapeur est presque rectangulaire et porte trois hachures horizontales ; le haut de la coque dépasse à peine l'horizontale limitant la mer. *Essais :* on trouve les mêmes timbres sur blanc, papier uni ou vergé (60 mcs environ) en bleu (2 r. vergé), en carmin (1 r. vergé), en jaune et en vert pour les

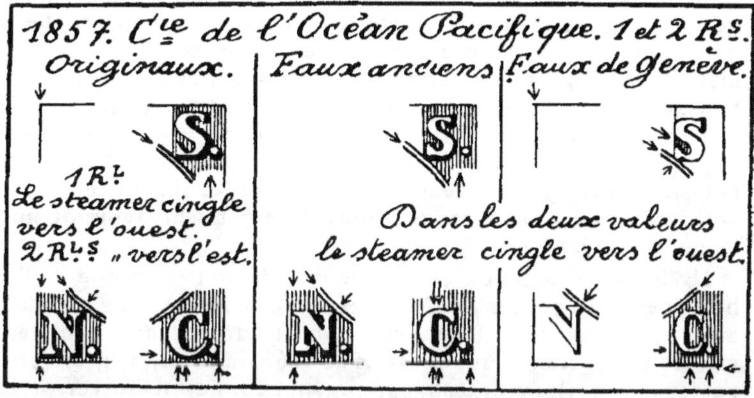

deux valeurs et en brun pour le 2 r. Ces timbres ne sont pas catalogués dans le Scott, etc., avec raison, semble-t-il puisqu'ils furent commandés pour une Compagnie privée et ne reçurent à l'encontre des timbres sur azuré, aucune consécration officielle. *Faux :* on rencontre quantité d'imitations en toutes nuances arbitraires, sur papier blanc ou jaunâtre ; le 1 r. bleu aussi sur bleuté (Genève) ; on peut les diviser en deux séries, l'une de faux anciens, l'autre provenant de Fournier, toutes deux lithographiées ce qui les fait reconnaître à première vue par les connaisseurs. L'illustration renseignera sur divers défauts de ces productions. a) faux anciens, 26 $\times$ 21 mm. ; l'ovale central est éloigné de plus de 1/4 de mm. du festonné ; la fumée a la forme d'un cigare ; le pavillon, en forme d'accent circonflexe est à fond plein ; cadre séparatif à 1 1/2 mm. du cadre extérieur. b) série de Genève. 25 3/4 $\times$ 21 à 21 1/5 ; pavillon trop courbé, à fond plein ; cadre séparatif à 1 mm. environ. Voir l'illustration pour d'autres défauts. Dans les 2 r. de ces deux séries le navire vogue vers l'ouest ! c) 2 r. faux ancien typographié ; le navire cingle vers l'est comme dans l'original ; l'ombre du point derrière le C ne touche pas la première hachure ; les deux traits du grand ovale sont trop espacés ; cet ovale ne touche pas les cadres latéraux ; le drapeau n'a pas de hachures ; les hachures verticales, trop espacées, sont irrégulières, etc.

PERSE

a). — Sans chiffre entre les pattes du lion

1868. Essais. Quatre types de valeurs furent gravés à Paris (Barre) et envoyés en Perse accompagnés d'essais : 1 sh. violet, 2 sh. vert, 4 sh. bleu et 8 sh. ; impression très soignée (la fine ligne blanche qui souligne la barre blanche sur laquelle est posé le lion est bien visible) ; 18 1/2 $\times$ 22, dentelure 12 1/2. Le 2 sh. vert (n° 1 d'Yvert) est connu oblitéré, ce qui peut lui conférer une valeur, mais n'est pas une preuve de sa mise en service officiel ; neuf, c'est un essai comme les trois autres ; en fait, d'autres catalogues et notamment le Scott ne le cataloguent ni neuf ni usé. On trouve en outre des essais de ce genre, de bonne impression, souvent non dentelés horizontalement les autres côtés dentelés 13 (par exemple 1 sh. rouge, 2 sh. violet, 8 sh. vert, etc.) ; qui sont assez répandus et ne peuvent avoir qu'une valeur de référence.

1870. N°ˢ 2 à 5. De ces quatre clichés on tira ensuite à Téhéran, en 1869-70, les 4 *valeurs originales* suivantes: 1 sh. violet, 2 sh. vert, 4 sh. bleu, 8 sh. vermillon ou carmin, non dentelés, mêmes dimensions que les essais de 1868, impression grossière, papier mince (les 1 et 8 sh. carmin sont connus recto-verso, le 2 sh. tête bêche). *Truquages :* essais précédents avec dentelure coupée, impression fine et non grossière, fin trait blanc sous la barre blanche entier et non fractionné ou mal venu, etc. *Faux ;* lithographiés et facilement reconnaissables par comparaison avec un essai, nez du lion ouvert en haut, pas de tache colorée dans le bout de la queue du lion, patte gauche avant 1/2 ᵐᵐ de largeur en haut (au lieu de 1 ᵐᵐ), nuances arbitraires, dimensions aussi, 4 sh. avec dans les cercles une sorte de chiffre 2 (boucle du haut fermée à droite) placé obliquement (au lieu du signe arabe visible dans l'illustration), etc.

b). — Avec chiffre entre les pattes du lion.

Les diverses émissions et tirages (1875-76-78 (proviennent des clichés précédemment décrits ; il est donc utile de les étudier en même temps. (Voir page 61).

Originaux.

1875. N°ˢ 6, 7, 9 et 10 d'Yvert. 1 sh. noir ; 2 sh. bleu ; 4 sh. vermillon ; 8 sh. vert, typographiés en bandes de 4 (4 $\times$ 1) sur papier épais ; non dentelés ; environ 18 $\times$ 22 ; mauvaise impression dans laquelle la moitié des traits de l'éventail formé par les rayons du soleil est invisible ou mal venue. Pour chaque valeur, quatre types reconnaissables à la forme et à la disposition des chiffres placés entre les pattes du lion. (Voir illustration).

N.-B. Le trait placé en bas, à droite de ce chiffre représente la
patte droite arrière du lion ; il n'y a pas lieu de s'attacher
à sa forme mais à la distance qui sépare cette patte du chiffre ou
de la grande barre blanche). Les quatre valeurs existent percées
en lignes ; les 1 et 8 sh. en arcs ou en points.

1876. Nᵒˢ 6, 7, 8, 9, 11 et 12 d'Yvert. 1 sh. noir ;
2 sh. bleu ; 4 sh. rouge vermillonné et rouge carminé ; 1 kr. carmin ; 4 kr. jaune et jaune-orange. Ces valeurs ont 4 types com-

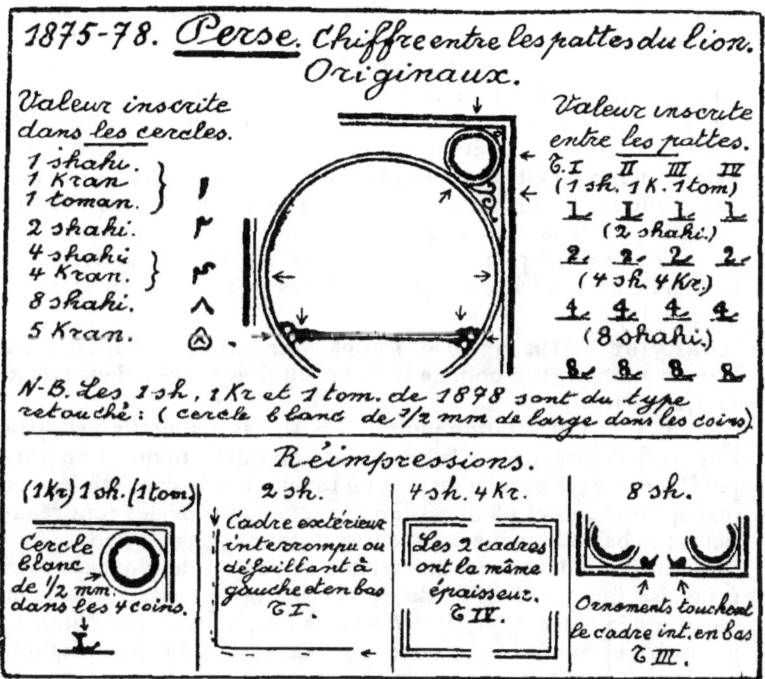

me les précédents, mais ont été typographiés par blocs de
4 (2 × 2) ; le 1 et 4 kr. tirés comme les 1 et 4 sh. et comprenant
donc les 4 types de chiffres entre les pattes du lion ; les paires
verticales sont formées des types I et III ou bien II et IV. Même
papier que pour l'émission de 1876 ou papier légèrement bleuté ;
même impression ; non dentelés ou mêmes piquages ; mêmes
dimensions moyennes. Le 1 kr. carmin et le 4 kr. jaune et jaune
orange sont connus sur papier blanc vergé (toujours 4 types) ;
les 1 et 4 kr. en recto-verso ; le 1 kr. a été tiré en jaune (erreur
de couleur) et enfin, le 4 kr. est connu en tête-bêche.

Fin de 1876. Nᵒˢ 7 et 8 d'Yvert. Les 1 et 2 sh. sont tirés cette fois en bandes verticales de 4 (toujours 4 types de chaque) sur papier blanc grisâtre ; percés horizontalement ; le 2 sh. est connu en tête bêche. Cette dernière valeur est considérée comme erreur de couleur par certains auteurs.

1878. Février. N°s 18 d'Yvert. 4 kr. bleu ou gris-bleu en bandes de 3, types I à III comme les types I à III du 4 sh. de 1875.

1878. N°s 17, 19, 20, 21 et 22 d'Yvert. 1 kr. carmin ; 5 kr. violet ; 5 kr. or sur papier blanc ; 1 kr. carmin sur jaune ; 1 toman bronze sur bleu, 4 types, les 1 kr. et 1 tom. tirés du 1 sh. de 1875 mais *retouchés* dans les 4 cercles des coins (cercle coloré entouré d'un cercle blanc de 1/2 mm. de largeur au lieu de 1/8) ; les 5 kr. sont tirés des 4 types du 8 sh. le 8 entre les pattes du lion ayant été modifié, plutôt mal, en 5. Dans cette valeur on reconnait les types à la position plus ou moins oblique des chiffres, à leur distance de la patte du lion et de la barre blanche ; dans le bloc de 4 du 5 kr. l'ordre des types est I, IV pour la paire supérieure et II, III pour la paire inférieure. Comme dans la série de 1876 les valeurs sont tirées en blocs de 4 des 4 types.

Janvier 1879. N° 20 d'Yvert. 5 kr. bronze rougeâtre ou bronze violacé, tiré comme les 5 kr. du tirage précédent (18 × 21 1/2 environ).

N.-B. Voir l'illustration pour divers signes distinctifs du dessin original ; l'extrémité de la queue du lion porte toujours un gros point coloré ; l'ornementation ne touche pas le cadre inférieur (exceptions en cas d'impression empâtée) ; les perles sont régulières ; la barre blanche sous le lion ne touche pas les perles ; etc. Vu le nombre des types, de variétés de papier, de piquages et la mauvaise impression, l'étude de ces timbres est assez difficile et compliquée encore par des réimpressions, neuves ou oblitérées par ordre et par des faux assez bien exécutés : la spécialisation est donc à recommander.

Réimpressions. (1885). Les 1 sh. 1 kr. et 1 tom. ont été tirés du type IV du 1 sh. de 1878 (avec cercles des coins retouchés) ; le chiffre I est un chiffre romain (trait horizontal supérieur débordant le trait vertical du chiffre à droite comme à gauche) voir illustration. Les 2 sh. proviennent du type I ; cadre extérieur interrompu ou totalement disparu à gauche et en bas ; 17 à 17 1/2 × 21 1/2. Les 4 sh. sont du type IV avec gros défaut de planche (trait blanc épais), sur l'ornement du bas ; les deux cadres ont la même épaisseur ; 17 3/4 × 21 1/2. Les 8 sh. sont tirés du type III ; les 2 boules terminales de l'ornementation du bas touchent le cadre intérieur ; 17 3/4 × 22. Les 5 kr. proviennent également du type IV ; 17 3/4 × 21 3/4. On trouve, en outre, les réimpressions du 1 kr. et du 1 toman au type III. Toutes sans gomme ou avec gomme blanche. Voici une liste des papiers et nuances : 1° non dentelés ; papier uni, épais, blanc jaunâtre ; 1 sh. noir intense ; 2 sh. outremer ; 2 sh. noir ; 4 sh. rouge-orange ; 8 sh. vert-jaune ; 1 kr. rose à carmin. 2° non dentelés ; papier blanc, mince ; 1 sh. noir intense, 2 sh. gris-bleu à outremer ; 2 sh. noir ; 4 sh. rouge vif ; 1 kr. noir ; 1 kr. rose à carmin ; 4 kr. jaune ; 4 kr. bleu-gris ; 5 kr. or, bronze, lilas ou violet vif ; 1 tom. or. Dans cette série les 2 sh. bleu ; 4 sh., 1 kr. noir ou jaune ; 5 kr. noir ou jaune ; 5 kr. or ou lilas et le 1 tom. se rencontrent aussi dentelés 13 1/2 ; le 1 kr. se trouve en rouge-brunâtre, non dentelé, avec teinte de fond jaunâtre au recto. 3° non dentelés sur papiers colorés ; 1 kr. rouge carminé sur jaune ; jaune-orange ; bleu et lilas (ce dernier, papier quadrillé) ; 1 toman sur or sur gris-bleu, lilas et jaune. Toutes les réimpressions ont été oblitérées par ordre, pour la vente aux collectionneurs, mais on les trouve aussi à l'état neuf.

Faux, a) Il y a lieu de citer d'abord une imitation du 8 sh. en bleu-vert et en outremer provenant d'un cliché original du 5 kran., dont le bas des chiffres a été gratté dans les coins ; papier mince. b) Faux anciens ; lithographiés sur blanc épais ; non dentelés ou piqués 13 ; le lion manque de barbe au menton ; le trait blanc touche les perles ; le bout de la queue est entièrement blanc, nuances et mensurations arbitraires ; c) Faux de Genève ; 1 sh. noir ; 2 sh. bleu ; 4 sh rouge et 8 sh. vert sur papier blanc, de 60 mcs environ. L'impression est meilleure que celle des originaux ; l'éventail de rayons rappelle celui des timbres de 1870 ; l'ornement sous le cercle de droite en haut touche le cadre intérieur ; 18 1/2 $\times$ 21 3/4 ; lithographiés ; le 1 sh. est copié du type IV ; le 2 sh. du type II ; le 4 sh. a le chiffre ouvert dans le haut ; le 8 sh. du type II mais avec chiffre fin partout ; oblitération fausse : carré de gros points. Les oblitérations fausses de Genève sont 1° rectangle de 6 $\times$ 7 gros points carrés ; 2° oblit. à date 1 cercle 27 mm. TEHERAN 21 10 et inscription persane. d) Autres faux de toutes provenances, dont il serait fastidieux et long de donner le détail, peut-être incomplet, mais qu'on peut contrôler facilement avec les renseignements qui précèdent ; porter l'attention principalement sur les chiffres entre les pattes du lion ; il n'est autant dire jamais conforme ; les dimensions et les nuances qui sont le plus souvent arbitraires ou fantaisistes ; la gomme dans les neufs ; l'oblitération dans les usés ; le dessin des ornements ; du cadre ; du lion, etc. Toutes ces imitations sont lithographiées.

1876. Effigie. Chiffres de la valeur en bas. N°ˢ 13 à 16. *Originaux*. Typographiés en noir sur fond burelé en couleur ; 17 1/2 à 3/4 $\times$ 22 1/2 ; dentelures diverses, voir les catalogues ; le lion porte deux courts traits horizontaux au milieu du front ; sa queue porte un trait noir à l'intérieur ; la bouche du shah est formée d'un trait presque horizontal ; l'attache de l'aigrette est formée d'un cabochon dans le bas (1 grosse perle et 9 ou 10 petites autour ; ces dernières pas toujours toutes visibles) ; on trouve ensuite 11 perles et dans le haut de cette attache une douzième perle en forme de virgule (loupe). Pas de *réimpressions*. *Faux* : lithographiés sur fond burelé grossièrement imité ; dimensions et épaisseurs admissibles ; piques en points 12 1/2 ; pas de traits horizontaux sur le front du lion ; quelques rares traces de traits dans la queue du lion ; les hachures courbes du fond central sont fréquemment interrompues ; bouche du shah formée d'un accent circonflexe renversé ; attache de l'aigrette formée d'une dizaine de grosses perles formant un cercle avec une perle au milieu ; 2 sh. la boucle des chiffres 2, mesure 1 1/4 mm. de largeur, au lieu de 1 1/2 et son extrémité pointe vers le bas au lieu de se recourber vers la droite ; 10 sh. le chiffre o de gauche est de forme rectangulaire et mesure 1 1/10 mm. de largeur au lieu de 1 1/4 mm., etc. *Fausses surcharges* : 5 shahis, 10 sh. ou sur moitié horizontale de cette valeur ; fantaisies du maître de postes de Téhéran.

1879-80. Même type avec bordure de couleur. Nᵒˢ 23 à 28. Pas de *réimpressions*. *Faux*, plus ou moins officiels, si l'on considère qu'ils portent parfois des oblitérations de complaisance, mais faux tout court si l'on examine le dessin ; le haut de l'aigrette touche le cercle intérieur ; l'aigrette est beaucoup moins ombrée (comparez avec une valeur commune) ; les hachures du fond central, plus fines, paraissent être trop espacées entre elles ; dentelures 12 et 12 1/2 $\times$ 13, on connaît en nuances à peu près conformes les 2 et 5 sh. et les 1 et 5 kr. ; en outre, le 2 sh. avec burelage du fond en bleu au lieu de jaune ; le 5 sh. idem en rouge au lieu de vert ; et le 10 sh. en lilas-rouge au lieu de violet.

1881. (Juin) Lithographiés ; type soleil. Nᵒˢ 32 à 34. *Originaux* : reconnaissables aux finesses, qui, dans les gravés de l'émission suivante sont toutes bien venues (notamment les 4 hachures fines accolées aux cadres latéraux vers le milieu du timbre ; l'ornementation du haut, entre les cercles — traits visiblement doublés — ; l'ornementation sous les cercles ; le quadrillage du fond du cartouche de la valeur ; etc.) et qui forment ici des traits uniques épais ou un fond plein ; 22 1/2 à 23 $\times$ 26 1/2 à 3 4 mm., dentelés 12, 13 ou 12 $\times$ 13. *Faux* : voir émission suivante.

1882. (janvier) Gravés. Même type. Nᵒˢ 29 à 31. Originaux ; 22 1/2 × 26 ; le 25 sh. 22 1/4 × 26 1/2 dentelure comme précédemment ; facilement reconnaissables au relief de la gravure (voir aussi, plus haut, le détail des finesses visibles). Pas de *réimpressions*. *Faux* insidieux des 5 et 25 sh. nuances arbitraires ; les rayons du soleil sont alternativement épais et mince dans le coin sud-est de l'encadrement des rayons ; dans le 5 sh. le prolongement d'un trait tiré à gauche du trait oblique (dans le cercle supérieur gauche) passerait sur le milieu du chiffre 5 alors que dans les originaux il passe vers le milieu de la lettre. Dimensions 22 1/4 × 26 pour le 5 sh ; 22 × 26 1/5 pour le 25

1882. Effigie. Poste Persane. N°s 35 à 40. 5 et 10 frs *originaux* finement gravés : 5 frcs, 22 × 27 1/2 ; fines hachures courbes dans l'aigrette du plumet ; le bonnet n'est pas limité par un trait à gauche ; 10 hachures dans la banderole placée au-dessus de PO de POSTES ; 37 hachures horizontales dans le cercle de la valeur. 10 frs 29 × 36 mm. 9 hachures dans la banderole audessus de PO ; 33 hachures horizontales dans le cercle de la valeur ; les 3 traits fins qui entourent tout le timbre sont bien venus, bien parallèles. Pas de *réimpressions*. *Faux :* 5 frs lithographié ; assez insidieux ; mesures admissibles ; simples traces de hachures dans le plumet ; trait vertical à gauche du bonnet ; dentelure 11 1/2 ; 9 hachures dans la banderole au-dessus de PO ; 28 hachures horizontales dans le cercle de la valeur, 10 frcs lithographiés ; *a)* 23 hachures dans le cercle de la valeur ; 7 hachures dans la banderole au dessus de PO de POSTE ; dans PERSANE la barre médiane du premier E et la barre du A ne touchent pas le corps des lettres ; le mot FALSH est inscrit en blanc dans la bordure rouge inférieure mais il est parfois...... voilé de rouge ! *b)* 29 × 35 3/4 ; le timbre, dentelures comprises, est trop large, les bordures rouge ayant 1 ^{mm} 3/4 de largeur au lieu de 1 1/4 mm. environ, dentelé 11 1/2 ; 8 hachures au-dessus de PO ; 22 hachures horizontales dans le cercle de la valeur ; la partie blanche du zéro de la valeur n'a que 1 ^{mm} 3/4 de large au lieu de 2 1/4 ; les lignes du triple cadre extérieur se touchent fréquemment ; le bonnet ne montre pas les courbes qu'on voit dans l'original ; tout le fond du timbre, près des cadres paraît plein et ne montre rien des grandes finesses du quadrillage et lignage du fond original. *c)* Faux de Genève du 10 fr. 28 1/2 × 35, en 2 types à peu près semblables, l'un avec pointillé sur le vêtement au-dessus de SANE de PERSANE ; l'autre sans pointillé ; 29 hachures mal venues dans le cercle de la valeur ; lithographiés. *Fantaisies :* 10 sh. 50 c. et 2 fr. surchargés de caractères persans. De même les 50 c. et 1 fr. surchargés d'un grand 5.

1882. (fin) Type soleil de 1881. N° 41. *Originaux* ; gravés ; valeur sur fond blanc ; 2 types d'après l'inscription persane

à droite de POSTE PERSANE ; t I. 9 mm. de large environ ;
type II. 9 1/3 environ ; ce dernier plus rare.

1901-1902. Surchargés. N°s 123 et 124 à 145. Les deux
surcharges ont été imitées à Genève. Comparaison indispensable.

1902. Provisoires de Meched. N°s 192 à 198. *Faux* du
n° 195ª, centre renversé du 5 c. noir ; ces faux seraient insidieux ; je n'ai pas eu l'occasion d'en voir et ne puis que recommander la comparaison détaillée.

PHILIPPINES

1854. Grosse effigie. Gravés. N° 1 et 4. *Originaux :*
mauvaise gravure en taille douce ; 1 planche de 40 (5 $\times$ 8) pour
chaque valeur ; 40 timbres gravés différemment dans chaque
planche ; 18 à 18 1/2 $\times$ 21 1/2 à 22 ; non dentelés ; papier blanc
ou blanc-jaunâtre. L'erreur CORROS du 1 real est le 26ᵉ type
de la feuille. N.-B. Dans les 1 et 2 r. la valeur se trouve dans le
haut du timbre et CORREOS, etc. dans le bas. *Faux*, de diverses
provenances ; l'illustration renseignera sur le nombre de perles
et de hachures horizontales des coins intérieurs. En cas de
doute, ou si l'on se trouve en présence d'autres imitations que
celles décrites se reporter aux illustrations données pour les originaux (le nombre de perles indiqué peut comprendre des
demi-perles aux extrémités des demi-cercles) ou comparer avec
les 40 types, reproduits dans le Calman. Les faux lithographiés
se reconnaissent facilement au manque de relief de l'impression.

1855. Idem. Lithographiés. N°s 5 et 5ª. *Originaux :* deux
types : I le cartouche de CORREOS, etc. mesure 2 ^{mm} 2/5 de
hauteur ; II ce cartouche ne mesure que 2 mm. de hauteur et les
lettres sont donc moins hautes. Le type I comporte 4 types
différents par bloc de 4 (2 $\times$ 2) ; les deux timbres de gauche mesurent 19 $\times$ 22 ; ceux de droite : 19 1/4 $\times$ 22 ; dans le premier
et le quatrième timbre du bloc le dernier 5 de 55 touche le cartouche en haut et il n'y a pas de point derrière ce chiffre ; dans
le deuxième et troisième timbre, ce chiffre ne touche pas et
il n'y a pas de point. Type II, regravé (le trait oblique de l'œil
touche le bandeau ; une croix manque sur le diadème à droite
du chignon, etc.) ; 18 1/4 $\times$ 21. Ce timbre étant d'un type tout
différent, devrait porter un numéro spécial.

1856. Timbres de 1855 des Antilles Espagnoles. Les
1 et 2 reales des Antilles ont été officiellement employés aux
Philippines ; ils ne peuvent se reconnaître qu'aux oblitérations
employées dans cette colonie. On trouve des oblitérations
fausses. Faux : voir Antilles espagnoles.

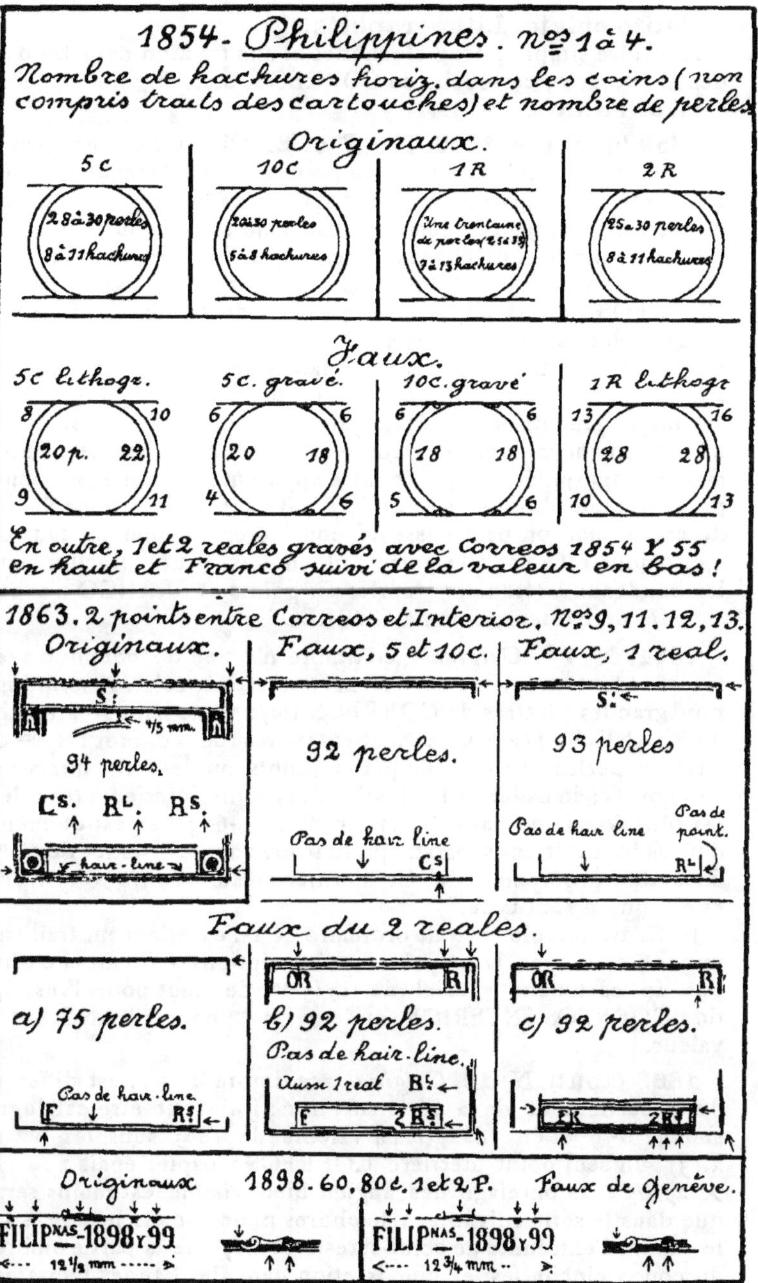
1854 - Philippines. nos 1 à 4.
Nombre de hachures horiz. dans les coins (non compris traits des cartouches) et nombre de perles
Originaux.
5c
10c
1R
2R
28 à 30 perles
8 à 11 hachures
20 à 30 perles
5 à 8 hachures
Une trentaine de perles (25 à 35)
9 à 13 hachures
25 à 30 perles
8 à 11 hachures
Faux.
5c lithogr.
5c. gravé.
10c. gravé
1R lithogr
8   10
20 p.   22
9   11
6   6
20   18
4   6
6   6
18   18
5   6
13   16
28   28
10   13
En outre, 1 et 2 reales gravés avec Correos 1854 Y 55 en haut et Franco suivi de la valeur en bas!
1863. 2 points entre Correos et Interior. Nos 9, 11. 12, 13.
Originaux.
Faux, 5 et 10c.
Faux, 1 real.
S:
4/5 mm.
94 perles.
Cs. RL. RS.
y hair-line
92 perles.
Pas de hair line
Cs
93 perles
Pas de hair line
Pas de point.
RL
Faux du 2 reales.
a) 75 perles.
Pas de hair-line
F   RS
b) 92 perles.
Pas de hair-line.
Aussi 1 real   RL
OR   R
F   2RS
c) 92 perles.
OR   R
FK   2RS
Originaux
1898. 60. 80c. 1 et 2 P.
Faux de Genève.
FILIPNAS - 1898 Y 99
12 1/2 mm
FILIPNAS - 1898 Y 99
12 3/4 mm

Petite effigie. Lithographiés.

A. Cadre simple ; deux clochettes et une fraction dans les bandeaux latéraux ; cartouche de CORREOS, etc., 2 ^{mm} de hauteur ; celui de FRANCO : 2 1/2.

1859 (avril) et 1860. N°ˢ 7 et 8. *Originaux :* une seule ligne de cadre extérieur mais le premier tirage (1859) porte en outre un cadre séparatif à une distance de 1/2 à 3/4 ^{mm} du premier ; dans le tirage de 1860, ce cadre ne se rencontre pas toujours ; les timbres de chaque bloc de 4 ont 4 types différents qui se reconnaissent aux chiffres ; aux cheveux, etc. Les lettres de CORREOS ont 1 1/4 ^{mm} de haut ; celles de FRANCO, 1 1/2 ^{mm}. Largeur des timbres : 18 2/5 à 18 3/4 suivant le type ; hauteur : 22 3/4 à 23 ^{mm}. Les 65 perles sont faites de trais épais et courts. Papier blanc, épais ou mince dans les deux valeurs ; le 5 c. aussi sur mince jaunâtre et sur épais jaunâtre ou épais côtelé. Nombreuses nuances dans le 5 cuartos. *Faux :* une mauvaise imitation lithographiée du 5 c. peut s'apparenter à cette émission par la hauteur des lettres de CORREOS et par certains détails du cadre, mais on peut aussi la considérer comme un faux du 5 c. d'août 1862 car elle porte 3 clochettes et une fraction dans les bandeaux latéraux : 75 perles en points et FRANCO n'a que 1 ^{mm} 1/4 de hauteur, comme CORREOS.

1861. N° 7 ªˑ *Original :* ce timbre n'a rien de commun avec le précédent et devrait porter un numéro spécial. Inscriptions plus grandes ; lettres de CORREOS 1 1/2 ^{mm} de haut ; cartouche de FRANCO 2 1/2 ^{mm} de haut et lettres de ce mot : 2 ^{mm} de haut. 79 perles en forme de petits points ou de traits minces et très courts ; le cadre et le dessin des coins intérieurs (écailles) est plus épais que dans l'émission de 1859-60 ; il en est de même d'un cadre extérieur séparatif qui se trouve à une distance de 1/2 ^{mm} du timbre proprement dit. Ce dernier mesure 19 1/4 $\times$ 23 1/4 ^{mm} et n'a qu'un seul type.

B. Cadre double (1 trait ordinaire et à l'extérieur un trait très mince ; employez la loupe) ; les inscriptions en haut et en bas ont un cartouche spécial de 1 3/5 ^{mm} de haut pour l'inscription CORREOS INTERIOR et de 1 1/2 ^{mm} pour FRANCO et la valeur.

1862 (août). N° 10. *Original :* ce timbre de 5 c. est différent du précédent et de la série suivante ; il devrait être catalogué sous le n° 9 et en 1862 (les 4 valeurs de 1863 sous les n°ˢ 10 à 13) ; un seul point derrière CORREOS ; papier épais ; 19 1/4 $\times$ 23 1/2 ; le burelage des angles bien visible est moins serré que dans la série suivante. 2 hachures pleines dans le cou, sous le ruban, l'extrémité de celui-ci reste en deça de la partie ombrée du cou. 3 clochettes et une fraction dans les bandes latérales ;

papier épais, blanc ou jaunâtre ; avec ou sans point derrière
FRANCO. *Faux :* lithographié en rouge-brun, sur papier mince ;
2 lignes de points dans le cou, sous le ruban ; ce dernier aboutit
juste à la limite des hachures du cou.

1863 (janvier). 5, 10 c. ; 1 et 2 r. N°s 9, 11, 12, 13.
Originaux : 4 clochettes dans les bandes latérales ; deux points
entre CORREOS et INTERIOR ; 94 perles très rapprochées ;
le mot FRANCO est posé sur une hair-line qui diminue la hauteur du cartouche et se continue à droite, traversant le cercle
blanc du coin inférieur droit (loupe) ; 19 $\times$ 23 1/4 ^{mm}. ; le dessin des coins intérieurs est formé d'écailles petites et serrées. Un
point derrière l'S de C^{S} ou R^{L} ou R^{S} placé à hauteur du pied de
la lettre. La hair-line qui souligne la valeur traverse le cercle
de droite dans les 5 et 10 c. ; dans les 1 et 2 r. elle traverse souvent le cercle de gauche. La distance entre CORREOS et INTE-
RIOR est de 1 1/2 ^{mm} environ dans les 5 et 10 c. et de moins
de 1 ^{mm} dans les valeurs en reales ; l'F de FRANCO et à 1 ^{mm}
du trait à gauche dans les 1 et 2 r. et à une distance un peu
moindre (2/3 ^{mm}) dans les 5 et 10 c. Voir l'illustration pour les
détails du cadre, etc. *Pas de réimpressions. Faux :* deux caractéristiques principales pour toutes les valeurs : 1° pas de hair-line
sous l'inscription de la valeur et le point est placé *sous* l'S de
C^{S}, R^{S} ou sous l'L dans R^{L}. Pour les autres signes distinctifs
voir l'illustration. Dans le premier faux du 1 real les lettres de
CORREOS vont en augmentant visiblement de hauteur vers la
droite ; ce faux est typographié, tous les autres lithographiés ;
les lettres NT de INTERIOR sont visiblement trop grandes, etc.
On y trouve parfois le mot FALSCH imprimé en bleu au-dessus
du cartouche de la valeur. Dans les faux en reales, il n'y a pas
de point après INTERIOR ; les faux b (voir illustration) forment
série avec les faux du 5 et 10 c. L'imitation c paraît être un type
retouché !! du faux précédent, mais il est encore plus mauvais.

1863-64. 1 Real Plata n° 14. *Originaux :* lithographiés ;
gris-vert et gris-vert foncé sur papier blanc et gris-vert sur papier
jaunâtre. Point avant et après CORREOS. En 1864 ce timbre
regravé a été émis en vert, vert-jaune et vert émeraude, sans
points avant et après CORREOS.

1864. Type de l'émission espagnole (1864) n°s 15 à 18.
Typographiés ; 18 3/4 à 19 $\times$ 22 à 22 1/4 mm. Le cadre extérieur
est épais à droite et en bas ; pour le cadre intérieur, c'est le contraire ; aucune perle ne touche la bordure des bandeaux. Voir les
détails de cette impression dans le tome I (Espagne). *Faux :*
a) mauvaises lithographies ; papiers teintés au recto seulement ;
les cadres ont la même épaisseur partout ; les perles touchent le
bandeau ; pas de point après CENT ni avant CORREOS. b) litho-

graphiés sur papier mince ; la plupart des perles touchent la bordure des bandeaux, etc.

1869-74. Surcharge HABILITADO. N^{os} divers. Quelques fausses surcharges notamment sur n° 9. Comparaison nécessaire.

1877. Surchargés n°s 49 et 50. *Fausses surcharges* notamment Genève.

Emissions postérieures. Se reporter aux détails donnés sur ces émissions dans le tome I (Espagne et Cuba).

1881-88. Surcharges Habilitado. N°s 68 à 108. Comparaison indispensable. La surcharge des n°s 85 et 86 (DE DOS RLES) a été imitée à Genève.

Même observation pour *les fiscaux* et les *télégraphes*.

1898. Timbres-poste dentelés 14. N°s 172 à 175. *Originaux :* 18 $\times$ 21 1/2. Typographiés. Les fines hachures dans les lettres de CORREOS et TELEGRAFOS (sur les côtés du timbre) et dans l'accent sur le second E du dernier mot sont bien visibles (loupe). Voir illustration précédente. *Faux :* les quatre fortes valeurs ont été imitées à Genève, en blocs de 4 avec grands intervalles ; non dentelés ou dentelure admissible ; papier grisâtre, assez mou. 18 1/5 à 18 1/2 $\times$ 21 1/2 à 22 suivant valeurs. Les hachures des deux mots précités sont généralement mal venues et l'accent est trop faible de moitié On trouve les 4 valeurs avec ou sans hachures dans le bas de l'ornement qui supporte le cartouche de la valeur. Les fausses oblitérations genévoises sont : rondes à date double cercle, 26 1/2 mm. avec 2 barres transversales dans le cercle intérieur : MANILLA 12 DIC 98 FILIPINAS et CAVITE 21 DIC 98 FILIPINAS.

1899-1904. Etats-Unis surchargés Philippines. 176 à 203. Nombreuses *surcharges fausses* sur tous les timbres cotés moins cher non surchargés. Comparaison détaillée indispensable. Donnez un coup d'œil à l'oblitération. La surcharge a été imitée à Genève et appliquée sur des timbres oblitérés des Etats-Unis.

République des Philippines

1899. 8 c. de PESO. N° 4. Original. 33 hachures bien équidistantes dans le cercle central en ne comptant pas celles du haut et du bas qui se confondent souvent avec la ligne du cercle ; le chiffre 1 de gauche porte un trait oblique bien visible qui mesure 6 intervalles de hachures ; l'extrémité du chiffre est au-dessus de la lettre O de COB^{NO}. *Faux :* 37 hachures dans le cercle central (plus deux) ; le trait oblique du 1 de gauche est peu visible et trop peu long (4 intervalles de hachures) ; le bas du chiffre finit au-dessus de la lettre N. Les trois lettres k sont visiblement trop grandes ; les lettres de GOB sont trop larges, etc. Les n°s 1 et 3 ont été imités à Genève et ne méritent guère de descriptions, les défauts pouvant se juger facilement par la comparaison.

PONTA DELGADA

Toutes les valeurs de l'émission de 1892 ont été *réimprimées* (1906) ; réimpressions pour le roi d'Espagne, etc. (R. R.). Dentelure 13 1/2 ; nuances légèrement différentes ; comparaison nécessaire.

PORTO-RICO

1873-76. Avec paraphe en surcharge. N°s 1 à 12. Pour les neufs il faut s'assurer qu'ils ne portent pas d'oblitération à l'emporte-pièce... n'ayant rien emporté ; dans ce cas on trouve des traces de cette annulation (benzine) ; s'assurer aussi que la pièce, réellement emportée, n'a pas été remplacée ad-hoc avec repeinture consécutive à la réparation et enfin, pour les n°s 8 à 12 s'assurer qu'il ne s'agit pas d'un timbre avec oblitération fiscale lavée... à neuf et pourvue ensuite d'une oblitération fausse destinée à céler ce mauvais tour. Les 4 types de paraphes ont été bien imités à Genève et appliqués droits ou renversés. La comparaison est nécessaire avec les n°s 1, 4, 8 et 11 oblitérés, assez communs, qu'on trouve donc facilement avec surcharge authentique.

Emissions postérieures. Si l'on trouvait des timbres douteux, il faudrait les comparer avec ceux des émissions semblables de Cuba ou d'Espagne. Le 10 c. brun de 1879 a été truqué par modification du chiffre 9 en 8. L'erreur 8 c. brun de 1882-84 doit se collectionner en paire avec le 3 c. Le 3 c. n° 101 de 1893 (service intérieur) a été imité à Genève ; les carrés des coins sont peu ou pas visibles ; la boucle inférieure du 3 de droite est fourchue ; grande tache blanche à droite du personnage assis à droite dans le bateau.

1898. Dentelés 14. N°s 131 à 150. *Originaux :* typographiés ; petites hachures au-dessus de l'inscription supérieure, comme dans les timbres des Philippines (voir l'illustration dans ce pays) ; visage et cou entièrement hachurés ; le cercle de couleur qui entoure le fond central est fin et non interrompu. *Faux ;* valeurs en millesimas. Papier jaune, mesures et dentelure admissibles ; lithographiés en brun contenant insuffisamment de rouge ; pas de pomme d'Adam (bien visible dans les originaux) ; pas ou trop peu de hachures sur le front, la joue et le devant du cou ; le bas de l'œil porte deux traits obliques prononcés se dirigeant vers la narine ; le cercle de couleur autour du fond central est interrompu en de nombreux endroits : pas de fines hachures dans le cartouche supérieur, au-dessus des inscriptions (même défaut dans le cartouche inférieur) ; dans les deux M de MILESIMAS la pointe centrale ne descend pas jusqu'au pied de la lettre ; etc. Les 80 c., 1 et 2 pesos ont été imités en blocs à Genève avec les mêmes défauts que pour les valeurs en millesimas mais ces défauts sont atténués ici ; pomme d'Adam peu visible ; manque de traits courts dans les cartouches du haut et du bas (voir aussi Philippines). Fausses oblitérations de Genève à date double cercle 27 ^{mm} PLAYA DE MAYAGUEZ 10 NOV 98 P^{TO}-RICO et SAN GERMAN 10 OCT 98 (P^{TO}-RICO).

1899. La surcharge PORTO-RICO a été imitée à Genève et appliquée sur des timbres oblitérés des Etats-Unis.

PORT-SAÏD

1899. Surchargés PORT-SAÏD. N°s 1 à 18. *Originaux :* surcharge typographique avec deux points sur l'I ou avec celui de gauche seulement. *Fausses surcharges* nombreuses ; comparaison indispensable pour toutes les valeurs oblitérées (donnez un coup d'œil à l'oblitération) et pour quelques valeurs neuves. La surcharge a été imitée à Genève.

1899. Surchargés 25 et VINGT-CINQ sur 10 c. La surcharge 25 a été faite par cachet à la main, en vermillon ou en noir. La surcharge VINGT-CINQ est typographiée en rouge ; le trait d'union est formé d'un trait court et epais ou d'un trait plus long et moins épais. *Fausses surcharges* très nombreuses, notamment en lithographie (dimensions et nuances arbitraires, manque de foulage, etc.) ; la comparaison détaillée est indispensable et l'usage du gabarit est très indiqué pour la grande surcharge. On a imité cette dernière à Genève, en rouge carminé, mais le trait d'union a été jugé superflu.

1902-20. Valeurs en francs. N°s 32 à 34. *Faux ;* voir au type Merson à Colonies françaises.

1915. Croix-rouge. N° 35.
Surcharge typographique en carmin.

Emissions postérieures. Postes et taxes. Un grand nombre de surcharges ont été imitées, parfois avec grand soin et la comparaison la plus détaillée est absolument indispensable.

PRINCE EDOUARD

1861. Dentelés 9. N° 2. *Original :* typographié ; 19 à 19 1/4 × 22 1/2 ; le visage est hachuré de lignes de points ; le fond de l'ovale est formé de 19 rangées horizontales de traits

verticaux et d'autant de rangées de points. *Faux :* mauvaise
lithographie dentelée 12 1/2 (ce qui ne correspond à aucune dentelure originale de cette émission ni de la suivante) : visage
hachuré de lignes pleines ; 17 rangées de traits verticaux.

1864. Dentelés 11, 11 1/2, 12 et composés. Nᵒˢ 4 à 9.
Faux : 3 p. bleu ; voir émission précédente. Un faussaire en mal
d'imagination a créé un 10 pence au même type. *Oblitérations
fausses :* très nombreuses ; ces timbres sont à prendre sur lettre
seulement et il en est de même pour l'émission suivante. On
trouve de nombreuses oblitérations fantaisistes, avec des bou-
chons découpés formant divers dessins et exécutés par le directeur des postes de 1865 à 1870 ; plus, naturellement, des fantaisies de truqueurs voulant faire de l'arbitrage entre la valeur
neuve et usée.

1872. 4 c. vert 1872 nᵒ 14. *Original ;* 19 2/5 × 22 1/2 mm.
Les lettres de l'inscription supérieure sont bien régulières et alignées ; les chiffres ne touchent pas leur cadre ; le blanc de l'œil
est vierge de hachures ; les cadres des chiffres inférieurs dépassent le cartouche de la valeur de 1/4 de mm. environ. *Faux :*
lithographié ; dentelé 13 ; inscriptions irrégulières ; les chiffres
supérieurs touchent leur cadre à droite ; le blanc de l'œil
est ombré ; les cadres des chiffres inférieurs et le cartouche sont
au même niveau. *Réimpressions :* (1893), en noir, non dentelées.
1ᵒ tirées des coins gravés : 1, 2, 3 et 9 p. de 1861-64 (nᵒˢ 2, 5 ; 3, 6 ;
4 et 9) ; 1, 3, 4 et 6 c. de 1872 (nᵒˢ 11, 13, 14 et 15). 2ᵒ tirées des
planches typographiées ; 2 et 4 p. ; 3 et 12 c.

QUEENSLAND

Les timbres de la Nouvelle-Galles du Sud furent employés
dans cette colonie jusqu'en 1860 ; à cette date étaient en usage
les timbres de l'émission de 1854-56 ; 1, 2, 3, 6, 8 et 12 p. avec
filigrane à double trait.

1860 à 1880. Effigie de face nᵒˢ 1 à 40 et

1861-1865. Id. Timbres pour lettres chargées. Nᵒ 1.
Originaux : finement gravés (excepté les émissions de 1866 et
1880, lithographiées d'après la gravure originale mais avec quelques modifications des inscriptions et dessin dans le bandeau
ovale pour les timbres de 1880) ; trois pièces du diadème sont
de forme carrée avec une perle au centre et 4 traits obliques se
dirigeant vers les coins ; trois rangs de joyaux dont le premier
comporte 26 pierres de forme plutôt carrée ; le deuxième 23 dont
deux sont accolées (sous la gauche du carré central) et la dernière
en bas, 27 dont la dernière à gauche est juste au-dessus de l'arcade
sourcillière et dont la dernière à droite, en forme de V finit sur
l'oreille. Les yeux se composent de traits courbes, concaves vers

le bas ; un trait oblique, en forme de diabolo est attaché au-dessous du trait inférieur et entouré d'un demi-cercle parfait dont le côté gauche touche le trait et dont l'extrémité droite ne le touche pas. On voit deux petits traits courbés au milieu de la pierre centrale du collier. Le quadrillage du fond ovale est bien visible ; on peut compter 22 traits verticaux depuis le côté gauche de l'ovale jusqu'à la boucle d'oreille. Les inscriptions sont régulières et à la même distance des deux lignes de l'ovale ; il en est de même des arabesques qui les séparent. L'ovale extérieur touche le cadre intérieur sur les 4 côtés et ce cadre est plus fin dans les parties tangentes que partout ailleurs. L'ornementation des coins est formée de bandeaux verticaux, larges et étroits renfermant une multitude de petits et gros losanges, de losanges peu larges en forme de lentilles vues sur champ, etc., et l'ensemble forme un dessin caractérisque inimitable. Les catalogues renseignent sur les filigranes, les dentelures et les nuances.

Réimpressions (1895) : 1° 1, 2, 3, 6 p. et 1 sh. violet de l'émission de 1868-75 (n°⁸ 24 à 27 et 29) dentelés 13 ; avec filigrane de cette émission ; gomme blanche, nuances différentes. 1 p. brun-orange et orange au lieu de orange vermillonné ; 2 p. bleu vif et bleu foncé ; 3 p. brun foncé ; 6 p. vert-jaune terne au lieu de vert-jaune ou vert ; 1 sh. lilas vif et violet terne. Impression moins bien venue que dans les originaux, voir notamment le fond central. 2° 1, 2, 3, 6 p. et 1 sh. de 1876 (n°ˢ 30 à 34) dentelés 12, avec filigrane Q couronne, de l'émission : 1 p. rouge vermillonné ; 2 p. outremer ou bleu terne ; 3 p. brun-bistré ; 6 p. vert terne et 1 sh. violet-gris. Gomme blanche. 3° timbre pour lettre chargée, dentelé 12, gomme blanche filigrane étoile de 1868-75 ; jaune foncé. *Truquages* divers : dentelés avec dentelure coupée et remargés ou entièrement remontés avec ou sans repeinture consécutive pour en faire les rares non dentelés n°ˢ 1 à 3 ; fortes valeurs lavées d'une oblitération fiscale (notamment les valeurs de 1 sh. et au-dessus) pour en faire des neufs ou bien des usés après adjonction d'une oblitération fausse.

Faux. a) gravés, 19 1/3 $\times$ 22 1/2 ; sans filigrane, non dentelés. Le haut du carré central du diadème forme croix de Malte, les deux obliques du haut, très larges, aboutissant dans le fond quadrillé. 3 rangées de joyaux ; première 23 pierres ; deuxième une vingtaine mais celles de gauche non bordées ; troisième 23. Cercle des yeux hachuré ; un seul trait pour former la bouche ; collier très mal dessiné surtout à gauche ; la pierre centrale porte une perle au milieu ; le grand ovale ne touche autant dire pas le cadre à gauche (petit axe 18 1/4 mm. au lieu de 18 2/3 environ) et aux points de tangence, le cadre intérieur est aussi épais qu'ailleurs. La lettre Q est formée d'un O et d'un trait courbe accolé à l'ovale du fond central (au lieu d'un trait oblique touchant le corps de la lettre, mais pas l'ovale) ; le milieu de l'arabesque de gauche touche (solution de continuité) le grand ovale. Pas de pointillé vers le milieu du cou et de la poitrine. Le dessin des coins n'est pas comparable à celui de l'original ; à droite et à gauche, notamment. les trois rangées de petits points losangiques manquent et sont remplacés par des points, des traits ou des lignes verticales. *b)* série ancienne, mal lithographiée de toutes les valeurs jusqu'au 5 sh. rose y compris le timbre pour lettres chargées (registered) ; sans filigrane ; dentelures diverses. La lithographie se reconnaît facilement de la gravure des originaux ; voici pour le cas ou l'on pourrait douter et pour les émissions régulières lithographiées, quelques signes·distinctifs : inscriptions irrégulières avec lettres touchant parfois les lignes de l'ovale ; les 3 rangées de pierres du diadème sont très mal venues, impossible de les compter ; pas de fines lignes blanches entre les traits des cheveux ; le dessin des coins intérieurs n'est pas comparable surtout dans le bas ; le fond central est quadrillé trop large et forme des amas de couleur par places. Le 5 sh. de 1882 a été imité à Genève en lithographie, sans filigrane, le dessin des joyaux carrés du diadème et des perles du collier est informe.

RAROTONGA

1921. Surchargés RAROTONGA. N°ˢ 20 à 24. *Faussss surcharges*, principalement sur fiscaux usés de Nouvelle-Zélande avec oblitération postale de cette colonie ou oblitération fiscale lavée. Comparaison nécessaire.

RÉUNION

Remarque sur le classement des types de 1852.

Les originaux des 15 et 30 c. (n°ˢ 1 et 2) proviennent de deux compositions typographiques comprenant chacune quatre types. L'absence de feuilles entières ; de paires des deux valeurs « se tenant » et même de simples paires horizontales d'une même valeur a fait que, jusqu'à présent, tous les auteurs, tous les ouvrages philatéliques ont donné des différents types une énumération arbitraire. Marconnet dit (1ʳᵉ édition, 1897, p. 371) : « La disposition des clichés est inconnue. Il est probable que la feuille comprenait huit timbres en deux rangées de quatre chacune. L'une des rangées devait contenir les quatre clichés du 15 cent. et l'autre les clichés du 30 cent ». Le baron de Vinck (1928, p. 134) dit : «chacune des deux valeurs était imprimée en *feuilles de quatre* sur une seule rangée horizontale (4 $\times$ 1) ».

Pour divers motifs expliqués plus loin, mon avis est que Marconnet a raison.

En 1866, parut une première réimpression tirée en bloc de 6 ; 3 types du 15 c. en haut et 3 types du 30 c. en bas. Marconnet (p. 372) nous apprend que « *les* planches originales étaient déposées depuis longtemps dans une cave » ; que *les* clichés étaient quelque peu endommagés par la rouille » et que « deux d'entre eux (les quatrièmes variétés) étaient inutilisables ». Ceci peut paraître péremptoire, mais lorsque cet auteur dit « les planches » c'est sûrement par lapsus, vu sa déclaration de la page précédente, et il faut admettre qu'il a voulu dire : « les compositions ». De même, lorsqu'il parle des « quatrièmes variétés » il ne s'agit évidemment pas des deux types IV mais des types défaillants dans la feuille de réimpressions qui, comme nous venons de le dire, n'en contient que trois (1).

Faute de pouvoir situer exactement les types originaux, les auteurs se bornèrent à numéroter de I à III (de gauche à droite) les types de la feuille réimprimée, puis appliquèrent ces désignations aux originaux de même type, et appelèrent type IV la variété non réimprimée de chaque valeur.

15 centimes. Le lot 304 de la douzième vente Ferrari se composait d'un original neuf, superbement margé, portant à droite un bord de feuille de 16 millimètres de largeur avec le rognage caractéristique des extrémités de feuille. Cette pièce est donc incontestablement le type IV de la feuille originale et, comme elle est du même type que le timbre de droite dans la feuille réimprimée, les types de la réimpression sont évidemment II, III, IV, dans l'ordre, et le type I doit être réservé pour l'original non réimprimé.

30 centimes. Pour cette valeur, la désignation des types se fit de même manière : I, II et III pour les types réimprimés et IV pour l'original non réimprimé. (Ce dernier est facile à reconnaître, car il porte une « erreur » : l'un des caractères de l'ornementation centrale est droit, au lieu d'être couché comme dans les autres types).

La numérotation erronée est plus grave ici, et résulte d'une observation insuffisante, car une étude minutieuse des divers types m'a démontré que ce soi-disant type IV se trouve en réalité dans la feuille des réimpressions : c'est le dernier de gauche sur cette feuille.

L'erreur de dessin a été corrigée au moment du remplacement des cadres, avant réimpression, par un imprimeur ennemi

---

(1) A noter que Marconnet ne s'est d'ailleurs trompé qu'à moitié, puisque ce sont bien les dernières variétés en regardant la *planche* (donc les deux premières de l'impression inversée de la feuille) qui ont disparu.

de la fantaisie qui a rétabli dans sa position normale couchée, le caractère insolitement posé droit en 1852.

Pour s'en convaincre, il suffit d'examiner en détail le dessin du timbre de gauche de la feuille réimprimée en 1866 ; on y retrouvera les nombreux signes distinctifs du type original erroné et notamment les deux gros défauts signalés dans l'illustration. Ce timbre est donc du type II, ses voisins de droite dans la réimpression doivent être numérotés III et IV et le non réimprimé est le type I. *En résumé*, dans chaque valeur, les types doivent être numérotés II, III et IV de gauche à droite dans la feuille des réimpressions ; les mêmes types, originaux doivent porter les mêmes numéros et les originaux non réimprimés sont du type I.

Si l'on objecte que les types de la planche originale ont pu être transposés pendant le changement des cadres, je répondrai par la négative parce que trois faits, pour le moins, tendent à prouver le contraire. 1°) Un type de chaque valeur était trop oxydé ; il est donc logique d'admettre que la planche originale comprenait les 4 types de chaque valeur (bloc de 8) et que ce sont les deux types I qui s'oxydèrent, le côté droit de la planche ayant séjourné pendant 14 ans contre un mur de cave. Ce ne peuvent être les types IV, preuve contraire étant fournie par le bord de feuille du 15 c. de la vente Ferrari. 2°) Quatre réimpressions ont été tirées en bloc de 6, de 1886 à 1889 sans aucune transposition de types : bien plus, pour la cinquième réimpressions, tirée un peu plus tard, on procède à une nouvelle ablation des deux types de gauche en ne laissant qu'un bloc de 4 des types III et IV de chaque valeur et cette amputation, identique à celle effectuée en 1866 n'amène aucun changement dans la disposition des types restants. 3°) Les plus beaux exemplaires neufs de la collection Ferrari portent des marges latérales de près de 4 millimètres — moitié de l'intervalle entre les timbres — et cette dimension, doublée, correspond aux intervalles latéraux des réimpressions, compte tenu que les deux filets des anciens cadres externes ont été remplacés par un filet unique, d'épaisseur moindre, avec adjonction probable d'une interligne typographique extérieure pour remplacer le second filet et aider au serrage.

C'est en m'inspirant de cette argumentation irréfutable que les valeurs de 1852 seront décrites ci-après.

1852. Non dentelés, 15 et 30 c. N°s 1 et 2. *Originaux :* typographiés sur papier bleuté, légèrement satiné ; une planche de 8 clichés dont quatre du 15 c. et 4 du 30 c. ces derniers disposés sous les premiers. Les lignes épaisses du cadre extérieur de chaque timbre sont formées par l'impression de deux caractères (filets) gras, accolés, ayant ensemble 3/5 de mm. de largeur moyenne ; l'un de ces filets est un peu plus large que l'autre et on remarque par endroits, unè solution de continuité entre eux (Voir à la loupe dans l'illustration).

15 cent. 18 1/5 × 23 1/5 mm. en moyenne. Les types du 15 c. se reconnaissent à divers défauts génériques renseignés dans l'illustration sous chacun d'eux. On peut également les reconnaître avec la méthode donnée en 1892 par l'auteur anglais Earée en examinant la disposition des petits croissants qui se trouvent dans les neuf cercles du dessin.

T. I. Les 3 croissants du bas.sont ouvert dans le haut ; celui du coin supérieur droit, ouvert en bas ; le cadre intérieur en haut touche le cadre droit.

T. II Les 3 croissants du haut sont ouverts en bas ; une des petites feuilles de la rosace (à droite et au dessus du croissant médian de gauche) est interrompue à son extrémité (voir illustration ; loupe).

T. III. Les 3 croissants de droite sont ouverts à gauche ; interruptions des cadres intérieurs aux endroits indiqués.

T. IV. Les 3 croissants du bas sont ouverts en haut ; le croissant du coin supérieur droit est ouvert à gauche. Deux feuilles de la rosace centale (au nord-nord-ouest) sont interrompues à leur extrémité.

30 cent. 17 1/2 × 22 1/2 mm. en moyenne.

T. I. Cadre intérieur droit interrompu au-dessus du cercle ornemental inférieur. Coin inférieur droit interrompu. Bavure à l'extrémité gauche du cadre inférieur. Voir aussi l'illustration.

T. II. Coins de gauche interrompus. Erreur du caractère ornemental droit au lieu d'être couché, etc.

T. III. Coin inférieur droit interrompu. Branche droite du dessin en X mal venue au-dessus du chiffre 3. Lettre C un peu plus penchée à droite que dans les autres types, etc.

T. IV. Cadres intérieurs latéraux interrompus (voir illustration) ; divers défauts dans le dessin ornemental ; bavure à l'extrémité gauche du cadre inférieur.

Ces timbres étaient parfois oblitérés d'un losange de 64 points en bleu (Ferrari, 2 exemplaires usés ainsi), mais le plus souvent ils étaient annulés à la plume — barres ou quadrillé irrégulier — à l'arrivée et beaucoup de neufs ayant servi n'ont reçu aucune annulation. N.-B. Les exemplaires neufs doivent avoir des marges latérales d'environ 2 ^{mm} minimum pour être de premier choix. Les usés étaient généralement coupés plus courts par les expéditeurs (un bel exemplaire de la vente Ferrari, lot 309, oblitéré petits points avait 4 marges d'environ 1 c. 1/2).

Réimpressions. 1° 1866. 15 c. 17 4/5 × 22 2/5 mm. environ.

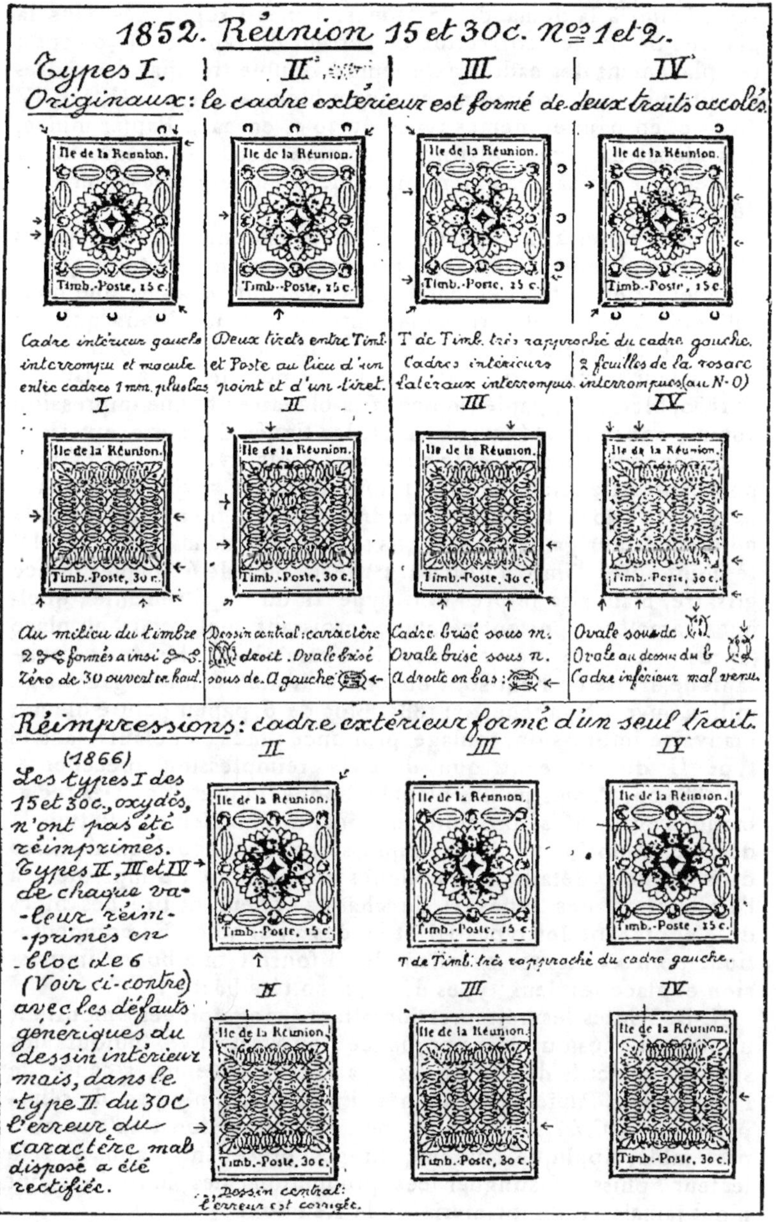

1852. Réunion 15 et 30 c. Nᵒˢ 1 et 2.
Types I. | II. | III. | IV.
Originaux: le cadre extérieur est formé de deux traits accolés.
Ile de la Reunion.
Timb.-Poste, 15 c.
Cadre intérieur gauche interrompu et maculé entre cadres 1 mm. plus bas.
Deux tirets entre Timb. et Poste au lieu d'un point et d'un tiret.
T de Timb. très rapproché du cadre gauche. Cadres intérieurs latéraux interrompus.
2 feuilles de la rosace interrompues (au N-O)
I II III IV
Ile de la Réunion.
Timb.-Poste, 30 c.
Au milieu du timbre 2 formés ainsi. Zéro de 30 ouvert en haut.
Dessin central: caractère droit. Ovale brisé sous de. A gauche
Cadre brisé sous m. Ovale brisé sous n. A droite en bas:
Ovale sous de. Ovale au dessus du b. Cadre inférieur mal venu.
Réimpressions: cadre extérieur formé d'un seul trait.
II III IV
(1866)
Les types I des 15 et 30 c., oxydés, n'ont pas été réimprimés. Types II, III et IV de chaque valeur réimprimés en bloc de 6 (Voir ci-contre) avec les défauts génériques du dessin intérieur mais, dans le type II du 30 c. l'erreur du caractère mal disposé a été rectifiée.
Ile de la Réunion.
Timb.-Poste, 15 c.
T de Timb. très rapproché du cadre gauche.
II III IV
Ile de la Réunion.
Timb.-Poste, 30 c.
Dessin central: l'erreur est corrigée.

30 c. 17 1/4 $\times$ 22 2/5 environ. Cadre extérieur 2/5 mm. d'épaisseur. Faites à la demande de Moens. Types I supprimés dans la planche originale ; correction de l'erreur du type II du 30 cent. ; remplacement des cadres extérieurs à double trait par des cadres à trait unique et bonne impression en bloc de 6 (types II, III, IV du 15 c. en haut et mêmes types du 30 c. en bas). Papier mince, gris-bleuâtre. Signes distinctifs comme dans les originaux, à l'exception des cadres extérieurs et de quelques cadres intérieurs déviés.

Dans la suite, à la demande d'autres marchands, on exécuta d'autres « réimpressions » qui présentent moins d'intérêt que la première (les cotes des catalogues ne sont valables que pour celles-ci) à cause des remaniements et défauts divers qui ont affecté le caractère des signes distinctifs originaux. Voici néanmoins leur énumération avec leurs principales caractérisques. 2° 1880, bloc de 6, papier mince, gris-bleuâtre ; bonne impression comme celles de 1866 ; 15 c. t. II, les lignes du cadre extérieur se rejoignent dans le coin supérieur droit ; types III et IV sans point après Réunion et disparition du point après Timb dans le type IV. 30 c. type II ; les cadres ne se joignent plus dans le coin supérieur gauche ; t. III ils se joignent dans le coin ; t. IV le point après Timb a disparu. 3°) 1886. bloc de 6 ; papier mince grisâtre, mauvaise impression. Type II du 15 c. remanié ; quelques caractères portent cercles et croissant mal remis en place (après une perte momentanée de 4 caractères), les deux croissants de droite en haut sont ouverts à droite ; celui de gauche au milieu ouvert à gauche. 4°) 1885. Bloc de 6, papier pelure bleuté, mauvaise impression, foulage prononcé ; mêmes défauts dans le type II du 15 cent. que dans la réimpression précédente. 5°) 1889-90. Papier pelure bleuté ; bonne impression. Des réclamations ayant dû se produire au sujet du remaniement du type II du 15 c. l'imprimeur des réimpressions, peu soucieux d'entrer dans de tels détails philatéliques procède tout simplement à l'amputation des types II de chaque valeur et tire des blocs de 4 contenant les types III et IV des 15 et 30 c. En compensation, pour contenter sa clientèle, il fournit une bonne impression et place les deux types du 15 c. en tête-bêche !

N.-B. Toutes les réimpressions étant typographiées, montrent un foulage plus ou moins prononcé ; on y retrouve toujours des signes distinctifs des originaux, parfois mal venus, à cause de l'impression. Papiers non satinés. En réalité, il n'y pas de réimpressions *officielles*, mais le mot « réimpression » m'a semblé préférable, appliqué aux cinq tirages précédents, afin que le lecteur puisse distinguer ces productions des imitations qui n'ont jamais vu l'imprimerie de la Réunion.

Faux. a) fantaisie ancienne du 15 c.; lithographiée sur papier gris, avec REUNION ISLE dans le haut et une fleurette dans les coins. *b)* 15 c. typographié sur papier mince lilacé, facilement reconnaissable au triple cadre (l'extérieur épais et 2 intérieurs minces se joignant partout); croissants remplacés par deux cercles ouverts, toutes les ouvertures dirigées vers le milieu du timbre. *c)* 15 c. typographié sur grisâtre ; 3 cadres comme dans *b* ; copie du type IV mais avec croissant inférieur gauche ouvert à droite et nombreux défauts secondaires. *d)* 15 c. typographié sur mince bleuté ; R de Réunion posé sur le cercle ; rosace touchant ce cercle et les 2 cercles latéraux ; triple cadre comme dans *b* et cadre séparatif extérieur mince à environ 1 1/4 mm. du cadre épais; pas de point après Timb mais un trait d'union, trop rapproché des 2 lettres ; l'i de Timb est relié au T par le bas ; le chiffre 1 porte dans le haut un trait terminal oblique. Les croissants sont très faibles ; 16 points blancs par rangées de 4 dans l'étoile située au centre du timbre. *e)* (Genève). 15 c. lithographié sur pelure bleuté ; triple cadre et cadre séparatif comme dans d; l'R de Réunion est à 1/2 mm. du cercle central supérieur : l'a de La est réuni à la lettre R par le bas ; pas de point après Réunion ; l'i de Timb. n'a pas de point et forme avec l'm un m à quatre jambages ; pas de trait d'union après Timb et le point qui suit ce mot est posé sur le trait terminal au bas du P de POSTE ; l'étoile centrale porte 8 traits obliques avec environ 10 perles entre eux ; la rosace touche les cercles en haut et en bas. Imitation exécutée sur petites feuilles comprenant 4 pièces du 15 c. et 4 du 30 c., les deux valeurs se trouvant l'une à côté de l'autre dans chaque quart de la feuille ; FAC SIMILE à 8 mm. au-dessus de chaque timbre. *f)* 30 c. lithographié provenant de la feuille décrite en e. 2 cadres (1 épais, un mince) et cadre séparatif à 1 3/4 mm. ; la lettre e de de est un c; pas de point après Réunion ; l'i de Timb porte un point et est relié au T et à l'm par le bas ; pas de trait d'union et point posé comme dans e ; l'e de Poste est un c. *g)* 30 c. fantaisie avec REUNION ISLE comme dans a. *h)* 30 c. typographié (même série que le 15 c. type d) ; ressemble beaucoup au 30 c. type f (cadres joints et cadres séparatifs) mais il y a un point après Réunion et pas de point après ce mot dans un type secondaire. Dans l'inscription supérieure les mots sont à 1/2 mm. de distance au lieu de 1 mm. environ) et l'n final est à 3/4 de mm. du cadre droit (au lieu de 1 1/2 mm. environ); Timb et Poste sont à 1 mm. de distance (au lieu de 2) et le trait d'union se trouve de ce fait au-dessus du point qui suit Timb ; le c. après le chiffre est une petite capitale.

i) 30 c. typographié sur bleuté ; les deux cadres se joignent ; pas de trait d'union derrière Timb ; pas d'accent sur é de Réunion ; dessin intérieur non conforme. *j)* 30 c. lithographié, impression de nuance outremer foncé sur papier épais bleuté ; 2 cadres, cadre extérieur d'environ 1 mm. d'épaisseur ; chiffre 3 à tête horizontale ; pas de point après Réunion ; pas de trait d'union après Timb. *k)* on trouve d'autres lithographiés de diverses provenances ; ils se reconnaissent au manque de foulage d'abord et ensuite à un tas de défauts dans les lettres et le dessin Comparer avec l'illustration des originaux suffit ; *l)* on trouve de même des phototypies plus insidieuses comme aspect général, mais provenant de « réimpressions » ; les défauts dans les lettres et le dessin, les mensurations arbitraires et le papier non conforme suffisent à les pointer ; *m)* on trouve enfin des fantaisies par photographie directe : même observation et papiers photographiques divers..

Emissions postérieures surchargées. Grand nombre de types et variétés de surcharges qui nécessitent la spécialisation Cette dernière est d'autant plus indiquée que la plupart des timbres de ces émissions ont reçu des *surcharges fausses,* parfois très réussies, et que la comparaison détaillée est indispensable, excepté pour quelques vieilles imitations fantaisistes. On trouvera tous les détails nécessaires dans les ouvrages de Marconnet (1892, p. 360 a 366) et de de Vinck (1928, p. 135 à 138).

1885. Surcharge 52 sur 40 cent. Marconnet déclare (p. 370) que c'est l'Inspecteur général des Postes de la Réunion qui fit exécuter 4 feuilles de 100 de ces fantaisies. On en trouve sur fragment (avec oblitération originale de complaisance), probablement de la même provenance. Le 5 c. R a été mal imité à Genève, parfois avec fausse oblitération genèvoise ronde à date, double cercle, 22 mm. REUNION :2 SEPT 84 S^T BENOIT.

1891. Surcharges REUNION. N°s 17 à 31. La surcharge *originale* mesure 15 ^mm (sans variété) ; la hauteur des lettres est de 2 1/2 ^mm. *Faux :* vérifiez tout d'abord s'il ne s'agit pas des timbres faux du type de 1881. (Voir Colonies françaises). *Fausses surcharges* nombreuses, notamment Genève. Comparaison indispensable. L'oblitération fausse de Genève est ronde, à date, double cercle, 20 1/2 ^mm. REUNION 23 SEPT. 91 S^T BENOIT.

1892-1900 à 1905 et 1912. Type groupe. *Faux :* Voir (à Colonies françaises) s'il ne s'agit pas des timbres faux genèvois de ce type, parfois munis de l'oblitération fausse décrite aux taxes (en noir).

1915-16. Croix-rouge en surcharge. N°s 80 et 81. *Fausses surcharges :* le plus souvent renversées ; comparaison détaillée indispensable et même expertise pour les imitations les plus insidieuses. La croix-noire (n° 80) a été imitée à la Réunion même et oblitérée avec un cachet original (1917).

1917. Surcharges 0,01. Nº 83. *Fausses surcharges* (avec variétés) exécutées à la Réunion et parfois obliterées comme la croix noire de 1915.

Timbres taxe 1889-92. Nᵒˢ 1 à 5. Une seule composition typographique a été utilisée pour le tirage de toutes les valeurs.

Les divers défauts génériques de cette composition sont notés dans l'illustration excepté pour certaines lettres (p et c de percevoir, e, i et s de centimes, etc.) afin de ne pas embrouiller le dessin ; il en est d'autres, secondaires, que le lecteur trouvera par un examen à la loupe.

Par suite des remaniements exécutés pour le changement des chiffres après le tirage de chaque valeur, certains défauts ont disparu ou bien il s'en est créé de nouveaux ; quelques-uns d'entre eux sont signalés plus loin.

1889. Tirage de 4 valeurs ; 5, 10, 20 et 30 c. dans l'ordre, sur papier jaunâtre ; 17 1/3 à 17 2/3 suivant types $\times$ 21 1/2. Bonne impression. Les signes distinctifs (défauts) sont les mêmes dans les 4 valeurs mais à partir du 10 c. (compris) les lettres de « Centimes » sont mieux alignées dans le type I et à partir du 20 c. (compris) l'espace entre t et i dans le mot « Centimes » a été diminué dans le type II. (2/5 ᵐᵐ au lieu de 2/3 ᵐᵐ environ ; l'a, déplacé vers la droite se trouve sous l'i).

1892. Tirage de 4 valeurs ; 5, 15, 10 et 30 c. dans l'ordre sur papier blanc rugueux. On tira d'abord les 5 et 15 c. et le remaniement des chiffres fut cause de la disparition des lettres t i de Centimes ; de la déviation à droite des lettres mes du même mot, de l'absence de à et d'un élargissement visible du type II. La planche, oxydée ou encrassée et la moins bonne qualité du papier provoquèrent une impression plutôt défectueuse qu'on retrouve ensuite dans les 10 et 30 c. Dans ces deux valeurs, le type II a été corrigé, mais l'à est placé presque sous l'n de « Centimes » et l'N final de REUNION est dévié à droite de 1 ᵐᵐ environ (1 1/2 ᵐᵐ environ entre O et N) et touche par le haut le cadre intérieur droit.

Dans l'illustration des 10 types du tirage de 1892 des flèches indiquent quelques modifications dans les défauts du premier tirage. Il en est de même dans les trois autres valeurs, avec cependant quelques modifications secondaires et compte tenu de ce que nous venons d'expliquer pour le type II.

. *Faux :* a) soi-disant réimpressions qu'une étude un peu détaillée des signes distinctifs décrits pour les originaux fait reconnaître ; papier non conforme. b) reproductions lithographiques et photolithographiques (pas de foulage) de dimensions arbitraires, sur papier non conforme, avec divers petits défauts supplémentaires. c) série et isolés typographiés qu'on recon-

naîtra au moyen des dimensions et du papier. (Voir a). d) série
de Genève, toutes les valeurs en un seul bloc de 5, sur papier
très blanc ; 17 × 21 1/4 mm. ; les ornements en forme d'S

1889-92. Réunion, timbres-taxe nᵒˢ 1 à 5.
Défauts génériques de la composition typographique.
1ᵉ) 1889 - Premier tirage, 5, 10, 20 et 30 c.

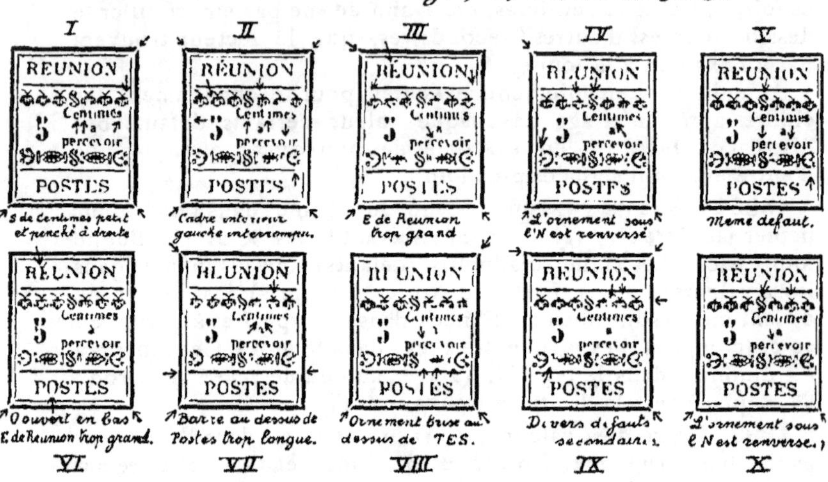

<table>
<tr><td>I</td><td>II</td><td>III</td><td>IV</td><td>V</td></tr>
</table>

I. *5 de Centimes petit et penché à droite*
II. *Cadre intérieur gauche interrompu.*
III. *E de Réunion trop grand*
IV. *L'ornement sous l'N est renversé*
V. *Même défaut.*

VI. *O ouvert en bas E de Réunion trop grand.*
VII. *Barre au dessus de Postes trop longue.*
VIII. *Ornement brisé au dessus de TES.*
IX. *Divers défauts secondaires.*
X. *L'ornement sous l'N est renversé.*

<table>
<tr><td>VI</td><td>VII</td><td>VIII</td><td>IX</td><td>X</td></tr>
</table>

2ᵉ) 1892. Second tirage, 5, 15, 10 et 30 c. (même composition).

(sous N de REUNION et au-dessus de l'S de POSTES) n'ont
pas de boules noires leurs extrémités ; 10 et 15 c. l's de centimes
est ridiculement petit ; 20 et 30 c. le premier e du même mot
idem ; dans toutes les valeurs le premier r de percevoir est

trop grand et le mot centimes, trop large touche presque le cadre intérieur droit; (excepté dans le 5 c. Fausse oblitération sur cette série : ronde à date, double cercle, REUNION 2ᴱ/20 JANV 1892 ST BENOIT en bleu. e) Série typographiée très répandue; mauvaise impression semblable à celle du tirage de 1892 mais les types ne correspondent à aucun type original ; 17 1/2 × 22 mm. ; POSTES, 10 mm. 3/4 de largeur au lieu de 9 3/4 à 10 mm. ; la lettre O de ce mot est trop basse de 1/3 de mm., cadres interrompus aux quatre coins ; papier grisâtre.

Colis-postaux. 1890-1903. *Originaux :* cadres typographiés; inscriptions intérieures frappées par un cachet à la main. *1890 ;* double cadre de 1 mm. de largeur totale (gros cadre 3/5 mm. d'épaisseur et un filet) ; ces cadres ne se joignent pas dans les coins ; le tout est entouré d'un cadre séparatif mince à 1 mm. 1/4 de distance. Papier pelure (30 mcs), jaune-orange ; dimensions du cadre épais : 32 1/3 × 33 1/2 mm. environ. Le cercle extérieur du cachet à la main mesure 27 1/2 mm. ; le cercle intérieur 19 1/2 mm. ; TIMBRE mesure 11 3/4 de large en haut ; 11 1/5 en bas ; 2 1/2 mm. de hauteur ; le chiffre 10 mesure 2 1/4 mm. de hauteur ; CENTIMES 14 mm. de long ; 1 3/4 mm. de haut. On trouve deux demi hachures dans les ornements placés entre cercles. *Faux ;* sur papier trop épais ; lithographié ; mensurations inexactes. Fournier a copié ce timbre sur ocre-jaune ; le cadre extérieur a 1 ᵐᵐ 1/2 d'épaisseur ! ; cadre séparatif à 1 mm. ; les lettres de CENTIMES ont une hauteur de 2 1/3 mm. Pas de hachures dans les ornements ; oblitération fausse comme sur les taxes. *1898.* (nᵒ 2 ᵃ). Cadre bleu semblable au précédent mais dimensions différentes (30 × 33 1/2 environ); papier bristol orange (153 mcs): cadre séparatif à 1 3/4 mm. environ. *1903.* (nᵒ 2) cadre en bleu pâle sur papier jaune, épais et très épais (125 mcs). Le cachet intérieur des nᵒˢ 2 et 2ᵃ est le même que celui du nᵒ 1 mais avec parfois de petites différences de mesures outre les différences dues au foulage qu'on rencontre dans tous les cachets à main.

RHODÉSIE

1909. Surchargés RHODESIA. *Fausses surcharges* sur les 1 £ violet-noir et 2 £ brun (nᵒˢ 70 et 71) de l'Afrique du Sud anglaise pour imiter les nᵒˢ 15 (2 £ brun, surcharge de Londres) et 20 (1 £ noir, surcharge locale). Comparaison indispensable.

1913. Surchargé Half-Peny. Nᵒ 58. *Fausses surchargès,* surtout de la surcharge renversée ; même observation.

ILE ROUAD

1906. Surchargés verticalement. N°s 1 à 3. *Surcharges originales :* 1° 19 ^{mm} 1/2 de largeur environ pour les deux mots ; ROUAD, 11 3/4 ^{mm} ; hauteur des lettres ; près de 3 ^{mm} environ pour les plus hautes ; R brisé à gauche en haut ; bas de l'U rond ; trait vertical du D interrompu, Cachet à la main. 2° ROUAD, 11 1/2 ^{mm} de largeur, lettres régulières, un peu moins hautes que dans le premier cachet ; pas de cassures dans les lettres. Ce dernier cachet a surtout servi... pour les collectionneurs. *Fausses surcharges :* assez faciles à contrôler par comparaison.

1916-20. Surchargés horizontalement. *Fausses surcharges* sur le 5 frcs et de la double surcharge sur le 3 cent. *Truquage* par enlèvement chimique de la teinte de fond du 50 c. pour en faire une variété rare, mais il reste des traces... accusatrices de l'opération.

SAINT-CHRISTOPHE

1870 à 1882. 1 p. et 6 pence. N°s 1 à 3 ; 4, 7, 9, 10, 15. *Originaux :* typographiés ; finement exécutés ; dentelés 12 1/2 ou 14 ; filigranes C C ou C A couronne.

Faux anciens. Deux mauvaises séries de ces deux valeurs ; lithographiées sans filigrane ; papier épais ; la valeur est inscrite bien au milieu du cartouche au lieu d'être déviée à gauche. a) trait plein bordant tout le contour du visage ; la première perle du diadème se trouve à droite de la branche verticale du H de CHRISTOPHE ; fond central et visage avec hachures fréquemment interrompues, etc. b) encore plus mauvais ; mal dentelés 13 ; mêmes défauts ; la perle sous le milieu de la lettre H.

SAINTE-HÉLÈNE

1856 à 1894. Gravés en taille-douce. N°s 1 à 19. *Originaux* finement gravés ; 19 1/4 à 19 1/2 × 25 1/2 mm. Pour les filigranes et les dentelures, voir les catalogues. POSTAGE est à 1 ^{mm} 1/10 du bord gauche du cartouche et à 1 ^{mm} 1/5 du bord droit ; burelage du fond central finement exécuté et montrant tout le long du cercle blanc 39 petits triangles blancs dont la base est formée par la ligne intérieure de ce cercle. Les surcharges varient beaucoup, parfois sur une même valeur et la spécialisation est à recommander. Voici un tableau qui permettra de s'y reconnaître facilement en mesurant la hauteur et la largeur de la valeur en surcharge et de la barre qui se trouve dessous.

- 243 -

VALEURS	ÉMISSION	FILIGRANE	DENTELURE	VALEUR EN SURCHARGE		BARRE SOUS LA VALEUR
				Hauteur	Largeur	
1 p. (I)	1863	C C	Sans	2 1/2	16 1/2 à 17 1/2	16 à 17
1 p. (II)	»	»	»	»	18 1/2	18 1/2 à 19 1/2
1 p.	1864	»	12 1/2	»	17 1/2	16 à 17
»	1868	»	»	»	17 1/2	14 à 14 1/2
»	1871-73	»	»	3	17	16 1/2 à 17
»	1882-84	C A	14 × 12 1/2	2 1/2	17	13 1/2 à 14
»	»	»	14	»	»	14 à 14 1/2
»	1884-90	»	»	3	17 17 1/2	13 1/2 à 15
2 p.	1868	C C	12 1/2	3	15 1/2	14 à 14 1/2
»	1871-73	»	»	3	18	18
»	1882-84	C A	14 × 14 1/2	3	15 1/2	14
»	»	»	14	3	15 à 15 1/2	14 à 14 1/2
»	1894	»	»	3	15 1/2	13 1/2 à 14 1/2
3 p.	1868	C C	12 1/2	3	17 à 18	14 à 14 1/2
»	1871-73	»	»	3	18	16 1/2 à 17 1/2
»	»	»	»	3	18	16
»	1882-84	C A	14 1/2	3	17 à 17 1/2	14 à 15
»	1884-90	»	14	3	17 1/2 à 18	13 1/2 à 14 1/2
4 p.	1863	C C	Sans	3	16 1/2 à 17	16 à 17
»	1864	»	12 1/2	3	16 1/2 à 17 1/2	16 à 17
»	1868	»	»	3	18 à 19	13 à 14 1/2
»	1882-84	C A	»	3	17 à 17 1/2	14 à 14 1/2
»	1884-90	»	14	3	17 à 17 1/2	13 1/2 à 14 1/2
1 sh.	1864	C C	12 1/2	3	17 1/2 à 18	16 à 17
»	1868	»	»	2 1/2	16 1/2 à 17 1/2	14 à 14 1/2
»	1882-84	C A	14 × 12 1/2	3	17 1/2 à 18	17 1/2 à 18
»	»	»	14	2 1/2	17	13 1/2 à 14 1/2
»	1893	»	»	3	17 1/2	17 1/2
5 sh.	1868	C C	12 1/2	2 1/2	18	14 à 14 1/2
—	—	—	—	—	—	—
1/2 p.	1884-90	C A	14	3	17 17 1/2	13 1/2 14 1/2
»	1894	»	»	»	15 1/2	14

Faux. Plusieurs séries lithographiées, généralement sur papier épais ; mensurations, dentelures et surcharges arbitraires ou sans surcharge. Le mot POSTAGE est trop près ou trop loin des bords latéraux du cartouche ; inscriptions irrégulières ; dessin des coins avec grandes taches blanches dans la série la plus répandue ; sur une autre série, une espèce d'imbriquement aux mêmes endroits ; burelage du fond central non conforme : 36 ou 40 triangles blancs le long du cercle intérieur, parfois point après POSTAGE, etc. Somme toute, séries peu insidieuses ou mauvaises, pouvant se juger facilement. On trouve un faux du 6 p. en phototypie, fabriqué à Gênes (en carmin ou dans d'autres nuances); les rosaces des coins inférieurs ont quelques extrémités de feuilles interrompues ; le deuxième joyau carré du diadème est informe. *Faux gravés*, assez insidieux, sans filigrane ; papier épais ; dentelés 12 ou non dentelés. P et E de POSTAGE à 1/2 ᵐᵐ des bords latéraux du cartouche ; 36 triangles le long du cercle, etc. *Truquage*s par enlèvement d'une annulation violette sur les timbres de l'émission de 1884-94, nᵒˢ 12 à 19.

SAINTE-LUCIE

1859-1884. Gravés. Nᵒˢ 1 à 24. *Originaux :* 18 1/2 à 3/4 × 22 1/2 ; voir filigranes et dentelures dans les catalogues. Ces timbres sont superbement gravés ; le burelage des coins et celui du fond central montrent à la loupe (surtout dans les timbres noirs) une véritable dentelle, inimitable. Les lettres des inscriptions sont régulières et équidistantes des lignes de l'ovale (1/4 ᵐᵐ environ) ; tout le visage est parsemé de lignes courbes formées de points espacés ; l'oreille est bien visible ; sous le chignon pend une boucle formée en réalité d'une boucle longue (3 ᵐᵐ de longueur, 3/4 ᵐᵐ de largeur et dirigée vers l'extrémité du cou) accolée à une boucle courte (1 1/2 ᵐᵐ) accolée à la première. *Faux. I. Lithographiés.* Une demi douzaine de clichés ont servi à contrefaire autant de séries ou d'isolés des nᵒˢ 1 à 24 (les nᵒˢ 17 à 24 parfois avec fausses surcharges). Ils ont même servi à toutes les sauces, pardon, dans toutes les nuances des originaux, mais avec tons généralement arbitraires. L'examen du burelage dans les coins et dans l'ovale central suffit à les rejeter immédiatement : taches blanches nombreuses dans les coins et pas de dessin défini ; dans l'ovale autour de l'effigie une suite de traits verticaux courbes, épais à gauche de l'effigie et un dessin informe avec une ligne ondulée verticale pleine passant derrière le chignon et aboutissant au-dessus de l'E final de POSTAGE. Pas de filigrane ; mauvaise dentelure 13 ou non dentelés. Inscriptions irrégulières, trop larges ; pointillé insuffisant et non conforme sur le visage, etc. Voir quelques indications sur les diverses séries qu'on peut rencontrer. *a)* série la plus répandue ; on ne voit que la grande boucle suspendue au chignon et elle est de forme triangulaire ; pas de lobe à l'oreille ; le devant de l'orbite est formé d'un trait prononcé, etc. *b)* l'S de Sᵀ touche l'ovale par le bas ; *c)* deux boucles descendent du chignon ; la plus longue touche presque l'ovale en bas ; *d)* autant dire pas d'oreille ; *e)* lettres de Sᵀ LUCIA à 1/3 mm. (au lieu de 1/4) de la ligne de l'ovale intérieur ; *f)* pas de hachure verticale dans le bandeau de la couronne ; le haut de la tête est marqué par un trait fort ; etc. II. *Faux gravés ;* 19 × 23 1/3 ; le burelage des coins et du fond de l'ovale est pareillement formé d'une multitude de traits verticaux fins, courbes avec quelques traits obliques ; ceux de l'ovale dépassent celui-ci et pénètrent de peu dans l'ovale blanc ; les hachures de la base du cou sont limitées en haut par un trait prononcé ; la grosse boucle descend seule du chignon et, par suite de l'absence de la petite boucle est séparée du cou. à hauteur de l'oreille par une distance de 1 mm. environ ; etc. N.-B. Ces faux ont reçu les fausses surcharges. *Fausses surcharges :* comparaison nécessaire.

Fiscaux-postaux ; *oblitérations postales fausses.* parfois après enlèvement de l'annulation fiscale.

Timbres de Paquebots ; on trouve souvent dans les collections des timbres de 1, 3 et 6 pence respectivement bleu-ciel, rose-lilas et violet: 21 2/3 × 18 2/3, papier blanc glacé, généralement neufs avec gomme jaunâtre, portant un ovale avec l'inscription : S^T Lucia Steam Conveyance C^Y Limited et un trois-mâts naviguant vers l'Ouest ; ce sont des timbres émis en 1873 par une compagnie faisant le service entre Castries, Port Louis et les côtes de Sainte Lucie. Valeur minime à cause du grand stock restant.

SAINTE-MARIE DE MADAGASCAR

1894. Type groupe. N°s 1 à 13. *Faux* de Genève : Voir à Colonies françaises s'il ne s'agit pas d'imitations de ce type. L'oblitération fausse de Genève est ronde à date, double cercle, 21 1/2 mm. cercle intérieur à traits interrompus : S^TE MARIE 12 SEPT 95 MADAGASCAR.

SAINT-PIERRE ET MIQUELON

Très nombreuses surcharges. A propos de celles-ci, Marconnet qui en donne le détail (p. 375 à 387) dit : « Quelques-unes sont très sérieuses, surtout les premières, mais combien d'autres cachent une spéculation éhontée plus encore de marchands que d'employés de la Poste. »

1885. Surchargés chiffres et S P M. N°s 1 à 3. *Surchar-ges originales* par 5 cachets à la main : 1°) un ayant servi pour le n° 1 (hauteur 8 1/2 mm. ; barre horiz. 5 mm.; boucle 6 mm. de large) et pour le 5 du n° 2 ; 2°) un chiffre 2 de la même hauteur que le précédent ; 3° et 4°) deux pour les chiffres du n° 3 ; 5°) un peu pour les lettres S P M (hauteur 2 1/2 mm. ; longueur, 13 1/2 mm. *Faux :* n° 1 voir à Colonies françaises, les faux

timbres du type de 1881. *Fausses surcharges* nombreuses sur faux
et sur originaux ; comparaison minutieuse indispensable ; il faut
comprendre dans ces surcharges des soi-disant réimpressions
des nᵒˢ 1 et 3, peut-être faites avec les cachets originaux mais
n'ayant aucun caractère officiel ; encre noire au lieu de grise ;
nᵒ 1 surcharge *droite* ou renversée. (Genève, types a et b, nᵒˢ 2
et 3 et variétés).

1885. Surchargé 5 sur 4 cent. Nᵒ 4. Cette surcharge n'est
venue au jour que tout récemment (pour la première fois dans le
catalogue Yvert 1927); le catalogue Scott ne catalogue pas ce
timbre ; l'ouvrage de M. de Vinck n'en parle pas et Marconnet
(p. 387) dit : « La plupart des catalogues signalent un 5 sur 4 centimes avec les lettres S P M plus écartées. Nous doutons fort de
l'authenticité de ce timbre ; car il nous semble tout à fait improbable que pour un tirage de 900 exemplaires, l'administration ait fait
confectionner un deuxième cachet. » Nous aussi, car ça se serait
su (harmonie imitative) et si les lettres se sont judicieusement
rapprochées depuis l'amalgame des cachets qui fournissent les
« réimpressions » des nᵒˢ 1 et 3 y est pour quelque chose.
La surcharges a été copiée à Genève.

**1885. Surchargés chiffres, barre et S P M. Nᵒˢ 5
à 15.** *Faux* : voir à Colonies françaises pour les timbres faux
de l'émission de 1881 (05 sur 20 ; 15 sur 30, 35 et 40 nᵒˢ 8 et 12
à 15). *Fausses surcharges*, droites ou renversées, assez faciles
à vérifier par comparaison. Les 4 types de surcharge ont été
imités à Genève.

1886. P D, barre et chiffre. Nᵒˢ 16, 16 ᵃ et 17. A propos
de ces 3 timbres, le catalogue France et Colonies (1928 p. 791)
reproduit les lignes de Marconnet (Les Vignettes Postales 1897,
p. 385) : « L'abondance des surcharges avait absolument épuisé
l'approvisionnement de la colonie. Le 22 janvier 1886, le comte
de Saint-Phalle dut prendre un arrêté qui décida que : « Jusqu'à
la réception des timbres-poste de France les lettres pour l'intérieur de la colonie seraient affranchies au guichet de Poste au
moyen de la *mention* P D. » Le *17* février, la poste, en s'appuyant
sur ce décret, émit une série de carrés de papier portant P D et
la valeur (5, 10, 15 cent.) en surcharge noire. »
La citation s'arrête là, mais Marconnet continue ainsi : « Nous
ne saurions admettre ces vignettes comme suffisamment justifiées
par l'arrêté du 22 janvier qui ordonnait simplement, *ainsi que
cela se fit maintes fois*, l'apposition du cachet P D sur la lettre
même et nous considerons, jusqu'à preuve du contraire, ces
vignettes comme des produits purement spéculatifs. Le lecteur
conclura comme il voudra. Il existe, et ce n'est pas étonnant,

des imitations de ces produits peu officiels. La surcharge a été imitée à Genève.

1891. Surcharges ST-PIERRE-M^{ON}. N°s 18 à 34. *Surcharges originales :* 23 3/4 ^{mm} de large ; surcharge typographique ; nombreuses variétés par manque à l'impression ou absence de lettres, de trait d'union, etc. M. de Vinck dit « ces variétés n'offrent que peu d'intérêt » et ne fait exception que pour l'absence de la lettre S à ST dans la 42e surcharge de la deuxième composition. Le catalogue France et Colonies estime au contraire que toutes ces variétés valent deux à trois fois les prix catalogués. *Faux :* voir à Colonies françaises les faux de 1881. *Fausses surcharges*, nombreuses sur timbres originaux : comparaison nécessaire. Fausses surcharges de Genève : 23 à 23 1/4 ^{mm} de long, sur originaux et sur faux de 1881, en noir et en rouge avec les fausses oblitérations suivantes : cachet à date double cercle 22 1/2 mm., cercle intérieur interrompu : S^T PIERRE ET MIQUELON 12 SEPT 92 étoile dans le bas ; id. 22 mm. ILE AUX CHIENS 2 AOUT 92 S^{TJ} PIERRE ET MIQ^{ON} en noir ou en bleu.

1891-92. Surchargés avec nouvelle valeur. N°s 35 à 50. *Originaux :* surcharges typographiques. *Fausses surcharges :* assez faciles à vérifier par comparaison. *Faux :* voir à Colonies françaises les imitations au type] de 1881 sur lesquels de fausses surcharges ont été appliquées.

1892. Timbres-taxe surchargés T P. N°s 51 à 58. *Surcharges originales :* typographiques. *Faux :* voir à Colonies françaises les divers types de taxes falsifiés. *Fausses surcharges ;* c'est ici que la fantaisie des faussaires s'est donnée libre cours et on trouve quantité de surcharges fausses lithographiées et typographiées non seulement sur des timbres faux faciles à contrôler mais aussi sur des originaux des 10, 20, 30, 40 et même 60 c. noir. Pour ces derniers la comparaison est nécessaire. Toute la série a été imitée sur faux taxes à Genève (surcharges typographiées).

1892-1912. Type groupe. N°s 59 à 77 et 94 à 104. *Faux* de Genève : voir à Colonies françaises les faux de ce type. Pour les oblitérations fausses, voir émission de 1891.

Timbres-taxe. 1893. Surcharges. N°s 1 à 9. *Originaux* surcharge typographique : *Faux :* voir Colonies françaises les faux timbres-taxe. *Fausses surcharges :* comparaison nécessaire.

Colis-Postaux 1901. N°s 1 et 2. Mêmes remarques.

SAINT-THOMAS ET PRINCE

1869-1881. Type couronne. N°s 1 à 14. *Originaux:*

typographiés ; 21 $\times$ 24 mm. environ ; accent sur l'E de Thomé ; l'E qui suit est visiblement plus large de la base que du haut ; voir, en outre, illustration à Colonies portugaises. *Réimpressions* (1886) papier blanc crayeux ; sans gomme. Toutes les valeurs dentelées 13 1/2 ; nuances légèrement différentes ; les 5 r. et 50 r. vert n'ont été réimprimés qu'au type II. *Faux anciens :* 3 séries lithographiées, si mal exécutées qu'elles ne méritent guère de description. a) 1/2 mm. environ entre les cadres latéraux ; l'E isolé, non conforme, est sous le premier R de COR-REIO (au lieu d'être entre les deux R) ; P de PRINCIPE sous le second R ; carrés des coins non fermés, les traits sous CORREIO et au-dessus de la valeur finissant au cadre intérieur ; mauvais perçage en lignes plutôt que dentelés ; etc. b) faux du même genre, avec defauts semblables mais avec accent sur l'E isolé ; carrés ouverts comme précédemment ; mauvais perçage 12 1/2 ou non dentelés. c) dentelés 12 1/2 ; les lettres de CORREIO touchent le cartouche en haut ; les ornements des carrés ornementaux ne forment pas le dessin habituel de deux E en tête-bêche avec trait vertical entre eux ; etc. *Faux de Genève* ; bien plus insidieux ; papier jaunâtre ; dentelés 12 1/2 ; 20 3/4 $\times$ 23 2/3 ; se rencontrent dans beaucoup de collections modernes ; voir à Colonies portugaises l'illustration pour les carrés ornementaux ; la distance entre le bas de la lettre E de PRINCIPE et l'ornement qui suit est de 1/2 mm. ; elle est moindre dans les originaux ; les ornements des coins intérieurs en haut touchent en plusieurs endroits la ligne qui souligne CORREIO, etc. Les fausses oblitérations sur cette série sont 1° ronde a date, triple cercle (cercle intérieur à traits interrompus) inscriptions généralement illisibles ; 2° ronde à date, double cercle, 22 mm. SAO THOME $\frac{20}{7}$ 1875 : 3° double ovale (43 $\times$ 25 mm. de longueur d'axes) CORREIO 16 OUT 84 SAO. ANTONIO ; un cercle 25 mm. ST. THOMAS $\frac{2}{12}$ 18.6.

Emissions postérieures. On rencontre un grand nombre de *fausses surcharges* pour lesquelles la comparaison est nécessaire notamment : série de 1889-90 (n°s 24 à 34) ; 1899, 2 1/2 brun ; 1902 sur quelques valeurs plus chères avec surcharge ; 1913-14 avec surcharges REPUBLICA, idem.

SAINT-THOMAS, LA GUAYRA, PORTO CABELLO

1864-70. PACKET en bas. *Originaux :* lithographiés 16 3/4 à 17 $\times$ 22 mm ; matrices-report de 4 timbres (4 $\times$ 1) donc 4 variétés mineures par valeur ; cadre séparatif extérieur à 3/4 mm. du cadre ; CENTAVO dans toutes les valeurs ; toutes les inscriptions ont un point final ; les lettres des inscriptions ont environ 1/2 mm. d'épaisseur ; impression noire sur couleur 3 tirages ; I (1864) 1/2 c. noir sur blanc jaunâtre avec hachures traversant les chiffres ; dans les valeurs suivantes les hachures ne traversent pas les chiffres : 1 c. rose ; 2 c. vert ; 3 c. jaune foncé ; 4 c. bleu. II (1866) 1 c. rose avec ombres du chiffre retouchées. III (1868-70), les hachures traversent les chiffres dans toutes les

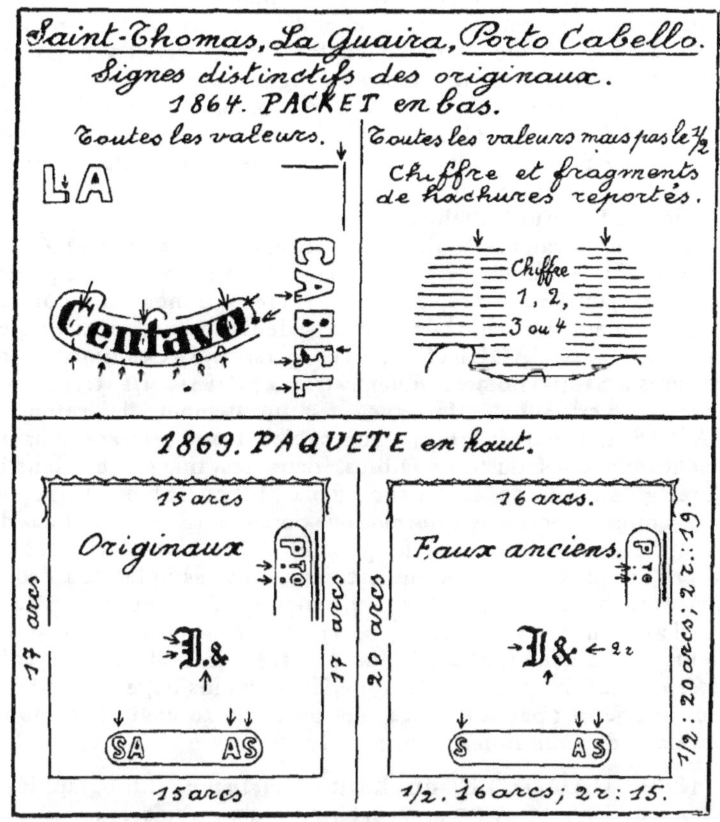

valeurs ; 1/2 c. sur blanc grisâtre ; 1 c. violet-rose ; 2 c. bleu ; 3 c. jaune-orange ; 4 c. vert. Tous ces timbres ont été usés à La Guaira et à Porto Cabello. Voir illustration pour les signes distinctifs des originaux. Pas de *réimpressions*. *Faux* ; trois séries de mauvaises lithographies anciennes dont aucune ne montre les signes distinctifs des originaux (voir illustration) ; *a)* pas de point après PACKET ni après CABELLO ; CENTAVOS avec S. *b)* pas de points après PACKET ni après CABELLO ; les hachures horizontales s'arrêtent nettement devant les arabesques latérales. *c)* cadres latéraux doublés ; lettres des inscriptions 1 1/2 mm. de hauteur au lieu de 1 3/4 environ. *Truquage* : 2 c. vert avec lettres VO de CENTAVO grattées.

1864-69. PAQUETE sous le steamer. *Originaux*, 1/2 r. rose et 2 r. vert (n°ˢ 7 et 9) 3 tirages ; matrices-report de 5 (5 × 1) ; I (1864) 18 1/2 × 23 environ ; papier blanc ou jaunâtre ; rose et rose foncé ; vert-jaune et vert-bleu : dentelés 12 1/2. II (fin. 1864) types retouchés avec chiffres des coins plus petits ; 19 × 23 mm ; papier blanc bleuâtre ; rose, vert et vert-jaune ; perforés en pointes triangulaires longues, 9 à 10 1/2 ou en scie 11 1/2, 12. III (1869) types encore retouchés, notamment le mot PAQUETE, devenu PAOUETE ; 1/2 r. 18 mm. environ de large ; 2 r. 18 1/2 environ ; papier blanc ou bleuté ; rose, rouge, vert ou vert-jaune ; percés en pointes longues 9 à 10 1/2. Tous usés à La Guaira ou à Porto Cabello.

Les mêmes valeurs mais 1/2 r. ardoise et 2 r. orange (n°ˢ 8 et 10) ont eu deux tirages : I (1864) 18 2/3 × 23 ᵐᵐ ; papier blanc ou jaunâtre dentelés 12 1/2. II (1869) dimensions comme dans la même émission des deux valeurs précédentes ; types retouchés avec PAOUETE ; percés 9 à 10 1/2. Ces timbres ont été usés à Saint-Thomas. *Réimpressions ;* (1881) 1/2 r. rose vif et 2 r. vert-jaune vif ; avec, naturellement, la retouche PAOUETE ; percés 10 1/2 sur papier blanc ; traces d'usure (taches blanches ou traits faibles) dans les nuages et dans le burelage du fond de la valeur. *Faux :* lithographiés sur papier blanc mince ; perçage informe ou perçage 10 1/2 ; E final de PAQUETE plus large que le premier E ; ce mot s'écrit avec un Q portant une queue oblique ne dépassant pas la lettre à droite mais touchant sur 1/2 ᵐᵐ le trait blanc au-dessous ; il s'écrit aussi avec un O (2 reales) ; 19 × 23 ; chiffre 1 dans le coin supérieur gauche avec trait supérieur plutôt horizontal ; le 6 du coin inférieur gauche a la boucle supérieure moins large que la boucle inférieure ; pas de trace de pavillon au mât d'artimon ; burelage du fond non conforme, etc.

1869. PAQUETE en haut. *Originaux* : lithographiés ; 18 2/5 à 18 1/2 × 23 ᵐᵐ arcs extérieurs non compris ; ces derniers ne touchent que rarement le cadre ; les lettres de CURACAO ont 1 1/4 ᵐᵐ de hauteur ; dent, 12 1/2 ou 10 ; vert, vert foncé ; rose-rouge ou rouge ; papier blanc ou jaunâtre, parfois brunâtre (gomme) ; l'illustration renseignera suffisamment sur les signes distinctifs à examiner, usés a Curaçao. *Réimpressions* (1876) dentelés 15 ; 1/2 r. vert-bleu ; 2 r. rouge terne. *Faux :* lithographiés : 18 3/4 × 23 mm. environ ; dentelés en points 13 ; les lettres de Curacao n'ont que 1 ᵐᵐ 1/5 de hauteur ; voir l'illustration pour divers signes.

1575. Compagnie Hambourgeoise-Américaine. *Original* ; centre imprimé en relief ; typographié ; dentelé 12 1/2.

1875. Royal Mail Stamp Packet Company. *Original* : typographié ; dentelé 13 ; la hampe du drapeau ne touche pas le cercle intérieur en haut ; l'N de TEN est à une distance normale de la lettre E ; les lettres de l'inscription circulaire sont régulières, ainsi que les' dessins des coins. *Faux* : lithographié ; hachures du centre trop espacées ; la hampe du drapeau touche le cercle blanc en haut ; la lettre N de TEN est placée beaucoup trop à droite de la lettre E ; les lettres de l'inscription circulaire et les ornements des coins sont irrégulièrs ; dentelés 11 1/2.

SAINT-VINCENT

1861 à 1897. Gravés. Exception faite pour les 5 sh. grand format et pour les 1/2 d (petit format). *Originaux :* gravés en taille-douce ; 19 1/5 $\times$ 22 1/3 environ ; papier blanc jaunâtre ; 70 mcs environ. Pour les filigranes. dentelures et nuances voir les catalogues et ouvrages spéciaux. 14 perles rondes visibles dans le haut du bandeau de la couronne ; la branche verticale du T de S^T est aussi épaisse que les autres lettres ; le point placé au-dessous est également aussi gros et de forme carrée (aucune imitation ne se rapproche de cela) ; l'ombre derrière le cou est épaisse et porte de fines hachures obliques mais ceci n'est pas visible sur tous les exemplaires. *Faux*. a) série ancienne, lithographiée ; 19 1/3 $\times$ 23 ; 80 mcs ; dentelée 13 ; traces de cadre séparatif (à l'extérieur.des coins) ; sans filigrane' ; branches verticale du T de S^T moitié moins épaisse que les autres lettres et petit point rond dessous ; le pointillé du visage et du cou est trop prononcé à droite, forme tache vu de loin, et le reste paraît blanc, 11 à 12 perles visibles ; oreille autant dire invisible. b) faux lithographié du 6 p. 19 $\times$ 22 1/4 ; dentelé 12 ; 80 mcs ; 11 perles dans le haut du bandeau, les premières sont ouvertes dans le bas ; l'ovale de courbes montre des lignes blanches plus épaisses à droite qu'à gauche et le fond entre les courbes est plein ; autant dire pas de pointillé sur le visage ; pas de filigrane. c) *faux gravés ;* beaucoup plus insidieux, sans filigrane ; dimensions trop grandes 19 1/2 $\times$ 23 1/2 mm. ; papier jaunâtre ; épaisseur admissible ; fort relief de couleur ; non dentelés avec marges de 3 mm. ou dentelés 12 $\times$ 13. Je n'ai vu que le 1 p. carmin et noir et le 6 pence vert-jaune et vert-bleu foncé mais je pense que les autres valeurs suivront. Le cartouche contenant S^T VINCENT est trop haut et presque de la hauteur des carrés ornementaux ; ces derniers, en vérité ne sont pas des carrés mais des croix de Malte, les traits obliques étant beaucoup trop prononcés. Le point sous le T de ST est à près de 1/2 mm. de la lettre ; c'est en réalité un tiret horizontal placé un peu plus haut que le pied des lettres ; 14 perles environ dans le haut du bandeau, les sept premières a gauche (excepté la quatrième) sont ouvertes à gauche et forment des c.

5 shillings grand format. N°s 18, 30ª et 38. *Originaux ;* 25 1/4 $\times$ 29 1/2 ; filigranes divers ; dentelures 11-12 1/2 ; 12 ; 14. Finement gravés en taille-douce ; cadre blanc ; ovales blancs (à l'extérieur de la bande ovale des inscriptions) et burelage des coins bien visible ; petites hachures courbes dans les perles de la couronne et dans les ornements en croix du grand ovale blanc, bien visibles. *Faux :* photolithographiés ; 24 3/4 $\times$ 29 1/2 mm. ; dentelé 11 ; nuance carminée plate ; la plupart des détails (cadre blanc, ovales blancs et burelage) sont fondus dans la couleur. Souvent FAC SIMILE en noir sur le sol.

1880-81. Surchargés. N°s 20, 21, 22 et 23. Surcharges *originales* ; 1/2 d. sur moitié de 6 p. 1, 2 et d. ont 4 mm. de haut ; entre 2 et 1 : 2 mm. ; entre 1 et 2 ; 2 1/2 mm. 1 d idem ; chiffre 8 3/4 mm. de haut ; 1 1/2 de large ; d. 3 mm. de haut ; entre d. et 1, 1/2 mm. 4 d. sur 1 sh. 4 d. à 8 1/2 mm. de haut ; boucle du 5, 5 1/2 mm. de haut. *Surcharges fausses :* quelques-unes insidieusement imitées ; comparaison indispensable.

1890-92. Surchargés 2 1/2 d. et 5 pence. N°s 39 et 40. Même observation.

1902-11. Grosses valeurs. *Truquages* par lavage des annulations fiscales.

ILES SALOMON

1907. Pirogue. Sans filigrane. N°s 1 à 7. *Originaux :* lithographiés. dentelés 11 ; feuilles de 60 (6 $\times$ 10) ; 1/2 et 2 1/2 matrices report de 3 timbres (3 $\times$ 1) et reports de 6 timbres (6 $\times$ 1) pour les autres valeurs. 29 $\times$ 25 3/4 à 26 mm. A droite et à gauche de l'inscription supérieure il y a une volute qui contient 4 grosses hachures blanches, épaisses et courbées et une cinquième, fine, également courbée (excepté dans le type I du 2 1/2 d. ou les 4e et 5e mal venues par défaut de report n'en forment qu'une) ; à droite et à gauche de ces volutes, tout contre le cadre intérieur on remarque 6 ou 7 hachures blanches horizontales ; l'R de BRITISH se termine normalement à droite en bas ; les 4 palmiers de droite portent un trait blanc vertical d'environ 3/4 de mm. dans le milieu du tronc ; 2 longues hachures de couleur réunissent le haut du feuillage du premier et du quatrième palmier de gauche (tout près de l'ovale intérieur, sous le B de BRITISH. *Faux :* lithographiés ; dimensions admissibles ; dentelés 11 1/2 ; 3 gros traits courbés et 1 mince dans les volutes à droite et à gauche de l'inscription supérieure ; à l'extérieur de ces volutes, près du cadre extérieur de droite il n'y a que 4 grosses hachures horizontales, courtes et souvent peu visibles ; pas de traits verticaux blancs au milieu du tronc des palmiers de droite (excepté dans le 6 p. où ils sont d'ailleurs trop courts) ; l'R de BRITISH se termine en pointe, à droite en bas ; les hachures de couleur, obliques, reliant le feuillage du premier et du quatrième palmier de gauche manquent. Les tons sont plats ; le 1/2 d. a été tiré en gris. Les pagayeurs ont la tête trop grosse et ne se distinguent pas aussi bien que dans les originaux. Aucune imitation ne montre les défauts des divers types des reports de chaque valeur et ceci donne aux vrais philatélistes la preuve absolue de l'inauthenticité de ces vignettes. Pas de *réimpressions*.

SALVADOR

1867. Dentelés 12. Nᵒˢ 1 à 4. *Originaux :* finement gravés en taille douce avec traces de couleur sur tout le timbre (planches mal essuyées) ; le fond, à droite et à gauche de l'ovale est formé par la répétition de la valeur, en chiffres (1/2 et 4) pour les nᵒˢ 1 et 4 ou en lettres (UN et DOS) pour les nᵒˢ 2 et 3. *Faux anciens :* mauvaise série lithographiée, reconnaissable d'un coup d'œil ; dans les quatre valeurs le fond, en dehors de l'ovale, est formé d'un burelage croisé de trois courbes fines.

1874. Surchargés CONTRA SELLO. Nᵒˢ 5 à 8. *Fausses* surcharges assez faciles à reconnaître par comparaison.

1889. Surchargés 1889. Nᵒˢ 22 à 26. *Fausses surcharges :* Comparaison indispensable.

Emissions postérieures. Surchargés.

Timbres de service et Timbres télégraphes (nᵒˢ 4 à 8) surchargés. La comparaison minutieuse est indispensable.

N.-B. Voici la liste des surcharges imitées à Genève ; Quince centavos, nᵒ 144 ; TRECE centavos, nᵒˢ 157 à 160 ; rosace nᵒˢ 176 à 183 ; surcharges de 1900 (206 à 227) ; surcharges de 1896-97 sur timbres de service ; FRANQUO OFICIAL dans un ovale, nᵒˢ 40 à 92 ; idem 1900 nᵒˢ 113 à 120 et surcharge CONTRASELLO sur télégraphes nᵒˢ 4 à 8. Les oblit. fausses de Genève sont 1ᵒ, un cercle 18 1/2 mm. avec S. Salvador ; 2ᵒ triple cercle dont cercle extérieur épais, 29 mm. : ADMINISTRATION DE CORREOS REPUBLICA 28 AG. SN SALVADOR SAN SALVADOR.

SAMOA

1877-81. Première émission. *Originaux :* lithographiés ; papiers de diverses épaisseurs, généralement épais (on trouve aussi du papier mince dans le type III) ; gomme blanc jaunâtre ;

gommage effectué après la perforation (parfois traces de gomme au recto) ; 20 × 23 1/2 mm. Les feuilles n'étaient pas dentelées à l'extérieur (bords de feuille) ce qui fait que les coins de feuille ne sont dentelés que sur deux côtés et les bords de feuille sur trois seulement. (Dans les feuilles de 10 (5 × 2) il n'y a donc pas un seul timbre dentelé sur les quatre côtés). On trouve des timbres portant en filigrane la marque de fabrique du papier, J. Whatman et le millésime. Le dessin matriciel portait la valeur du six pence ; les autres valeurs proviennent de reports pris de

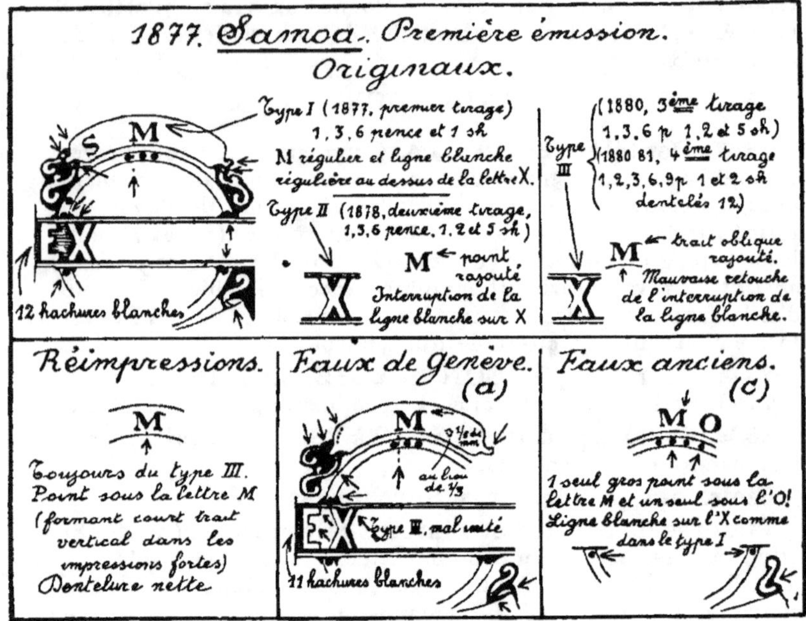

cette valeur avec report de la nouvelle valeur. Type I. Premier tirage, 1877, 1 pence en feuilles de 20 timbres (4 × 5) qui comportent donc 6 timbres dentelés des quatre cotés. 3, 6 p. et 1 sh. en feuilles de 10 (5 × 2). Dentelés 12 1/2. Le petit trait à droite en haut de l'M de SAMOA est normal et la ligne blanche, au-dessus du mot EXPRESS est normale, sans aucun défaut au-dessus de la lettre X (voir illustration). Les timbres n°s 3, 8, 14, 16 et 17 de la planche de 1 p. portent un point après PENNY ; dans les n°s 2 et 4 du 3 p. il n'y a pas d'espace entre POSTAGE et THREE. Type II. Deuxième tirage, 1878. 1, 3, 6 p., 1, 2 et 5 sh. Mêmes planches que précédemment ; les 2 et 5 sh. en planches de 10 (5 × 2) ; pour une cause inconnue, probablement un choc, la matrice porte une interruption de la ligne blanche au-dessus de la lettre X de EXPRESS et on a ajouté un point à droite du trait terminal supérieur droit de la lettre M de SAMOA. A droite de la même lettre, l'un des points qui surmontent l'inscription supérieure paraît avoir été renforcé. Dentelés 12 1/2. Type III, 1880, troisième tirage, 1, 3, 6 p., 1, 2 et 5 sh. Dentelés 12 1/2. Le défaut au-dessus de la lettre X a été mal retouché et la ligne blanche est déviée à cet endroit ; on a raccordé le point placé à droite et en haut de la lettre M (type II) avec le trait terminal de cette lettre ; mais comme ce point était situé un peu trop bas, il s'ensuit que le trait terminal s'infléchit obliquement (Voir l'illustration, où ce défaut a été rendu un peu trop visible afin de bien montrer de quoi il s'agit). Dorénavant, tous les tirages (originaux et réimpressions) porteront ces deux défauts. 1880 à 81 (certains auteurs disent mai 1881), quatrième tirage, type III, 1, 2, 3, 6, 9 p., 1 et 2 sh. Dentelés 12. Le 2 p. qui n'est pas renseigné dans quelques catalogues est un non émis. N.-B. A l'exception de ce tirage, dentelé 12, les originaux sont dentelés 12 1/2 avec une perforation mal exécutée, les rondelles de papier étant le plus souvent restées attachées ; la dentelure 12 est elle-même mal venue tandis que les dentelures sont régulières dans les réimpressions.

Réimpressions. 1° 1882 ou 83 ; les 8 valeurs (y compris le non émis) en feuilles de 21 timbres (7 $\times$ 3) ; tirage de Whitfield, King and Co. 2° Dentelés 12. La question de ce tirage est controversée par quelques auteurs, les uns disent qu'il s'agit du quatrième tirage des originaux ; d'autres de réimpressions, d'autres encore de planches de 20 (5 $\times$ 4). A remarquer qu'il y a toujours des « histoires timbrologiques » chaque fois que des planches originales sont parvenues entre les mains de marchands. Les réimpressions portent un point (parfois faible, loupe) sous la branche centrale de la lettre M ; suivant la couleur employée et l'impression, ce point est souvent rattaché à la courbe au-dessous et forme un court trait vertical. Ce point se trouve également dans le 2 p. non émis original mais ce dernier est lilas-rose alors que la réimpression est rose vif ou rose-lilas d'un ton différent ; on trouve aussi ce point dans des originaux du 9 pence mais ces derniers se reconnaissent à la dentelure 12, aveugle. ainsi qu'il est expliqué plus haut, alors que les réimpressions ont la dentelure nette (12 ou 12 1/2) et leur nuance est orange ou orange-brun au lieu de jaune-brun. 1885. Toutes les valeurs en feuilles de 40 (8 $\times$ 5) avec parfois des feuilles non perforées dans les bords ; on peut donc rencontrer des timbres non dentelés sur un ou deux côtés mais, en général, les réimpressions sont dentelées sur les 4 côtés. Tirage 25.000 pièces de chaque valeur, excepté pour les 1, 2 et 3 p. (50, 35 et 30.000). Gomme blanche. Les détenteurs des planches executèrent encore dans la suite un ou deux tirages sur lesquels on manque d'indications, pour finir par le gros tirage de 1892 (100.000 pièces de chacune des huit valeurs) après quoi les planches furent finalement détruites en 1897. La question est encore compliquée par des *essais* mais ceux-ci sont entièrement non dentelés.

Faux. La question des originaux certains du type III et des réimpressions était déjà compliquée ; Fournier est venu la compliquer encore en imitant assez astucieusement les 8 valeurs en petites feuilles. a) Sa série, dite de Gevève, est facilement reconnaissable (voir détails dans l'illustration) ; cette série est fort répandue, on en trouve des exemplaires dans presque toutes les collections générales, souvent avec un côté de la dentelure coupé. Timbres un peu trop étroits : 19 3/4 mm. environ. Papier blanc, grisâtre ou jaunâtre, d'épaisseur moyenne ; dentelure 11. b) Faux anciens, lithographiés, très mauvais ; mesures admissibles ; on trouve dans les bandes semi-circulaires blanches 18 perles de couleur dont 3 sous le premier A de SAMOA (au lieu de 16) et 15 en bas (au lieu de 14) : les deux S d'EXPRESS sont de forme carrée (le haut et le bas formés de traits horizontaux) ; la ligne blanche au-dessus du X est épaisse et non interrompue ; dans le coin supérieur gauche il n'y a que deux ornéments courbes au lieu de trois (le plus petit manque) ; pas de points au-dessus de SAMOA mais des traits courts, dont le premier commence au-dessus du S ; le cartouche d'inscription de la valeur montre à droite comme à gauche, un large triangle blanc de 2 1/2 mm. de base couché sur le cartouche et se terminant par la volute blanche habituelle. c) Série ancienne, facilement reconnaissable car elle ne porte qu'une seule grosse perle de couleur sous l'M et une seule sous le milieu de la lettre O (au lieu de deux) ; les boucles supérieures des deux S sont plus grandes que les boucles inférieures de ces lettres ; voir en outre d'autres défauts dans l'illustration (c). Dentelure 11. *Truquages.* Grattages du point sous l'M, peinture sur la ligne blanche au-dessus de l'X et un côté de la dentelure coupé pour aider une réimpression à franchir le cap de l'authenticité. L'examen à la loupe suffit dans la plupart des cas. *Oblitérations fausses :* Assez nombreuses sur originaux, réimpressions et faux. Comparaison nécessaire. L'oblitération fausse de Genève est ronde, à date, double cercle, 23 1/2 mm., APIA 1 21 85 SAMOA.

1894. Surchargés 5 d ou FIVE PENCE. N°s 19 et 20. *Fausses* surcharges. Comparaison nécessaire.

1894. Samoa Post n°s 21. *Faux de Genève* ; lithographié au lieu d'être typographié ; les lettres de FIVE PENCE n'ont que 1/6 mm. de largeur au lieu de 1/3 mm. Les lettres de

SAMOA POST sont trop épaisses et la couronne ne montre autant dire aucun détail. Pas de filigrane. Les surcharges 5 d type II et FIVE PENCE type I ont été imitées à Genève.

1900. Timbres allemands surchargés Samoa. N°s 36 à 41. *Faux :* Voir à Colonies allemandes les faux des timbres allemands de 1889 ; ces derniers faits à Genève ont reçu la fausse surcharge SAMOA et l'oblitération fausse ; double cercle 26 mm. avec bande intérieure, type des cachets allemands modernes : APIA 1-2 00-10 IIV SAMOA.

1900. Dentelés 14. 50 pf. N° 49. *Faux ;* lithographié ; sans filigrane ; découpure d'une étiquette de propagande portant ce timbre avec dentelure sur un fond noir ; ce dernier porte sur les quatre côtés, en blanc, les mots : Vergiss nicht unsere Kolonien. Papier glacé. Le découpage de la dentelure (14) et le manque de filigrane suffisent à reconnaître cette fantaisie. D'autres faux, mieux imités, proviennent de Genève (Voir Colonies allemandes, type bateau).

1914. Surcharges G. R. I. N°s 59 à 71. *Fausses* surcharges dont quelques-unes insidieuses : comparaison et au besoin expertise détaillée indispensable.

1914-25. Fiscaux-postaux surchargés. N°s 78 à 82^a. Fausses surcharges sur oblitérés ou sur fiscaux avec annulation fiscale lavée. Comparaison indispensable.

SARAWAK

1869. N°s 1 et 1871-77. N°s 2 à 7. *Originaux :* 19 $\times$ 26 1/2 mm. pour le grand format n° 1 et 20 $\times$ 22 1/2 pour les autres dont il existe 5 types par valeur ; lithographiés. *Faux :* Je n'ai vu que 2 fantaisies lithographiées (n°s 1 et 7) dont il suffit de regarder le burelage du fond central pour être fixé. Dimensions arbitraires.

Surchargés n°s 28^a et 70^a. *Fausses surcharges ;* renversée 2 c. sur 12 c. rouge sur rose et erreur ONE C net sur 10 c. bleu. Comparaison rigoureuse nécessaire.

SELANGOR

1878-1882-1890. N°s 1 à 6. *Fausses surcharges* assez nombreuses dont quelques-unes insidieuses ; comparaison détaillée indispensable et spécialisation fort utile. La surcharge des n°s 1 et 2 a été mal imitée à Genève.

1895. Valeurs en dollars. N°s 21 à 25. *Oblitérations fausses* sur timbres ayant porté une annulation fiscale lavée. *Faux* de Genève ; 1 dollar avec cadre droit généralement interrompu en plusieurs endroits et divers petits défauts dans le dessin du fond ; la comparaison le fera facilement repérer.

1900-01. Surcharges ONE CENT. Nᵒˢ 26. *Fausse surcharge ;* je ne connais qu'un type de fausse surcharge, sans point après CENT. Il peut y en avoir d'autres et la comparaison est utile.

SÉNÉGAL

On trouve des timbres des colonies françaises surchargés du mot SENEGAL seul (21 1/2 de large environ sur 4 mm. de haut) en noir, bleu ou rouge, surcharge droite ou renversée, ce sont d'après Marconnet des cachets militaires d'annulation. Ils ont été apposés sur des timbres neufs par spéculation.

1887-1892. Surchargés. Nᵒˢ 1 à 7. Les nombreux types des *surcharges originales* exigent la spécialisation ; les nᵒˢ 1 à 5 ont une surcharge typographique ; le nᵒˢ 6 à 7 une surcharge à la main. *Fausses surcharges* nombreuses : comparaison indispensable. Les types II, V et VI du 5 (nᵒˢ 1 et 2) ; III et V du 10 (nᵒˢ 3 et 4) et III et VIII ? du 15 nᵒ 5 et les surcharges des nᵒˢ 6 et 7 ont été imités à Genève et appliqués sur originaux et faux de 1881 (voir Colonies françaises). Les *oblitérations fausses* de Genève sur cette émission et sur les suivantes sont rondes à date, double cercle, cercle intérieur à traits interrompus, deux étoiles sur les côtés : 1ᵒ 21 1/2 mm. SENEGAL 2 SEPT 92 Sᵀ LOUIS ; 2ᵒ 22 mm ; SAINT LOUIS 12 SEPT 92 SENEGAL ; 3ᵒ 22 mm. DACAR 11 JUIL 92 SENEGAL ; 4ᵒ cachet ondulé, sans étoiles, largeur maximum 25 1/2 mm. Sᵀ LOUIS A DAKAR 4 JUIN 92 et SENEGAL renversé.

1892 à 1901 et 1912. Type groupe. Nᵒˢ 8 à 25 et 47 à 52. Voir à Colonies françaises les *falsifications* du type groupe (Genève).

1903. Nᵒˢ 26 à 29. Les 2 surcharges ont été copiées à Genève.

1906. Type Balay. 1, 2 et 5 frcs. Nᵒˢ 44 à 46. Voir à Colonies françaises les faux de ce type.

1915-18. Croix rouge, nᵒ 70 ᵇ. *Fausses surcharges* renversées. La surcharge originale est typographiée. Comparaison minutieuse indispensable car on trouve de bonnes imitations sur lettre ou non.

Timbres-taxe. Surchargés nᵒˢ 1 à 3. *Faux :* voir à Colonies françaises les faux timbres-taxe.

SÉNÉGAMBIE ET NIGER

1903. Type groupe. Nᵒˢ 1 à 13. *Faux :* voir à Colonies françaises les faux de ce type.

SEYCHELLES

Timbres surchargés. *Fausses surcharges* doubles ou renversées des émissions de 1893 ; 1896 (18 c. sur 45 surch. double) et 1901-02. Comparaison indispensable.

SHANGHAÏ

1865-66. Grand format. Nᵒˢ 1 à 19. *Originaux :* typographiés sur papier local blanc uni ne montrant par, transparence que de minimes points blancs irrégulièrement disséminés ; pelure (22 mcs) très transparent ; mince (50 mcs) transparent ; sur papier jaunâtre moyen (65 mcs) et sur papier vergé (1, 2, 3 et 4 c.). Le dessin central est identique dans toutes les valeurs (voir illustration) ; dans le dernier tronçon du dragon on remarque à gauche une écaille triangulaire intercalée entre les deux rangées d'écailles et à gauche de cette particularité, deux écailles non attachées aux autres du côté gauche forment un 3 ; le dessin central est entouré d'un cadre dont les coins sont arrondis ; au début des tirages ou bien plus tard quand l'impression est forte on le voit bien mais ensuite il n'est plus guère visible qu'en haut et en bas, les côtés ne montrant que des traces. Il y a deux types du 1 candareens ; ils se reconnaissent au premier signe chinois placé à gauche en haut (sous le carré du coin) ; deux types aussi pour les 4 et 8 candareens suivant le deuxième caractère chinois placé dans le même cartouche. La largeur du dessin central varie de 17 1/4 à 18 mm. suivant impression ; la hauteur de 19 1/4 à 19 1/2 mm. Le foulage est généralement visible et parfois si prononcé que les traits minces des cadres intérieurs ont coupé le papier. Il y a de nombreuses variétés (cadres, lettres, càractères chinois, chiffres) que le catalogue Calman divise en 24 groupes ; c'est dire que la spécialisation est recommandable. *Réimpressions.* Sont facilement reconnaissables au papier qui est un moderne mince (40 mcs) grené par son passage sur les presses coucheuses ; on voit par transparence, des traits blancs formant des lignes interrompues (7 lignes par 3 mm. de largeur ; traits courts en quinconce). Le dessin des cadres et le dessin central est identique à celui des originaux mais l'impression est moins bonne et on trouve des parties du dessin, des chiffres ou des caractères chinois empâtés. Voici leurs nuances ; 1ᵒ avec chiffres antiques, 6 c. brun ; 8 c. vert-olive foncé ; 2ᵒ avec chiffres modernes ; 1 c. bleu (nuances) ; 2 c. gris-noir ; 3 c. brun (nuances) ; 4 c. jaune ; 6 c. vert-olive ; 8 c. vert-émeraude ; 12 c. vermillonné ; 16 c. rouge brunâtre. En dehors du 1 c. toutes les valeurs portent l'S : CANDAREENS. Pas de différences sensibles dans les dimensions.

Faux officiels ; dont quelques-uns ont servi (ces derniers rares,

1865-66. *Shanghaï*, nᵒˢ 1 à 19.
Originaux.

1ᵉ) Les traits du cadre extérieur ne se joignent pas.
2ᵉ) Les lignes des cadres intérieurs ne se touchent pas et ne touchent pas le cad. ext.
3ᵉ) Le dessin central est identique dans tous les timbres originaux et son cadre, quand il est visible est arrondi (coins).

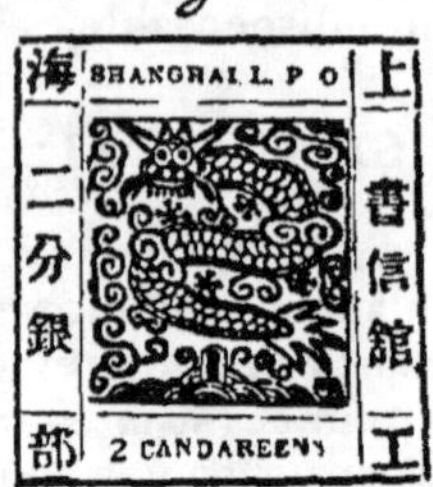

4ᵉ) Cadre extérieur droit interrompu en 2 endroits, (pas toujours visible).
5ᵉ) Toujours 7 traits sous la bouche, 6ᵉ) Toujours 3 traits courbes (1 long et 2 courts formant moustaches (détachés ou joints suivant imp) 7ᵉ) 1ᵉʳ tronçon du dragon 19 écailles; 2ᵉ 24; 3ᵉ 27.

Dans le papier uni: minimes points blancs disséminés.
Valeur en candareens: 2 c. t. I 二 t. II 兩 ; 4 et 8 c. t. I 分 t. II 錢
Chiffres antiques: 1, 2, 3, 4, 6, 8, 12, 16. Chiffre romain I (1, 12 et 16 c)
Chiffres modernes: 1, 2, 3, 4, 6, 8, 12, 16

Réimpressions.
Cadre et dessin central comme dans les originaux
Papier moderne avec traits interrompus transparents (voir texte)

1874. Faux officiels. 1, 2, 3 c.

Type I →
1 candareen outremer ↓ grand chiffre moderne
9 traits sous la bouche,
2 traits à la moustache;
forme de la queue très différente ; etc.
1ᵉʳ tronçon du dragon
25 écailles , 2ᵉᵐᵉ tronçon 22 ; 3ᵉᵐᵉ 25.
irrégulièrement placées

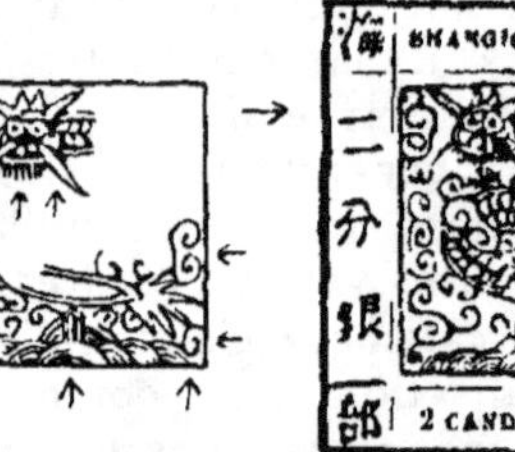

← Type II.
1 candareen outremer petit (1) chiffre moderne.
2 et 3 candareens avec petit ou grand chiffre mod
3 traits sous la bouche , 3 traits longs (moustaches) et défauts divers.

Autres faux.

Faux anciens.
1ᵉ) La plupart ou toutes les lignes des cadres se joignent
2ᵉ) Aucun ne porte la 3ᵉ écaille triangulaire qu'on voit dans les originaux entre les 2 lignes d'écailles dans la partie gauche du 3ᵉ tronçon
3ᵉ) Les caractères chinois ne sont généralement pas conforme (voir illustration des originaux Voir le texte pour les autres défauts.

Faux ancien
du 2 candareens.

Faux modernes.
1ᵉ) Les lignes du cadre extérieur se joignent
2ᵉ) Le cadre du dragon (18 mm de large) est très épais. 3ᵉ) Ces faux portent l'écaille triangulaire dans le 3ᵉ tronçon du dragon
4ᵉ) Le premier tronçon porte 18 écailles; le 2ᵉ 27 et le 3ᵉᵐᵉ 29
Voir le texte pour les moustaches , etc

les neufs n'ont guère de valeur) ; papier pelure de 40 mcs environ, avec gomme. Le cadre extérieur, les cadres intérieurs, les caractères chinois et les lettres des inscriptions sont assez semblables aux types originaux. Pour le dessin intérieur (dragon, etc., le cliché original, détérioré ou égaré n'a pu servir et on a refait un cliché très différent (voir illustration type I) queue à 6 pointes. Mais comme il n'était pas fameux, surtout pour une imitation officielle on en fit un second qui se rapproche bien plus du dessin original (voir illustration type II) mais outre d'autres défauts, le premier tronçon de la queue porte 20 écailles et les deuxième et troisième tronçons 25. Les deux types furent imprimés en paires ; le type I avec chiffre 1 moderne de 1 2/3 mm. de haut et le type II avec chiffre moderne de 1 1/4 mm. ; ce type mesure 28 mm. de largeur au lieu de 26 1/2 à 27, les deux traits verticaux minces étant placés à 1 mm. environ du cadre du dragon. Les deux types ont un cadre bien visible. Dans le 2 candareens, on peut distinguer deux types soit que le chiffre 2, moderne est petit (voir illustration) ou grand ; le 2 c. avec petit chiffre mesure également 28 mm. de largeur ; tous ces faux ont une assez bonne impression.

Autres faux. I. faux anciens de diverses provenances, lithographiés sur papiers divers ; le cadre du dragon mesure 20 mm. de haut dans les 4, 6, 8, 12 et 16 candareens. 1 candareen avec point à 1/2 mm. derrière la lettre L ; papier très mince, jaunâtre ; 4 traits rapprochés et courbés dans le bas du dessin central ; la moustache gauche forme tache et touche l'ornement à gauche ; celle de droite manque : dans le premier tronçon du dragon 24 écailles ; 2e 23 et 3e environ le même nombre ; les pointes de la queue touchent les ornements mais aucun ne touche le cadre intérieur droit ; 4 points au lieu de 5 ; bleu-terne ou bleu-vert foncé. 2 candareens (reproduit dans l'illustration et facile à reconnaître par ses nombreux défauts) ; 8 traits sous la bouche ; les deux derniers à droite se touchent ; grands ronds blancs sous les yeux ; moustaches : voir illustration ; écailles 16, 18 et 20. Un autre faux de cette valeur a été tiré en rose ; le point derrière la lettre L touche le trait terminal de la lettre F ; deux points de la queue du dragon touchent le cadre intérieur ; lettres trop grandes, etc. 3 candareens ; les deux triangles placés au dessus des yeux dépassent le cadre du dragon et viennent toucher le cadre intérieur gauche ; il en est de même pour la corne gauche ; un seul ornement en forme de 3 dans le coin supérieur droit (cadre du dragon) ; 7 traits sous la bouche plus un huitième qui fait partie de la moustache ; 4 candareens rouge-brun foncé ; inscriptions de 1 mm. seulement de hauteur ; 28 mm. de largeur totale ; cadre du dragon 18 mm. de largeur ; la petite guérite (au milieu du timbre sous le dragon) est à 7 mm. du cadre gauche du dragon au lieu

de 8 mm. environ ; 8 traits sous la bouche, qui est incurvée ;
moustaches à 2 brins ; l'O de l'inscription supérieure est à 1/2 ^{mm}
du trait à droite ; la pointe centrale de la queue du dragon ne
touche pas le cadre ; écailles : 20, 23 et 27 : nuance ocre-jaune.
6 candareens en vert-olive sur grisâtre, copié du 1 candareen
faux officiel ! (type I queue à 6 pointes etc.) ; la nuance est celle
de la réimpression avec chiffre moderne. 8, 12 et 16 candareens
avec défauts semblables aux précédents ; 8 ou 9 traits sous
la bouche ; 2 brins de moustache de l'un ou de l'autre côté ; dans
le bas du dessin, sous la guérite, 4 demi-cercles bien espacés comme dans le type II des faux officiels ; nombre d'écailles :
1er tronçon 21 à 23 ; 2e 20 à 22 ; 3e 29. Ces faux sont les plus répandus ; il en est d'autres que le lecteur reconnaîtra d'abord à l'impression lithographique, ensuite à divers défauts aussi impor-
tants que ceux qui viennent d'être décrits pour les diverses valeurs. Comparer avec l'illustration des originaux suffit.

Faux modernes : typographiés ; série bien exécutée du
1 CANDAREEN en outremer foncé ; brun foncé ; vert olive
foncé ; bistre foncé ; jaune ; vert vif ; rouge ; violet terne et
carmin vif ; il est possible que depuis le chiffre ait été modifié
pour imiter les autres valeurs. Papier jaunâtre moderne avec
lignes de traits interrompus transparents (8 lignes sur 3 mm.)
semblable au papier des réimpressions ; gomme jaunâtre ; à
droite moustache formée d'un trait court et d'un trait long formant accent circonflexe dans le bout ; les lettres de REEN vont
en augmentant de hauteur vers la droite ; tous les traits du dessin
central sont trop épais ; écailles (voir illustration) ; dans le
3e tronçon toutes les écailles sont rattachées ; toute la bordure
du corps porte des hachures transversales, etc... On trouve en
outre des faux photolithographiés (notamment 2 candareens
type II) qu'on reconnaît à l'impression des cadres moins nets,
aux dimensions, au papier et à quelques petits défauts secondaires que la comparaison permet de voir. Une oblitération
fausse à Genève, parfois appliquée sur les faux de l'émission
suivante est ronde, à date, un cercle, 24 mm., SHANGHAI
4 APR 65.

1866. Dragon debout. Valeur en cents. N°s 20 à 23.

Originaux : typographiés ; dentelés 12 ; le 2 c. aussi dentelé 15.
2 c. rose 19 $\times$ 22 3/4 ; 8 c. 20 $\times$ 23 mm. ; bleu-gris. *Faux :*
2 cents. a) Faux ancien, lettres L. P. O. 1 1/4 mm. de haut
au lieu de 1 mm. ; l'O a les côtés droits ; mauvais burelage du
fond central ; fait de losanges de 1/4 à 1/2 mm. d'axe ; hauteur
22 1/2 ; la patte supérieure gauche (à droite du timbre) est informe et l'ornement carré situé à sa droite, dans le cartouche, ne
porte pas de trait horizontal intérieur ; base du 2 courbe ; point

après CENTS ; cadre séparatif à 1 1/4 mm. ; dentelé 13 1/2 ⨯
12 1/2. b) Lithographié ancien, 22 1/2 mm. de hauteur ; dragon
à tête de veau ; l'S et l'O de l'inscription supérieure ont trop de
hauteur ; les ovales du burelage central sont trop grands ; le
nombril ? du dragon ou du moins le dessin qui se trouve entre
les parties de son corps est formé d'un simple cercle de 1/2 mm.
de diamètre ; les deux barres du E de CENTS sont d'égale longueur ; dentelé 11 1/2. c) Faux de Genève, lithographié ; dragon à tête de singe avec les yeux très apparents ; dentelé 12 1/2 ;
l'O de l'inscription supérieure est à 3/4 mm. du côté droit (au
lieu de 1/2) et le point final est au milieu de l'intervalle au lieu
d'être tout près du trait vertical. Le burelage ne touche pas les
pattes arrière de l'animal. Chiffre 2 moins haut que les lettres de
cents ; largeur du timbre 19 1/2 mm. 4, 8 et 16 cents : la finesse
du burelage central permet de reconnaître à vue les imitations,
dont chaque détail constitue un défaut. Une falsification du
8 cents, mieux faite, se reconnaît aux signes suivants : nuance
grise ; 23 1/4 à 23 1/2 de hauteur ; dans le coin inférieur gauche, le signe en forme de B touche la ligne oblique ; les quatre
petits cercles qui devraient se trouver dans les recoins du cadre
central (loupe) ont été oubliés ; le doigt du milieu de la patte
supérieure gauche (à droite du timbre) est une oblique assez
longue et descendante au lieu d'être courte et horizontale.
Dentelés 12 1/2 ou 13 1/2 en points. Cette série et la suivante
ont été imitées à Genève avec fausse oblitération carré de gros
points ronds.

1867. Idem. Valeur en CAND^s N°s 24 à 27. *Originaux :*
typographiés ; 20 ⨯ 22 1/2 mm ; dentelés 15 ; dans toutes les
valeurs le petit dessin en forme de crabe qui se trouve dans le
fond central au milieu du corps du dragon est le même. *Faux.*
1 CAND. *a)* faux ancien, lithographié ; mal dentelé 13 ; 19 1/2 ⨯
23 1/4 mm : l'S de SHANGHAI touche le cartouche à gauche et
le G est un C. Le cadre du cartouche latéral droit est triple, au
lieu d'être double ; les cercles des coins et des cartouches ne touchent pas le cadre ; dans le cercle supérieur droit le signe est
dévié à droite et sa base touche le cercle à droite ; hachures verticales du fond épaisses et non équidistantes ; l'ornement en
forme de crabe est informe et sur fond blanc ; le C de CAND est
un G. *b)* litho, dentelé 12 ⨯ 12 1/2 ; dimensions admissibles ; les
hachures du fond n'aboutissent pas, en général, au dragon ; les
cornes s'approchent très près du cadre (il faut 1/2 mm. de distance) ; la patte droite supérieure (à gauche du timbre) dépasse
la deuxième hachure verticale au lieu de toucher le cinquième ;
pas de point après CAND. 3 CAND^s 22 mm. de hauteur ; O
penché à droite ; dans les coins intérieurs, les 3 parties blanches
du dessin ne sont pas attachées l'une à l'autre ; la corne gauche

finit tout près de l'ovale au lieu d'en être éloignée de 1 mm.
environ ; poing droit avec 5 doigts bien détachés sans ombre
portée; dent. 12 1/2 ou 13 en points. 6 CAND^S, lithogr. dent. en
points 13 ; pas de cercles au centre des fleurettes qui bordent le
cadre intérieur (loupe); lignage du fond irrégulier et peu visible ;
chiffre 6 avec boucle supérieure éloignée à droite de la boucle
inférieure, 12 CAND^S : crabe informe ; les petits cercles blancs
de la bordure (loupe) sont autant dire invisibles ; hachures grossières ; lithographiés piqués en points 13.

1873. Timbres de 1866-67 surchargés. N°s 28 à 35.
Dans la surcharge originale le D de CAND porte une interruption en haut. *Fausses surcharges* très nombreuses ; quelques-unes
sont insidieuses ; comparaison minutieuse indispensable ; les
surcharges rouges avec D complet sont fausses.

1875-76. Dragon, types de 1867. N°s 36 à 42. *Faux :*
les détails fournis dans l'émission de 1867 suffisent à reconnaître
les faux de cette émission.

1877. Emission précédente surchargée. N°s 43 à 46.
Fausses surcharges : même observation que dans l'émission de
1873.

1877. Dragon, types de 1866. N°s 47 à 52. *Faux :*
voir détails dans l'émission de 1866, ils suffisent pour reconnaitre
les 20 à 100 c. faux avec valeurs modifiées en CASH. Dans le
20 c. lithographié, aucun cercle ne touche le cadre ; le dessin
autour du médaillon central est informe ; les hachures du fond
central sont équidistantes mais interrompues. Les autres valeurs
ont subi un sort semblable. Dentelures 12, 12 1/2, 13 en points.

1884-86-88. Types de 1866. N°s 56 à 60 et 69 à 73.
Faux : même observation.

**1879-86-88. Surchargés en CASH. N°s 53 à 55 et 61
à 67.** *Surcharges originales :* la hauteur totale de la surcharge
est de 7 3/4 mm. (mesurer vers le milieu de la surcharge) et la
hauteur des lettres de CASH est de 3 1/4 mm. *Fausses surcharges :* comparaison nécessaire car il existe des surcharges
bien exécutées.

1893. Surchargés. N°s 108 à 114. *Fausse surcharge* de
Genève. Comparaison nécessaire.

Timbres-Taxe. Surchargés. N°s 1 à 11. *Fausse surcharge* de Genève ; même observation.

SIAM

1883. 1 lotte, 1 att, 1 pynung. N°s 1 à 3. *Originaux*
gravés en taille douce avec papier coloré en surface (bords) par

suite du mauvais essuyage de la planche ; bon relief ; inscription supérieure sur fond de hachures horizontales visibles à la loupe ; 2 petites hachures courbes sous la perle du coin supérieur droit ; deux millimètres plus bas, le losange de repli contient deux hachures obliques ; sous ce losange, 7 hachures verticales formant cadre (6 assez épaisses et une très mince à gauche) ; sur le front au-dessus de l'œil il y a des points dans l'intervalle des lignes de traits interrompus ; sous l'œil, à droite de l'iris, un trait courbe et deux lignes peu courbées de traits interrompus ; 20 4/5 $\times$ 25 mm ; pour le bleu, les dimensions varient un peu ; dentelure 15. *Faux :* dentelé 12 1/2 ; 25 1/2 de hauteur ; papier très blanc ; phototypie avec renforcement de couleur et foulage prononcé des quatre cercles ; inscription supérieure sur fond plein ; trait blanc horizontal dans le bas du deuxième caractère à droite ; pas de hachures sous la perle du coin supérieur droit ; pas de hachures dans le losange de repli ; six hachures seulement sous ce losange ; dans le fond central à droite de l'effigie on ne voit pas les hachures obliques N.-O. à S.-E. ; pas de points au-dessus de l'œil dans l'intervalle des lignes de traits ; sous l'œil, à droite de l'iris, pas de trait et les deux lignes de petits traits sont trop espacées et trop convexes ; on ne voit pas bien les sept hachures obliques formant la moustache ; etc. Ce faux se trouve non dentelé pour faire le n° 1ª.

1885. 1 lotte surchargé 1 TICAL. N° 6. *Fausses surcharges* nombreuses sur originaux et sur faux ; quelques-unes insidieuses. Comparaison ou expertise indispensable. Les surcharges types I et II ont été imitées à Genève.

1890-99. Timbres de 1887-91 surchargés. Nᵒˢ 16 à 25. *Fausses surcharges* des variétés rares ; comparaison nécessaire.

1908. Statue équestre. Nᵒˢ 77 à 83. *Faux* des 10, 20 et 40 t. La comparaison avec un timbre commun du 1 t. suffit, les imitations étant mal lithographiées ; seul un enfant pourrait s'y tromper.

1909-10. Surcharge 2 satang sur 2 a n° 52. N° 87ª. *Fausses surcharges :* comparaison nécessaire.

SIBÉRIE

Nᵒˢ 1 à 10. Surcharges Koltchak. *Fausses* surcharges nombreuses. Comparaison indispensable.

SIERRA-LEONE

1861 à 72. 6 pence. Nᵒˢ 1 à 4 et 1876, n° 16. *Originaux :* typographiés sur papier azuré ou blanc ; dentelés 12 1/2 ou 14 ; sans filigrane excepté n° 16 avec filigrane CC couronne ; 18 3/4 à 19 × 22 1/2. *Faux anciens :* mal lithographiés ; sans filigrane ; non dentelés ou dentelés 11 1/2 ; cadre séparatif ; 1/3 mm. entre SIERRA et LEONE au lieu de 3/4 mm. ; fond burelé irrégulier et formé sous SIX et au-dessus de PENCE comme dans les coins au lieu de ne porter en ces endroits que les 3 lignes habituelles de losanges. *Faux moderne :* typographié ; dentelé 13 1/2 × 13 ; sans filigrane ; papier épais azuré verdâtre ; 18 1/2 × 22 1/5 ; les hachures du fond touchent en général les côtés de l'octogone ; elles sont trop épaisses et donnent à ce fond un aspect à peine moins foncé que les cartouches des inscriptions ; au-dessus du premier joyau de la couronne les 2 hachures sont parallèles (au lieu de se rencontrer) ; les coins, autour de l'octogone portent des lignes de losanges (comme sous SIX dans les originaux) au lieu de porter un burelage de losanges et points ; l'I et l'E de SIERRA sont reliés en haut et en bas et les deux R sont reliés en bas ; l'œil, le lobe de l'oreille et le devant de la joue ne portent pas de hachures.

1872-1895. 1/2 p. à 1 sh. N°s 5 à 15 et 17 à 28. *Originaux :* filigrane CC ou CA ; dent. 12 1/2 ou 14 18 3/4 × 22 1/2 mm. ; dans le fond central, les 3 premières hachures en haut et les 2 dernières en bas ne sont pas parallèles ; celle du bas est à 1/5 de mm. du cartouche ; la pointe du nez est à 1 1/4 mm. des hachures ; la pointe du cou touche la 6e hachure. L'E final de POSTAGE est régulier ; sa barre médiane est placée à mi-hauteur de la lettre. *Faux :* lithographiés ; sans filigrane ; valeur de la même nuance que le timbre : a) série ancienne des 1, 2, 3, 4 p. et 1 sh. ; dentelure informe ; hachures du fond : 4 au lieu de 6 par millimètre de hauteur ; pointe du cou sur la 3e hachure ; 1/2 mm. entre les carrés des coins et les cartouches des inscriptions ; l'A de SIERRA porte un trait terminal en haut ; pas d'ombres sous l'œil ni sur le devant du cou, etc. b) série ancienne des mêmes valeurs mais un peu meilleure ; les deux R. de SIERRA sont ouverts dans le haut ; hachures du fond mal venues avec interruptions et taches blanches ; idem pour les cheveux, etc. ; dentelure 11 1/2 ; c) série ancienne meilleure, facilement reconnaissable au rectangle (au lieu d'un carré) intérieur placé dans les carrés ornementaux des coins de droite ; pour les autres signes voir le type d, dont le c est un ancêtre mais qui a la ligne inférieure du fond central à 1/4 de mm. au-dessus du cartouche inférieur ; fragments de cadres séparatifs ; dentelés 12 et 13. d) Genève ; type retouché du type c. avec adjonction des 1/2 ; 1 1/2 et 2 1/2 pence ; quelques hachures du visage allongées ; une hachure ajoutée dans le bas du fond central et placée très près du cartouche inférieur ; dimensions admissibles ; dentelés 12 1/2 ; ces faux seraient insidieux s'ils portaient un filigrane (on en trouve avec filigrane estampé ou fait avec un corps gras ; non visible dans la benzine) ; les hachures sont équidistantes en haut et en bas ; 1 seul trait à la commissure des lèvres (au lieu d'un trait fourchu) ; pointe du nez à 3/4 mm. de l'extrémité des hachures ; la pointe du cou touche la 8me hachure mais un peu à droite elle descend jusqu'à la 7° ; E. final de POSTAGE irrégulier, avec barre mediane placée trop haut et trait oblique du bas trop près de la verticale et trop long ; l'œil regarde fixement le bout du nez ; espace blanc à gauche des hachures du cou, etc.

1893-1897. Surchargés 1/2 et 2 1/2. *Fausses* surcharges très nombreuses. Comparaison et au besoin expertise indispensables.

Grosses valeurs des émissions de 1897 à 1928. *Truquages* par enlèvement des annulations fiscales et leur remplacement par des oblitérations fausses.

1 sh. vert surchargé SIERRA 5 S LEONE. Ce timbre est un fiscal (non émis postalement).

SOMALIE ITALIENNE

1903. Filigrane couronne. N°s 1 à 7. *Originaux :* valeur en besa, 22 1/4 × 28 1/2 mm. ; valeurs en annas, 22 1/2 × 28 1/2 mm. *Faux* de Genève : 1 et 2 besa, 22 × 27 3/4 mm. ; 1 et 2 anna, 22 × 28 1/5 ; je n'ai pas vu les autres valeurs en annas, mais elles peuvent exister. Dans le type éléphant les lettres ALIA sont reliées par le bas ainsi que AD de BENADIR ; les hachures verticales sous ce mot sont trop courtes. Dans le type lion, le pointillé du fond central est incomplet ; les hachures de l'écu sont trop courtes et le dessin ornemental qui entoure l'écu est informe.

1906. 5 et 10 a de 1903 surchargés. N°s 8 et 9 et

1916. SOMALIA renversé sur croix-rouge et

Timbres-taxe 1907. N°s 1 à 11. *Fausses surcharges :* comparaison nécessaire. Pour les timbres-taxes mesurez la distance du mot Meridionale à Somalia Italiana ; elle est trop petite dans les faux et les caractères sont moins gras.

SOMALILAND BRITANNIQUE

1903. Surchargés BRITISH SOMALILAND. N°s 1 à 19. *Fausses surcharges :* Comparaison indispensable. Toute la série a été faussement surchargée à Genève sur timbres originaux oblitérés des Indes.

Service 1904-1905. Surchargés O. H. M. S. N°s 11

à **15.** *Fausses surcharges :* comparaison utile. Les surcharges On H. S. M. et SERVICE ont également été imitées à Genève.

SOUDAN ÉGYPTIEN

1897. Surchargés SOUDAN. N°s 1 à 8. *Fausses surcharges :* comparaison nécessaire Toute la série existe faussement surchargée à Genève sur timbres originaux oblitérés d'Egypte.

Timbres de Service. Quelques *fausses surcharges* dans les émissions de 1905 (Army official, surcharge renversée et Army Service) ; comparaison nécessaire. La surcharge O. S. G. S. a été imitée à Genève.

Timbres-taxe surchargés SOUDAN. N°s 1 à 4. Même observation.

Timbres-Télégraphes surchargés TEL. N°s 1 à 5. Les 5 valeurs, faussement surchargées à Genève (surcharge SOUDAN) ont reçu en outre la fausse surcharge TEL dans un ovale en bleu (ovale de 18 $\times$ 13 de longueur d'axes, interrompu sur 1 1/2 mm. à gauche du T ; les trois lettres ont 6 mm. de hauteur).

SOUDAN FRANÇAIS

1894. Surchargés SOUDAN F^{AIS}. N°s 1 et 2. *Fausses surcharges.* Comparaison minutieuse indispensable car la surcharge originale est lithographiée comme quelques imitations. Ne pas s'inquiéter des différences dans le trait horizontal car il diffère suivant les types. Les deux types ont été contrefaits à Genève sur originaux ou faux de 1881 avec l'oblitération fausse, ronde à date, double cercle 24 mm., à gauche KAYES, à droite SOUDAN FRANCAIS et au milieu 3^{E} | 7 FEVR. 93.

1894-1900. Type Groupe. N°s 3 à 19. *Faux* de Genève. Voir à Colonies françaises les faux de ce type.

STELLALAND

1884. Ecusson et étoile. N°s 1 à 5. *Originaux :* dentelés 11 1/2 ; 12 ; et 11 1/2 $\times$ 12 sur un seul côté ; on trouve toutes les valeurs excepté le 1 shilling non dentelé horizontalement et verticalement. 8 types de report pour chaque valeur, le 6 pence en a 9. Stellaland mesure environ 18 1/2 de long et Postzegel 16 3/4 ; les lettres de ce mot ont 1 3/4 mm. de haut. Le papier est transparent. Les *essais* sont non dentelés. *Faux :* dentelés 12 1/2 ; 13 1/2 ; larges marges ; papier peu transparent ;

divers défauts que l'illustration rend tangibles ; Stellaland ne mesure que 18 1/3 mm. POST ZEGEL 17 et les lettres de ce mot ont près de 2 mm. de haut. Nuances pour la plupart admissibles ; on ne trouve pas les signes de report des originaux.

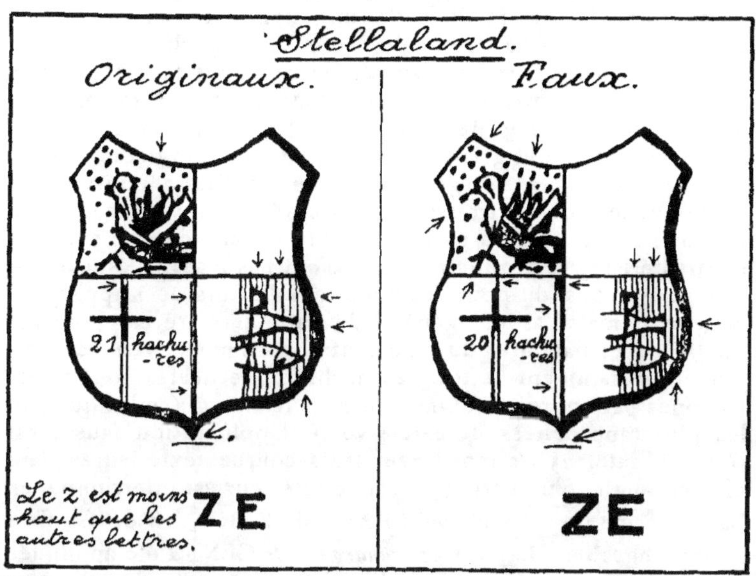

1884. Surchargé Twee sur 4 p. n° 6. La surcharge originale est rouge violacé. *Surcharges fausses* sur originaux et sur faux ; comparaison indispensable.

SUEZ

Voir Égypte.

SUNGEI-UJONG

Pays à surcharges dont la plupart ont été bien falsifiées. La spécialisation est non seulement à recommander, mais nécessaire. On trouvera tous les types de surcharges illustrés dans le Calman avec les mesures (Straits Settlements ; Sungei Ujong, pages 969 à 973. Tome III). La surcharge du n° 1 a été imitée à Genève.

SURINAM

1873-1892. Effigie du roi. N°ˢ 1 à 15. *Originaux :* typographiés, dentelures diverses (voir les catalogues spéciaux). Les hachures du visage sont fines et couvrent entièrement celui-ci, y compris le nez et le cou ; le 2 g. 50 porte 18 hachures sur le front ; toute l'oreille est hachurée ; il y a 5 hachures verticales à droite du cercle central et 4 à gauche, non compris le cadre intérieur. *Faux* ancien du 2 1/2 g. ; typographié ; dentelé 13, nuances admissibles. Le dessin de cette imitation est mal exécuté : 3 hachures verticales à droite du cercle ; 2 à gauche ; 11 à 12 sur le front ; rien sur l'oreille. *Faux de Genève :* toute la série ; photolithographiés sur papier mince transparent de 40 à 45 microns, dentelés 14 ; 2 1/2 g. dentelé 11 1/2 $\times$ 13 1/3 avec nuances plates, ocre terne et gris-vert (sauge) ; les autres valeurs ont des nuances arbitraires ; les grandes taches blanches dépourvues de toute hachure qu'on trouve sur le front. le nez, autour de l'œil, devant l'oreille sous la narine et sur le devant du cou suffisent à caractériser ces productions qui n'ont pas mauvais aspect. Ce que nous avons dit pour les imitations de Curaçao s'applique à cette série mais l'aspect général de cette dernière est pourtant meilleur ; les hachures du fond central sont mieux venues quoique insuffisamment nettes. Les hachures verticales sont interrompues par endroits notamment dans le 2 1/2 g. (celles qui sont les plus rapprochées du cercle vert). L'oblitération fausse est ronde à date, 23 1/2 mm., avec trois courbes extérieures dans chaque angle d'un carré ; le cercle intérieur est interrompu en bas et forme un fer à cheval : PARAMARIBO $^2_7$ 1890. Chiffres interchangeables. La *fausse surcharge* 2 1/2 CENT a été appliquée sur originaux et faux du 50 c. Il existe, bien entendu, d'autres surcharges fausses sur le 50 c. original neuf. Comparaison nécessaire. *Truquages* chimiques des dentelés 14 pour imiter le papier bleuté : il faut comparer la nuance du papier.

1893. Reine enfant. N°s 23 à 28. *Originaux :* 19 1/10 $\times$ 23 mm. ; dentelure 12 1 2 ; perles régulières. *Faux* de Lausanne (Pasche). Toute la série en blocs ; 18 3/4 à 18 7/8 $\times$ 22 3/4 à 22 4/5 ; dentelure 11 ; les hachures du fond central et celles de l'effigie ne sont pas équidistantes ; la première hachure du fond central touche autant dire le cercle perlé ; les perles sont irrégulières et trop petites (1/6 mm. au lieu de 1/4 environ) ; taches blanches (non hachurées) devant le milieu de l'oreille ; au-dessus et sous l'œil ; dans le haut de la tempe et blanc trop large tout le long de la ligne du nez ; 2 hachures blanches coupent l'oreille ; une hachure du fond central touche le cercle (au milieu à gauche). Papier épais, très blanc ; nuances disparates.

1898. Surcharges 10 CENT. *Fausses surcharges*, notamment à Genève sur originaux du 15 c. et du 25 c. outremer et sur falsifications des 6 valeurs surchargées.

1899. Surcharge 1.00 1.00 SURINAME. N° 35. *Fausse surcharge* de Genève appliquée sur originaux. Comparaison nécessaire.

1900. Surcharge 50 CENT sur 2 g. 50. N° 40. *Fausse surcharge* sur le faux du n° 15. Mal lithographiée, ce qui permet de l'écarter rapidement. Les débutants pourront aussi se convaincre par l'étude des mensurations, des chiffres, des lettres (voir le bas de l'n, la boucle terminale du t, etc). L'oblitération fausse est du type décrit au taxes de Curaçao : SURINAME $\frac{2}{7}$ 1900 (gravure sur buis, encre non conforme ; chiffres interchangeables).

Timbres-taxe 1886. N°ˢ 1 à 8. *Faux* de Genève : Cadre photolithographié. Cette fois. on s'est donné la peine de confectionner un nouveau cliché, mieux venu (voir Colonies néerlandaises). On observera cependant que les points de couleur dans le B de BETALEN sont trop ronds (loupe). Dimensions 18 $\times$ 21 3/4 à 22 mm. Papier blanc jaunâtre, légèrement mais irrégulièrement grené ; la comparaison par transparence est utile, car l'imitation est insidieuse. Le spécialiste comparera aussi la nuance, qui est arbitraire ; ton plat, lilas trop brunâtre. Dentelure 12 1/2 $\times$ '12. Les chiffres sont typographiés (foulage) et mieux imités (Comparaison nécessaire). Ceci donne à penser que le faussaire envisageait une extension de son industrie aux émissions de taxes avec CENT ou GULDEN au centre, mais depuis, son matériel a été détruit par l'Union Philatélique de Genève. Fausses oblitérations du même modèle que ci-dessus ; j'ai rencontré : PARAMARIBO .. 10 1894 et SURINAME 29 4 1892.

SWAZIELAND

1889-92. Surchargés Swazieland. N°ˢ 1 à 9. *Surcharge originale :* 13 1/2 mm. ; 1 1/2 mm. de hauteur excepté s, l et d : 2 mm. *Réimpressions* (1894) 1/2, 1, 2 p. et 10 sh. surcharge noire avec point derrière le mot. *Fausses surcharges ;* assez nombreuses ; comparaison nécessaire ; toute la série faussement surchargée à Genève sur originaux usés du Transvaal ; 13 1/4 de long ; lettres de 1 2/5 mm. de haut ; le d : 1 3/4 mm.

SYRIE

1920. Surcharges Faiçal. N°ˢ 1 à 63. *Fausses surcharges :* Comparaison des signes et de la nuance des encres indispensable.

Occupation française. Très nombreuses *surcharges* fausses de toutes les valeurs rares ; notamment de la première émission

(1919, nᵒˢ 1 à 10) ; de la poste par avion (1920, nᵒˢ 48 à 50) de l'émission de 1920 (nᵒˢ 51 à 59 avec variétés) et des variétés (surcharges de bas en haut) et variétés rares des émissions suivantes. Spécialisation recommandée et comparaison absolument indispensable.

TAHITI

1882. Surchargés 25 c. ou TAHITI 25 c. Nᵒˢ 1 à 3. *Surcharges originales :* cachets à la main. Nᵒˢ 1 et 2 : les barres mesurent 16 mm. et il y a 15 mm. entre elles ; le chiffre 25 est à 5 3/4 mm. de la barre supérieure. *Fausses surcharges :* comparaison détaillée indispensable.

1884. Surchargés 5, 10 et 25 c. sur 20 c. et 1 fr. Nᵒˢ 4 à 6. *Surcharges originales :* cachets à la main 5 et 10 c. : TAHITI 18 mm. ; barres 16 mm. ; 25 c. cachet du nᵒ 3 avec valeur modifiée : TAHITI 17 mm. de long sur 4 mm. de haut. (les bandes, lettres et journaux portant ces cachets — 5 c. ; 10 c. ; 10 + 5 ; 25 c., 25 + 5 c. ; 25 + 10 c. — sont rares et recherchés. Marconnet, p. 397 dixit). *Fausses surcharges :* très nombreuses ; même observation que pour la première émission. Voir d'abord à Colonies françaises si les nᵒˢ 4 et 5 ne sont pas des faux de l'émission de 1881. Les 3 surcharges ont été imitées à Genève.

1893. Surchargés TAHITI. Nᵒˢ 7 à 18. *Surcharge originale :* cachet à la main. *Faux :* voir d'abord s'il ne s'agit pas des timbres faux de 1881 (Colonies françaises). *Fausses surcharges :* extrêmement nombreuses droites, renversées et variétés de direction ; quelques-unes très-insidieuses ; la comparaison et le passage au gabarit les font reconnaître ; en cas de doute, expertise, deux avis valant toujours mieux qu'un seul, parfois intéressé. Toute la série de timbres faux a été faussement surchargée à Genève, surcharge mal exécutée et facilement contrôlable, avec oblitération fausse, ronde double cercle, 20 1/2 mm. PAPEETE 18 AOUT 93 TAITI ; aussi cachet ovale de barres des stations navales anglaises avec un T au milieu.

1893. Surchargés 1893 TAHITI. Nᵒˢ 19 à 30. Spécialisation nécessaire à cause des types (une demi-douzaine) différents. *Faux et fausses surcharges,* mêmes observations que ci-dessus. La fausse surcharge a été imitée à Genève sur originaux avec oblit. fausse. PAPEETE 7 MAI 93 TAITI (20 mm. et 21 mm. avec mêmes noms et dates interchangeables).

1903. Nᵒˢ 31 à 33. *Fausses surcharges* renversées et doubles imitées à Genève.

1915. Croix-rouge. Nᵒˢ 34 et 35. *Surcharge originale* typographique (croix à trois caractères) nuance vermillon. *Fausses surcharges* nombreuses mais mal exécutées. Le passage au gabarit suffit, la distance entre la croix et le mot TAHITI étant trop petite ou trop grande.

Timbres-taxe. Surchargés TAHITI ou 1913 TAHITI. Nᵒˢ 1 à 28. *Faux:* vérifiez d'abord si les timbres ne sont pas entièrement faux (Colonies françaises). *Fausses surcharges*, sur timbres originaux ou faux : comparaison détaillée et passage au gabarit indispensables.

TASMANIE

1853. 1 et 4 p. Nᵒˢ 1 et 2. *Originaux :* taille-douce sur papiers de diverses épaisseurs, uni et aussi vergé pour le 4 p. orange de la planche I ; 24 variétés (6 × 4) ; 1 p. une planche ; timbres avec cadre séparatif à environ 2/3 de ᵐᵐ ; initiales du graveur sur la tranche du cou ; 19 × 21 ᵐᵐ ; 2 p. pas de cadre séparatif extérieur ; initiales du graveur ; 2 planches de 24 variétés ; dans la planche II le trait S-O du cadre extérieur est plus épais que dans la planche I ; 22 1/2 mm. *Réimpressions :* tirées sur les 3 planches précédentes dans lesquelles les effigies ont été barrées de 2 gros traits de burin. I. 1879. Dentelés 11 1/2 ; 1 p. bleu ; 4 p. planche I jaune-bistre. Papier mince ; gomme blanche. II. 1887. 4 p. pl. II en brun-rouge et en noir ; papier épais sans gomme ; non dentelés. III. 1887. 1 p. bleu-pâle. 4 p. pl. I en bistre-jaune et en noir ; pl. II en bistre-jaune ; papier bristol blanc non dentelés ; sans gomme. *Faux:* 1 p. faux ancien, lithographié ; très mauvais et immédiatement reconnaissable au fond de l'ovale central qui est formé de hachures obliques croisées au lieu de porter de grosses hachures verticales ; cadre séparatif à 1 2/5 mm. environ. Pas d'initiale du graveur, etc. On me signale un bon faux de cette valeur en photolithographie mais je n'ai malheureusement pas eu l'occasion de le voir. 4 p. a) faux ancien, lithographié sur papier moyen ; le fond central est plein ; pas d'initiales du graveur ; pas d'accent entre N et S, etc. b) faux ancien, lithographié ; le fond central est formé de traits horizontaux croisés par des traits obliques (au lieu d'horizontales et de points) ; le cercle qui se trouve sous les inscriptions est à 4/5 à 1 mm. du cercle central au lieu de 2/5 ; les initiales du graveur forment tache ; 23 mm. environ. c) faux gravé sur papier moderne grené ; le cercle sous les inscriptions est à 1/4 mm. environ du cercle central ; le burelage est irrégulier à gauche (comparez avec le côté droit), etc. Copie mal exécutée d'un exemplaire de la planche II. L'oblitération fausse de Genève est un ovale de 6 barres avec TASMANIA au milieu.

1855 à 1870. Effigies avec collier. Nᵒˢ 3 à 21. *Originaux :* gravés en taille-douce ; filigranes divers ; non dentelés

ou dentelures diverses ; voir les catalogues. Les 6 p. et le 1 sh.
ont un cadre de forme octogonale. 19 1/4 $\times$ 25 1/2 à 2/3 pour les
1, 2 et 4 pence. Une bonne carastéristique de tous les originaux,
réimpressions et essais divers est que la première rangée de perles sous la couronne est peu visible et forme corps avec les
joyaux au point qu'à première vue il ne semble y avoir que deux
rangées de perles. *Reimpressions :* I. 1879. 1, 2 et 4 p. sur papier
blanc mince, sans filigrane, gomme blanche ; dentelure 11 1/2.
1 p. brique ; 2 p. vert vif ; 4 p. bleu. Avec ou sans le mot
REPRINT. II. 1871. 6 p. et 1 sh. sur papier blanc satiné sans filigrane ; gomme blanche ; dentelés 11 1/2 6 p. lilas et 1 sh. vermillon. Avec ou sans REPRINT. III. 1889. 6 p. lilas et 1 sh.
rouge foncé sur papier bristol ; non dentelés sans filigrane, sans
gomme. *Essais* divers, dont quelques-uns de la couleur du timbre mais de nuances très différentes, de tons ternes, sur papier
mince ou pelure teinté par l'impression ; la comparaison avec
les nuances originales les fera reconnaître. *Faux :* les carastéris-
ques de tous les faux sont l'absence de filigrane et la visibilité
des 3 rangs de perles sous la couronne, le rang supérieur étant
tout aussi visible que les autres. *a)* série des 1, 2, 4 p. et 1 sh.
anciennes lithographies non dentelées ou dentelées 12 1/2.
19 3/4 $\times$ 26 environ pour les 1, 2 et 4 p. Dans ces valeurs, l'ovale
blanc, au lieu d'être interrompu au-dessus de MEN dépasse un
peu le cadre supérieur ; pas d'interruption non plus sur les cotés,
où cet ovale touche presque le cadre gauche et reste à 1/2 mm. à
l'intérieur du cadre droit. 1 sh. sur papier mince bleuté ; non dentelé ; 12 perles au lieu de 16 au collier ; celle du milieu très
petites. *b)* faux gravé. Je n'ai vu que le 1 p. rouge brun pour
imiter le timbre sans filigrane de 1856-57, mais il est probable
que les autres valeurs suivront et je crois donc nécessaire de
m'étendre un peu sur cette imitation. 19 2/3 $\times$ 25 4/5 avec marges atteignant souvent 3 mm. ! papier épais non dentelé ou dentelure au choix des faussaires ; brun-rouge chocolaté ; lettre S de
DIEMENS près de 2 mm. de haut au lieu de 1 2/3 mm. ; l'A et
l'N de LAND sont rattachés par la base ; le D est à plus de
1/2 mm. de la lettre N (au lieu de 2/5 mm.) ; le T de POSTAGE,
plus grand que les autres lettres touche le bord supérieur du
cartouche ; la base du cou est à 3/4 mm. de ce bord (au lieu de
1/2) ; tout le fond central est saturé de couleur ; la perle manque
dans le haut du gros pendentif d'oreilles et ce dernier est coupé
sur la gauche par un gros trait de burin ; quelques traits obliques et courts sont placés à contre-sens sous l'œil droit (à gauche du timbre) ; la pierre centrale du collier forme une fleurette
à 6 pétales au lieu d'un joyau rond et les pierres placées à droite
ne sont pas limitées par un trait sur les cotés. *Truquages :* réimpressions ou essais avec dentelure coupée.

1870-78. Filigrane chiffre ou TAS. N⁰ˢ 22 à 34. *Réimpressions.* I. 1871. N⁰ˢ 22 à 26, 31 et 33 à 34, sur papier satiné blanc, sans filigrane ; dentelés 11 1/2 ; avec ou sans surcharge REPRINT. Nuances différentes ; le 3 p. est brun rougeâtre ; le 4 p. bleu foncé ; le 5 sh. pourpre. II. 1879. 4 p. jaune terne et 8 p. lilas terne avec les caractéristiques des réimpressions I. Enfin III. 1889. 4 p. en bleu avec les mêmes carastéristiques mais sur papier très épais. *Timbres de service. Truquages :* quelques tripotages des grosses valeurs par fausse perforation ; on les reconnait assez facilement en les plaçant sur un original trou sur trou et en regardant à la loupe par transparence : les trous ne concordent pas. En cas de doute : expertise.

TCHONG KING

1902. Surchargés TCHONG-KING. N⁰ˢ 1 à 31. Surcharges non officielles. Cachet à la main. Surcharge noire ou rouge vermillonné. Nombreuses *surcharges fausses :* comparaison nécessaire. La surcharge de 1903 a été imitée à Genève.

Emissions suivantes. N⁰ˢ 32 à 98. *Surcharges originales* : typographiques. Dans l'émission de 1903 la distance entre le nom et les caractères indo-chinois varie. *Fausses surcharges :* comparaison indispensable. Pour les fausses surcharges 2 et 4 piastres sur 5 et 10 frcs n⁰ˢ 97 et 98, voir à Indo-Chine. *Faux* du type groupe ; voir à Colonies françaises.

Timbres-taxe. 1903. N⁰ˢ 1 à 10. *Faux* ; voir taxes faux à Colonies françaises. *Fausses surcharges :* sur originaux et sur faux : comparaison indispensable.

TERRE-NEUVE

1857-60-62. Types carrés, triangulaire, rectangulaires.

I. Types carrés. 1 et 5 pence. N⁰ˢ 1 et 5. *Originaux* : gravés en taille-douce sur papier dur, moyen ou épais, jaunâtre ; 1 p. 22 1/5 ⨉ 22 2/3 ; 5 p. 22 2/3 ⨉ 22 1/5 ; mesurer en plaçant la valeur en bas. On trouve des différences de mesures suivant les tirages (papiers). Ces types ne sont donc pas carrés et il semble que le graveur après avoir établi un cadre identique pour les 2 valeurs a commencé son travail du mauvais côté dans le 5 pence. L'illustration renseignera sur les principaux signes distinctifs. *Faux :* 3 séries lithographiées et facilement reconnaissables au manque de relief, aux finesses du dessin, bien mal venues, aux nuances ternes, parfois trop foncées et au papier, trop fin, ou moins dur. a) papier épais jaunâtre ; la pointe des courbes blanches n'aboutit pas à l'angle des carrés ornementaux ; le corps de l'accent apostrophe est beaucoup trop gros ; couronne et fleurettes informes. b) papier blanc ou blanc bleuté moyen (65 mcs au lieu de 85), la croix placée au-dessus de la couronne touche la courbe au-dessus ; 6 perles à gauche de la couronne ; le dessin de la fleurette supérieure droite est arbitraire. c) papier blanc mince ; le bas de la couronne est ouvert sur les côtés et contient uniquement cinq gros traits ; impossible de compter les perles. En outre, 1 série gravée sur papier jaune d'épaisseur admissible ; 1 p. 22 1/4 $\times$ 22 1/2 ; 5 p. 22 1/4 $\times$ 22 3/5 ; nuance brun foncé chocolaté ; une dizaine de perles sur le côté gauche de la couronne ; croix très mal venue ; l'S après JOHN est plus large en haut qu'en bas ; les deux courbes au-dessus de POS-TAGE ne finissent pas en pointe ; le chiffre 5 (5 pence) dans le coin inférieur gauche est droit au lieu d'être penché à droite et n'a que 1 3/5 de hauteur au lieu de 1 3/4.

II. Type Triangulaire. 3 pence Nº 3. *Original :* base 43 1/2 mm. ; les 2 autres côtés : 31 mm. ; gravé en taille-douce ; distance normale entre NEW FOUND et LAND ; le trait oblique des chiffres 3 ferme presque la boucle de ce chiffre ; l'H de THREE est ouvert dans le bas ; la virgule devant ce mot ressemble à l'apostrophe des nᵒˢ 1 et 5. *Faux :* bien lithographié ; le point sous le T de Sᵀ est faible : le point apostrophe devant l'S n'a pas la boule assez large ; l'H de THREE est fermé dans le bas et la virgule qui précède ce mot est de forme carrée ; la distance entre le D et l'L de NEW FOUNDLAND est visiblement trop grande ; base 44 mm. ; coté gauche 31 1/3 ; coté droit du triangle 31 mm. (voir en outre l'illustration).

III. Types rectangulaires. 2, 4, 6, 6 1/2, 8 p. et 1 sh. Nᵒˢ 2, 4, 6, 7, 8, 9 et 10 à 19. *Originaux :* gravés en taille-douce. Les mesures diffèrent suivant le tirage (papiers) ; le bouquet ne touche nulle part le cercle central (loupe) ou l'ovale du 6 pence ; dans la fleur supérieure, les lignes de séparation des pétales (formant les 5 branches d'une sorte d'étoile centrale) touchent en général toutes l'extrémité des pétales ; les festons du burelage de l'ovale portant le nom de la colonie ne touchent pas les bords intérieurs ou extérieurs de ce bandeau ovale (quelques exceptions sont indiquées plus loin) enfin, la finesse des détails est si grande qu'il suffit de comparer un exemplaire du 4 p. ou 1 sh. carmins (très communs neufs) pour juger immédiatement tous les faux lithographiés. *1. Faux lithographiés* (désignés par L) et *Faux gravés* (désignés par G). 2 p. L. rouge vif, rouge brun ou rouge lilacé ; les rayons est et ouest de la rose, parfois aussi les autres sont trop courts ; le bas du bouquet touche le cercle en 2 endroits ; le burelage du grand ovale tou-

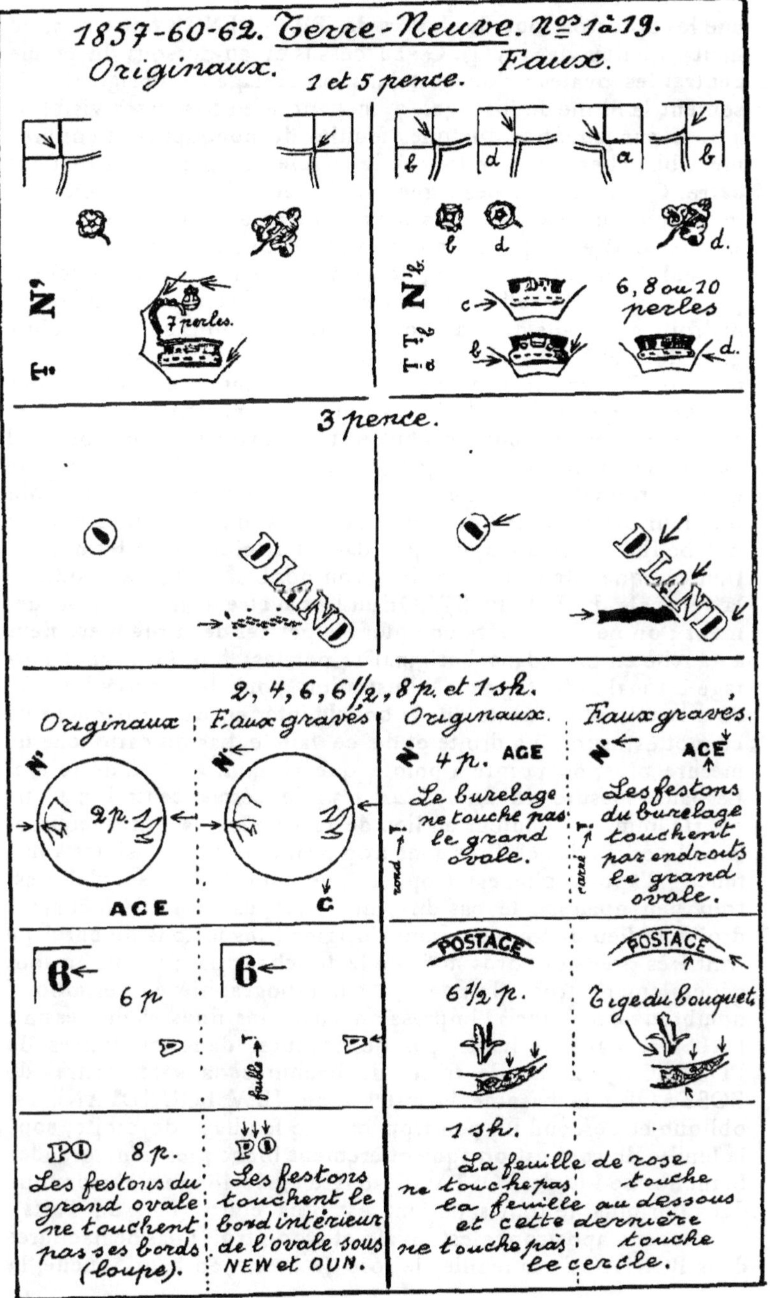
1857-60-62. Terre-Neuve. Nos 1 à 19.
Originaux. Faux.
1 et 5 pence.
N° 1° T° 1°
7 perles.
T° N°2 b d a b
b d
c 6, 8 ou 10 perles
b d
3 pence.
D LAND
D LAND
2, 4, 6, 6½, 8 p. et 1 sh.
Originaux. Faux gravés. Originaux. Faux gravés.
N° N° N° 4 p. AGE N° ACE
2 p. Le burelage Les festons
ne touche pas du burelage
le grand touchent
ovale. par endroits
ACE C le grand
ovale.
6 6
6 p POSTAGE POSTAGE
6½ p. Tige du bouquet
faible
PO 8 p. PO 1 sh.
Les festons du Les festons La feuille de rose
grand ovale touchent le ne touche pas touche
ne touchent bord intérieur la feuille au dessous
pas ses bords de l'ovale sous et cette dernière
(loupe). NEW et OUN. ne touche pas touche
le cercle.

che les bords partout ; les lettres de TWO PENCE ont 2 mm. de haut (au lieu de 1 3/4). G ; au-dessus et au-dessous du cercle central les ovales qu'on voit dans le burelage de l'original présentent la forme de losanges, 7 en haut, 8 en bas, assez visibles. 4 p. L. sur jaunâtre ; quelques feuilles du bouquet sont entièrement blanches ; la rose touche le cercle ; le point sous le T est carré. G. En dehors des signes notés dans l'illustration on peut noter que ce faux porte des faux traits assez nombreux, traversant les lettres. 6 p. L. Le cercle blanc qui entoure les chiffres est mal venu et trop faible ; les rayons de la rose ne touchent pas les bords de celle-ci ; les festons du burelage touchent par endroits aux traits du grand ovale. G. les festons sont trop éloignés du bord du grand ovale sous NEW et au dessus de SIX. 6 1/2 p. G. Faux très insidieux, 19 $\times$ 25 mm. ; en dehors des signes renseignés dans l'illustration, on remarque que : dans le coin supérieur gauche le chiffre 1 est maigre et que son pied ne touche pas la barre oblique ; à gauche en bas le 2 n'a pas de boule terminale et il touche la barre par le haut ; dans le coin inférieur droit, le pied du 1 ne touche pas le 6, le chiffre 2 porte une boule terminale alors que dans l'original il se termine en trait oblique ; dans la rose, le rayon nord se dirige à droite de la verticale du T de POSTAGE au lieu d'être dans son prolongement ; on ne peut guère compter les pétales de la première fleur à gauche en bas (dans l'original 14 pétales). 8 p. G. le mot Postage est mal exécuté, voir l'illustration pour les lettres P et O ; l'S a la tête plus étroite que la boucle inférieure ; le cartouche de ce mot est arrondi à droite et de ce fait le bas du cartouche ne mesure plus, de pointe à pointe que 10 mm. au lieu de 10 1/2. Le faux mesure 18 2/3 $\times$ 24 1/5 ; le cercle central n'a que 11 1/4 mm. de hauteur au lieu de 11 1/2 ; les hachures courbes dans le corps des chiffres sont trop prononcées et visibles à distance ; l'apostrophe est trop éloignée du N parce qu'elle est trop peu épaisse ; le bas du J de JOHN est à moitié incurvé à droite au lieu d'être plat. Dans l'original, les festons du burelage sont très près des bords mais ne le touchent pas ; ici ils en sont généralement trop éloignés. 1 sh. typographié en vermillon : nombreux « manque à l'impression » dans les finesses du dessin ; FALSCH dans le haut ; pas de hachures dans les lettres de POSTAGE ; L. pas de traces de hachures dans les lettres de POSTAGE ; la base de la lettre L de NEW FOUNDLAND est oblique et descend un peu trop bas ; le feuillage de droite, sous la feuille de rose est presqu'entièrement blanc ; les deux grandes branches de l'E de POSTAGE sont d'égale longueur alors que dans l'original le trait supérieur est plus court (faux de Paris). G. l'accent apostrophe est ovale et trop étroit ; pas de hachures dans POSTAGE ; la feuille de rose (à droite en haut touche la

feuille qui est au-dessous et cette dernière se prolonge jusque
près du cercle. Les mesures moyennes des originaux sont 2 p.
20 × 26 ; 4 p. 19 3/4 × 25 1/2 ; 6 p. 19 3/5 × 25 1/3 ; 6 1/2 p.
19 1/2 × 25 1/2 ; 8 p 18 1/2 × 25 1/4 , 1 sh. 19 1/2 × 25.
Elles varient comme déjà dit suivant l'épaisseur des papiers ;
c'est ainsi qu'on a pour le 1 sh. vermillon 19 1/2 × 25 1/2 ;
mêmes mesures sur le vergé horizontalement ; 19 1/4 × 25 pour
l'orange de bonne impression ; 20 × 25 pour le vergé verticalement.

1866-71. N°s 20 à 26. Sujets divers, dentelés 12. *Faux*,
diverses imitations anciennes, lithographiées, qui n'ont rien de
comparable avec la fine gravure des originaux et se reconnaissent facilement à simple vue (excepté le faux c du 5 c. qui est insidieux ; le papier est généralement mince ; la dentelure 13
(exceptions indiquées plus loin). 1 c. dent. 12 1/2 ; 1 mm. de distance entre NEW et FOUNDLAND ; 10 hachures blanches dans
le plaid au lieu de 14 ; l'ovale ne se termine pas en pointe au-
dessus du cartouche supérieur. 2 c. a) dent. 12 1/2, chiffres
et inscriptions sur fond plein, etc. b) dent. 11 1/2 ou non dentelé ; cadre séparatif à 1 mm. ; TWO sur fond autant dire plein ;
3 hachures simples entre queue et corps du poisson au lieu de
3 hachures doubles. 5 c. a) 26 1/4 mm. de large au lieu
de 26 1/2 ; dentelé 14 ; bouche marquée d'un trait blanc au lieu
de noir ; fond des chiffres mal venu on ne voit pas les 4 fines
hachures blanches de chaque côté du chiffre ; la branche verticale des chiffres ne touche pas la boule blanche. b) dent. 13 1/2
avec phoque à queue non partagée en deux ; à droite en haut les
mouettes ou albatros sont exactement l'un au-dessus de l'autre, etc. c) photolithographié insidieux ; 25 4/5 de largeur ;
dent. 14 ; la fine hachure de couleur dans la ligne blanche sous
les deux FIVE est invisible ; la patte gauche porte 2 griffes visibles au lieu de 3 ; les icebergs sous L et A se distinguent
mal, etc. 10 c. papier jaunâtre ; assez bonne imitation mais une
ligne de perles au bas du collet sous la couronne (au lieu de 2).
12 c. a) mauvais faux ancien sur jaunâtre avec cadre séparatif ;
pas de lignes de points sur le nez ; celles de la joue n'aboutissent
pas aux cheveux ; le point après D est à 1/2 mm. de l'ombre de
cette lettre (au lieu de la toucher) ; dans le bas, la boucle pénètre dans le fond ovale et touche les deux premières hachures de
celui-ci. b) mieux venu mais le point après D ne touche pas
l'ombre de la lettre et on ne voit que 3 perles au diadème au lieu
de 5 ; autres défauts à peu près semblables à ceux de a. 13 c.
a) jaune avec cadre séparatif ; les 3 perles au-dessus de UN manquent ; le grand mât touche la courbe en haut ; pavillon rectangulaire et blanc ; les lettres H, I et R de la valeur ne se touchent
pas. b) orange, avec les mêmes défauts, mais avec traces de

cadre séparatif dans les coins et avec nom sur fond autant dire plein. 24 c. non dentelé (ou dent. 13) avec cadre séparatif ; gros trait de couleur à droite du nez au lieu de fines hachures ; lettres L, A et N bien séparées ; hachures horizontales du fond mal venues et trop espacées avec hachures obliques N-O à S-E (au lieu de N-E à S-O) ; pas de hachures verticales entre les lettres de CENTS ; au bas du collier, pas de joyau touchant l'octogone, etc. *Truquage* 5 c. bleu n° 28 chimiquement viré en noir.

1868-79. 3, 5 et 6 c. Dentelés 12 ou percés en lignes. N°s 27 à 34. *Faux :* 3 c. et 6 c. ; lithographiés sur papier mince, dentelés 13 ; dans le fond central, pas de hachures verticales à droite de l'effigie, devant le visage et le cou ; chiffres et étoiles autant dire sur fond plein ; dans le bas du bras, deux hachures puis un gros trait (ce dernier formé à lui seul de trois hachures dans les originaux) ; 5 c. (voir émission précédente).

1880-87. Sujets divers. N°s 35 à 42. *Réimpressions ;* (1896) ; dentelées 12 comme les originaux ; gomme jaune ; 1 c. n° 35 en brun foncé au lieu de gris, brun ou brun lilacé ; 2 c. n° 36 en vert foncé au lieu de vert ou vert-jaune ; 3 c. n° 37 bleu foncé (originaux même nuance mais légèrement différente ou bleu pâle) ; 1/2 c. n° 39 vermillon au lieu de rose-rougeâtre ; 3 c. n° 42 brun-noir au lieu de brun.

1897. Surchargés ONE CENT. N° 62. *Fausses surcharges.* Comparaison nécessaire.

TIMOR

1885. Surchargés TIMOR. N°s 1 à 12. *Faux :* voir Macao pour les timbres entièrement falsifiés de cette dernière colonie. *Surcharges originales* 11 1/2 mm. de longueur. *Réimpressions* des surcharges : sur timbres de Macao à papier blanc, crayeux, épais ; généralement sans gomme (n°s 1 à 10) en noir pour les n°s 2 à 10, en rouge pour le n° 1. Dentelés 13 1/2. Les Macao originaux ont une dentelure 12 1/2 et 13. La surcharge réimprimée mesure 12 mm. *Fausses surcharges* sur originaux : comparaison (n°s 2, 4, 11 et 12). Sur timbres faux, toute la série a été faussement surchargée à Genève, TIMOR 11 3/4 mm. de long, n°s 1 à 10, ainsi que sur originaux et faux 10 r. vert de Mozambique et des Indes pour en faire les n°s 11 et 12. La fausse oblitération sur ces faux est semblable à celle de Macao et porte : CORREIO 12 NOV 85 DILLY en noir ou en bleu.

TOBAGO

1886. Surchargés $\frac{1}{2}$ penny et 2 $\frac{1}{2}$ p. N°s 25 à 30. *Fausses surcharges* sur n°s 25 à 30, excepté n° 27 (1/2 sur 6 p.

bistre). Comparaison nécessaire ; comparer avec le n° 27.

Première émission. N⁰ˢ 5 et 6 et Fiscaux-Postaux.
Truquages par enlèvement de l'annulation fiscale, parfois remplacée par une oblitération fausse.

TOGO

1897. Timbres allemands surchargés TOGO. N⁰ˢ 1 à 6. *Fausses surcharges*, que le passage au gabarit permet généralement de contrôler ; pour les plus insidieuses, comparaison indispensable. Pour les usés, la surcharge « sur » une oblitération allemande quelconque permet souvent de déceler l'aimable plaisanterie. *Faux :* vérifier d'abord s'il ne s'agit pas des timbres allemands de 1889 falsifiés (voir Allemagne) ; ces derniers ont été faussement surchargés à Genève et munis de l'oblitération fausse, un cercle, en noir : KLEIN-POPO 5-11-98 et une étoile dans le bas.

1914-15. Surchargés divers. N⁰ˢ 23 à 71. *Fausses surcharges* de diverses provenances ; comparaison détaillée d'autant plus indispensable qu'il existe de bonnes imitations pour les variétés rares.

TRANSVAAL

1870-75. Grand format. N⁰ˢ 1 à 24.

1883. Mêmes types. Dentelés 12. N⁰ˢ 70 à 73. La spécialisation est indispensable, tant à cause des tirages, nuances papiers et impressions que parce que toutes les valeurs ont été retirées par le graveur lui-même pour être vendues aux collectionneurs (soi-disant réimpressions) ; qu'il y a des réimpressions du 3 p. très difficiles à reconnaître et des faux modernes bien venus de toutes les valeurs. Les mensurations ne donnent guère d'indications utiles vu le nombre de tirages et de papiers ; les nuances, par contre, aideront puissamment le spécialiste qui peut juger par comparaison, alors qu'une description écrite peut être la cause d'erreurs. Les illustrations renseignées plus loin rendront service mais à condition de ne prendre que des exemplaires de bonne impression (allemande ou locale) car dans les impressions lourdes ou empâtées il ne reste que la nuance et le papier pour reconnaître sûrement les originaux. *Originaux :* typographiés ; 1 p., 6 p. et 1 sh. avec aigle à ailes déployées. 1 p. 21 3/4 × 25 mm. ; 6 p. 21 × 24 2/3 ; 1-sh. 21 × 24 1/2 ; avec des différences de mesures provenant des tirages (papiers) et des impressions (bonnes ou empâtées) ; l'aigle ne touche pas les drapeaux ; la hampe du premier drapeau à droite ne montre que rarement des traces blanches ; les pattes de l'ancre ne montrent qu'un seul crochet (vers l'intérieur) ; l'organeau de l'ancrè est fermé ; 14 hachures à gauche en haut de l'ovale ; 25 hachures dans le bas de l'ovale, y compris la courte hachure au-dessus du R de EENDRAGT (touche parfois l'ovale) et un faible point à droite en haut. *Faux anciens et modernes* : a) Mauvaise série ancienne lithographiée, y compris un 3 p. à ailes déployées ; 15 hachures en haut à gauche de l'ovale, 27 hachures et 1 point dans le demi-ovale du bas ; inscription sous l'ovale EENDRACT MAAKT MACT. Les lettres de EENDRACT sont bien éloignées du haut et du bas de la banderole, même dans le 1 p. où cette inscription touche le plus souvent dans la valeur originale. Papier jaunâtre, mauvais perçage ou dentelure 13 ; parfois traits séparatifs. Le guerrier semble tenir un verre de bière à la main ; le timon de la voiture est à 1 mm. environ de l'ovale au lieu de 1/5 mm. environ ; etc... b) 6 pence en gris-bleu sur papier épais, non dentelé ; pas de point derrière le Z ; le cartouche du haut a près de 3 mm. de hauteur environ au lieu de 2 1/2 ; le P de POSTZEGEL est à 1/4 de mm. au lieu de 1/2, cette imitation ayant été copiée du 1 p. : l'horizontale qui partage l'ovale n'est pas interrompue sous l'ancre. c) Série copiée des soi-disant réimpressions (y compris le 1 p. noir) ; voir l'illustration pour l'ancre, le premier drapeau à gauche et les deux premiers drapeaux à droite et la soi-disant réimpression pour les hachures du coin supérieur droit et les hachures à droite du pied du guerrier, etc... d) 6 p. en outremer foncé sur papier épais non dentelé ou percé : mauvaise impression ; pas de point après Z ni AFR ; les lettres de EENDRAGT touchent la banderole en haut et en bas ; le timon touche l'ovale ; au-dessus de la lettre I de REPUBLIEK la boule est de moitié trop petite et l'ornement qui est dessous est formé de deux pointes minces. f) 1 sh. le premier E et le D de EENDRAGT touchent la banderole ; la queue du lion est autant dire séparée du corps et la tête de cet animal est informe ; la roue avant du camion est brisée. g) 1 p. facile à reconnaître, les chiffres 1 étant entourés d'un rectangle mince et blanc ; toutes les lettres sont trop minces ; presque toutes les hachures touchent l'ovale et sont trop grosses ; l'inscription de la banderole est illisible ; etc... h) 1 sh. sur papier très épais (100 mcs) non dentelé ou dentelé avec EENDRACT ; papier jaunâtre ; l'S de POSTZEGEL, bien fermé forme un 8 presque parfait. *Soi-disant réimpressions :* encadrement identique, mais dessin intérieur regravé par le graveur des originaux ce qui fait que les différences sont peu sensibles, voir cependant quelques signes distinctifs dans l'illustration. Le spécialiste remarquera que le papier des divers tirages de ces faux est soit moins épais et plus transparent ou plus épais et moins transparent que celui des originaux ; les nuances sont arbitraires mais parfois proches des tons originaux et demandent à être comparées. Alors que les faux anciens sont munis d'une oblitération barres et les faux plus récents d'un quadruple cercle sans chiffres en noir ou en bleu, les soi-disant réimpressions, très répandues,

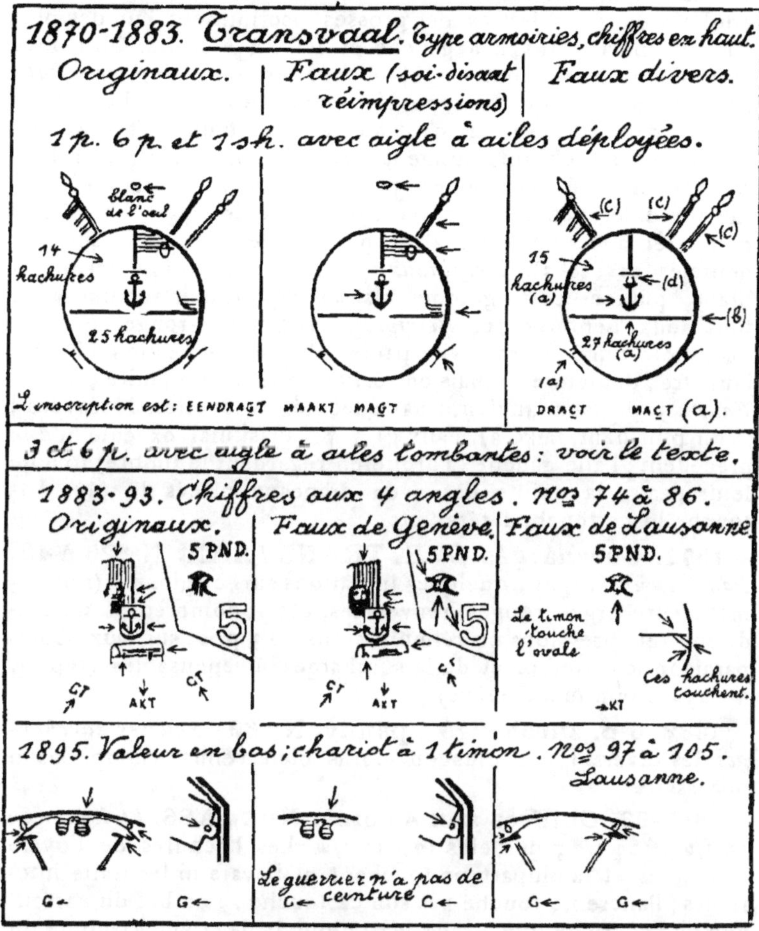

portent le plus souvent un triple cercle de 19 1/2 mm. de diamètre extérieur ; cercles très minces, concentriques à 2 mm. avec chiffre central (2, 6, 11, 12, 16, 19, 31, etc.) de 5 mm. de hauteur.

3 et 6 pence avec aigle à ailes tombantes. Originaux : 3 p. 21 1/3 $\times$ 24 1/2 environ ; violet terne (du lilas bleu au foncé) ;

papier mince et satiné pour le percé en lignes ; un peu plus épais pour le non dentelé. Pas de tête-bêche. *Réimpressions* du 3 p. 21 1/6 de largeur environ ; non dentelés ou percés 15, 15 1/2. Tête-bêche. Les nuances sont lilas-rose terne et lilas-rose plus vif. La plupart des timbres de la feuille montrent des taches de couleur dans les lettres des grosses inscriptions ; l'un des plus curieux porte DRQE à gauche et DROE à droite. On trouve aussi des réimpressions en bleu, rose terne, etc. *6 p. original* : en bleu avec aigle du type II comme le 3 p. L'œil de l'aigle comme dans cette valeur, c'est-à-dire formé d'un trait oblique ; un autre trait oblique longe la ligne du cou en arrière du bec. *Réimpression* : 6 p. outremer, percée 15, 15 1/2 ; aussi en brun. Légère différence dans les traits de la tête de l'aigle mais il faut comparer avec un original. 3 p rouge et 3 p. noir sur rose dentelés 12 (1883). *Originaux* : 3 p. orange-rouge terne sur blanc, papier épais, gomme blanche ; 3 p. noir sur lilas-rose tous deux dentelés 12. *Réimpressions* : orange-rouge foncé et brun-noir foncé sur rose vif ; papier plus mince ; gomme blanc-jaunâtre ; dentelure 12 mais en réalité un rien trop petite (11 4/5). *Faux* : 3 p. faux ancien, mal exécuté, avec ailes déployées ! (Voir plus haut, faux a). Faux g) 3 p. aussi mal exécuté que le précédent ; l'aile gauche (à droite en regardant le timbre) touche le drapeau ; la pointe des deux drapeaux placés le plus bas touche le cartouche latéral, etc.

1877. Surchargés V. R. TRANSVAAL. Nᵒˢ 25 à 42.
Fausses surcharges : quelques imitations sur originaux (notamment surcharges rouges, renversées, etc.) ; nombreuses sur soi-disant réimpressions ou réimpressions du 3 p. et sur faux. Comparaison du timbre et de la surcharge indispensables (type I, nᵒˢ 25 à 29 imité à Genève).

1882. 6 p. surchargé 1 penny. Nᵒˢ 69 *Fausses surcharges* des divers types plus ou moins bien venus. Comparaison nécessaire.

1885-93. Chiffres aux 4 coins. Nᵒˢ 74 à 86. *Originaux :* 18 1/2 × 22 1/2 ; dentelés 12 ; 13 1/2. Les hachures de l'ovale sont fines et la plupart ne touchent ni l'ovale ni les traits intérieurs ; l'ancre ne touche pas son cartouche ; l'ombre du cartouche de l'ancre ne touche pas le camion ; la deuxième hachure du quartier supérieur gauche de l'ovale s'infléchit après une interruption et contourne le bas de la tête du lion ; les pattes de l'ancre sont fourchues ; le timon ne touche pas l'ovale.

Faux de Genève : 18 1/3 à 1/2 × 22 1/2 à 23 suivant valeurs ; dentelés 12 1/2 × 13 1/2 etc. ; papier mince légèrement transparent ; les valeurs jusqu'au 10 sh. proviennent d'un premier cliché ; il suffit d'examiner à la loupe les signes distinctifs de l'illustration (originaux et faux) pour reconnaître facilement ces imitations : toutes les hachures sont trop grosses et la plupart touchent l'ovale ou les traits intérieurs : l'organeau de l'ancre touche fréquemment le trait au-dessus ; les pattes de l'ancre ne sont pas fourchues et celle de gauche touche généralement le trait vertical ; le timon touche l'ovale ; les hachures du camion sont trop courtes et se réunissent par leur extrémité droite (ces hachures sont un peu meilleures dans les 2 1/2 p. et dans le 10 sh.); les G de l'inscription de la banderole ont la forme de lettres C ; etc. En dehors de ces défauts génériques inhérents à tous les timbres des petites feuilles on trouve encore des défauts secondaires dans les chiffres et dans les inscriptions, par exemple : 2 1/2 p. avec chiffre 2 de la fraction touchant la barre oblique ; 3 p. avec barre inférieure de l'E final de PENCE trop longue ; 4 pence avec chiffre 4 sans traits terminaux en bas; 6 p. avec E final de PENCE à barres horizontales visiblement trop minces ; 2 sh. 6 avec chiffre 2 de droite en bas trop peu épais ; 5 sh. avec chiffres non conformes et barre médiane du second E de REPUBLIEK non parallèle ; 10 sh. avec hachures trop éloignées à droite du fusil et chiffre O à base presque horizontale ; etc. Le 10 pound provient d'un second cliché mieux venu ; dimensions admissibles 18 1/2 × 22 1/2 ; exécution en blocs de 16 ; les lettres G et T de EENDRAGHT sont fréquemment reliées en haut ; le cadre montre de nombreuses bavures (loupe) au lieu d'avoir les traits nets ; le timon touche l'ovale ; toutes les hachures obliques touchent le côté droit de l'ovale ; les hachures du camion sont plus ressemblantes que celles des faux précédents ; les pattes de l'ancre aussi, mais le haut touche quelquefois ; voir l'illustration pour les chiffres 5 et la tête de l'oiseau ; nuance olive noir sur gris-jaunâtre (au lieu de vert foncé, sur blanc) ; papier mince, laineux, très transparent ; 12 1/2 × 13 1/2. Fausses oblitérations des cachets renseignés plus loin appliqués partiellement.

Faux de Lausanne (maison Pasche) ; 5 PND mais il est probable que les autres valeurs suivront; l'exécution, également faite en blocs est bien meilleure que celle des faux de Genève et l'imitation de ce timbre, moins commun qu'on ne le croit, est insidieuse. Mensurations admissibles ; nuance vert très foncé (d'un ton plutôt vert-bleu, alors que l'original paraît plus vert-jaune foncé, lorsqu'on procède par comparaison); voir l'illustration pour la tête de l'aigle ; la jambe droite du guerrier est séparée du corps ; les pattes de l'ancre sont à peu près comme dans la série de Genève ; entre l'ovale et le sol (sous le chariot) il y a 8 hachures dont quelques-unes touchent le sol ou l'ovale mais la courte hachure (ou point) placée à droite des huit autres manque. Dentelure 12 peu nette.

1885-93. Surchargés divers. N°s 87 à 96. *Fausses surcharges* diverses sur originaux, réimpressions ou faux ; comparaison indispensable. Les surcharges HALVE PENNY ; TWEE PENCE Z. A. R. ; 2 1/2 PENCE (type I) ont été imitées à Genève.

1895. Valeur en bas. N° 97 à 105. *Originaux* : 18 2/5 à 3/5 $\times$ 22 1/2 à 3/4 suivant valeur et impression ; dentelés 12 1/2 ; il y a une hachure à droite du bec de l'aigle ; les G de EENDRAGT et de MAGT sont bien formés. *Faux de Genève :* impression en petites feuilles ; 18 $\times$ 22 à 22 1/3 ; dentelure admissible ; pas de hachure à droite du bec de l'aigle ; les G sont mal formés (sans barre horizontale, voir illustration) ; le guerrier n'a pas de ceinture ; entre les roues du chariot on ne voit pas les 4 hachures verticales qu'on trouve dans les originaux mais par contre on trouve un petit rectangle avec un point ou une croix, semblable à l'insigne de la croix rouge de..... Geneve ! ; les hachures ne touchent pas la lance du premier drapeau (sous F), ni l'aile. *Fausses oblitérations* de Genève : à date, double cercle 23 1/2 mm. PRETORIA 6-AUG A 97 Z. A R.; idem, 24 mm. PRETORIA 22 SEP. AO2 et 1 étoile de chaque côté ; à date, 1 cercle, 22 mm. MAFEKING FE 11 00. *Faux de Lausanne* (maison Passche) ; je n'ai vu que les 5 et 10 sh. mais il est probable que le reste suivra ; 18 1/4 à 1/3 $\times$ 22 1/2 à 2/3 ; dentelure 12 3/4 environ ; impression en blocs ; les hachures de l'ovale sont trop éloignées de celui-ci (1/8 mm. environ) ce qui fait qu'à distance on remarque un espace blanc qu'on ne voit pas dans les originaux ; les lances et les hampes des premiers drapeaux (sous F et L) sont trop éloignées des ailes (voir illustration) ; les traits des G sont trop courts ; sous l'M de MAGT il y a 4 hachures dont une seule touche en haut ; les hachures horizontales sont trop éloignées des hampes et des ailes (au-dessus de l'ovale).

1900. Surchargés V. R. I. N°s 124 à 135. Fausses surcharges droites et renversées sur diverses valeurs originales et sur faux : comparaison nécessaire. La surcharge a été imitée à Genève en 2 types.

1901. Noir sur couleur. N°s 142 à 147. Les timbres sans signature sont des restes de stock, non émis, sans grande valeur.

1902. Effigie d'Edouard VII. N° 163. Le 5 livres orange et violet a été falsifié par enlèvement chimique de l'impression d'une basse valeur à nuances pâles, avec réimpression d'un faux cliché. Il n'y a donc que l'impression qui soit fausse ; rouge-orange au lieu d'orange et violet trop vif ; on ne voit autant dire pas les joyaux de la couronne ; le front de l'effigie est trop dépourvu de points d'ombre ; les fleurons latéraux ne sont pas conformes : comparez avec une basse valeur originale.

Timbres de service. Surchargés C. S. A. R. *Fausses surcharges*, notamment à Genève : comparaison nécessaire.

Télégraphes. *Fausses surcharges :* comparaison utile ; les deux types (a et b d'Yvert) ont été appliqués à Genève sur des originaux et sur des faux.

TRENGGANU

1917. Croix rouge. Erreurs RED CSOSS. *Fausses* surcharges, comparaison nécessaire.

Truquages par enlèvement d'oblitérations fiscales sur les valeurs en dollars (notamment sur 25 à 100 dollars de 1921-26) et remplacement par des oblitérations fausses.

TRINITÉ

1847. Nᵒ 1. *Original*, non officiel ; émis par le propriétaire du Lady Mc Leod, steamer qui faisait le service entre San Fernando et Puerto de Espana (Trinité) ; 18 1/2 × 23 mm.

1851-72. Sans valeur. Nᵒˢ 1 à 5. (aussi 1 p. des émissions suivantes) gravés ; 18 1/2 à 1/3 × 21 1/2 le bouclier porte une quinzaine de hachures verticales et, dans sa partie gauche, vers le milieu, on trouve deux doubles traits horizontaux et 2 traits obliques (qu'on trouve aussi à droite dans les très bonnes impressions) qui figurent l'Union Jack. La boule qui surmonte le bonnet est hachurée, le fer de lance porte 3 hachures verticales à droite ; on voit quatre doigts aux deux mains de Britannia ; le pied de celle-ci est visible, ainsi que les doigts de pied et ceux-ci touchent la deuxième hachure au-dessus du cartouche inférieur ; le navire, qui porte 9 voiles et un foc est vu de trois-quarts ; le burelage est fin et régulier. Un instant de comparaison avec le 1 p. de 1872 (très commun oblitéré) permettra de reconnaître facilement toutes les imitations. *Faux anciens ;* séries anciennes lithographiées ; a) mauvaise série qui porte bien une quinzaine de hachures, mais placées trop à droite ce qui fait que le bouclier est blanc sur environ 1/3 de sa largeur à gauche et il n'y a pas de traces d'Union Jack : les voiles, peu discernables, ne portent que quelques hachures ; la coque du navire se voit de face ; le pied est autant dire invisible ; boule blanche sur le bonnet ; etc ; b) 6 voiles visibles ; boule blanche au bonnet ; mauvaise apparence générale ; etc ; c) série de bien meilleure apparence, mais la boule du bonnet porte 2 ou 3 demi traits horizontaux à droite ; fer de lance sans hachures ; 8 voiles, pas de foc ; pas d'étoile sur le bonnet ; traces obliques de l'Union

Jack (mais pas de traits horizontaux) sur le bouclier ; 14 1/4 $\times$ 22. Une imitation fausse de Gênes, sans valeur indiquée n'a que 18 mm. de largeur. L'oblitération fausse de Genève appliquée sur cette falsification est ronde à date, 1 cercle de 24 mm. de diamètre ; TRINIDAD MY 27 1851 avec demi cercle sous le millésime.

1852. Lithographiés. N°s 6 et 7. Bleu. Les caractéristiques renseignées pour les timbres sans valeur indiquée peuvent servir ici mais en tenant compte de l'impression lithographique.

1852. Lithographiés d'impression défectueuse. N°s 7^b à 9. *Originaux :* Très mauvais reports lithographiques dont une description serait trop longue et prêterait d'ailleurs à confusion ; il faut comparer les trois valeurs avec des originaux certains ou faire expertiser suivant le cas.

1859-72. Avec valeur indiquée. N°s 10 à 33. (Hormis les 1 p.). *Originaux ;* gravés, mêmes caractérisques que les timbres sans valeur indiquée (1851) ; 18 1/2 à 2/3 $\times$ 22. *Faux ;* séries lithographiées ; a) 11 1/2 au lieu de 12 1/2 festons visibles dans le haut du timbre ; ceux du milieu sont plus visibles que dans les originaux, le mot TRINIDAD étant placé trop bas ; 6 voiles et autres caractéristiques comme dans la série b des timbres sans valeur indiquée ; b) mêmes caractérisques que la série c des timbres sans valeur indiquée ; le 1 sh. se trouve en outremer foncé et en bleu-foncé terne ; d'autres imitations ne valent pas une description.

1879. Surcharge manuscrite 1 d. en noir. *L'expertise* de cette surcharge est indispensable.

1896 à 1914. Valeurs en sh. et en livres. Il y a des annulations fiscales et par conséquent des truquages pour les faire disparaître.

1914, Croix-rouge. N° 87^a. *Faux :* comparaison nécessaire.

1917-18. War-Tax. Surcharges renversées. *Fausses surcharges.* Comparaison indispensable.

Timbres de Service. Les surcharges OS et OFFICIAL (1910) ont été imitées et exigent la comparaison.

TRIPOLI

La surcharge TRIPOLI DI BARBERIA a été bien imitée. Comparaison nécessaire spécialement pour les 1 et 5 lires et pour les Timbres-Exprès. Cette surcharge a été imitée à Genève et apposée sur originaux neufs et usés.

TUNISIE

1888. Fond uni. N°s 1 à 8. L'auteur anglais Bacon cite des *réimpressions* de cette série faites en 1893, qui ont la même dentelure que les originaux et la même gomme grisc (comme dans le premier tirage original) et dont les 5, 15, 25 et 75 c. ne peuvent guère se différencier des originaux, même par les nuances. Le 1 c. est noir sur bleu vif (au lieu de gris-bleu); le 2 c. lilas-brun foncé sur jaune (au lieu de rouge brun sur gris américain); le 40 c. rouge vif sur jaune très pâle (au lieu de rouge pâle sur gris américain) et le 5 frcs mauve sur lilas (au lieu de lilas sur lilas pâle grisâtre). Les catalogues français sont muets sur ce sujet.

Une seconde réimpression aurait le papier plus épais avec gomme blanche. Les 1, 2 et 5 c. seulement ont le papier coloré de lignes horizontales; le 1 c. est noir sur gris; le 2 c. rouge-brun sur jaune; le 5 c. vert sur vert pâle (au lieu de vert sur vert); le 15 c. bleu sur blanc bleuté (au lieu de blanc sur grisâtre); le 25 c. noir sur rose pâle (au lieu de rose); le 40 c. rouge sur rouge pâle; le 75 c. carmin-rose sur rose pâle très près de l'original et le 5 frcs mauve sur lilas très pâle.

Timbres-taxe. 1888 à 1901. T perforé (n°s 1 à 25). *Originaux:* perforation commune. I : 16 mm. de large sur 19 1/2 de haut; II perforation rare; cinq trous au lieu de 6 en hauteur; III Gafsa, petit T (9 1/4 × 11 3/4^{mm}) *Fausses perforations.* Très nombreuses (type 1); mesurage et comparaison nécessaires. La *fausse perforation* de Genève (droite ou renversée) mesure 16 1/10 de mm. de large sur 19 1/2 de haut. Ces faux ont l'oblitération à date alors que les originaux sont en majorité annulés à la plume. Les oblitérations fausses de Genève sont rondes à date, double cercle 24 mm. cercle interieur à traits interrompus : en haut TUNIS ; en bas REGENCE DE TUNIS et au milieu 7^F | 9 AOUT 91 ou 1^E | 20 JUIN 94.

ILES TURK

1867 à 1880. Effigie dans un ovale. N°s 1 à 16. *Originaux ;* gravés en taille-douce ; burelage très fin dont une bande verticale de 2 mm. de largeur passe juste devant le nez ; cette bande contient des lignes horizontales de petits losanges (5 et 6 alternativement) ; à droite de cette bande on trouve deux bandes verticales d'environ 1 mm. de largeur formées de petits losanges en quinconce, bandes séparées par une bande blanche verticale de 1/4 de mm. de largeur qui coupe le nez par le milieu. Les hachures obliques de la tranche du cou ne sont pas limitées dans le haut. Tout autour de l'ovale, le burelage est formé de losanges de petites dimensions formant un dessin régulier. *Faux*. Anciennes imitations lithographiées, toutes sans filigrane, dont il suffit d'examiner le burelage pour être fixé. a) série dont la bande devant le nez contient cinq rangées de traits verticaux ; tout le reste du burelage est formé de points (sablé) formant un dessin informe. Le premier ornement de la couronne touche le trait ovale (sous le cartouche supérieur) ; le deuxième ornement n'a que 3 feuilles au lieu de 5, etc. b) burelage à peine meilleur que le précédent ; les deux dernières croix de la couronne sont indiscernables ; pas d'oreille ; hachures obliques de la tranche du cou limitées par une forte ligne dans le haut (comme dans la série a). c) même défaut, mais avec trait plus faible ; le burelage est formé d'un sablé en haut et en bas ; de lignes croisées le long des cadres latéraux ; la bande devant le nez porte des lignes irrégulières formées de sortes de virgules ; pas de ligne blanche coupant le nez ; bouche ouverte ; cette série comprend aussi le 1 sh. Dentelure 11 1/2.

1881. Surcharges 2 1/2 et 4. Nᵒˢ 6 à 16. Très nombreuses *surcharges fausses*, notamment des nᵒˢ 10 à 16 : comparaison détaillée indispensable car il y a des imitations très insidieuses (Genève : types I et VII d'Yvert).

1917. War-tax. Nᵒˢ 69 à 72. *Fausses surcharges* War TAX notamment doubles et renversées. Comparaison indispensable.

URUGUAY

I. Emissions privées de M. Lapido
(ayant reçu l'agrément du Gouvernement).

1856-57. Diligencia. Nᵒˢ 1 à 3. *Originaux :* 19 × 22 1/4 ; 104 rayons ; la tête est légèrement penchée ; planches lithographiées de 35 types (différences de report) 5 × 7 ; le cadre intérieur blanc est interrompu dans le coin supérieur droit ; la 7ᵉ ligne blanche verticale de la grecque de gauche est interrompue ; voir en outre divers détails dans l'illustration. Un timbre du 60 cent. est d'un type très différent ; pas de grecques, celles-ci étant remplacées par treize doubles traits verticaux à gauche et 15 à droite ; le mot DILIGENCIA est aussi long que le cadre intérieur en haut ; nombre de rayons moindre et ils sont en général plus éloignés du cercle ; tête différente. Ce timbre a été longtemps considéré comme un essai de type nouveau et l'est peut-être, la trouvaille d'exemplaires oblitérés sur lettre ne prouvant rien. *Faux :* une caractérisque de toutes les imitations est que le cadre intérieur est complet et non interrompu dans le coin supérieur droit. 60 centavos. a) la grecque de gauche à 18 traits verticaux ; 80 rayons ; E de DILIGENCIA aussi large que les autres lettres. b) grecque de gauche a 22 traits verti-

caux ; 99 rayons ; E. large. c) grecque de gauche 21 traits verticaux ; 98 ou 99 rayons ; un seul de ceux-ci touche le cercle (à
droite). 80 centavos. d) 18 3/4 ✕ 21 1/2 ; tête droite ; les grecques
n'ont que 17 traits verticaux ; 110 rayons bien espacés ; lettres de
DILIGENCIA trop épaisses ; E. de ce mot aussi large que les
autres lettres, etc. e) faux de Genève ; 19 ✕ 21 4/5 ; assez bien

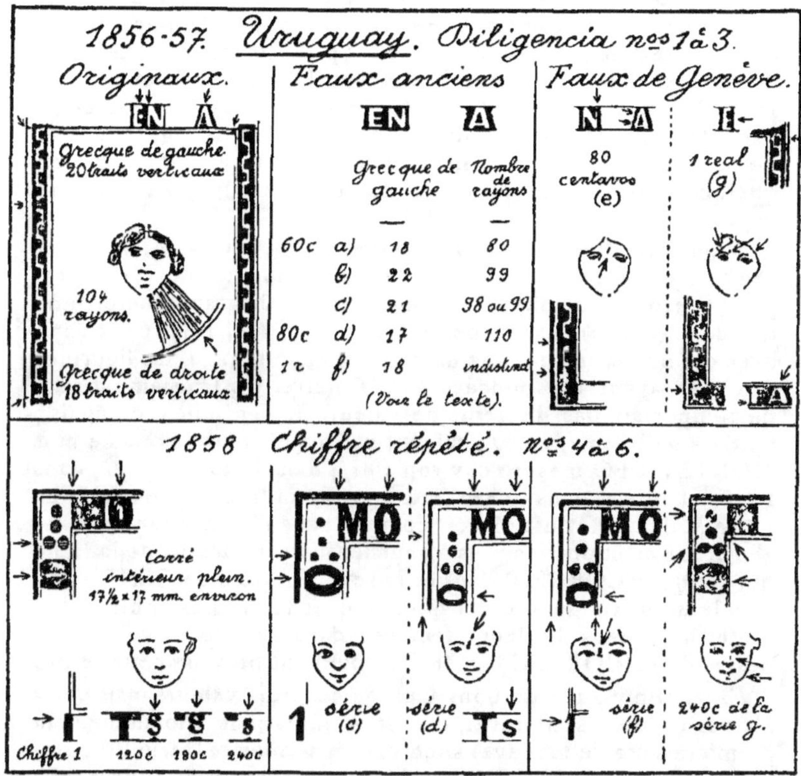

exécuté en blocs ; la principale caractéristique est un trait oblique au milieu du front ; voir l'illustration pour les autres signes
distinctifs principaux ; ces faux ne portent les défauts de report
d'aucun type de la planche mais paraissent copiés du type VII.
1 real. f) grecque de gauche à 18 traits verticaux ; les lettres A
ont les deux branches de la même épaisseur ; etc. g) faux de
Genève ; 18 1/2 ✕ 22 mm. ; exécuté en blocs dont les timbres
paraissent être reproduits du type XVII ; voir divers défauts dans
l'illustration ; tous les timbres du bloc portent l'erreur RFAL.
La fausse oblitération sur les 80 c. et 1 real faux de Genève est

formé de deux ovales (31 $\times$ 15 mm) entrecroisés portan^t en haut ADM. DE CORREOS au milieu DOLORES (souligné) et en bas REP. OR DELURUG.

N.-B. On trouve des *essais* avec DILIGENCIA de la longueur du cadre intérieur en haut) avec 7 ovales hachurés à la place des grecques (1857 ; 180 CENTESIMOS vert et 240 c. rouge).

1858. Chiffre de la valeur répété. N°s 4 à 6. En attendant la deuxième émission, le port était payé en numéraire et deux cachets étaient appliqués sur les plis. Le premier, en forme de double ovale, remplaçait le timbre ; il portait en haut ADM^{on} DE CORREOS, au milieu la date, le mois et 1857 ou 1858 et en bas MONTEVIDEO entre deux étoiles ; couleur rouge ou verte. Le second comprenait le mot FRANCO encadré et servait en quelque sorte d'oblitération et indiquait que le port avait été payé.

Originaux : feuilles de 78 timbres (6 $\times$ 13) pour les 120 et 180 c. avec tête-bêche au n° 8 ; feuille de 204 timbres (12 $\times$ 17) pour le 240 c. avec dans le premier tirage lithographique erreurs du 180 c. (rouge) aux numéros 41, 47, 101, 107, 161, 167 èt 203 ; avec ces numéros en blanc dans le deuxième tirage, les figurines erronées ayant été poncées sur la pierre. Un troisième tirage ne comportait pas d'erreurs de valeur. Papier mince ou épais ; 23 3/4 à 24 $\times$ 22 1/5 à 1/4 suivant valeurs et impression. Le mot MONTEVIDEO mesure environ 18 1/4 dans le 120 c. 17 4/5 dans le 180 et 17 1/2 dans le 240 (mesurer au milieu des lettres). La lettre M de ce mot est placée comme dans l'illustration pour les 180 et 240 c. et un rien plus à gauche (juste au-dessus de la ligne qui souligne CORREO) dans le 120 c. La lettre S de CENT^s touche le trait au dessus dans les 120 et 180 c. Les boules sont toutes hachurées horizontalement ; dans le 240 c. celles au-dessus du C (CORREO) de droite, touchent presque cette lettre.

Faux. Il n'y a pas de bons faux de ces trois valeurs mais comme ces timbres sont rares, certaines imitations (notamment la première série de Genève) sont très répandues. *a)* série lithographiée avec lettre M de Montevideo commençant a 1/4 de mm. à droite du trait soulignant CORREO et sans aucune trace blanche dans les cheveux ; cette série à lettres maigres et tirée assez finement peut être une série d'essais des imitations de la série d. *b)* 240 c. typographié en rouge-brun sur papier pelure grisâtre ; les hachures des boules sont verticales ; etc. *c)* série lithographiée dont le 180 c. est le plus répandu ; les boules sont pleines, le menton est pointu ; dimensions admissibles ; M de MONTEVI-DEO dévié à gauche ; boules trop petites et mal disposées ; le blanc des lettres O et des chiffres zéro trop grand ; chiffres 1 avec trait terminal oblique ; la lettre S de CENTS est étroite et ne touche pas le trait en haut (180 c.) etc. Voir illustration. *d* série d'impression plus fine que la série originale ; lettres maigres ; tache entre les yeux ; boules à 3 hachures ; cadre séparatif ; pas de point sous la lettres S de CENTS ; etc. Oblitérations fausses : double ovale ADM^ON DE CORREOS .... 60 REP-O-DEL URUG ; oblit. ronde avec (77) dans le bas et oblit. sur une ligne *annul....* *e)* imitations assez semblables aux faux de la série f, avec lettres des inscriptions semblables mais avec lettre M placée à peu près comme dans l'original ; lettre S de CENTS semblable à celle de la série *d* et cadre séparatif à 3/4 de mm. *f)* première série fausse de Genève qui paraît avoir été copiée de la série précédente ! On a fait d'abord le 120 c. dont on a pris des reports pour exécuter les deux autres valeurs, en modifiant simplement les chiffres ; ces derniers, mal placés, ne touchent généralement pas le trait au-dessus et chevauchent le cadre intérieur en bas. Le cadre intérieur est doublé sous le mot CORREOS de gauche ; tache entre les yeux ; lettres trop peu épaisses ; cadre séparatif, etc. Malgré ses défauts, cette série est très répandue. L'oblitération fausse est un double ovale avec en haut ADM^ON DE CORREOS, au milieu ARREGONDO souligné et en bas REP-O-DEL BRUG. *g)* Seconde série de Genève ; cette série provient de deux clichés dont le premier a servi pour les 120 et 180 c., cliché beaucoup trop petit dont la reproduction en blocs a fourni des timbres de 22 1/2 $\times$ 20 3/4 à 21 mm., ce qui suffit pour les reconnaître à vue. On remarque en outre que les rayons longs restent éloignés de 1 mm. et plus du cercle intérieur : ce cercle, mal venu, est interrompu en beaucoup d'endroits du côté gauche ; gros point de couleur au-dessus de l'œil gauche, le nez porte un trait se dirigeant vers cet œil, etc. Le second cliché a fourni le faux le meilleur de cette émission ; 23 3/4 $\times$ 22 mm. environ ; les rayons longs sont encore trop courts ; on trouvera les défauts saillants dans l'illustration. La fausse oblitération de cette série (appliquée aussi sur les faux de Genève des deux émissions suivantes) est un double ovale de 29 $\times$ 18 1/2 de longeur d'axes portant en haut ADMIN^ON DE CORREOS, au milieu NOV^BRE 15 1862 et en bas MONTEVIDEO entre deux étoiles.

II. Emissions gouvernementales

1859. Chiffres maigres. N°s 7 à 12, et

1860. Chiffres gras. N°s 13 à 17. *Originaux :* lithographiés en feuilles de 204 timbres ; 22 3/4 à 23 $\times$ 21 à 21 1/2 mm. suivant valeurs et tirages ; le rectangle intérieur plein mesure 17 $\times$ 15 mm. environ ; le mot MONTEVIDEO a 12 1/4 de longueur environ ; toutes les lettres ont 1 1/2 mm. de hauteur ; 97 rayons ; l'S final de CENTESIMOS est penché à gauche et ne touche pas le prolongement du rectangle intérieur plein ; le second E de ce mot porte un accent qui ne touche pas la lettre dans la série maigre ; dans certaines valeurs le mot CORREO de gauche est souvent écrit COBREO et même parfois COR**HEO** (défauts de report) ; le cercle central n'est pas au milieu du rectangle mais dévié vers la gauche et légèrement vers le bas ; les rayons sont alternativement droits et ondulés et, dans les bonnes impressions, les lignes ondulées sont le plus souvent interrompues. *Faux :* très nombreuses séries dont la plupart se reconnaissent facilement aux gros défauts suivants : 1° pas d'accent sur le second E de CENTESIMOS (séries b, c, d, e, f, g) ; 2° le prolongement du côté droit du rectangle plein touche ou coupe la lettre S finale du même mot (a, b, c, d, e) ; 3° le mot CORREO de droite a la même largeur que celui de gauche (a, c, e, f) ; 4° le cercle central est bien au milieu du rectangle (a, b, c, d, e) ou légèrement déviée à droite (f) ; 5° mensuration et nuances arbitraires.(Voir l'illustration des originaux pour la vérification de quelques défauts génériques). Voici d'autres défauts qui permettent mieux encore d'identifier les séries fausses : a) papier très mince, aucun rayon n'est interrompu ; b) tous les rayons sont d'égale longueur et la tête n'est pas au milieu du cercle ; c) série d'assez bon aspect et qui est la plus répandue ; 20 1/2 à 21 mm. de hauteur ; rectangle plein : 16 1/4 $\times$ 14 à 14 1/2 mm. environ ; cette série a reçu à Genève le faux cachet ARREGONDO précédemment décrit ; d) pas de rayons ondulés (tous les rayons sont droits) ; la tête est penchée à droite, elle est trop étroite (2 mm. de largeur au lieu de 3 environ) et située trop bas ; les deux mots CORREO sont en capitales et ont 10 3/4 de largeur à gauche et 11 à droite ; une nuance du 180 c. à chiffre maigre ; e) pas de rayons ondulés ; la plupart des grands rayons touchent le cercle ; les lettres de CENTESIMOS ont 1 mm. 3/4 de haut ; le faux cachet appliqué sur cette série est formé d'un double ovale 38 $\times$ 24 portant en haut REPUBLICA DEL au milieu sur 3 lignes CORREOS DE MONTEVIDEO et en bas URUGUAY ; f) 22 1/4 $\times$ 21 mm.; le rectangle intérieur plein à 16 mm. de hauteur ; les lettres des inscriptions n'ont que 1 mm. 1/4 de hauteur. Les faux modernes comprennent 3 séries ; g) Genève, chiffres maigres, 60 c. 100 c. *carmin* mais avec gros chiffres ; 120 c. en blocs de 16 ; le 60 c. sans accent sur le second E de CENTESIMOS ; les autres valeurs avec accent touchant cette lettre ; pour les autres défauts voir la série suivante ; h) Genève ; les 5 valeurs à chiffres gras ; cette série comme la précédente est sur papier jaunâtre épais ; toutes les nuances excepté le 120 bleu sont plates et ternes ; dans le 60 (chiffres gras) on remarque un trait de couleur sous le premier ornement qui suit MONTEVI-DEO ; les lettres ORR du mot CORREO de gauche se touchent

par le haut ; l'œil gauche (à droite en regardant le timbre) forme
tache ; 80 c. : les lettres IM de CENTISIMOS sont attachées

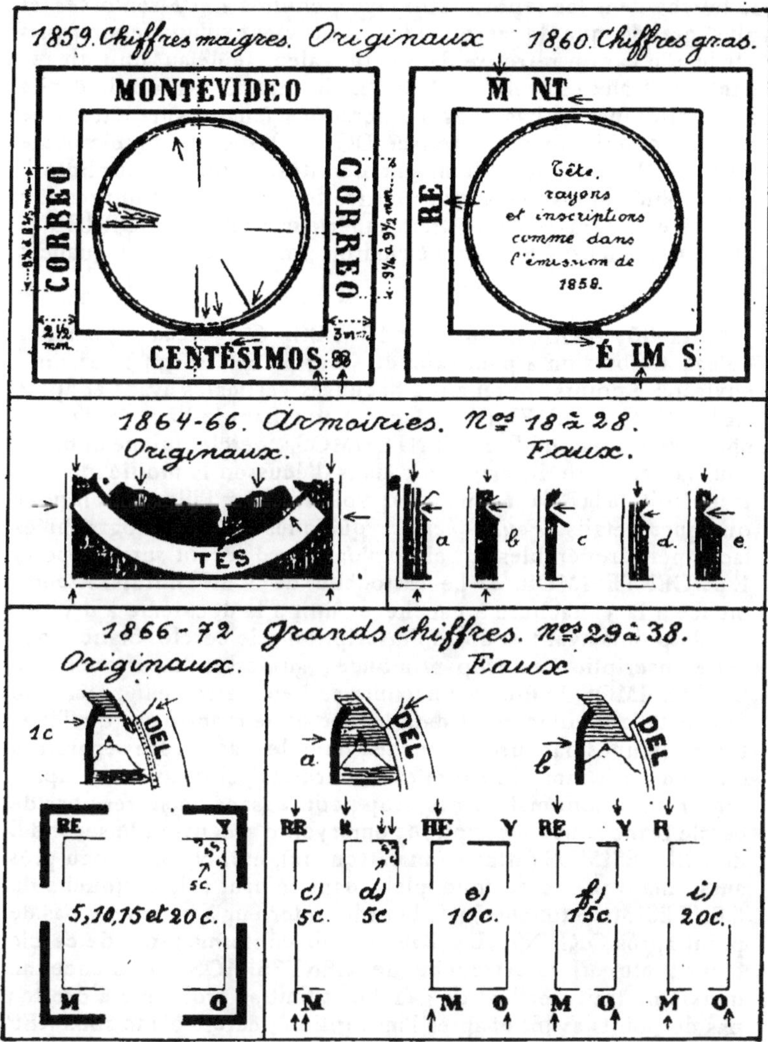

en haut et en bas et les lettres R et E du CORREO de gauche
sont attachées en haut ; même défaut de l'œil gauche ; 100 c. (carmin ou rose) les lettres NTE de MONTEVIDEO sont attachées
en haut et le mot CORREO de droite est écrit CORBEO ;

120 c. le premier ornement à gauche de MONTEVIDEO est ouvert dans le haut ; un trait relie l'œil gauche aux cheveux . dans la valeur à chiffre maigre, l'accent ne touche pas l'E et le touche dans les reports faits avec chiffres 1 et 2 renforcés et plus grands que le zéro ; 180 c. provient d'un report pris sur le 180 car on retrouve dans cette valeur le défaut du trait reliant l'œil aux cheveux ; l'R et l'E du mot CORREO de droite sont reliés par le bas. Les oblitérations fausses sur cette série sont le double ovale entrelacé DOLORES et le double ovale du 15 NOV 1862 précédemment décrites. i) série bien photolithographiée et insidieuse avec lettres trop maigres et impression grossière des rayons ; le trait supérieur de l'E de CORREO (à droite) est incurvé au lieu d'être droit ; mensurations et nuances arbitraires.

1864-66. Armoiries. N°s 18 à 28. *Originaux :* planches de 224 timbres en 4 panneaux de 56 (7 $\times$ 8) , 18 3/5 $\times$ 21 mm. environ ; 2 points contenant 4 hachures verticales avant et après REPUBLICA ORIENTAL ; accent touchant le haut du cartouche sur le second E de CENTESIMOS ; cercle mince et blanc sous la première inscription ; dans l'écusson la moitié du plateau droit de la balance manque ; voir en outre l'illustration pour quelques détails. *Faux anciens :* quelques séries lithographiées facilement repérables car elles n'ont pas d'accent sur le second E de CENTESIMOS. *a)* Le cartouche de CENTESIMOS commence à la 3e hachure à gauche et finit à la deuxième à droite ; pas de points avant et après l'inscription ; le cercle blanc sous cette inscription est trop prononcé ; au-dessus du cartouche de CENTESIMOS, le fond est hachuré au lieu d'être plein ; etc. *b)* le fond est plein notamment dans le haut et ne montre que quelques traces de fines hachures blanches dans le bas ; cadre séparatif a environ 1 1/2 mm. du cadre extérieur ; les points avant et après l'inscription sont mal formés, trop petits et sans hachures ; pas de cercle blanc sous l'inscription ; embryon d'accent sur le second E de CENTESIMOS (attaché au cartouche), etc. *c)* série à peu près aussi mauvaise, avec fond plein dans le haut ; le cartouche de CENTESIMOS touche juste le cadre intérieur à gauche ; pas de point après ORIENTAL ; l'autre non conforme ; pas de cercle blanc ; etc. *d)* le cartouche de CENTESIMOS commence au deuxième trait vertical de gauche et finit au troisième à droite ; pas de points avant et après l'inscription ; cercle blanc sous REP et NTAL seulement ; cadre séparatif à 1 mm. etc. *e)* série assez semblable à la série a) avec hachures au-dessus du cartouche de CENTESIMOS ; pas de points avant et après l'inscription ; cercle blanc trop prononcé ; etc. La comparaison avec un original fournira en outre des repères sérieux sur le mauvais dessin de l'écu ;

balance complète sur fond non ligné , cheval ou mulet, ressemblant à un mouton dont la tête touche l'écu à gauche ; animaux des quartiers de droite généralement informes, celui du bas sur fond non ligné ; etc. *Fausses surcharges* peu nombreuses sur originaux des 6 c. rose et 12 c. bleu, mais fausses surcharges renversées et fantaisies ; comparaison nécessaire ; aussi quelques fausses surcharges sur timbres faux.

1866-72. Grands chiffres. N⁰ 29 à 38. *Originaux:* lithographiés en feuilles de 200 comprenant 2 panneaux de 10 $\times$ 10. 1 c. 20 $\times$ 23 1/2 mm. Les autres valeurs 19 $\times$ 23 1/2 mm. environ avec pourtant 23 à 23 1/4 de hauteur dans le 15 c. et 19 1/4 de largeur dans le 10 c. Papier mince ou moyen ; les dentelés des 5 à 20 c. aussi sur papier pelure. L'illustration renseignera sur quelques caractéristiques des timbres vrais. 1 c. Le second E de CENTESIMOS porte un accent ; le cartouche de ce mot porte 9 lignes ondulées horizontalement et il y a un petit ornement rectangulaire devant et après ce mot. 5, 10, 15 et 20 c. : le cadre intérieur gauche coupe la lettre R de REPUBLICA par le milieu et rase le coté gauche du M de MONTEVIDEO ; le cadre intérieur droit coupe le pied de la lettre Y par le milieu et la lettre O dépasse ce cadre, mais de peu. (Voir illustration). 5 c. 16 lignes d'inscriptions de 5 CENTESIMOS a gauche en bas du timbre (jusqu'aux inscriptions renversées). Les 10, 15 et 20 c. portent 25 lignes d'inscriptions CENTECIMOS (compter à gauche). Dans le 15 c. le bas du chiffre 5 ne touche pas le chiffre 1. Le 10 c porte un double trait de cadre intérieur en haut. La comparaison avec les dessins contenus dans l'écusson central fera noter en outre de nombreux défauts des imitations. *Faux* lithographiés : voir les signes renseignés dans l'illustration. 1 c. a) dimensions admissibles ; assez insidieux d'aspect mais nombreux défauts, notamment traits horizontaux dans le cartouche de CENTESIMOS, pas d'accent sur l'E, pas d'ornements avant et après ce mot ; la queue du cheval est à 1/4 de mm. du trait vertical au lieu d'en être près à le toucher ; etc. b). Voir illustration ; les hachures horizontales descendent jusque sous la lettre D de DEL, le bœuf (à droite en bas dans l'écu) a l'aspect d'un mouton ; pas d'accent sur l'E ; etc. c) 5 c. mauvais faux ancien ; 12 lignes d'inscriptions à gauche en bas. d) 5 c. de Genève en bleu foncé et outremer, dimensions admissibles ; le premier R de REPUBLICA est un K ; fausses oblitérations déjà décrites (Dolorès ou NOV 15 avec millésime brouillé) ; voir signes constants dans l'illustration. e) 10 c. mauvais faux anciens ; 20 lignes d'inscriptions seulement. f) 15 c. faux aussi mauvais ; 17 lignes d'inscriptions ; le bas du chiffre 5 touche l'ombre du pied du chiffre 1 ; la lettre I de MONTEVIDEO est séparée de la tête du V par une distance de 1ᵐᵐ environ (au lieu de 3/5 mm.). g) faux de Genève avec mêmes oblitérations que précédemment ; assez insidieux du fait de la nuance, les détails ne se distinguant pas facilement ; 19 × 23 1/2 mm. ; quelques défauts dans les inscriptions par exemple les lettres S tout le long du cadre intérieur droit se confondent avec ce cadre tandis que dans l'original elles le touchent simplement ; à droite du pied du chiffre 1 les lettres T sont bien séparées de l'ombre du pied au lieu de toucher celle-ci ; dans le bas du chiffre 5, la courbe intérieure la plus basse n'est jamais interrompue ; nuances jaune foncé et jaune orange foncé non conformes. h) faux de Gênes ; insidieux, mais 19 2/5 × 24 environ ; non dentelé ; les rayons du soleil (au-dessus de la tête) sont trop peu visibles ; les deux rayons au-dessus des traits verticaux du chiffre 5 ne touchent pas ce chiffre et les traits verticaux du même chiffre ne touchent pas la tête allégorique. i) mauvais faux ancien ; on ne voit pas de lettres c à gauche de la tête du chiffre 2, etc. On connait encore une imitation insidieuse du 1 c. en photogravure mais les hachures horizontales sont pour la plupart interrompues et les dimensions ne sont pas conformes.

1877-80. 1 c. lithographié. L'original se reconnaît du gravé par le chiffre 1 qui est un peu plus petit et qui est sur fond de hachures horizontales au lieu d'être sur fond plein.

1881-82. 1 et 2 c. n⁰ˢ 46 et 47. *Originaux :* 1 c. 18 3/4 × 22 mm. 1/2 ; 2 c. 19 × 22 1/2 mm. *Faux :* photogravés insidieux mais 1 c. : 18 1/2 × 22 et 2 c. 18 1/2 × 22 mm. ; chiffres trop minces ; nuances trop vives.

Emissions suivantes. Quelques *fausses surcharges* notamment 1889, 5 c. violet PROVISORIO renversé ; id. 1891 et 92 ; n⁰ˢ 84 à 87, variétés rares ; 1897 PAZ (en 2 types à Genève). Comparaison nécessaire.

1908. Grand format. Type navire. N⁰ˢ 174 à 176. *Originaux :* une des rares séries en simili gravure ; 40 1/2 × 27 1/4 ᵐᵐ environ (27 mm. pour le 5 c.). G de AGOSTO a boucle inférieure ouverte ; les lettres T et E de TFLEGRAFOS ne se touchent pas ; la grande cheminée est coupée par cinq traits et il y en a autant à gauche de la seconde ; l'avant de la coque est bien ombré et porte un peu en avant du grand mât 3 points noirs et un sous le grand mât, points situés un peu au-dessus de la mer ; nuances: carmin ; vert-bleu et orange. *Faux de Genève* ; simili gravure ; 40 (39 2/3 pour le 5 c.) × 27 mm. ; nuances: rose ; vert et ocre ; le G de AGOSTO est à boucle fermée dans le bas ; T et E se touchent ; 3 traits et demi coupent la grande cheminée ; les points manquent sur la coque ; pas de points ou un seul, peu visible sur l'U de REPUBLICA, etc.

1921. Poste aérienne. N⁰ˢ 246 à 248. *Fausses surcharges :* comparaison indispensable.

Timbres de Service. *Fausses surcharges :* OFICIAL de diverses provenances (Genève 1881 et 1901). Comparaison indispensable.

VÉNÉZUÉLA

1859-60. Petit format. N°ˢ 1 à 3. *Originaux :* lithographiés ; 13 3/4 à 14 1/5 × 19 3/4 à 20 mm. suivant valeurs et tirages. Dans le tirage de 1859 il n'y a pas de trait séparatif dans les intervalles verticaux des timbres et l'impression est fine ; dans le second tirage (1860) l'impression est relativement grossière ; il y a un trait vertical entre les timbres et les marges sont plus étroites. Le cartouche de LIBERTAD n'est pas fermé par un trait dans le haut. *Faux :* deux séries lithographiées, mal exécutées, qui se reconnaissent facilement aux inscriptions CORREO DE et LIBERTAD (voir illustration) ; a) série ancienne ; 19 1/2 de hauteur ; nuances arbitraires, le 2 R parfois en chocolat ; le mot VENEZUELA s'écrit parfois ZULLA ; dans l'écusson, la gerbe n'a que 2 mm. de hauteur au lieu de 2 1/4 environ ; la tête du cheval dépasse la ligne courbe et le côté droit de l'écu, prolongé, couperait la lettre A, au lieu de la lettre D de LIBERTAD. b) série de Genève, 14 à 14 1/4 × 20 mm. ; jaune-canari ; rouge-terne ; bleu-foncé terne et rouge-brun terne ; tons plats ; le fond du timbre est formé de lignes croisées ; dans le quartier droit de l'écu il n'y a qu'un drapeau, largement déployé, à hampe trop courte, à lance pleine, mais pas de traces du second fer de lance qui, dans l'original, se trouve sous le premier et touche presque le trait de séparation des quartiers ; les deux banderoles sous le cartouche de LIBERTAD sont blanches ou bien ne montrent que peu de hachures verticales. Les oblitérations fausses de Genève sont des carrés de points ronds espacés de 1 1/2, 2 ou 3 mm.

1861. Armoiries. N°ˢ 5 à 7. *Originaux :* lithographiés, 1/4 c. 18 1/2 × 21 ; 1/2 c. 18 1/4 × 21 ; 1 c. 18 × 21 1/4. Cadre séparatif à 1 mm. du cadre extérieur ; toujours un point après VENEZUELA entre cadres dans les 1/4 et 1/2 c. ; sur le cadre intérieur dans les 1 c. ; toujours un point derrière CENTAVO ; dans le quartier gauche en haut de l'écu, 18 hachures verticales dans le 1/4 c., 16 dans le 1/2 et 17 dans le 1 c. (comptez sous la gerbe de blé, hachure de division comprise). Voir en outre dans l'illustration la disposition de la lettre C de CORREO et A de VENEZUELA par rapport au cadre et à la première perle ainsi que le nombre de perles de chaque valeur. *Faux :* lithographiés, n'ont en général pas de point après Vénézuéla et quelques-uns pas de point après centavo. 1/4 c. a) 15 hachures seulement dans le quartier supérieur gauche de l'écu. b) le cheval est informe et il n'y a que 8 ou 9 hachures horizontales dans la moitié infé-

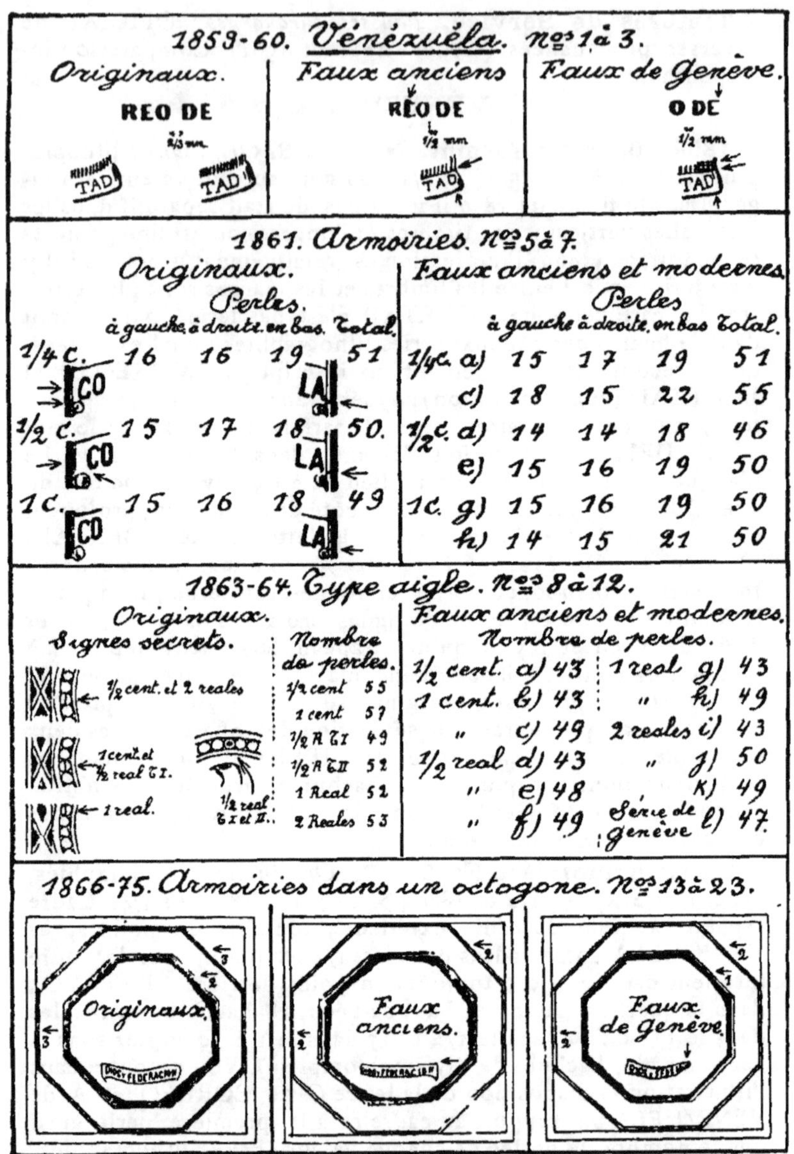

rieure de l'écu. c) 22 perles en bas, ce qui suffit à classer cette imitation. 1/2 c. d) 15 hachures dans le quartier supérieur gauche de l'écu ; la hachure de division est plus épaisse que les autres . e) Le C de CORREO est trop près du cadre (comme dans le 1 c) et touche la perle, 15 hachures dans le quartier supérieur gauche. f) pas de point après CENTAVO et l'écu est divisé non en 3 parties mais en 4 quartiers ce qui fait que le cheval est coupé par une verticale. 1 c. g) faux de la même série que le faux b, mêmes caractéristiques. h) le C de CORREO est trop éloigné du cadre (comme dans le 1/2 c.) ; sous l'écu LIBER-TAO pour LIBERTAD, etc. Les oblitérations *avec* millésime 1860 ou 1861 sont fausses.

1863-64. Type aigle. N°s 8 à 12. *Originaux :* lithographiés ; mensurations moyennes : 1/2 c. 18 $\times$ 21 3/4, 1 c. 18 $\times$ 22 1/4, 1/2 R. T. I 17 1/2 $\times$ 21 3/4 ; T. II 18 $\times$ 22 1/5, 1 R. 18 $\times$ 22 1/5, 2 R. 18 $\times$ 22. L'inscription sous le cercle est VENEZO-LANA, on trouve pourtant VENEZULANA par défaut d'impression notamment dans le 1/2 c. ; les lettres de FEDERACION et de la valeur sont régulières à distance égale ou sensiblement égale des bords latéraux des cartouches ; elles sont très près du haut et du bas des cartouches ; les hachures verticales du fond sont fines et tremblées, elles sont souvent peu visibles dans les 1/2 c. et 1 R. Dans le 1/2 cent. une perle placée sous la deuxième étoile, mal dessinée, paraît doublée ; une autre également, placée sous la troisième étoile ; dans le 1 cent. la cinquième perle au-dessous du haut de l'aile gauche de l'aigle (à droite du timbre) est trop petite. Les étoiles ne se touchent pas ; il y a un point après CENTAVO, REAL et REALES. Pour les signes secrets et le nombre de perles, voir l'illustration. *Faux :* lithographiés, ne portent pas les signes secrets ; hachures du fond et inscriptions irrégulières ; souvent VENEZULANA ; etoiles trop grandes ou trop rapprochées, mesures inadmissibles ; voir l'illustration pour le nombre de perles. Voici le détail des isolés ou des séries : 1/2 c. a) la 5e étoile touche la 6e ; lettres de FEDERACION 1 mm. de haut (au lieu de 1 1/4), pas de point après CENTAVO ; 1 c. b) VENEZU-LANA, vieux faux avec corps de l'aigle montrant de grandes taches blanches ; les ailes ont jusque dans le bas une bordure blanche de 1/4 mm. de large et le haut des ailes est trop éloigné du cercle. Ce faux a été fait en série, voir notamment les faux d, g et i ; c) FEDERACION trop peu large ; 1/2 real. d) VENE-ZULANA ; les hachures du fond sont épaisses et droites ; e) mauvais faux, dont il suffira de compter les perles (sans signe secret) ; f) la lettre F de FEDERACION est à plus de 1 mm. du côté gauche du cartouche au lieu de 1/3 ou 1/2 suivant type. 1 real. g) VENEZULANA ; vieux faux, voir d. h) UN REAL est trop large ; il n'y a que 1 mm. à gauche de R et 1 mm. après le point, au lieu de 2 1/2 et 1 1/2 mm. Ce faux forme série avec le c, etc. 2 reales. i) vieux faux voir b, d et g ; j) 50

perles ; inscriptions du bas trop peu hautes ; pas de point après
REALES ; la lettre S de ce mot fortement penchée à gauche ;
lignage du fond bien régulier ; bonne impression ; parfois oblitéré plume. k) mêmes défauts que j ; mais lettre S de REALES
penchée à droite ; l) Toute la série a été contrefaite à Genève,
avec ou sans les oblitérations fausses décrites à la première
émission ; les hachures du fond sont fortes, bien visibles et
droites ; pas de point après l'inscription de la valeur.

1866-75. Armoiries dans un octogone. N°ˢ 13 à 23

Originaux ; largeur 20 1/2 mm. ; hauteur 1/2 C. et R : 20 1/4 ; 1
C et 1 R : 20 1/2 ; 2 reales : 20 1/2 à 20 3/4 mm. Ceci sont les
mesures du cadre extérieur placé à environ 2/3 de mm. du cadre
renfermant le dessin ; le cadre octogonal extérieur est triple
partout, mais deux et même les trois traits sont parfois réunis
sur un ou plusieurs cotés en un trait épais par l'impression
(loupe) ; le cadre octogonal intérieur (autour de l'octogone
plein) est double. Le point derrière la première lettre U. de **E.
E. U. U.** se trouve juste au-dessus d'un sommet de l'octogone ;
excepté dans le 2 reales où ce sommet se trouve sous le milieu
de cette lettre ; l'inscription DIOS Y FEDERACION est bien
lisible et ses lettres ont environ 3/5 mm. de haut pour DIOS et
2/3 mm. pour FEDERACION avec un espace de 1/5 mm. environ
au-dessus et sous les lettres. **Faux usés poste :** 1/2 real, 2 types : I. Le cheval n'a qu'une oreille ; sa queue est à 1/2 mm. du
bord de l'écu ; la pointe de la corne d'abondance de gauche est
seule visible et elle reste à 1/2 mm. du cercle. II. Le cheval a 2
oreilles mais elles sont coupées par le trait horizontal de séparation de l'écu ; la lettre L de REAL n'a pas de trait terminal en
haut. Dans les deux types on trouve dans le bas de l'écu des
hachures doublées. Les oblitérations sont CARACAS ou LA
GUAIRA. *Faux :* a) série ancienne avec cadre octogonal extérieur double et non triple ; le cadre octogonal intérieur est
double mais très mal exécuté, voir illustration ; la banderole
portant l'inscription DIOS Y FEDERACION est presque rectangulaire au lieu d'être bien courbée ; l'S de LOS touche la lettre
O par le bas ; le premier O de CORREO est visiblement trop
petit ; 9 hachures verticales dans le quartier supérieur gauche de
l'écu (au lieu de 12) et 9 hachures horizontales en bas, épaisses
et non parallèles au lieu de 14 ; etc. b) série de Genève, facilement reconnaissable au cadre octogonal extérieur double seulement ; au cadre octogonal simple qui entoure l'octogone plein et
à la banderole trop courte qui porte l'inscription DIOS I FFDE-
RAOI. (Voir illustration). *Surcharges originales ;* les mots en
surcharge sont Contrasena avec tilde sur l'N et Estampillas de
Correo. Ils sont répétés un grand nombre de fois sur la feuille

et on les trouve sur les timbres en deux ou trois lignes et en positions diverses. *Fausses surcharges* peu nombreuses et parfois avec fautes dans les inscriptions; comparaison utile.

1880. Lithographiés. Dentelés 11 1/4. Nᵒˢ 24 à 28. *Originaux :* papier mince transparent et papier poreux de diverses épaisseurs ; tout autour du timbre, à 1 1/4 mm. environ, cadre séparatif (visible en quelques points vers le milieu des 4 côtés. (loupe). *Faux* (soi-disant réimpressions) ; imprimés en feuilles, avec tête-bêche ; papier lisse, dur ; nuances trop vives, couleur bien étalée ; le cadre séparatif n'existe que sur quelques millimètres, dans les angles ; les hachures du cadre et du fond ont été retouchées ou refaites et sont trop nettes.

1892. Surchargés RESOLUCION etc. Nᵒˢ 39 à 42. *Surcharges originales ;* le cercle a 21 1/2 mm. de diamètre ; CENTIMOS mesure 12 mm. et UN BOLIVAR 12 1/2. mm. Dans le 25 c. le C de RESOLUCION est presque fermé ; il y a un accent sur le second O ; une seule virgule, entre DE et Iᵒ ; dans le 1 b. le c est comme dans le 25 c. ; pas d'accent sur le second O. *Fausses surcharges* notamment sur le 5 c. bleu. Fautes graves ou bien la comparaison est nécessaire.

1896. Carte géographique Miranda. Nᵒˢ 54 à 58. *Originaux :* dentelés 12 ; 5 c. 34 1/2 × 24 3/4 ; 10 c. 34 3/4 × 24 1/2 ; les autres valeurs 35 × 24 3/5 à 4/5. Le fleuve qui part de l'N de MIRANDA et se dirige vers l'Atlantique est formé d'un gros trait à droite, et à gauche de plusieurs traits presque toujours visibles ; dans les cadres latéraux, à droite et à gauche des 3 boules il y a un quadrillé dont on voit les lignes verticales et horizontales ; sous les lettres LA de VENEZUELA (au-dessus de ATLANTICO) il y a un fond de hachures dont la première dans le coin touche le trait de couleur sous la lettre A ; la deuxième touche en haut et à droite ; la troisième, par contre, ne touche ni en haut, ni à droite. A gauche, au-dessus des 3 boules il y a un ornement qui porte dans le bas une petite boule ; puis une branche qui se termine par un ornement incurvé plus petit que cette boule. *Faux de Genève ;* dentelés 11 1/2 ; 34 1/5 à 1/4 × 24 1/2 (34 3/5 de large pour le 50 c.) ; le fleuve est formé de 2 traits épais ; dans le coin intérieur droit sous LA la troisième hachure touche le trait de couleur en haut et à droite (excepté dans le 50 c. mieux venu) ; sur les cotés du timbre, à droite et à gauche des boules il y a un trait plein, sans traces de hachures ; à gauche, au-dessus des trois boules, la seconde branche se termine par une boule plus grande que celle du bas. Toutes les valeurs ont été exécutées en tête-bêche. Fausse oblitération de Genève, double cercle 29 mm. de diamètre ; CORREOS DE VENEZUELA 13 ENE 97 CARACAS.

1902. 1 b. gris sans surcharge 1900. Nº 76¹. *Truquages*
par grattage de la surcharge 1900 sur le 1 b. gris de 1900, surchargé. *Faux* obtenu par le 1 b. vert de 1899-1902 (nº 63) dont
l'impression verte a été décolorée et qui a reçu une impression
fausse en gris trop foncé ; la comparaison avec un timbre commun de la série de 1899 est suffisante; mensurations arbitraires;
défauts dans les lettres des inscriptions, dans le dessin et les
hachures. Le plus souvent ce truquage est faussement oblitére.

Fiscaux-Postaux.

1879-80. 5 c. jaune. Nºˢ 15 et 23. *Faux usés poste.* 63 perles au lieu de 68 ; le trait vertical de la lettre L de ESCUELAS
est penché à gauche.

1903. Vignettes INSTRUCCION. Nºˢ 93 à 98. *Originaux :* portent en surcharge un cachet violet avec armes du
Venezuela et inscription.

Saint-Thomas-Porto Cabello-La Guayra. Voir Saint-
Thomas.

VICTORIA

Réimpressions. Un assez grand nombre de timbres ont été
réimprimés en 1891, tcus sur le papier filigrane, couronne sur-
montée d'un V, employé à cette époque ; gomme blanche ou
blanc jaunâtre ; dentelures 12 ou 12 1/2 ; le mot Reprint, en noir
ou en rouge se trouve le plus souvent imprimé en surcharge.
Voir dans chaque émission les valeurs réimprimées et les exceptions à la règle exposée ci-dessus.

1850. Lithographiés. Nºˢ 1 à 3. *Originaux :* 1 p. Fond de
fines hachures courbes formant moiré ; ce moiré se retrouve
dans les 2 côtés (cadres) ; lettre E à gauche en bas et W à droite.
2 p. Fond de hachures croisées par bandes de 3. Lettres T et H
dans les coins inférieurs. 3 p. Fond comme dans les 2 p. mais
les bandes de hachures sont plus souvent formées de 4 traits que
de 3. Lettre E dans le coin inférieur gauche ; coin droit, un
ornement. *Réimpressions.* D. 12 1/2 1 p. vermillon planche II
(avec traits séparatifs entre les timbres) ; 2 p. brun planche IV
(avec traits entre les timbres et traits d'annulation des clichés au
centre du timbre). 3 p. bleu-foncé ; pl. III. (avec traits entre les
timbres). *Faux anciens ;* lithographiés. 1 p. Fond copié du 2 p.
(groupes de 3 hachures) ; dans les carrés inférieurs, croix blanche sur fond plein. 2. p. Deux types facilement reconnaissables
aux croix blanches des angles inférieurs ; le second type est
copié du 3 p. faux et on voit encore au-dessus du cartouche inférieur le haut des lettres de l'inscription THREEPENCE. 3. p.
Fond copié du 2 p. original ; dans les coins inférieurs, une croix
blanche à point central.

1852-54. 2 p. gravé ou lithographié. N°s 4 et 5. *Originaux*. Le fond est formé de groupes de 12 ou 16 points séparés par des lignes de points. Les lithographiés ont été pris de transferts des gravés, avec diverses erreurs de lettres, etc. Voir les catalogues spéciaux. *Réimpressions ;* gravées ; 2 p. brun ; 50 types comme dans les feuilles originales ; dent. 12, 11 1/2. *Faux*, lithographiés ; on ne voit pas de traces du trône sous la jupe, à gauche. Type a) copie du 16ᵉ timbre de la feuille (lettres Q V) ; pas de sceptre. Type b) copie du 18ᵉ timbre (lettre S W) ; fond formé de losanges à gros traits avec tache de couleur au milieu.

1854-60 Rectangulaires ou octogonal. N°s 6 à 8. *Truquages* du non dentelé, notamment 6 p., en perçages divers. Comparaison nécessaire. *Réimpression*. 1 sh. bleu pâle dent. 12, 12 1/2.

1856-58. Filigrane étoile. N°s 13 et 14. *Réimpressions :* 1 p. vert-jaune pâle et 6 p. bleu foncé, dentelées 12 ; 12 1/2 et non dentelées.

1861. Même filigrane. N°s 15, 18, 21, 23, 26. *Réimpressions* du 1 p. en vert-jaune vif.

1861-66. Sans filigrane ou filigrane lettres. N°s 29 à 30, 32, 33 et 34. *Réimpressions* des 3 p. en bleu terne ; 4 p. rose et 6 p. noir. *Faux* du 6 p. n° 33 ; très mauvais, non dentelé et sans filigrane ; nuance jaune-pâle. *Faux de Genève :* 3 p. n°s 29, 30 et 31. Dent. 11 1/2, 1ans filigrane ; le T de VICTORIA, le G de POSTAGE et la plupart des lettres de la valeur touchent le cartouche ; les 2 E de THREE sont très mal venus, etc.

1864-73. Types divers. N°s 51 à 67. *Réimpressions :* Toutes les valeurs (sans surcharges) ; le 5 sh. en carmin et outremer. *Originaux* du 5 sh. bleu sur jaune et bleu et carmin sur blanc jaunâtre, n°s 63 et 64. Typographiés. Lettres régulières et d'une hauteur moindre que le cercle blanc ; détails du dessin et notamment de la couronne bien visibles, hormis le cas d'empâtement ; le haut de la couronne porte un joyau de forme rectangulaire avec deux diagonales croisées. *Faux* lithographiés ; sans filigrane ; exécutés dans les nuances des n°s 63 et 64. a) percé en points ou dentelure 12 ; mauvaise exécution ; détails de la couronne peu visible (bandeau) ; une simple boule en haut : la couronne de lauriers et les cheveux ne se distinguent guère les uns des autres, etc. b) non dentelé ou dentelure 12 dessinée ; les deux boucles en forme de rognon placées à gauche de la couronne sont réunies par deux traits courts formant angle aigu (comme à droite) ; et la boucle placée dans le bas, sous la lettre H de SHILLINGS est renversée et ne porte qu'un petit trait blanc vertical à l'intérieur.

1873-81. Papiers teintés. *Truquages* chimiques des 1/2, 1 et 2 p. n°s 70, 71 et 72 sur papiers de diverses nuances. La teinte est généralement mal répartie avec des taches plus claires par endroits ou bien elle est uniforme mais arbitraire et la comparaison seule peut alors la contrôler.

1874-79. Types divers. N°s 70 à 75. *Réimpressions :* 1 p. en vert-jaune : 2 p. en mauve ; les autres en nuances approchantes qui doivent être comparées. *Faux* de Genève ; 2 sh. 20 3/4 $\times$ 24 1/4 (de près de 1 mm. trop grand) ; les chiffres sont droits avec trait terminal vertical dans le bas (seul le chiffre de droite en bas est penché) ; la première perle de la couronne touche l'ovale, etc.

1881-84. Types divers. N°s 76 à 82. *Réimpressions* des 2 p. brun ; 4 p. rose terne et 2 s. bleu sur vert-jaune (n° 75).

1884-86. Types divers. N°s 83 à 93. *Réimpressions :* 1/2 p. rose vif ; 1 p. vert-jaune ; 2 p. lilas bleuté ; 4 p. lilas vif ; 6 p. outremer ; 1 sh. bleu terne sur jaune. *Faux* de Genève 2 p. n° 85. Les hachures horizontales du fond ne se terminent pas en formant une courbe parfaite ; le front, le nez et le devant du cou montrent une tache blanche trop étendue. *Fausse oblitération :* ovale à six traits avec le mot VICTORIA au milieu (1 trop petit et le C suivant penché droite).

Fiscaux-Postaux. Truquages très nombreux par enlèvement des annulations fiscales et leur remplacement par des oblitérations fausses.

ILES VIERGES

1866. Lithographiés. N°s 1 à 4. *Originaux :* 1 p. 18 2/3 $\times$ 21 3/4 ; les hachures du fond sont régulières et espacées de 1/6 de mm.; la lettre S finale de ISLANDS est à 1 mm. de l'extrémité du cartouche ; le cartouche de la valeur a 1 ^{mm} 3/4 de hauteur ; papier blanc épais, 90 à 130 mcs. 2 p. 18 1/2 $\times$ 21 3/4 ; les hachures courbes du fond sont régulières et espacées de 1/6 de mm.; 13 hachures horizontales dans le cartouche du haut et 14 dans celui du bas, en comptant celles qui touchent presque les bords ; la lettre S de SIX n'a que 1 mm. de largeur ; le cercle sur la tête est mince et ne touche pas le cadre. *Faux* de Genève, lithographiés, mal exécutés ; 1 p. 18 2/3 $\times$ 21 3/4 et 19 $\times$ 21 1/2; les hachures du fond central sont espacées de 1/4 de mm.; l'S final de ISLANDS est à 3/5 mm. de l'extrémité du cartouche et le cartouche de la valeur a 1 1/2 mm. de hauteur. Papier mince ou épais ; non dentelé ou piqué irrégulièrement ; cadre séparatif. 2 p. Les hachures courbes du fond sont espacées de 1/5 de mm. et elles sont trop fines ce qui rend ce fond aussi peu coloré que les cartouches : le cartouche du haut porte 11 hachures horizontales ; celui du bas 13 ; la lettre S de SIX a 1 1/2 mm. de largeur ; le cercle sur la tête est épais (environ 1/2 mm.) et touche le cadre. 18 3/4 environ $\times$ 22 mm. papier mince ; non dentelé, piqué ou percé en lignes ; cadre séparatif.

1867. Lithographiés. Dentelés 15. Nᵒˢ 5 à 7. *Originaux:* papiers de diverses épaisseurs ; 4 p. 20 1/2 $\times$ 27 mm. 127 perles. Le devant du cou est blanc et la manche droite (à gauche du timbre) ne touche plus le vêtement à partir de la main. A 50 centimètres de distance on ne voit guère les petits *cercles blancs* qui entourent les inscriptions ; le fond des coins intérieurs est formé de rosaces avec un *point* blanc au milieu ; le carré du coin inférieur droit a 3 mm. de largeur environ. 1 sh. (bordure blanche) 21 $\times$ 27 1/2 mm. cadre compris et 1 sh. (bordure rouge) 21 $\times$ 27 mm. jusqu'à la bordure rouge. Le V de VIRGIN est à 3/4 mm. du bord du cartouche ; l'I d'ISLANDS est penché à gauche et le bas de l'S est à 1 mm. du bord du cartouche ; les deux G des inscriptions ont la même forme ; la barre de la lettre A est placée au bas de cette lettre ; dans le fond, sous l'inscription supérieure, il y a 36 lignes formées de rectangles blancs (3/4 mm. de longueur) avec un trait à l'intérieur et de points blancs. On voit tout autour de la Vierge (excepté si elle est déviée de l'un ou de l'autre côté) des rayons blancs et obliques. *Faux* de Genève, lithographiés. 4 p. mesures admissibles ; 82 perles ; cadre séparatif ; non dentelés ou piqué irrégulièrement ; le devant du cou porte une tache de couleur qui rejoint la bouche ; la manche droite touche le vêtement sous l'avant-bras droit ; on voit très distinctement les gros *points* blancs qui entourent les inscriptions ; le fond des coins intérieurs est formé de carrés avec un *cercle* blanc au milieu ; le carré du coin inférieur droit a 3 1/2 mm. de largeur. 1 sh. a bordure blanche, 21 $\times$ 27 3/4 mm. ou rouge, 21 $\times$ 26 1/2 mm. L'I de ISLANDS est autant dire vertical ; l'S est à 1/2 mm. de l'extrémité du cartouche ; la barre horizontale de la lettre A est placée vers le milieu de la lettre ; 30 lignes de rectangles blancs (souvent ovales) de 1/2 à 3/4 ᵐᵐ de longueur avec trait à l'intérieur ; pas de rayons autour de la Vierge ; les deux G sont différents ; celui de SHILLING est plus large, plus épais ; non dentelés, percés en lignes ou dentelés 12 1/2 ; papier mince, oblitération fausses : généralement carré de points plus ou moins gros, carrés ou ronds.

1879. Fil. c c. couronne. Nᵒ 8. *Faux*, sans filigrane ; voir faux du 1 p. de la première émission.

YUNNAN-FOU

1903-04. Surchargés Yunnansen. Nᵒˢ 1 à 15. *Originaux:* surcharge noire ; les caractères chinois sont ceux de l'émission de Chine 1902 avec lesquels ils doivent se comparer car il *y a des fausses surcharges* (notamment de Genève) ainsi que des fausses surcharges et erreurs de surcharges imprimées clandestinement. *Faux* du type groupe ; voir Colonies françaises.

1906. Surchargés Yunnan-Fou. Nos **16 à 32.** Les surcharges sont noires ou rouges ; l'encre est brillante dans le premier tirage et terne dans le second. *Fausses surcharges :* comparaison nécessaire. *Faux* du 75 c. et 5 frs type groupe : Voir colonies françaises.

1908. Surcharges YUNNANFOU. Nos **33 à 49.** Surcharge *originale* typographique en carmin ou bleu. *Fausses surcharges :* comparaison nécessaire.

1919. Idem, surchargés en cents et piastres. Nos **50 à 66.** *Fausses surcharges* des 2 et 4 piastres ; voir Indo-Chine.

ZAMBÈZE

1902. Surchargés en reis. Nos **29 à 41.** Quelques *fausses surcharges* sur les 2 1/2 à 25 reis de 1894 ; comparaison utile.

ZANZIBAR

1896-97. Surchargés Zanzibar ou valeur. Nos **1 à 26 et 42.** *Fausses surcharges* nombreuses : spécialisation recommandée et comparaison détaillée indispensable (Genève, pour la surcharge Zanzibar). L'oblitération fausse de Genève est ronde à date, 1 cercle 19 mm. avec 3 traits extérieurs formant coins d'un carré : ZANZIBAR M A. 17 96.

Zanzibar (bureau français)

Pour les timbres émanant de ce bureau la *spécialisation* est non seulement recommandée mais elle est vraiment indispensable autant à cause des nombreux types des émissions de 1894 et 1897 que des très nombreuses *surcharges fausses* qui circulent dont une bonne partie sont suffisamment insidieuses pour tromper. A consulter les ouvrages du baron de Vinck (1) et du baron de Reuterskiold (2).

1894-1895. Surcharge en annas. Nos **1 à 11.** *Fausses surcharges* de diverses provenances, dont la plupart se repèrent facilement au gabarit. Le 50 annas a été imité sur timbre falsifié dont les inscriptions des noms de Sage et Mouchon sont trop peti-

(1) Colonies françaises et bureaux à l'étranger, p. 32 à 44

(2) Les Timbres du bureau français de Zanzibar, 28 pages.

tes (comparaison utile) ; hauteur admissible ; largeur 17 3/4 mm. au lieu de 18 environ : la surcharge ANNAS 10 mm. de largeur au lieu de 10 1/2 environ.

1894. Surchargés Zanzibar et valeur n°s 12 à 16. *Fausses surcharges* très nombreuses; comparaison détaillée indispensable.

1896-1900. Surchargés valeur et ZANZIBAR. N°s 17 à 31. Même observation (il y a des fausses surcharges de Genève).

1897. Surcharges typographiques de la valeur. N°s 32 à 36. Même observation.

1902-03. Types Blanc, Mouchon et Merson surchargés. N°s 47 à 57. *Fausses surcharges :* même observation. *Faux* timbres du type Merson, n°s 55 à 57 ; voir Colonies françaises.

1904. Surchargés divers et

Timbres taxes. *Fausses surcharges* diverses sur timbres originaux : comparaison indispensable et sur timbres-taxe faux : voir Colonies françaises.

ZOULOULAND

1888. Timbres de Grande Bretagne surchargés ZULULAND et timbres du Natal avec même surcharges (type II). La surcharge *originale* sur Grande Bretagne mesure 15 3/4 × 2 3/4 mm. *Fausses surcharges* nombreuses, notamment les 2 types à Genève. (Comparaison indispensable).

1894-96. Fil C A couronne. N°s 14 à 23. *Truquages* par enlèvement de l'impression de 1 p. lilas et carmin et du 1 s. vert et impression consécutive du 4 sh. vert et carmin n° 21. La comparaison des traits du visage suffit. Oblit. fausse.

Fiscaux-postaux. *Surcharges fausses :* comparaison nécessaire. *Truquages* par enlèvement d'annulation fiscale et remplacement par une oblitération fausse.

TABLE DES MATIÉRES

BERGERAC
Imp. Générale du Sud-Ouest
(J. Castanet)

BERGERAC

Imp. Générale du Sud-Ouest (J. CASTANET)

Place des Deux-Conils